增材制造：

技术、原理及智能化

辛 博 朱立达 盛忠起 巩亚东
任豇钰 王晓琦 童建彬 王瀚彬 编著

机 械 工 业 出 版 社

本书以典型零件增材制造的流程作为划分依据，以增材制造的基本概念和发展历程为出发点，按照金属和非金属两大类材料分别介绍了多种增材制造技术和原理，并重点阐述了增材制造的智能化，包括增材制造材料的结构和功能智能化、工艺和控制过程的智能化、智能控制策略、数字孪生和智能服务等，最后还对增材制造技术的各种应用场景进行了介绍。

本书可供从事增材制造的科研人员、工程技术人员参考，也可供高等院校相关专业师生使用。

图书在版编目（CIP）数据

增材制造：技术、原理及智能化/辛博等编著. —北京：机械工业出版社，2023.2（2023.11 重印）

ISBN 978-7-111-72121-5

Ⅰ.①增…　Ⅱ.①辛…　Ⅲ.①快速成型技术　Ⅳ.①TB4

中国版本图书馆 CIP 数据核字（2022）第 225006 号

机械工业出版社（北京市百万庄大街 22 号　邮政编码 100037）
策划编辑：雷云辉　　　　责任编辑：雷云辉　李含杨
责任校对：张晓蓉　王　延　封面设计：马精明
责任印制：任维东
北京圣夫亚美印刷有限公司印刷
2023 年 11 月第 1 版第 2 次印刷
169mm×239mm · 19.5 印张 · 369 千字
标准书号：ISBN 978-7-111-72121-5
定价：98.00 元

电话服务　　　　　　　　　　网络服务
客服电话：010-88361066　　机　工　官　网：www.cmpbook.com
　　　　　010-88379833　　机　工　官　博：weibo.com/cmp1952
　　　　　010-68326294　　金　　书　　网：www.golden-book.com
封底无防伪标均为盗版　　　机工教育服务网：www.cmpedu.com

Preface / 前言

增材制造被誉为引领“第四次工业革命”的关键技术之一，近年来得到各国高度重视和国内外学者的广泛研究。同时，智能制造作为《中国制造 2025》的主攻方向，承载了中国工业转型升级的众多期望，而增材制造又是智能制造体系中非常重要的技术支撑。为了建立智能制造环境下的增材制造技术教学体系，同时满足社会对增材制造专业人才的需求，本书系统地阐述了多类增材制造技术的基本原理，科学精炼地归纳和介绍了金属、非金属零件增材制造的原理及方法，前、后处理技术，技术应用及智能化路线，形成新环境下的增材制造教学体系。

本书在现有增材制造知识基础上，主要特色是将新兴的智能材料、结构、装备，以及智能控制、数字孪生等技术与增材制造技术进行有机结合。本书的结构体系以标准的增材制造流程作为划分依据，以增材制造的基本概念和发展历程作为出发点，按照金属和非金属两大类材料分别介绍了多种增材制造工艺的原理及方法，从增材制造材料的结构和功能智能化、增材制造工艺和控制过程的智能化、增材制造过程的数字孪生、增材制造的智能服务四个维度重点阐述了增材制造过程中涉及的智能化技术。本书以各种增材制造技术原理为主线，以增材制造的智能化为亮点，辅以材料、工艺和工程应用，内容涵盖了机械工程、材料科学与工程、控制科学与工程等多个学科专业，涉及机械设计、电子及自动化设计、软件工程、仿真测试、工艺规划、自动化控制等技术，可满足科研、实训与企业服务的产教融合需求。

本书共包括 7 章，覆盖知识面广，内容通俗易懂，深入浅出，兼具专业深度和广度，主要内容包括增材制造的概念、发展历程、技术特点及发展趋势，非金属和金属零件增材制造的原理及方法，增材制造的前处理和后处理，增材制造技术的智能化及相关应用。本书内容集中反映了东北大学智能增材制造团队的相关成果，主要内容由辛博、朱立达、盛忠起、巩亚东编著，任豇钰、王晓琦、童建彬、王瀚彬也参与了本书的编写和校对等工作。

由于作者水平有限，书中不足之处在所难免，恳请业界同仁指正。

编著者

Contents

目录

第 1 章 概 述

等材制造、减材制造与增材制造三种制造方式构成了人类制造文明的历史，是人类对大自然规律认知的升级。增材制造作为一种使能技术，能以产品的功能和性能设计为驱动和内核，突破常规制造和装配工艺的限制，充分发挥制造的价值，掀起了新的制造革命。同时，作为第四次工业革命（工业 4.0）的 12 项颠覆性技术之一，以及《中国制造 2025》的主攻方向，增材制造又是智能制造技术体系中的重要支撑部分。为了更好地理解增材制造技术的知识体系，把握其发展脉络，本章系统地介绍了增材制造的内涵、发展历程和趋势及其智能化，主要内容包括：①增材制造的概念；②增材制造的发展历程；③增材制造的技术特点及发展趋势。

1.1 增材制造的概念

根据零件成形的过程，传统的机械制造方法包括减材制造和等材制造两大类。减材制造以材料的减少为特征，通过刀具切割等各种方法将毛坯上的多余材料去除，包括车、铣、刨、钻、磨等切削加工，以及电火花、激光切割等方法。等材制造则通过转移材料和改变毛坯形状制造零件，采用各种压力成形和铸造方法，成形过程中材料的质量基本保持不变。这两类方法成熟稳定、应用广泛。但随着产品结构复杂性的提升和产品研制生命周期的缩短，减材制造和等材制造方法已经无法满足新产品快速研发的要求，这推动了制造技术的发展和变革，这场变革即催生出了增材制造技术。

增材制造（additive manufacturing，AM）的本质是基于“分层制造、逐层叠加”的成形模式。由于其特殊的“点-线-面-体”逐层叠加过程，成形过程基本不受制件形状的约束，适合复杂结构零件的直接制造。简言之，增材制造是通过 CAD 设计数据，采用材料逐层累加的方法制造实体零件的过程。增材制造也被称为“材料累加制造（material increase manufacturing）”“快速原型（rapid prototyping）”“分层制造（layered manufacturing）”“实体自由制造（solid freeform fabrication）”和“3D 打印（3D printing）”等，各种名称也从不同侧面表达了其技术特点。2009 年，美国 ASTM 专门成立了

F42 委员会，将各种增材制造技术统称为“增量制造”。中国科学技术名词审定委员会将“增材制造”作为各类三维打印技术的总称，因此本书均以“增材制造”作为统一标准名词。无论增材制造技术的发展经历哪些变化，其基本原理均可概括为：依据目标零件的三维数字模型，对其进行分层切片，得到各层截面的二维轮廓和内部信息；增材制造设备按照这些切片信息，在控制系统的指挥下，逐层选择性地固化、切割、烧结、熔覆成形材料，形成截面层后逐步按序叠加成三维实体。按照国标 GB/T 35351—2017 的定义，增材制造是以三维模型数据为基础，通过材料堆积的方式制造零件的工艺。典型的增材制造基本过程（见图 1-1）包括：①利用前处理软件，沿零件模型的高度方向对模型进行分层，得到各层截面信息；②增材制造设备按照截面信息逐层沉积材料，成形一系列截面薄片层；③重复上述过程，叠加后最终形成三维实体。

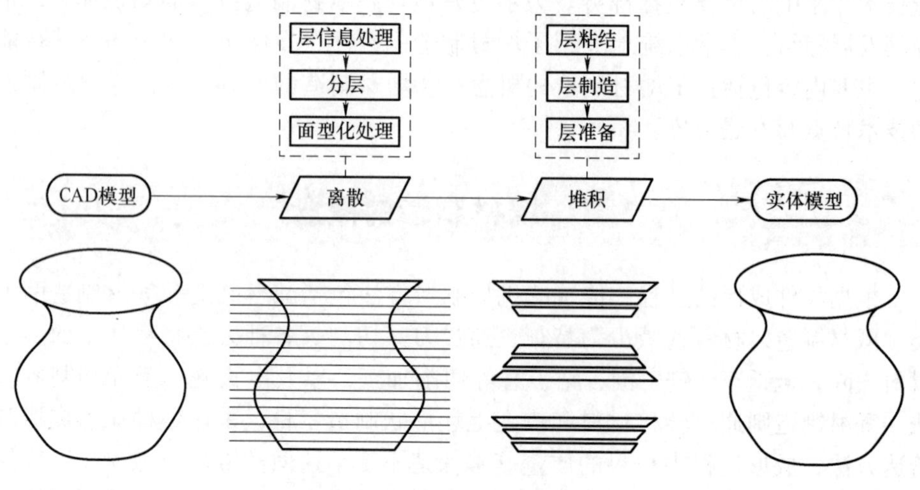

图 1-1　增材制造基本流程

根据关桥院士提出的“广义增材制造”概念，增材制造的原理是，以设计数据为基础，将材料（液体、粉材、丝材、块体等）通过热源熔化，然后固化成为实体结构的制造方法，均可视为增材制造。广义增材制造的热源，除激光束和电子束/电弧，还有化学能、电化学能、光能和机械能等。图 1-2 中所示的中心圆是狭义的增材制造技术，外椭圆是广义的增材制造技术，不仅包括分层熔覆成形，还包括冷、热喷涂成形，物理、化学气相成形，电化学沉积成形、堆焊成形，以及集成上述成形工艺的复合制造技术。

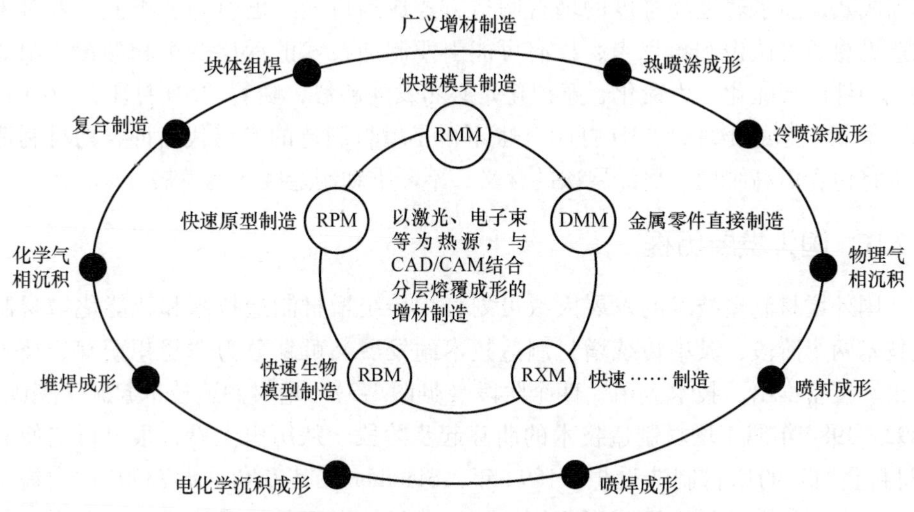

图 1-2 广义增材制造的技术内涵与分类

1.2 增材制造的发展历程

增材制造技术源自 100 多年前美国研究的照相雕塑和地貌成形技术，增材制造行业及其应用材料的整体发展可以追溯到 1987 年，当时命名为“快速成型/原型”技术，主要用于样件的试制，便于展示外观结构。1995 年，美国麻省理工学院创造了“三维打印（3D 打印）”一词，通过将约束溶剂挤压到粉末床上实现了三维增材制造。20 世纪 90 年代，增材制造技术已能实现材料的制备与成形一体化，即在制备材料的同时直接成形所需形状，注重构件的形状和力学性能，这种成形件被称为增材制件（简称制件），其形状和性能要求稳定。2010 年前后，面向增材制造工艺的新材料大量涌现，构件的宏微观结构、力学性能及其他性能均受到关注，增材制造技术实现了“材料-结构”一体化成形，能获得功能构件，其形状、性能和功能要求稳定。现阶段，美国《时代》周刊将增材制造列为“美国十大增长最快的工业”，英国《经济学人》杂志则认为增材制造将与其他数字化生产模式一起推动实现新的工业革命。该技术将改变未来人类的生产制造与生活模式，实现社会化制造，同时还会改变世界的经济格局。基于这种前瞻性考虑，为了抢占增材制造技术及产业发展的战略制高点，世界重要国家和地区纷纷将增材制造列为未来的优先发展方向。

随着制造思维的进一步发散，以及高端制造领域对零件要求的不断提高，“材料-结构-功能”一体化快速成形已成为现阶段增材制造技术的重要发展方向，其构件的形状、性能和功能均要求可控变化。随着加入时间维度的 4D 打印技术逐渐成熟，预示着更高维度的增材制造方式成为可能，也引起了相关学者对于制造思想的再认识和再思考，极有可能引发制造技术的深层变革和颠覆。制造领域构件的智能化、生命化、意识化是必然发展趋势，随着“5D 打印”“6D 打印”等新概念的出现，“3D 打印”也不再是增材制造的专属代名词，增材制造技术将包含更高维度、更深层次的含义，不断推动制造技术的发展。

1.2.1 国外发展历程

国外增材制造技术的发展大致可划分为传统增材制造技术和智能化增材制造技术两个阶段，其中传统增材制造技术的发展又可划分为“思想萌芽、技术提出、装备推出、技术应用”四个阶段（见图 1-3）。增材制造技术起源于美国，1892—1984 年属于增材制造技术的萌芽起步阶段。从历史上看，很早以前便有“材料叠加”的增材制造设想。1892 年，Blanther 在其专利（#473901）中提出了基于分层制造的地形图成形方法。该方法将地形图的轮廓线压印在一系列的蜡片上，再按轮廓线切割蜡片，并将其叠加粘接在一起，熨平表面后可得到三维地形图。1902 年，Carlo Baese 在其专利（#774549）中提出了使用光敏聚合物制造塑料件的原理，这是现代第一种增材制造技术——立体平板印刷术的初步设想。20 世纪 50 年代后，出现了几百个有关增材制造技术的专利，其中 Paul L. Dimatteo 在其1976 年的专利（#3932923）中提出，先用轮廓跟踪器将三维物体

图 1-3　传统增材制造技术的发展历程

转化成若干三维轮廓薄片，然后用激光切割这些薄片成形，再用螺钉、销钉等将一系列薄片连接成三维物体。此专利更进一步地揭示了增材制造技术的“离散-堆积”成形特征，也预示着增材制造技术将由萌芽阶段转向实用技术。1988年，美国科学家Hull获得了光固化技术的发明专利，并成立了全球首家增材制造公司3D Systems，标志着增材制造技术的根本性发展。进入21世纪后，随着工艺、材料和装备的日益成熟，新型增材制造工艺被不断提出，标志性技术包括熔融沉积制造、叠层实体制造、激光选区烧结、激光选区熔化、电子束选区熔化、三维打印和激光近净成形等。增材制造的应用范围也由原型的快速制造进入产品快速制造阶段，在航空航天、能源动力等高端制造领域得到了规模化应用。随着2013年4D打印技术的提出，标志着增材制造技术逐步朝向智能化发展（见图1-4）。

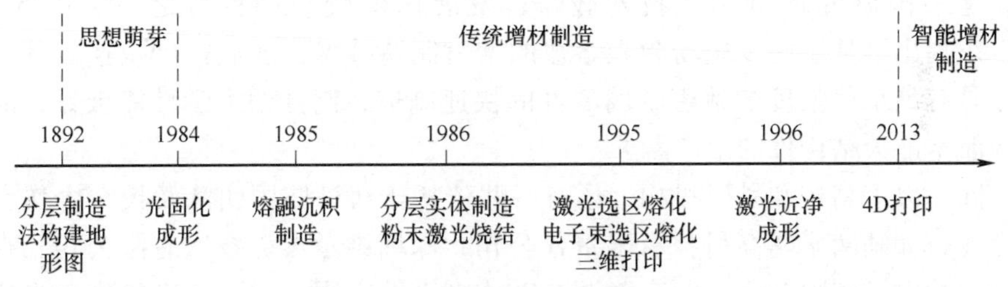

图1-4 增材制造技术的发展时序

1.2.2 国内发展历程

我国的增材制造技术研究始于1991年，在国家科技部等多部门持续支持下，西安交通大学、华中科技大学、清华大学、北京隆源公司等，在典型的成形设备、软件材料等方面研究和产业化方面获得了重大进展。随后，国内许多高校和研究机构也开展了相关研究，如西北工业大学、北京航空航天大学、华南理工大学、南京航空航天大学、上海交通大学、大连理工大学、中北大学、中国工程物理研究院等单位都在做探索性的研究和应用工作，研发出一系列增材制造设备，在配套软件、材料等方面的研究和产业化也获得了重大进展。到2000年，基本实现了设备产业化，接近国外产品水平，改变了该类设备早期仰赖进口的局面。在国家和地方的支持下，我国共建立了20多个服务中心，设备用户遍布医疗、航空航天、汽车、军工模具、电子电器、造船等行业，推动了我国制造技术的发展。

近年来，增材制造技术的主要引领要素是低成本增材制造设备的社会化应用和金属零件增材制造技术在工业界的应用。我国在金属零件增材制造方面也有部分成果达到了国际领先水平，代表性团队包括：

1）清华大学颜永年教授被称为“中国增材制造第一人”，其团队在昆山成立了永年先进制造技术有限公司，并参与建立了“增材制造实验室”，该公司利用增材制造技术制造的零件已成功应用于工业中。

2）北京航空航天大学王华明团队，主要研究大型钛合金结构件在航空航天领域中的应用与发展，建立了中航天地激光科技有限公司成果产业化基地，同时北京航空航天大学研制的钛合金结构件，获得了国家技术发明一等奖的荣誉。

3）华中科技大学史玉升团队，华中科技大学是国内增材制造研究开展较早的科研院校，同时也是研究金属零件增材制造设备与工艺中较为深入的科研院校，在激光选区熔化成形技术上达到国内领先水平。

4）西北工业大学黄卫东团队，依托西北工业大学凝固技术国家重点实验室，是中国研究增材制造技术较早、发展速度较快的单位之一。1995 年，黄卫东提出了基于同步送粉激光熔覆的增材制造技术，随后得到快速发展，适用于具有高承载强度的致密金属零件的快速制造，制件的力学性能极好，能够适应航空航天结构件的生产需求。

除了以上高校和科研机构，还有一些依托于海外归国团队及校企合作创办的企业，如湖南华曙高科技有限责任公司、深圳维示泰克技术有限公司、南京紫金立德电子有限公司、北京隆源自动成型系统有限公司、北京殷华激光快速成形与模具技术有限公司、江苏敦超电子科技有限公司、西安铂力特增材技术股份有限公司等，在增材制造的基础理论和关键技术上掌握了一批核心技术和成果。目前已研制出接近或达到欧美公司同类产品水平的增材制造设备，如武汉滨湖机电技术产业有限公司，以华中科技大学为技术依托单位，研制出全球最大的基于粉末床的增材制造设备，为航空航天、汽车等领域大型复杂零部件提供了全新的制造手段；湖南华曙高科技有限责任公司，是目前全球唯一既能生产激光选区烧结设备，又能生产配套的成形材料，并拥有这些技术全部自主知识产权的企业。

虽然我国增材制造装备的部分技术水平与国外先进水平相当，但在关键器件（如激光振镜系统）、高性能成形材料（如超高温镍基合金粉材）、成形过程的智能化控制、增材制造全流程的仿真模拟及产品应用范围等方面依旧落后于国外先进水平，在高性能终端零部件的直接制造和“形性控制”方面仍有非常大的提升空间。例如，在增材制造的基础理论与成形微观机理研究方面，我国在一些局部点上开展了相关研究，但国外的研究更基础、系统和深入。在工艺技术研究方面，国外是基于理论基础的工艺控制，而我国则更多依赖于经验和反复的试验验证，导致我国增材制造工艺的关键技术整体上落后于国外先进水平。材料的基础研究、材料的制备工艺及产业化方面与国外相比也存在较大差距。此外，部分增材制造装备的核心元器件还主要依靠进口，对成形过程的质量在线监控和缺陷智能诊断技术也不够成熟完善。以技术应用为例，国外增材制造技术在航空航天领域的应用量已超过12%，而我国当前的应用量仍然偏低，距离大规模量产仍存在技术瓶颈。上述问题也成为我国在增材制造技术发展道路上必须解决和攻克的重点和难点问题。

1.3　增材制造的技术特点及发展趋势

1.3.1　技术特点

（1）适合复杂结构的快速制造　增材制造将三维实体加工变为若干二维平面加工，大大降低了制造的复杂度，可实现自由制造，尤其适合快速成形传统方法难加工（如闭式叶轮、带内流道的阀体等）和无法加工（如内部镂空结构）的复杂非规则结构，如图1-5所示。增材制造可实现零件结构的复杂化、整体化和轻量化，在航空航天、生物医疗、模具及珠宝等高附加值产品制造领域具有广阔的应用前景。

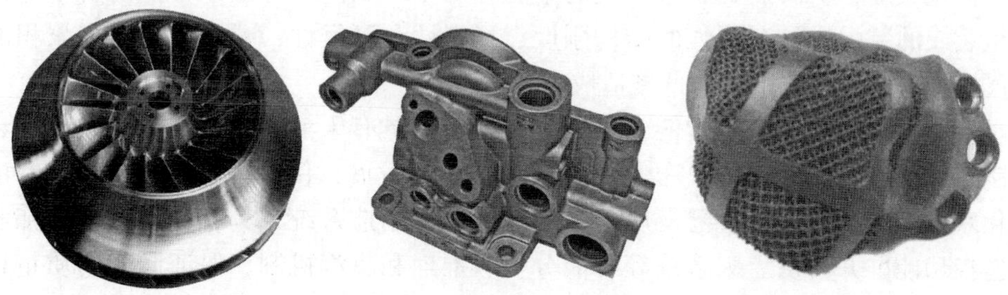

图1-5　增材制造的复杂非规则结构

（2）缩短产品研制周期，适合个性化定制　世界上第一台增材制造设备就是以快速原型机的身份出现在市场上的，用于产品设计阶段的验证，缩短研发周期。目前，增材制造设备的价格已经大幅下降，尤其在中低端民用市场中，用不到万元人民币的价格就能购买入门级增材制造设备来成形树脂零件，使更多用户能接触该技术，提高设计效能。相比于传统大规模批量生产所需的大量工装设备等制造资源，增材制造的生产柔性高，制造和响应速度快，适合个性化定制和小批量生产。根据Stratasys公司提供的数控加工与增材制造宝马汽车滚臂夹具的对比数据（见表1-1）可以看出，增材制造不仅能降低成本，还能显著缩短生产周期，因此极具应用价值。

表 1-1 数控加工与增材制造宝马汽车滚臂夹具的对比数据

制造方式	成本/美元	时间/天
CNC 数控加工	420	18
增材制造	176	1. 5

（3）零件近净成形，材料利用率高 增材制造的逐层叠加方式使得成形实体能够高度贴近设计模型，大部分材料能直接用于产品成形，仅在成形部分悬空结构的辅助支撑时会损耗少量材料，机械加工余量小，因此能有效节省原材料，降低能源消耗，提高材料利用率和经济性，减少环境污染，符合绿色制造的需求。

（4）可成形难加工材料 随着激光、电子束等高能束技术的发展，在提高能量密度同时，发生器的稳定性、可靠性也逐步提升，生产成本大幅降低。例如，激光束具有良好的相干性、单色性、方向性和高亮度等特点，能在极短的时间内将照射目标点升温至数千摄氏度，可熔化绝大部分金属材料，因此能直接制造大多数耐高温及高硬度的难加工材料。

（5）制件一体化程度高，可简化装配流程 增材制造技术适合复杂结构的一体化成形，从设计到制造涉及的中间环节少，工艺流程短，相比由若干零件组装成的装配体具有更强的结构刚度、稳定性和可靠性，减小装配过程累积的尺寸误差，同时有助于降低制造成本。

（6）制造过程高度智能化 增材制造过程具有天然的数字化属性，随着云制造、大数据、5G 网络等智能制造技术的快速发展，使得增材制造技术的智能化水平不断提升。目前已发展出多种智能增材制造系统，具有生产状态感知和监控功能，并具备专家系统等智能分析、推理和决策机制，保证制件的质量稳定，还能对库存情况、需求变化、运行状态异常进行反应。

1. 3. 2 发展趋势

随着增材制造技术的不断发展，其市场产业链也不断完善和壮大。据权威性报告 *Wohlers Report 2020* 中的数据，增材制造市场规模持续增长，在过去的 31 年里年均增长率达到了惊人的 26. 7%，在 2016—2019 年四年间的年均增长率为 23. 3%。因此，增材制造行业仍有很大的生存和发展空间，为诸多新型产业和技术提供了快速响应制造手段，并将持续地推动智能制造技术的发展。鉴于增材制造技术的发展现状，其发展趋势归纳如下。

（1）向组织、结构和功能的一体化增材设计及制造发展 随着工艺、材料和设备的快速发展，增材制造的应用范围由早期的模型和原型制造进入终端零部件的直接制造阶段，各种金属和非金属零件的增材制造工艺日趋成熟稳定，制造能力不断提升，对零件性能的要求也从早期单一的尺寸结构要求逐步过渡到组织、结构和功能的复合需求，使单个零件最大化满足多种性能要求。因此，将增材制造和各种先进制造工艺进行有机结合、取长补短，综合考虑零件的组织、结构和功能特性，实现复杂零件的一体化成形是增材制造技术的重要发展方向。

（2）向多尺度制造拓展　随着对多尺度零件需求的不断增加，增材制造技术也朝着尺寸极端化不断拓展，实现从微观组织到宏观结构的可控制造。在微观尺度上，微纳制造在机械、生物和电子等领域的应用需求十分巨大，增材制造可满足微纳尺度复杂结构的快速制造需求。例如，采用微光固化技术可制造微米级的超微零件，在静脉阀、集成电路、微型机器人等领域得到了应用。在宏观尺度上，增材制造也不断向大型化方向发展，如超大型激光选区熔化设备能够制造有效尺寸超过数米的大型金属结构件，应用于航空航天及核工业等重要领域。在单一尺度快速成形的基础上，实现从微观到宏观尺度连续变化下的同步制造，支持生物组织、功能梯度材料等复杂零件的连续成形，保证“设计-材料-制造”的一体化也是增材制造技术的重要发展方向。

（3）向智能化和网络化发展　目前，增材制造技术在成形材料范围、质量和工艺稳定性、软件功能完善性和后处理技术等诸多方面需要持续改进优化，制造过程、工艺参数与材料的匹配性仍需大量探索，面向增材制造全流程的智能化和自动化需要进一步提高，而解决这些问题的直接有效手段就是大数据、机器学习、工业互联网等智能化技术的应用。增材制造应顺应全球化的趋势，无论是增材制造设备还是相关的服务资源都具有高度的网络化和互联能力，从特定企业或特定区域的集成和共享，向面向全球的增材制造资源和能力集成和共享发展，实现世界制造环境下增材制造活动的有机融合。

（4）向产品生命周期智能化发展　随着增材制造的信息世界和物理世界的不断融合，制造所涉及的活动已经不只限于将原材料转化成最终产品的制造环节，而是扩展到市场分析、产品设计、原材料采购、成形、质量检测、运输销售、使用和售后服务，乃至报废、回收的产品全生命周期，提高增材技术用户和产品间的交互能力，扩大、延伸所有环节的制造智能性，实现全面的增材制造智能化。

（5）向可持续制造发展　增材制造技术在高速发展的同时，也引发了一些环境问题。例如，紫外线固化成形过程中所使用的部分光敏材料会发生分解并释放出有害气体；高分子聚合物丝材，如ABS树脂、聚乳酸和聚四氟乙烯等在熔融沉积成形过程中会产生大量纳米尺度（1~100nm）的超细颗粒，材料降解也会释放出一些有害气体，长期暴露在该环境下不利于使用者的健康；废弃的增材制造用成形材料也具有一定的毒性，会对某些生物的存活率和孵化率造成不利的影响。当前，全球化所面临的最大挑战是既要满足世界人口不断增长的物质需求，也要确保人类在环境、经济和社会上的可持续发展。为了应对该挑战，迫切需要将增材制造朝着可持续化制造方向发展，减少能源的消耗和对环境的污染。

1.3.3 增材制造的智能化

智能制造（intelligent manufacturing，IM）是现代制造技术、人工智能技术和计算机技术三者结合的产物，是以新一代信息技术为基础，配合新能源、新材料、新工艺，贯穿设计、生产、管理、服务等全生命周期活动各个环节，具有信息深度自感知、智慧优化自决策、精准控制自执行等功能的先进制造过程、系统与模式的总称。在智能制造提出和先进制造技术发展的背景下，以信息技术与制造技术深度融合为特征的智能制造模式，正在引发整个制造业的深度变革。根据智能制造理论体系架构（见图 1-6），智能生产是工业 4.0 中的一个关键主题，而增材制造是智能生产中的关键技术。在未来的智能生产线中，与增材制造相关的实体生产资源（增材制造机床、自动配送装置、智能仓储系统和自动后处理设备等生产及辅助设施）将通过集成形成一个闭环网络，具有自主、自适应、自重构等特性，从而可以快速响应、动态调整和配置制造资源网络和生产步骤。

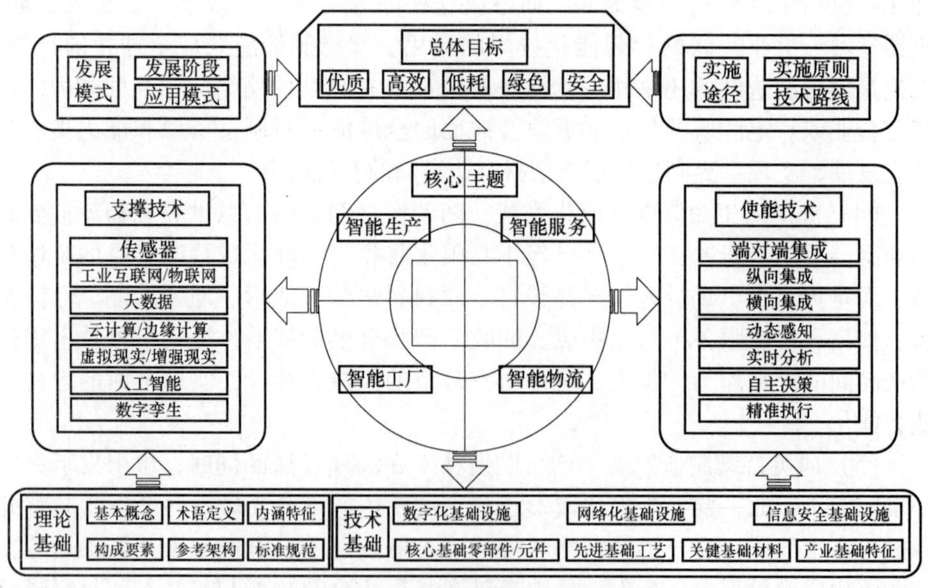

图 1-6 智能制造理论体系架构

增材制造的智能化是将增材制造技术与现代传感测量、数字化、网络化、自动化、拟人化等先进制造技术相结合，通过智能化的动态感知、人机交互、深度决策和精准执行技术，实现增材制造全生命周期的智能化。现阶段，增材制造的智能化方向主要包括增材制造材料的结构和功能智能化、增材制造工艺和控制过程的智能化、增材制造过程的数字孪生、增材制造的智能服务四个维度。增材制造的智能化是智能制造环境下的必然发展趋势，如将人工智能技术应用于增材制造过程中的智能决策，可有效解决各种复杂的产品设计和材料、工艺匹配问题，加快新产品的研制过程。以往增材制件的性能取决于设计和操作人员的知识和经验，需要相关人员对每一个工艺过程都足够了解，涉及产品设计、参数选择、工艺规划、制造控制等诸多环节，任意一环的决定失误都会严重影响增材制件的质量和性能。因此，需要不断感知增材制造的环境，并采用智能化工具，帮助相关人员做出合适的决策，这种需求便推动了增材制造技术的智能化进程。针对增材制造智能化的详细技术原理及相关应用，可参见本书第 6 章。

第 2 章 非金属零件增材制造的原理及方法

非金属制品占全部工业制品种类的比例很大，所用材料多以高分子材料、陶瓷、石膏等为主。随着增材制造技术发展，越来越多的非金属材料可通过增材制造工艺快速成形。本章将从工业生产的角度，介绍几种常见的非金属零件的增材制造方法及其常用材料，并分析非金属材料增材制造过程中常见的工艺缺陷及其解决方法，主要内容包括：①非金属零件的增材制造方法概述；②非金属零件增材制造用材料；③非金属零件增材制造原材料的制备；④非金属零件增材制造工艺缺陷及解决方法。

2.1　非金属零件增材制造方法概述

本节分别介绍了目前已取得广泛应用的几种可以生产非金属零件的增材制造方法，包括立体光固化成形、熔融沉积成形、薄材叠层制造、激光选区烧结和三维喷印成形。

2.1.1　立体光固化成形

立体光固化成形（stereo lithography appearance，SLA），又称立体光刻成形。1981 年，日本名古屋市工业研究所的小玉秀男发明了两种利用紫外光硬化聚合物的增材制造三维塑料模型的方法，其紫外光照射面积由掩膜图形或扫描光纤发射机控制。1984 年，美国 Charles W. Hull 开发了利用紫外激光固化高分子光聚合物树脂的光固化技术。美国 3D Syetems 公司于 1988 年推出了第一台立体光固化成形设备。立体光固化成形目前已经发展成为技术最成熟、应用最广泛的一种非金属零件增材制造方法。

1. 工艺原理

立体光固化成形是利用光能的化学和热作用使液态树脂材料固化，通过控制光能的形状逐层固化树脂，堆积成形出所需的三维实体零件。按照成形过程中最小固化单元的不同，立体光固化成形工艺可分为扫描式光固化成形和面成形光固化成形。按照曝光方式的不同，立体光固化成形工艺的光照方法包括高能光束扫描曝光、遮光掩膜曝光和投影曝光三种（见图 2-1）。扫描式光固化成形工艺通过控制扫描头使高能光束（如紫外激光等）在液态树脂表面快速扫描，对材料进行选择性曝光，而面成形光固化成形工艺则采用遮光掩膜或投影的曝光方式。遮光掩膜曝光通过遮光透镜控制照射到液态树脂表面的通光量，投影曝光则利用投影装置投射一定形状的光源到液态树脂表面实现面曝光，因此拥有更高的效率，光源的形状较前一种方式更容易控制。

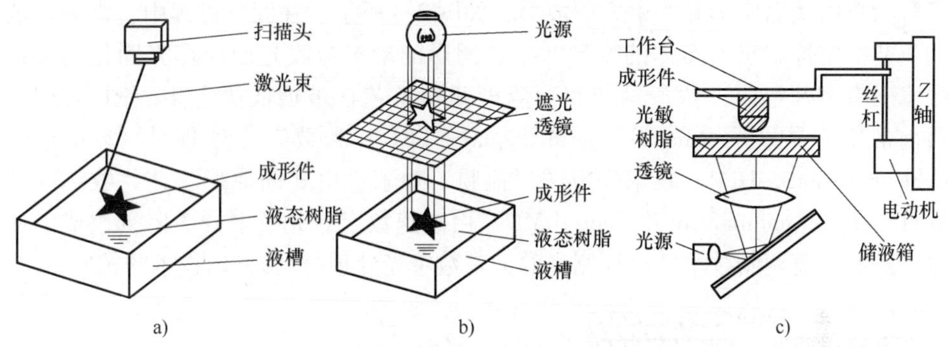

图 2-1　立体光固化成形工艺的不同曝光方式

a）高能光束扫描曝光　b）遮光掩膜曝光　c）投影曝光

（1）扫描式光固化成形原理　扫描式光固化成形的基本原理如图 2-2 所示。液槽中盛满液态光敏树脂，在控制系统的驱动下，激光发生器发出紫外激光束，按零件的分层截面信息逐点扫描液态光敏树脂表面，被扫描的树脂薄层产生光聚合反应而固化，形成截面薄层；一层固化结束后，工作台下移一个层厚的距离，在已固化的树脂表面上涂敷一层新的液态树脂；重复该过程直至整个实体零件成形完毕。由于树脂材料的黏度较大，在每层固化之后，液面难以在短时间内迅速流平，还会产生一定的残留体积（见图 2-3），影响加工精度，因此常使用刮板/刮刀将树脂液面刮平，使指定体积的树脂均匀地涂敷在上一叠层上，然后进行下一层的扫描固化，使制件表面更加光滑和平整，以提高尺寸精度。

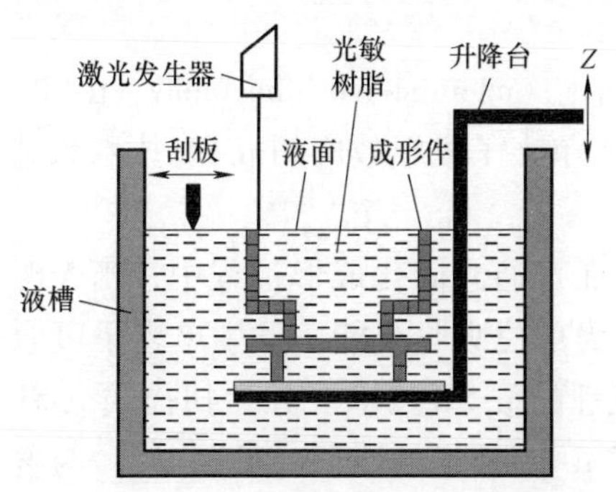

图 2-2　扫描式光固化成形的基本原理

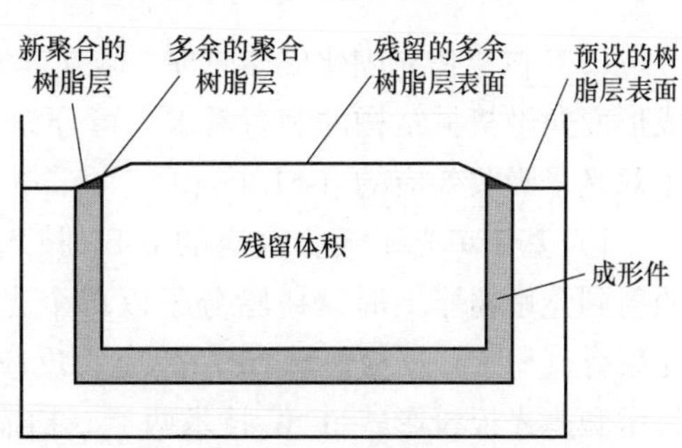

图 2-3　光固化成形过程中的树脂残留

（2）面成形光固化成形原理　面成形光固化的成形原理为：根据零件的连续截面图形数据文件驱动动态视图生成器，获得截面图形的动态掩膜，再用特定波长的面光源照射动态视图生成器，光线经光路系统照射到光敏树脂表面，可一次性固化整个截面层，随后工作台移动一个层厚进行下一层固化，重复此过程直至成形结束。根据成形过程中零件生长方向的不同，面成形光固化成形可分为自由式面成形和约束式面成形，如图2-4所示。在固化过程中，常采取辅助工艺措施抑制层面实体的变形。生成图形的动态掩膜是面成形光固化的关键技术，有多种生成方法。早期利用静电复印工艺在玻璃底版上生成图形掩膜，目前常用液晶显示（liquid crystal display，LCD）和数字光处理/投影（digital light processing，DLP）技术生成图形掩膜。对于自由式面成形工艺，数字微镜器件（digital micromirror device，DMD）由高速数字式光反射开关阵列组成，通过二进制脉宽调制技术精确控制光源，是数字光处理/投影显示技术的核心。

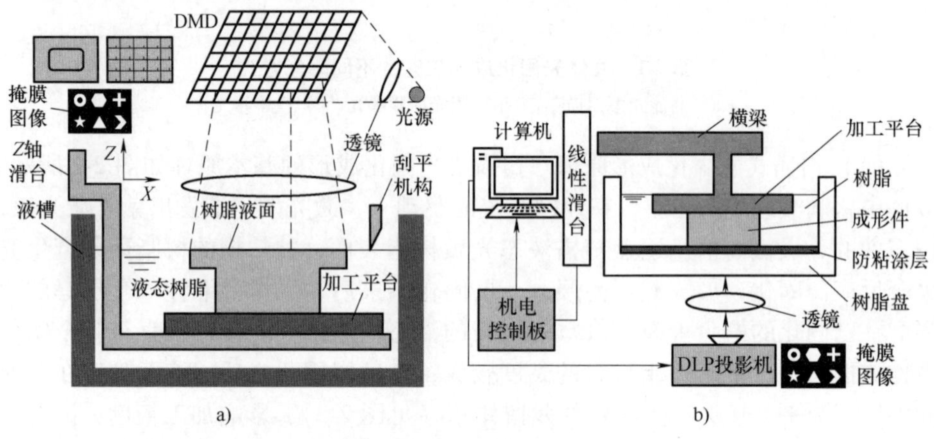

图2-4　自由式面成形和约束式面成形原理

a）自由式面成形　b）约束式面成形

（3）微立体光固化成形原理　微立体光固化（micro stereo lithography，μ-SL）成形面向微机械结构的制造需求，可分为基于单光子吸收效应的μ-SL技术和基于双光子吸收效应的μ-SL技术。

1）基于单光子吸收效应的μ-SL技术。在普通光固化成形过程中，当光源照射到光敏树脂上时，树脂分子以单个光子为单位吸收光能，发生单光子吸收光聚合（SPA）反应。以SPA效应为反应机理的μ-SL技术可分为扫描式μ-SL技术和遮光板投影式μ-SL技术两类。扫描式μ-SL技术的原理（见图2-5）与普通SLA相同，不同之处在于，扫描式μ-SL技术使用了更精确的控制系统和传动系统，其光源固定朝下而工作台提供三轴运动，因此能有效避免由于光源移动引起的光斑尺寸变化，提高了成形精度；不足之处在于，受限于工作台的移动速度，成形效率偏低。为解决该问题，遮光板投影式 μ-SL 技术于 20 世纪 80 代由德国卡尔斯鲁厄研究中心首次提出。如图 2-6 所示，遮光板投影式 μ-SL 技术以 X 射线为固化光源，利用具有制件截面形状的遮光板，通过单次曝光直接固化整个截面，逐层叠加后形成实体。与面成形立体光固化技术相同，遮光板投影式 μ-SL 技术也可利用动态遮光板取代传统遮光板，以降低制造成本。

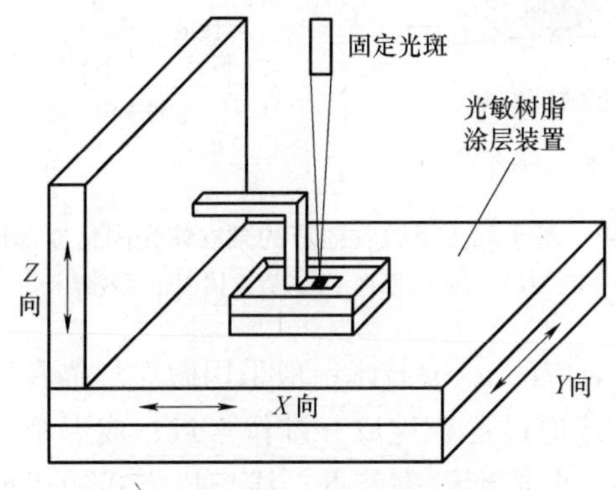

图 2-5　扫描式 μ-SL 技术的原理

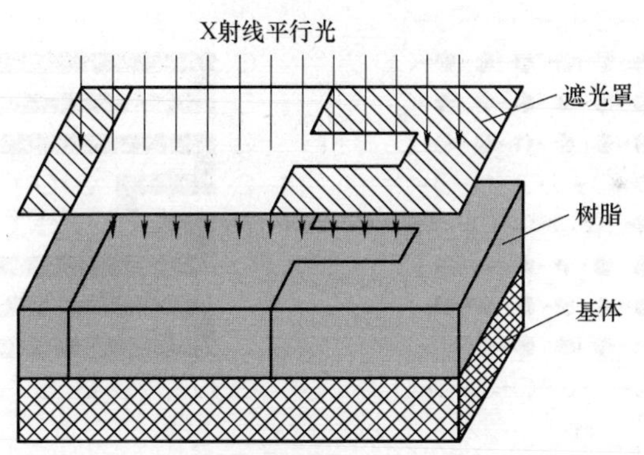

图 2-6　遮光板投影式 μ-SL 技术的原理

2）基于双光子吸收效应的 μ-SL 技术。基于双光子吸收效应的 μ-SL 技术原理与传统光固化成形工艺有较大区别。双光子吸收所需的能量密度更高，常用的入射光源为飞秒激光，此类光源不仅能配合高倍显微镜物镜聚焦形成能量密度极高的光斑，而且能使光固化反应限制在焦点位置，通过局部固化提高成形精度。光敏树脂的敏感波长范围一般为 350 ~ 400nm 的紫外线区，而飞秒近红外激光的波长范围为 750 ~ 800nm。如图 2-7a 所示，在成形过程中，高能激光只在高倍显微镜物镜的焦点处达到引发双光子吸收效应的强度，而焦点之外由于光强不足无法引发聚合效应，因此不会产生固化。通过数控系统精确控制焦点的位置，形成固化路径，逐层固化后即可成形出具有复杂形状的零件，如图 2-7b 所示。

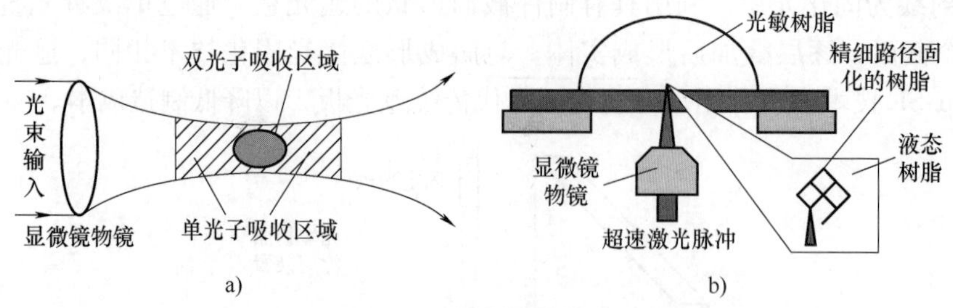

图 2-7　基于双光子吸收效应的微立体光固化成形原理

a）双光子吸收原理　b）微立体固化系统结构

基于双光子吸收效应的 μ-SL 技术一般采用微点扫描和线扫描两种方式（见图 2-8）。微点扫描方式通过逐个生成三维像素点，成形精度较高，更适合制作亚微米级的复杂结构，但成形效率较低；线扫描方式的成形效率较高，但精度逊于微点扫描。

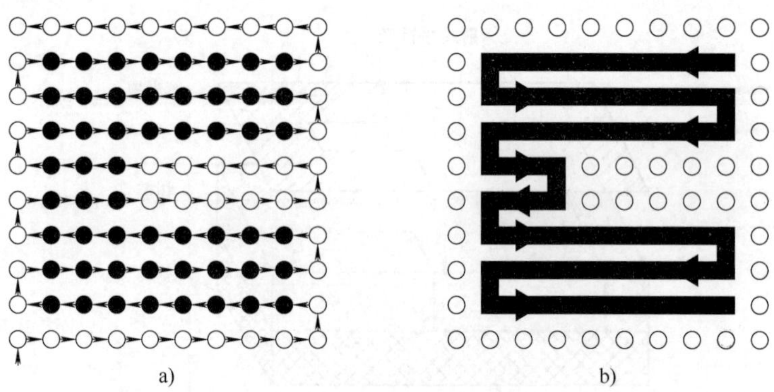

图 2-8　基于双光子吸收效应的 μ-SL 技术的扫描方式

a）微点扫描　b）线扫描

和大多数增材制造工艺相同，立体光固化成形的基本工艺流程主要分为前处理、光固化成形和后处理三个阶段（见图 2-9）。前处理阶段主要进行数据准备，包括对目标三维模型进行数据转换、确定摆放方位、施加支撑和切片分层，以生成 G 代码文件。成形前，调整工作台零位，保证网板和树脂液面的相对位置准确，需要预热树脂材料；然后启动激光发生器，设置激光功率等成形参数，待其稳定后将 G 代码文件读入成形设备的控制系统，检查无误后开始成形。成形结束后，需要进行清洗、去支撑和后固化等后处理工艺，以提高制件的精度和力学性能。

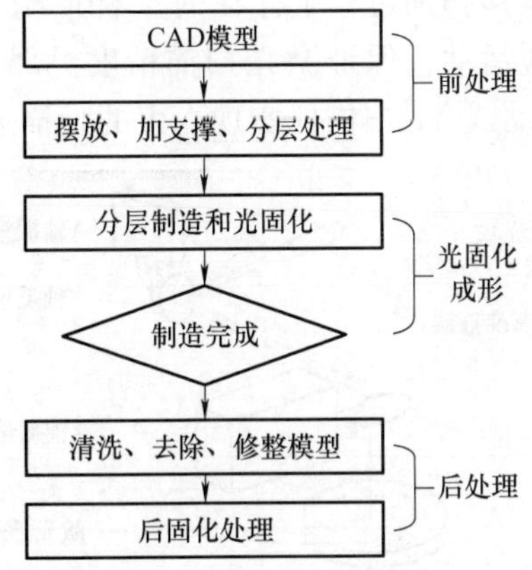

图 2-9　立体光固化成形的基本工艺流程

2. 成形设备结构

立体光固化成形设备的结构主要包括激光及振镜系统、平台升降系统、树脂储存及铺展系统、控制系统，如图 2-10 所示。

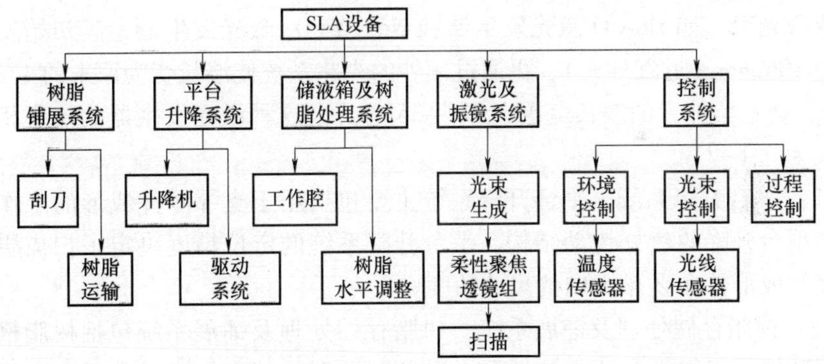

图 2-10　立体光固化成形设备的结构

（1）激光及振镜系统　激光及振镜系统包括激光发生器、聚焦及自适应光路和两片用于改变光路方向、形成扫描路径的高速振镜。振镜是该系统的核心结构，可根据控制系统的指令，按照每一层截面数据进行高速往复转摆，从而将激光束反射并聚焦于液态树脂表面。振镜系统主要包括 X 轴、Y 轴反射振镜，X 轴、Y 轴振镜电动机和伺服驱动单元（见图 2-11）。当伺服系统收到扫描路径点位的指令信号时，具有高动态响应性能的有限转角振镜电动机驱动 X 轴、Y 轴反射振镜迅速偏转，通过 X、Y 方向上两个振镜的协调转动实现激光束在平面上的扫描。振镜系统的运动控制关键在于将三维实体的分层截面坐标转换为相应的振镜转动坐标，并实施插补控制以保证振镜从任意斜率线段起点扫描到终点的运动精确；同时，对振镜扫描过程中存在的“枕形畸变”和“桶形畸变”进行校正，修正后续的振镜运动，保证激光扫描精度。部分光固化设备（如扫描式 μ-SL）也采用机械传动式 *XY* 扫描仪实现光束的扫描运动，此处不再赘述。

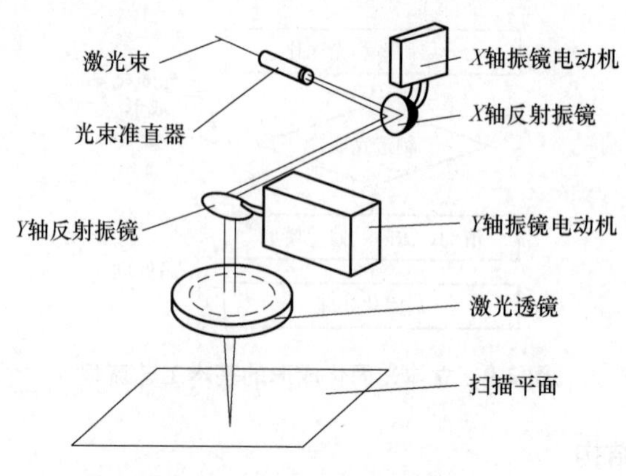

图 2-11　激光振镜系统的结构

对于激光发生器，大多数光固化成形设备均采用性能稳定的固态激光发生器生成激光束，如 He-CO 激光发生器和 Nd：YVO_4 激光发生器，其初始发射波长约为 1062nm（近红外光），再通过额外的光路系统使波长变为原来的 1/3，即 354nm，处于紫外光的波长范围（325~355nm）。这种激光发生器的功率相对较低，仅为 0.1~1W。

（2）平台升降系统　平台升降系统主要包括用于支撑零件成形的工作平台及控制平台升降的丝杆传动结构。平台升降系统的定位精度决定了扫描层的厚度精度和成形件在 *Z* 轴方向的尺寸精度。

（3）树脂存储处理及铺展系统　树脂存储处理及铺展系统包括树脂槽、树脂铺展装置、工作平台调平装置和自动装料装置。其中，树脂槽用于盛放液态光敏树脂。光敏树脂的铺展通常由一个下端带有较小倾角的刮板通过往复运动完成。刮板与工作平台之间须留有一定间隙，以免刮板运动过程中撞坏成形件已固化部分的特征结构；若间隙过小，刮板极易碰撞并破坏上一固化层，一般可采用吸附式涂层机构来解决该问题。当刮板静止时，液态树脂在表面张力作用下流入前后刃中的吸附槽中并充满；当刮板进行涂刮运动时，吸附槽中的树脂会均匀涂敷到已固化的树脂表面。此外，涂敷机构中的前刃和后刃结构能够消除树脂表面的残余气泡（工作平台升降等原因引入），如图 2-12 所示。树脂存储处理通常指工作平台的实时调平，用于确保固化成形过程中工作平台始终与光敏树脂液面保持平行。自动装料装置用于运输并向树脂槽中注入光敏树脂。

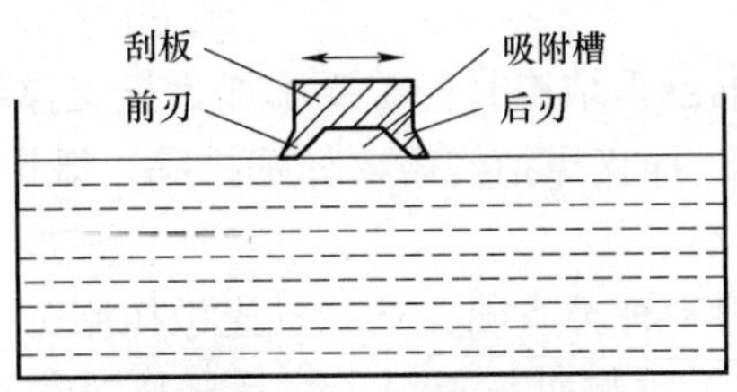

图 2-12　树脂铺展装置

（4）控制系统　控制系统包括三个子系统：

1）过程控制系统，即读取前处理生成的成形工艺文件（G 代码），并逐行执行运动指令，控制光固化成形设备的各个子系统完成协同运动，如驱动树脂铺展系统中刮板运动、调节树脂水平、改变工作平台高度等。同时过程控制系统还负责监控传感器所返回的树脂高度、刮板受力等信息，避免刮板毁坏。

2）光束控制系统，即调整激光光斑尺寸、聚焦深度、扫描速度等参数。

3）环境控制系统，即监控储液箱的温度、湿度等环境参数，根据制件材料和结构要求改变环境参数。

3. 工艺特点

作为最早开发和应用的增材制造技术，立体光固化成形工艺生产的零件尺寸精度高、表面质量好，能够制造非常精细的结构，因此拥有非常广泛的应用。

（1）工艺优势

1）对比其他非金属材料增材制造工艺，立体光固化成形件的尺寸精度高，可达±(0.1~0.15)mm，表面质量好，阶梯效应不明显。微立体光固化成形工艺的成形精度甚至能达到微米级，面成形立体光固化成形工艺可在零件较平整的顶面达到玻璃般光滑的效果。

2）原材料利用率极高，在无支撑结构的成形条件下接近 100%，未固化的成形液能被循环使用，产生废料少。

3）成形过程的自动化程度高。光固化成形系统的硬件和控制系统都非常稳定，成形缺陷相对较少，利于大批量自动化生产。

4）对环境较为友好。立体光固化成形工艺要求其所用的立体光固化材料符合绿色制造的要求，以减小对环境和人体的伤害。

5）根据选用立体光固化成形材料的种类，成形件通常具有良好的耐化学腐蚀性和热稳定性，并且易于洗涤和干燥，质量小；采用无色光敏树脂还可制造透明的零件。

6）加工受限小，可以制造具有复杂内部结构的零部件，如熔模精密铸造使用的中空消失型芯或由拓扑优化生成的复杂镂空结构。

（2）工艺局限

1）成形复杂零件的悬垂结构时仍需要添加大量支撑结构，防止产生成形失败或翘曲、塌陷等问题。而支撑结构需要仔细拆除，既影响成形件的表面质量，又增加了生产周期和成本。

2）可选择的成形材料种类有限，基本以光敏树脂为主，其固化后的性能一般不如常用的工业塑料，较脆而易断裂，并且材料随时间变化易变性。部分液态树脂还有一定的气味和毒性，通常需要避光保存。

3）需要二次固化。为了提高成形件的力学性能和尺寸稳定性，大多数成形件在完成连续固化后都需要进行二次固化处理。

4）工业级立体光固化成形（SLA）设备和成形材料成本高昂，所使用的激光发生器、振镜系统和固化材料的价格相对较高，并且需要定期维护。

4. 应用范围

立体光固化成形工艺用途广泛，常被用于以下领域：

1）工业设计领域，如工业产品原型、珠宝首饰、建筑模型的制造。

2）生物工程及医学领域，如人体组织器官模型的制备。

3）模具制造，如复杂注塑模具和熔模精密铸造的具有中空结构的消失型芯。

4）日常生活方面，可制造工艺美术品、穿戴服饰、玩具及教具等。针对立体光固化成形设备，3D Systems 是基于该技术创立的世界首家增材制造公司，并于 1988 年推出了第一台商品化增材制造设备——SLA 250（见图 2-13a）。同期，日本的 CMET 和 SONY/D-MEG 公司也分别推出了各自的商品化 SLA 设备。1990 年，德国光电公司（EOS）也开发出商品化 SLA 设备。2001 年，日本德岛大学研发出基于飞秒激光的 SLA 技术，实现了微米级复杂三维结构的增材制造。进入 21 世纪后，立体光固化成形工艺发展速度趋缓，此时 SLA 在应用领域中主要分为两类：一类是针对短周期、低成本产品的验证，如消费电子、计算机相关产品、玩具手办等；另一类是制造复杂树脂结构件，如航空航天、汽车复杂零部件、珠宝、医学骨骼等。2011 年，奥地利维也纳技术大学研制出了世界上最小的 SLA 设备，体积仅相当于牛奶盒大小，质量 3.3lb（1lb = 0.454kg）。2012 年，美国麻省理工学院研究出一款高精度 SLA 设备——FORM 1（见图 2-13b），可制作层厚仅为 25μm 的物体。2016 年，意大利 Solido 3D 公司开发了基于手机 LED 屏幕的 DLP 光固化成形设备，成形精度可达 42μm，设备成本大幅降低。

近年来，立体光固化成形工艺的发展较为迅速。微滴喷射成形是目前唯一能同时成形多种光敏树脂的增材制造技术，该技术可以通过双喷头在成形光敏树脂同时，生成使用水溶性或酸溶性的支撑材料，便于去除支撑以保留制件的

a)

b)

图 2-13　SLA 250 和 FORM 1 立体光固化成形设备

a）SLA 250　b）FORM 1

精细结构。2015 年出现的连续液面成形（continuous liquid interface production, CLIP）技术将成形速度提高了数十倍到百倍；2019 年出现的快速连续增材制造（rapid continuous additive manufacturing，RCAM）可以弥补以 CLIP 为代表的立体光固化成形的缺陷，实现百倍速成形实体零件；同年出现的基于反向 CT 的计算轴向光刻技术（calculated axial lithography，CAL）可以在几十秒光照下成形出一个完整的人像；基于流动液面控热的大面积快速打印技术（high-area rapid printing，HARP）有效地解决了固化层与窗口粘接的问题，扩散了树脂聚合过程中产生的热量。

2.1.2　薄材叠层制造

薄材叠层制造（laminated object manufacturing，LOM），又称为叠层/分层实体制造、薄形材料选择性切割或箔材粘接制造，是增材制造技术的重要分支。1984 年，美国 Michael Feygin 提出了薄材叠层制造的方法，并于 1992 年推出第一台商业成形系统 LOM-1015。薄材叠层制造工艺利用激光扫描或切刀运动直接切割箔材，将箔材逐层堆积进而成形制品，成形材料以蜡片、纸材或塑料薄膜等非金属材料为主。由于薄材叠层制造技术具有原材料成本低廉、效率高、工作可靠、工艺过程容易实现等优点，在早期推出后发展迅速。部分学者也将超声增材制造技术归为薄材叠层制造技术体系中，通过超声振动将金属板材逐层焊接在一起，其技术原理详见本书 3.1.5 节。

1. 工艺原理

薄材叠层制造是根据零件分层几何信息切割箔材，将所获得的层片粘接成三维实体（见图 2-14）。该工艺常用的非金属材料包括纸张、塑料薄膜、复合材料等薄片，薄片的一面需要预先涂覆一层热熔胶并制成供料卷。叠层成形时，控制供料卷首先将当前层薄片材料涂胶面朝下叠放到前一层上，再通过热压碾机构进行热辗压，使当前层薄片材料上的热熔胶融化并与前一层粘接。根据零件模型的切片截面数据，控制系统输出当前层对应的扫描指令，控制高能激光照射并切割薄片材料，同时对薄片上的非截面区域进行网格切分，便于在叠层成形结束后去除多余材料。随后工作台下降单层高度，带动被切割下的薄片与供料卷分离，然后供料卷转动，重新送料再次切割，逐层叠加直至成形结束。最后将制件卸下，剥离周围被切成小块的废料，并完成打磨、喷涂等表面处理工序。

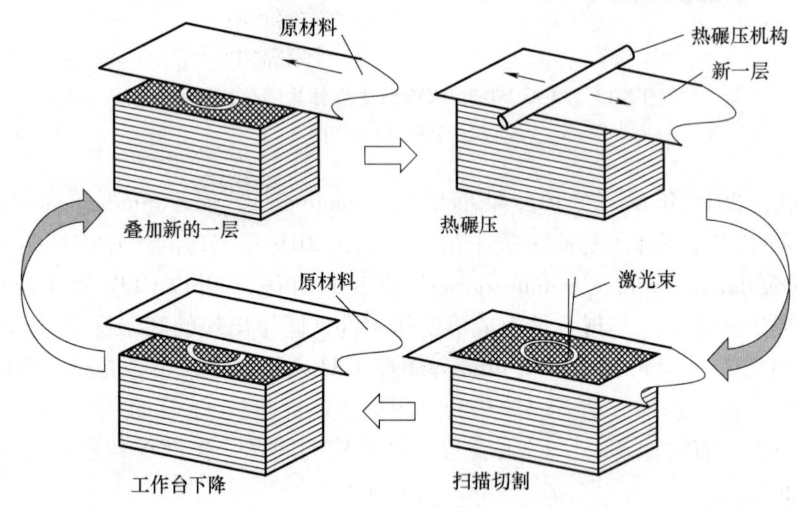

图 2-14　薄材叠层制造的工作原理

2. 工艺过程

根据薄片材料的不同，薄材叠层制造工艺也有所不同，主要可分为纸材粘接工艺和塑料薄膜粘接工艺。

（1）纸材粘接工艺　早期的薄材叠层制造以纸材粘接工艺为主，最早于 1991 年提出。由于使用的纸材成本低廉、设备结构简单、制件精度高且质感好，当时受到了广泛关注。在纸材粘接工艺的前处理过程中，为了精准控制单层和累积成形厚度，需要在叠层过程中实时监测已成形实体部分的累积厚度，再根据实测值对三维模型未分层部分进行实时切片处理。叠层制造过程主要分为基底叠层和零件叠层成形两部分。基底叠层是在零件成形前先堆叠 3~5 层薄片材料作为基底，既能保证底层材料与工作台的连接稳定可靠，还能保护制件底层结构在从工作台取下时不会损坏。零件叠层成形时需要设置的工艺参数主要包括：①激光扫描切割速度，尽量减少叠层制造耗时；②激光束的能量/功率，防止过度切割或切深不足；③加热辊的温度和压力，以适应零件尺寸、薄材厚度及环境温度；④网格切分尺寸，保证成形件的表面质量，同时便于余料的去除，提高制造效率。

(2) 塑料薄膜粘接工艺　与纸材相比，常见的工程塑料及部分树脂材料都能制成塑料薄膜，材料及制备成本低廉。常用的塑料薄膜材料包括聚氯乙烯（PVC）、低密度聚乙烯（LDPE）、双向拉伸聚丙烯（BOPP）、聚酯（PET）、尼龙（PA）、聚丙烯（PP）等。塑料薄膜粘接工艺与纸材粘接工艺类似，不同之处在于：①不需要热压辊，层间的粘接通过喷洒黏结剂实现；②利用切刀等机械装置切割各层材料的余料，而非采用昂贵的激光发生器。因此，塑料薄膜粘接设备的结构更简单，价格更低，便于操作和维护。由于薄膜材料比纸材更薄，对湿度也不敏感，更耐腐蚀，所以塑料薄膜粘接制件的表面精度更高，也更加耐用。

3. 成形设备结构

以基于纸材粘接工艺的薄材叠层制造设备为例，薄材叠层制造系统（见图 2-15）整体分为硬件系统和软件系统两部分。其中硬件系统包括激光扫描系统、材料送给装置、热压叠层装置和控制系统等；软件系统主要包括几何建模单元和信息处理单元。

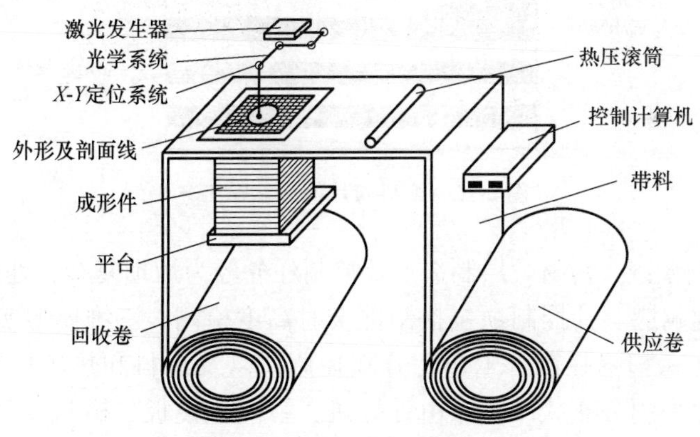

图 2-15　薄材叠层制造系统

(1) 激光扫描系统　激光扫描系统由激光发生器、扫描头、光路转换器件、接收装置及相应的反馈系统构成。激光发生器是薄材叠层制造系统的关键元器件，其输出功率直接影响材料切割情况，决定了系统的可靠性和工作连续性，并且在整个系统的成本占比较大。薄材叠层制造设备通常采用光纤式激光发生器。

（2）材料送给装置　材料送给装置由原材料存储辊、送料夹紧辊、导向辊、余料辊、送料电动机、摩擦轮和报警器组成。材料卷套在原材料存储辊上，拉伸出的带状材料经由夹紧辊、导向辊和材料撕断报警器固定在余料辊上。余料辊的辊芯与送料电动机的轴芯相连，依靠电动机旋转进行送料。摩擦轮固定在原材料存储辊的轴芯上，摩擦轮提供的阻力矩可确保带状材料保持张紧状态。由于送料过程需要克服摩擦轮的阻力，可能导致薄片材料的撕裂，因此需要加装报警器。当材料撕断时，立即发出报警信号，并中止后续成形。

（3）热压叠层装置　该装置由驱动电动机、发热管、热压辊、温控器和高度检测传感器等部件组成，其作用是对叠层材料加热加压，使当前层材料与上一层牢固粘接。如图 2-16 所示，驱动电动机经同步带驱动热压辊，在当前层材料上方做往复运动。热压辊内装有大功率发热管和温控器，使热压辊保持在设定温度。由于材料厚度及黏结剂厚度在成形过程中容易发生变化，因此需要高度检测传感器实时测量叠层的实际高度，再根据反馈的高度数据对零件三维模型进行补偿和实时切片，输出与当前高度对应的零件截面轮廓，从而保证制件的轮廓形状和尺寸精度。

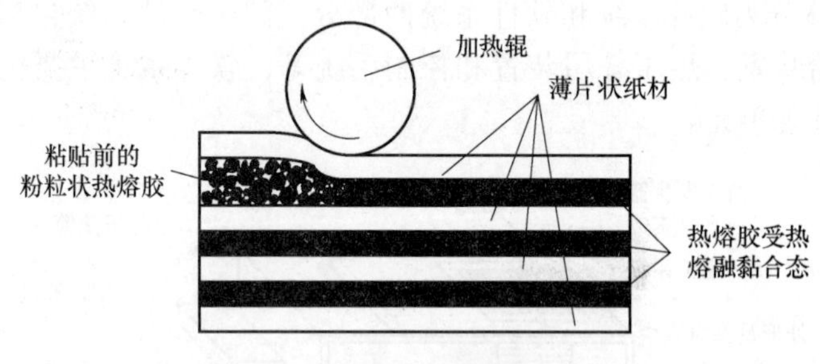

图 2-16　纸材薄片的热粘贴工艺

（4）控制系统　薄材叠层制造涉及控制任务较为烦琐复杂，处理数据量大，同时需要快速响应。其控制项包括制件实时高度检测、三维模型实时切片及数据处理、激光束扫描控制、工作台升降控制，以及送料和热压控制等。因此，控制系统一般采用分布式结构，由计算机、智能化模板、检测装置、数据传输装置、驱动器等部分组成。

4. 工艺特点

（1）工艺优势

1）材料价格便宜，成本低。与大多数增材制造工艺相比，薄材叠层制造工艺选用的材料成本低廉、易于获取，也更容易生产。

2）成形效率高。根据离散堆积的基本工艺原理，最小成形单位越大，成形效率越高。薄材叠层制造以面片作为最小的成形单位，相对点、线成形单位具有更高的成形效率。

3）可制造尺寸相对较大的零件。由于设备结构简单，薄材的尺寸面积易于增加，因此薄材叠层制造设备对零件尺寸并不敏感，可以制造尺寸相对较大的制件。

4）由于薄才本身具有一定的刚度，因此成形大多数零件不需要辅助支撑结构。

（2）工艺局限

1）制件沿叠层方向的强度较低。受材料本身强度的限制，成形件的性能难以进一步提高，在工业领域难以大范围推广。

2）后处理工序较为复杂。余料剥离耗时较长，还需要打磨抛光及表面涂覆等多种工序来保证制件的表面质量。

3）制造体积较大的零件时，容易发生翘曲变形等工艺缺陷。由于黏结剂与薄材的热膨胀系数相差较大，两者在受热时会产生不同的膨胀量，进而造成翘曲变形，影响后续叠层的成形。此外，制件内部不均匀的内应力还可能造成制件尺寸精度降低，甚至产生横向开裂。

5. 应用范围

薄材叠层制造技术可应用于航天航空、汽车、机械、电器、玩具、医学、建筑和考古等领域，在造型设计评估、产品装配检验及模具/母模的快速制造等方面得到了迅速应用，如车灯壳体、沙盘和三维地图、人像模型等各类工业零件和工艺展品。由于薄材叠层制造工艺选用的材料易燃易熔，并具有较小的膨胀率，因此被广泛用于熔模铸造中的模具或砂型（芯）制造。美国 Helisys 是最早研发薄材叠层制造技术的公司，并在 1991 年推出了世界上第一台商品化 LOM 设备，主流产品为 LOM-2030H 和 LOM-1015PLUS 系统。此外，新加坡的 KINERGY 公司、日本的 KIRA 公司等也相继推出了 LOM 设备。随着其他增材制造技术的出现和快速发展，薄材叠层制造工艺的优势正在慢慢减小，进一步限制了其应用范围，甚至将完全被取代。

2.1.3　熔融沉积成形

作为一种典型的材料挤出增材制造技术，熔融沉积成形（fused deposition modelling，FDM）又称熔融挤出成形、熔丝沉积制造，由美国 Stratasys 公司的 Scott Crump 博士于 1988 年率先提出，是继立体光固化成形和薄材叠层快速成形工艺后的又一种应用较为广泛的增材制造技术。1992 年，Stratasys 公司推出了世界上第一款熔融沉积成形设备——3D Modeler，标志着该技术正式步入商用阶段。

1. 工艺原理

熔融沉积成形的工艺原理如图 2-17 所示。通过控制喷头处的加热器直接将丝状热熔性材料（通常为高分子聚合物，直径一般为 1.75mm 或 3mm）加热熔化，丝材由加料口送入后会被逐渐加热。在温度达到丝材软化点之前的这一段距离为加料段，此时刚插入的丝材和已熔融的材料共存。由于此处熔融态材料能及时将热量传递给刚被送入的丝材，因此熔融态材料的温度可视为不随时间变化且各点温度近似为相等。随着丝材表面温度的升高，丝材的直径逐渐变细，直到完全熔融，形成熔化段；完全被熔融材料充满的区域为熔融段。随着丝材的不断送入，丝材还起到活塞的作用，将熔融态材料经口模段从喷头底部的微细喷嘴（直径一般为 0. 2~0. 6mm）中挤出。为保证热熔性材料从喷嘴挤出后能与上一层材料快速、可靠地黏结，材料温度通常会稍高于其固化温度，而成形部分的温度略低于固化温度。温度过高，会降低成形精度，模型易产生变形；温度过低，喷头易被材料堵塞，终止后续成形。

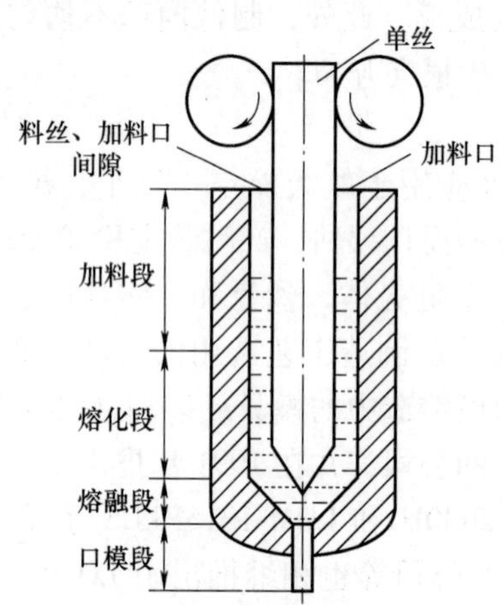

图 2-17　熔融沉积成形的工艺原理

熔融沉积成形的典型工艺过程为：首先载入前处理生成的工艺文件，清理工作台后初始化系统，熔覆喷头回到坐标原点，同时对熔覆喷头和基板进行预热，预热温度分别约为 210℃和 50℃（根据成形材料的不同有所调整）。预热完成后执行成形命令，由电动机驱动主动辊（一般为棘轮）旋转，利用主动辊、从动辊与丝材间的摩擦力，将丝材通过由低摩擦材料制成的导向套送至熔覆喷头内腔，期间丝材将被电阻式加热器加热熔融，再将熔融态的材料通过喷嘴以一定的压力挤出；同时，喷头执行平面扫描运动（沿 X、Y 轴方向移动），沿零件的截面轮廓和填充轨迹挤出材料，凝固后与周围的材料粘接。熔融沉积层的厚度会随着喷头的运动速度而发生变化，最大层厚通常为 0. 15~0. 25mm。完成单层沉积后，工作台下降一个层厚进行新一层的熔融沉积，此迭代该过程直至成形完整个实体。

2. 成形设备结构

熔融沉积成形设备的硬件系统主要由机械系统和控制系统组成，机械系统由运动单元、喷头与进料装置、成形室和材料室等单元组成，多采用模块化设计，各个单元相互独立；控制系统负责控制喷头和基板间的相对运动，以及喷头和基板/成形室的温度等参数。设备主要组成部分的功能、构成及特点如下。

（1）运动单元　运动单元负责完成喷头的扫描和基板的升降动作，机构的定位和运动精度决定了设备的成形精度。其中，X、Y 轴方向的运动驱动通常采用伺服电动机，Z 轴方向则采用步进电动机。工业级熔融沉积成形设备的传动机构通过选用直线导轨和精密滚珠丝杆，用于提高喷头运动时的定位精度。

（2）喷头与进料装置　根据塑化方式的不同，喷头结构可分为柱塞式喷头和螺杆式喷头两种。柱塞式喷头利用电动机驱动摩擦轮将丝料送入塑化装置熔化，后续进入的未熔融丝料充当柱塞，驱动熔融材料并将其从喷嘴中挤出。柱塞式喷头的结构简单，成本低廉。螺杆式喷头则是由滚轮将熔融或半熔融的材料送入料筒，在螺杆和外加热器的作用下实现材料的塑化和混合，螺杆旋转提供了驱动力，将熔融材料从喷头挤出。螺杆式喷头不但能提高成形效率，还拓宽了材料的选择范围，降低了材料的制备和贮藏成本。熔融沉积成形工艺使用的原料形态可分为丝材（为主）和颗粒材料两种，对应的进料装置也有所不同。当原料为丝材时，进料装置大多利用电动机驱动的两个摩擦轮提供驱动力，将丝材送入塑化装置熔化；当原料为颗粒材料时，通常采用气压辅助式进料装置，配合加热器和热喷头即可将材料直接挤出，省略了拉丝和制卷过程，有助于保持原料特性，同时降低材料的制备和贮藏成本。

（3）喷嘴结构　喷嘴的结构形式、孔径大小及制造精度等都将影响原料的出料顺利与否、挤出压力及出料速度。溢料式喷嘴通过独立控制阀门的开关动作实现出料的启停，同时还增加了稳压溢流阀及溢流通道。当喷射阀打开时，溢流阀关闭，原料即可从喷射阀出口挤出，反之则进料装置继续送丝，熔料从溢流通道流出，并且其阻力与喷嘴完全相同，从而保证喷头内熔料压力恒定。其中，图 2-18a 所示为用阀结构来实现熔料喷射和溢流的转换，图 2-18b 所示为用板式阀门的推动来实现大喷射口和小喷射口的转换。

（4）控制系统　熔融沉积控制系统的硬件一般由 PC+PLC 系统、运动控制系统、送丝控制系统、开关量控制系统及温度控制系统 5 部分组成。PC+PLC 系统包括带有串口的计算机、可编程逻辑控制器及连接电缆。其中，计算机负责人机交互界面、三维数据的处理、计算加工轨迹数据并生成相应的控制指令等工作；可编程逻辑控制器负责接收加工指令和数据，通过 I/O 端口和扩展模块

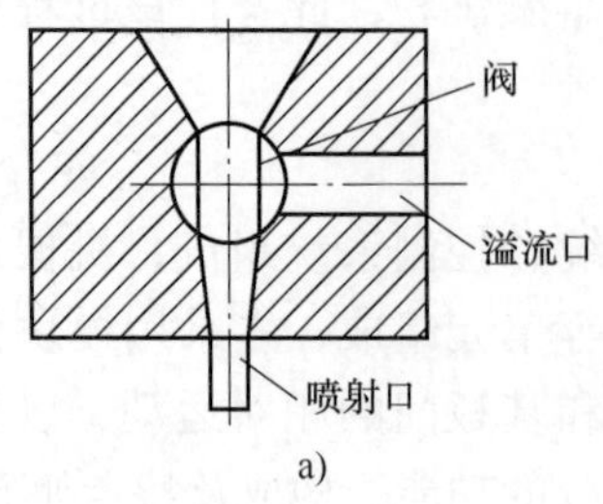

a)

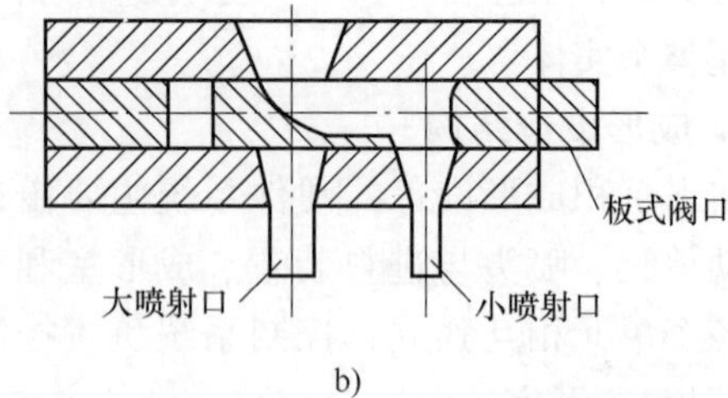

b)

图 2-18　溢料式喷嘴

a）阀控制　b）板式阀门控制

控制各个子系统。运动控制系统通常采用步进式开环控制，通过步进电动机、驱动器和检测开关实现喷头和基板的运动。送丝控制系统一般具有单独的驱动电路，用于控制送丝机构。开关量控制系统是设备上一些必要的开关量，通常直接连接到 PLC 的 I/O 端口。温度控制系统主要由温度传感器、比较运算放大器、检测热电阻元件、小型继电器等部分组成。温度控制器的输入端一般采用热敏电阻作为温度传感器，热检测元件与其连接；输出端是两个小型继电器，控制加热与停止。当温度传感器检测到温度变化时会引起电压的变化，将运算放大器与所设置温度进行比较，达到设置温度后会引发继电器断开，停止加热。环境温度检测元件用于测量成形室内的环境温度，并将所检测的温度以电信号的方式传递给温度传感器。温度传感器再将接收的信号经放大电路放大，通过 A/D 转换器将电信号转换成数字信号，通过功率放大电路放大后传送给热电偶，控制是否加热。热电偶可直接测量周围温度，并将温度转换成电信号向下传递。

3. 工艺特点

（1）工艺优势

1）由于成形原材料的熔点普遍较低，一般最高不超过 350℃，因此采用普通的电阻式加热器即可实现材料的熔融，不需要复杂且昂贵的激光系统，简化了成形设备的整体构造；设备操作简单，占地空间小，便于维护，运行安全，采购成本低。目前，熔融沉积成形设备的价格最低仅为几千元人民币，非常适合作为桌面级制造设备使用。

2）原材料的成形过程为物理熔化，不产生化学变化，不产生异味、粉尘、噪声等污染，有毒物质排放量小，材料利用率高且寿命长。

3）原材料的选择范围较广。ABS、PLA、PPS/PPSF、PC、PP、TPU、尼龙、铸蜡，以及金属（如不锈钢、铬镍铁合金、铜合金）填充的聚合物线材等均可作为成形材料。并且原材料容易被染色，适合制造彩色零件。

4）后处理工艺相对简单。大部分熔融沉积成形设备支持打印水溶性材料，将水溶性材料作为支撑结构能够大幅度缩短后处理时间，同时可以保证复杂零件的表面精度。

（2）工艺局限

1）由于喷嘴孔径较小，因此对成形材料的黏稠度、所含杂质的颗粒度等有严格要求，以防止材料阻塞喷嘴。

2）难以成形很尖锐的拐点，可成形的最小圆角取决于丝材的直径和运动控制方法。

3）制件具有明显的各向异性，由于层间的结合力明显低于成形材料本身的抗拉强度，导致制件在竖直方向上的强度低于水平方向。

4）成形精度偏低，制件表面有明显的条纹和“拉丝”缺陷，阶梯效应明显，并且每一层的开始与结束点的结合处会出现熔接痕，影响表面质量。桌面级设备通常缺乏出料控制部件，其制件的表面精度通常为 0.1~0.3mm。

5）需要设计与制作支撑结构，且支撑结构不易剥离，剥离后容易破坏分离面。

6）受限于喷嘴的移动速度和基板的尺寸大小，成形速度较慢，不适于制造大型零件。

4. 应用范围

熔融沉积成形技术的应用范围非常广泛，主要包括概念/功能性原型制作、产品的测试与评估、中小型零件的制造及修整等方面，有助于用户进行产品外观评估、方案选择、装配检查、功能测试、看样订货等操作，在工艺品设计、家用电器、办公娱乐、模具制造、生物医学、教育培训（见图 2-19）、地质测量、考古研究等诸多领域均有大量应用。由于熔融沉积成形设备的占地空间较小、使用成本低、污染少，使该技术非常适合普及和推广，成为目前中小型企业、教育院校，以及个人采购和运用最为广泛的增材制造技术。

图 2-19　桌面级 FDM 设备及其在教育行业的应用

在设备研发方面，美国 Stratasys 公司对熔融沉积设备的开发较早并率先占领了市场，推出了一系列商品化的 FDM 设备，特别是 1998 年推出 FDM-Quantum 机型，采用了挤出头磁浮定位系统，可以独立控制两个喷头，分别用于填充成形材料和支撑材料，有效提升了成形速度。该公司的 FDM 设备——Stratasys

Fortus 900mc 的最大成形尺寸（长/mm×宽/mm×高/mm）为 914.4×609.6×914.4。近年来，桌面级 FDM 设备有了飞速发展，最具代表性的桌面级 FDM 设备品牌有国外 MakerBot 公司的 MakerBot Replicator 系列、3D Systems 公司的 Cube 系列，以及国内北京太尔时代科技有限公司的 UP 系列、深圳市极光尔沃科技股份有限公司的 A8 系列等。

为了扩展熔融沉积成形的材料选取范围，气压式熔融沉积成形（air-pressure jet solidification，AJS）技术应运而生，其工作原理如图 2-20 所示。AJS 成形系统主要由控制、加热与冷却、挤压、喷头机构、可升降工作台及支架机构组成。气压式熔融沉积成形过程中不需要将材料预加工成丝状，只需将材料预先倒入加热装置中进行熔融即可。空气压缩机可以提供 1MPa 左右的稳定气压，将加热后的低黏性材料从喷头挤出并涂覆到基板或沉积层上。因此，该工艺能成形传统 FDM 设备不能制造的高熔点材料，甚至不同相的粉末-黏结剂混合物。此外，其控制系统能实现全自动控制，包括加热装置温度、气压及气路的通断，喷头中材料的挤出速度，以及喷射量与喷头扫描速度的匹配控制等，因此成形精度和制件的表面质量更好。在拓展熔融沉积成形自由度方面，由于普通熔融沉积设备通常仅为喷头提供 3 个正交方向的平移自由度，不仅体积误差较大，并且成形悬空结构需要打印支撑。随着多自由度 FDM 设备的发展，不仅允许更加灵活地控制喷头成形轨迹，还能有效减小阶梯效应的影响和支撑材料的使用。例如，在原有三轴 FDM 设备的基础上，通过增加两个旋转自由度，实现五轴自由成形，或者基于 Stewart、Rostock-kossel 等平台并联机构开发的具有更多自由度的 FDM 成形设备，可制造复杂结构并能提高成形效率。

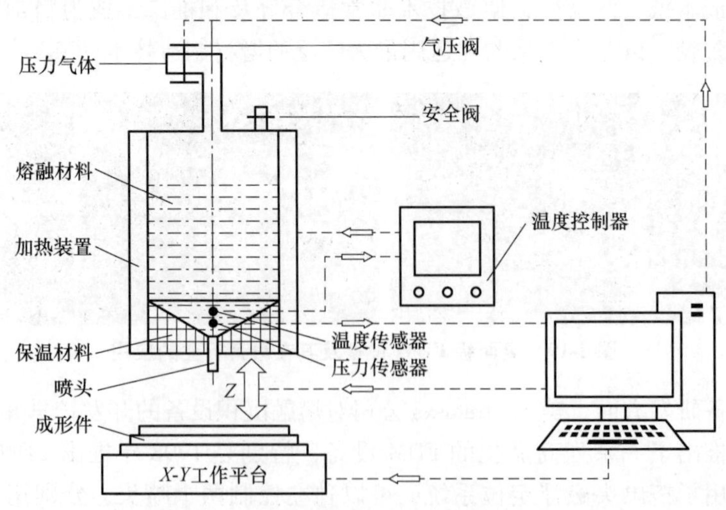

图 2-20 气压式熔融沉积成形的工作原理

2.1.4 激光选区烧结

激光选区烧结（selective laser sintering，SLS）又称选择性激光烧结，最早于1986年由美国德克萨斯大学的研究生Carl Deckard发明，并于1988年成功研制出第一台激光选区烧结样机。该技术利用红外激光作为热源，在计算机控制下照射并烧结非金属或金属粉末材料，按照分层数据逐层扫描烧结，层层堆积成形得到零件。选择的非金属材料一般为石蜡、聚碳酸酯和尼龙等高分子材料，以陶瓷粉末和多材料混合物料。

1. 工艺原理

激光选区烧结与扫描式立体光固化成形技术的主要区别是，其使用了粉状材料而非液态光敏树脂，不仅扩展了原料选择的种类，而且简化了支撑结构。激光选区烧结的工艺流程为：首先利用铺粉辊将一层粉末材料平铺在工作台上，同时预热粉末材料至略低于其烧结点的某一温度，这有利于保证相邻层间的结合性，并减轻大温差引起的制件热变形；然后由控制系统指挥激光束按照当前层的设计扫描路径快速照射在粉料层上，使粉末材料进一步升温并熔化烧结，而未被激光扫描的位置仍保持粉末状态，可作为后续烧结层的支撑。完成当前层的烧结后，工作台下降一个层的高度，再次利用铺粉辊在前一层上均匀地平铺一层密实粉末，经激光扫描后升温熔化，并与前一层烧结在一起。按照该过程逐层烧结，直至成形出整个零件。注意，应保证零件在设计时没有封闭的空腔结构，防止成形后空腔内的粉末无法被清除。激光选区烧结工艺的关键在于成形区域的温度控制。不同材料所需的预热和烧结温度各不相同，为了改善烧结质量，减少制件的翘曲变形，应根据截面层的实时温度及其变化速率，及时调整粉料的预热和烧结温度。此外，成形结束后，需要在原位静置零件等待其充分冷却，再从粉料箱中取出，以缓解制件内部热应力的产生，最后用毛刷或压缩空气去除零件表面粘连的残余粉末，得到实体零件。

2. 成形设备结构

激光选区烧结设备的硬件系统主要包括激光发生器、振镜扫描系统、粉末传送系统和预热系统等，如图2-21所示。

（1）激光发生器　选区激光烧结设备采用的激光发生器与薄材叠层制造设备相似，大多为二氧化碳激光发生器或光纤式激光发生器。作为气态激光发生器的一种，二氧化碳激光发生器中主要的工作物质为CO_2、N_2和He三种气体，按一定比例混合后被充入放电管中。通过向放电管中输入几十毫安或几百毫安的直流电流，管中的N_2分子受到电子撞击而被激发，进而与CO_2分子发生碰撞。此时CO_2作为产生激光辐射的气体，在吸收N_2分子传递的能量后从低能级跃迁到高能级，CO_2分子形成粒子数反转从而发出激光。光纤式激光发生器采

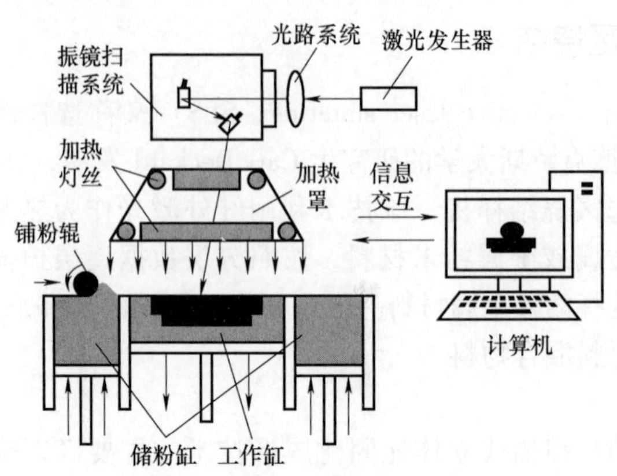

图 2-21　激光选区烧结设备的组成

用掺稀土元素玻璃光纤作为增益介质，在泵浦光的作用下，光纤内极易形成高功率密度，造成激光工作物质的激光能级"粒子数反转"，当适当加入正反馈回路（构成谐振腔）便可形成激光振荡输出。光纤式激光发生器作为第三代激光技术的代表，具有体积小、制造成本低、技术成熟稳定、转换效率较高、对工作环境要求低等优点，在增材制造应用领域已逐步取代了二氧化碳激光发生器。

（2）振镜扫描系统　激光选区烧结设备的振镜扫描系统与立体光固化成形及薄材叠层制造设备的振镜扫描系统类似，均由 *X*-*Y* 光学扫描头、电子驱动放大器和光学反射镜片组成。控制器提供的信号通过驱动放大电路驱动光学扫描头，从而在 *XY* 平面控制激光束的偏转。

（3）粉末传送系统　激光选区烧结设备的粉末传送方式可分为粉缸送粉和上落粉两种，铺粉系统也分为铺粉辊式和刮板式两种。粉缸送粉搭配铺粉辊的送粉原理如图 2-22a 所示，送粉过程中，左右送粉缸上升，成形缸下降，利用铺粉辊将左右送粉缸送出的粉末推至成形缸中并铺平；上落粉搭配刮板的送粉原理如图 2-22b 所示，粉末置于成形设备上方的容器内，通过粉末的自由下落完成粉末的供给，然后利用刮板将落下的粉末刮平。

（4）预热系统　在激光选区烧结成形过程中，粉末通常需要被预热系统加热到一定温度，以使烧结过程中产生的收缩应力尽快松弛，从而减小零件的翘曲变形，该温度称为预热温度。在成形前，一般还需要向设备中充入惰性气体，这能有效抑制粉末材料在烧结时的氧化降解，还有助于提高设备内部温度场的均匀性。当预热温度达到结块温度时，粉末颗粒会发生黏结、结块并失去流动性，造成铺粉困难。对于某些非晶态聚合物粉末，当达到玻璃化温度时，粉末开始黏结，其流动性明显降低。因此，预热温度应被设置为稍低于粉末材料的玻璃化温度。对于晶态高分子材料粉末，其预热温度应稍低于材料粉末的熔融成形温度。

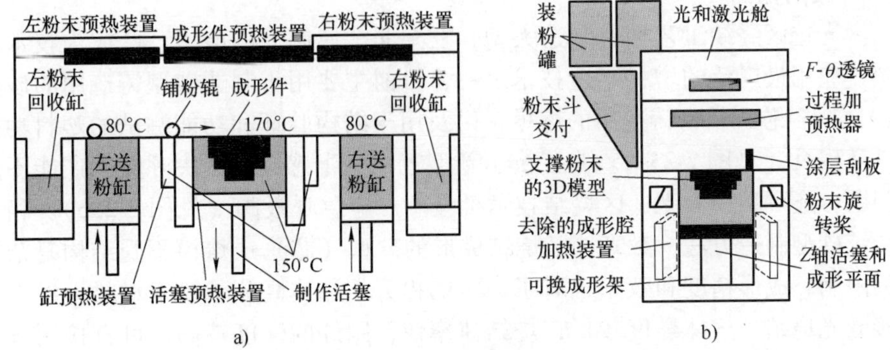

图 2-22　激光选区烧结设备的两种粉末传送系统

a）粉缸送粉搭配铺粉辊的送粉原理　b）上落粉搭配刮板的送粉原理

3. 工艺特点

（1）工艺优势

1）成形材料广泛。理论上，在加热后黏度降低且可被熔化的粉末材料，均可作为激光选区烧结工艺的成形材料，因此可以制造多种用途的烧结件，应用范围广。例如，高分子粉末材料、陶瓷和覆膜砂等粉末材料可以通过添加高分子黏结剂来成形初始形坯，再通过后处理来获得致密零件。

2）支撑结构用量少。由于未烧结的粉末可对制件的空腔和悬臂部分结构起到一定的支撑作用，因此简化了支撑结构的设计和去除过程。

3）材料利用率高。成形过程中未烧结的粉末可重复使用，材料浪费较少，而且使用的大多数粉末的成本较低，经济性好。

（2）工艺局限

1）制件表面较为粗糙。零件由粉末烧结逐层堆积而成，表面存在大量肉眼可见的粘连粉末。制件精度依赖于使用的材料种类、粒径，以及产品的几何形状和复杂程度，该工艺一般能够达到±(0. 05~2. 5)mm 的制造偏差。

2）烧结过程会产生异味。若选用高分子材料等粉末或有机黏结剂，烧结时常会挥发出有异味的气体。

3）辅助工艺复杂。根据选取材料的不同，常需要考虑调节预热温度、通入阻燃气体、避免粉尘污染等诸多问题，辅助工艺较为复杂。

4）预热所需时间长，而且成形过程中温度控制并不均匀，易导致翘曲等成形缺陷。

5）对于陶瓷和非晶体高分子粉末材料，其烧结成形件的致密性难以保证，力学性能受限。非晶体高分子材料的溶体黏度大，烧结速率慢，需要浸渗树脂等后处理工序来提高制件的力学性能。

4. 应用范围

激光选区烧结工艺拥有制造大型、复杂非金属制件的能力，已成为技术最成熟、应用最广泛的增材制造技术之一，目前主要用于制造砂型铸造用的砂型（芯）、陶瓷芯，精密铸造用的熔模，以及用于结构验证和功能测试的塑料功能零件及模具（见图 2-23a）。为了抗击新型冠状病毒感染，解决呼吸阀产能不足的问题，还可利用激光选区烧结技术批量生产应急呼吸阀（见图 2-23b）。相比于传统砂型制造方法，激光选区烧结成形的砂型（芯）或熔模不受结构复杂程度的限制，成形精度和效率也有了一定的提升。晶体高分子粉末材料可以进行直接激光烧结，溶体黏度较低，烧结速率快，制件的强度较高，可直接用作功能零件。激光选区烧结工艺还被广泛用于医学研究和临床治疗，可制备结构和力学性能可控的三维通孔组织支架及个性化的生物植入体。利用激光选区烧结工艺制造的人体颅骨植入体（见图 2-24）比传统植入体更加贴合颅骨形状，通过合理控制孔隙率、孔型、孔径及外形结构等特征，还能促进细胞的黏附、分化与增殖，具有良好的生物相容性。此外，由于激光选区烧结工艺成形方便快捷，制件性能可靠，因此在航天航空、机械制造、建筑设计、工业设计、服装、汽车和家电等行业中也得到了一定程度的应用。

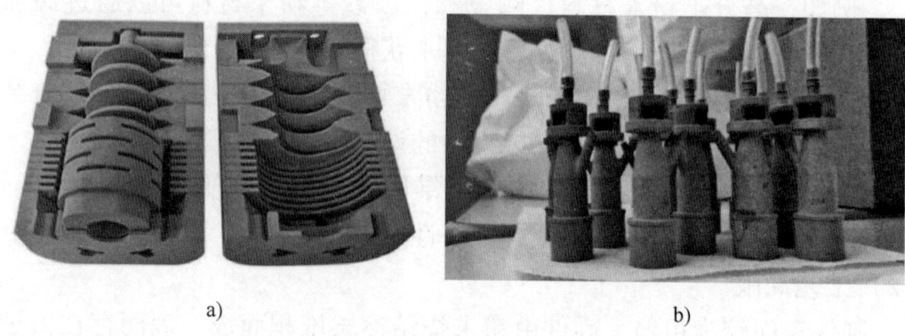

a) b)

图 2-23　激光选区烧结工艺制造的复杂砂型（芯）和呼吸阀

a）复杂砂型（芯）　b）呼吸阀

在设备开发方面，1992 年，美国 DTM 公司推出了 Sinterstation 2000 系列商品化激光选区烧结设备，并在随后几年推出了 Sinterstation 2500/plus 等升级设备，同时开发出多种烧结材料，可制造蜡模及塑料、陶盖和金属零件。德国的 EOS 公司在激光选区烧结技术方面也占有重要的地位，该公司于 1994 年先后推出了三个系列的激光选区烧结设备（见图 2-25），用于制造塑料功能件、金属零件和铸造砂型。

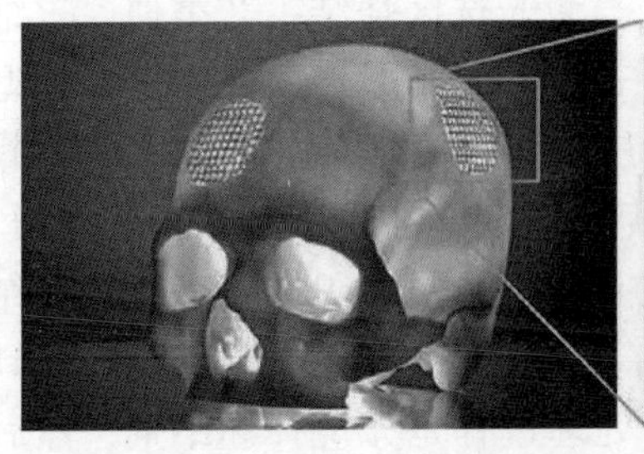

图 2-24　激光选区烧结工艺制造的颅骨植入体

图 2-25　EOS 公司的激光选区烧结设备

2. 1. 5　三维喷印成形

三维喷印成形（three dimensional printing，3DP）又称喷墨粘粉式成形、黏结剂喷射成形，由美国麻省理工学院的 Emanuel M. Sachs 和 John S. Haggerty 等人发明，并于 1993 年取得授权专利。美国材料与测试协会增材制造技术委员会（ASTM F42）将三维喷印成形的学名定为“Binder Jetting”，即“黏结物喷射”。三维喷印成形技术已经有近三十年的发展历史，被誉为“最具生命力的增材制造技术”。由于三维喷印成形具有选材类型众多、设备成本较低且适合桌面型办公使用等特点，近年来发展迅速。

1. 工艺原理

三维喷印成形技术基于微滴喷射原理，利用喷头选择性喷射液体黏结剂，将离散粉末材料逐层按路径打印堆积成形，从而获得所需制件。喷头作为成形源，相对于台面做 *XY* 平面运动，与喷墨打印机的打印头类似，不同之处在于喷射设备的喷头喷出的是黏结剂、熔融材料或光敏材料，而非墨水。根据选用材料类型及固化方式的不同，三维喷印成形工艺可分为黏结剂喷射成形工艺和材料喷射成形工艺两大类。

（1）黏结剂喷射成形工艺原理　黏结剂喷射成形工艺的开发受喷墨式打印

机的启发，其工艺原理如图 2-26 所示。与激光选区烧结工艺类似，三维喷印成形的原材料也是粉末态，不同之处在于三维喷印成形工艺根据零件模型的切片截面信息，通过喷头沿指定路径在粉末层表面喷涂黏结剂，将零件的截面“印刷”在材料粉末上面。当前层喷印完成后，工作台下降一个层的高度再次铺粉，进行新一层的喷印，同时使两层结合在一起。逐层喷印堆积直至成形结束。由于制件采用粘接工艺成形，其内部含有大量的黏结剂，因此制件的强度较低，还需要后处理工序进行补强。常用的后处理过程是先烧掉黏结剂，然后在高温下渗入金属以使零件致密化。

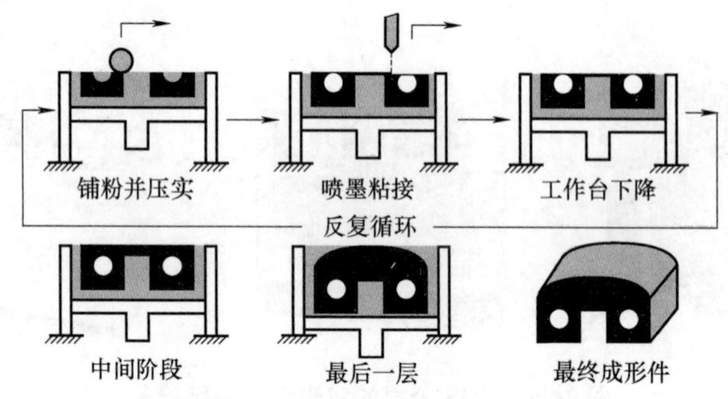

图 2-26　黏结剂喷射成形工艺原理

（2）材料喷射成形工艺原理　材料喷射成形工艺又称喷墨式三维打印成形，与立体光固化成形工艺有类似之处，该工艺与三维喷涂粘接工艺的显著不同之处在于其选用材料多为液态树脂材料或高分子聚合物（ABS 聚合物、模拟聚丙烯聚合物、橡胶状聚合物等），而非粉末材料。材料喷射成形工艺的基本原理为：成形过程中，由喷头直接喷射液态材料并瞬间固化而形成薄层，材料在控制系统指挥下按照零件切片截面逐层堆积，直至完成实体成形。根据该原理发展衍生出了多种成形方式，如多喷嘴喷射成形（见图 2-27），该方法通过线性排布多个喷嘴提高成形效率及精度。喷头做平面运动的同时喷射微熔滴，微熔滴在被喷出后快速固化堆积，形成层面轮廓。熔滴直径决定了成形精度或打印分辨率，喷嘴数量决定了成形效率。

2. 工艺过程

与其他增材制造技术相比，三维喷印成形工艺的前处理过程相对复杂，除了要得到零件三维模型的切片截面数据，还需要选择粘接方式、分别调配黏结剂和粉末、进行粉液综合实验及工艺参数优化等操作。通过“铺粉—喷射黏结剂—铺粉”的循环，材料逐层堆积进而完成零件成形。在此过程中，黏结剂液滴与粉末间的相互作用是三维喷印成形工艺所特有的，因此需要理解液滴对粉末表面的冲击与润湿、液滴的毛细渗透和粉末固化等相互作用过程。当黏结剂

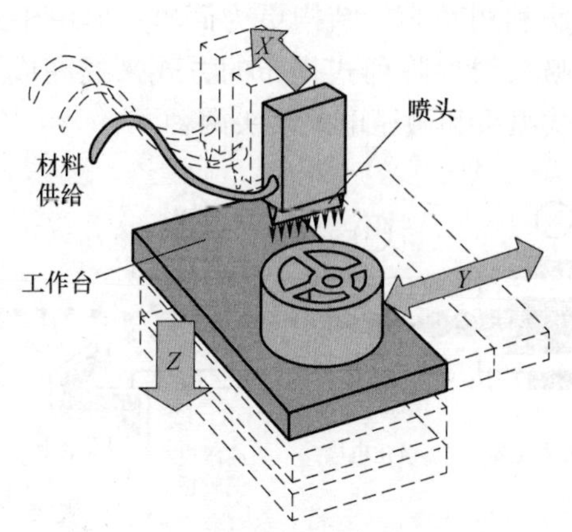

图 2-27　多喷嘴喷射成形

液滴与粉末表面发生冲击时，可能发生溅射、铺展和回弹等多种复杂现象，液滴形貌也会发生振荡变化，最终液滴将在粉末表面呈球冠状。液滴振荡稳定后将润湿粉末表面，润湿程度直接影响粘接成形效果。当粉末表面完全润湿后，毛细渗透过程将发生明显加速，直至液滴在粉末层内完全铺展，而黏结剂的性质，粉末空隙形态、温度、压力及液滴冲击速度等都会影响渗透效果。上述润湿和渗透过程往往伴随着液滴对粉末的固化，根据固化过程是否发生化学反应可以将固化分为物理固化和化学固化。为了改善零件表面粗糙度、增强零件性能，除了必要的表面清粉工序，还可根据需要增加表面涂覆、烧结或浸渗等后处理工序。

3. 成形设备结构

三维喷印成形设备较为简单，平台升降系统和控制系统均与其他增材制造设备大同小异。喷头是三维喷印成形设备中最核心的元器件，其性能直接影响制件的尺寸精度、表面粗糙度及黏结剂配置方案。根据工作模式的不同，喷头可分为连续式喷射（continuous ink jet，CIJ）喷头和按需式喷射（drop-on-demand ink jet，DOD）喷头两类。

（1）连续式喷射喷头　连续式喷射喷头的工作原理如图 2-28 所示。液滴发生器利用振荡扰动使射流分裂为均匀液滴，液滴通过极化电极时获得一定量的电荷，进而受高压电偏转板中的磁场控制改变运动轨迹，沉积在基板上的预定位置。不需要沉积时，液滴被偏转至集液槽中。此类喷头的液滴速度快，工作效率高，但喷头结构复杂，液滴直径大，材料利用率低。

（2）按需式喷射喷头　目前最常用的喷头为按需式喷射喷头，其工作原理如图 2-29 所示。按需式喷射喷头由驱动装置控制，驱动装置根据系统传来的激励信号产生压力或位移变化，进而根据需要有选择地生成和喷射液滴。此类喷头更加精确可控，液滴利用率高，结构更为简单。但由于此类喷头的喷射频率较低，因此常采用多喷头线性阵列式排布的方式来提高成形速度。按需式喷射喷头又可分为热气泡式喷头和微压电式喷头两种。

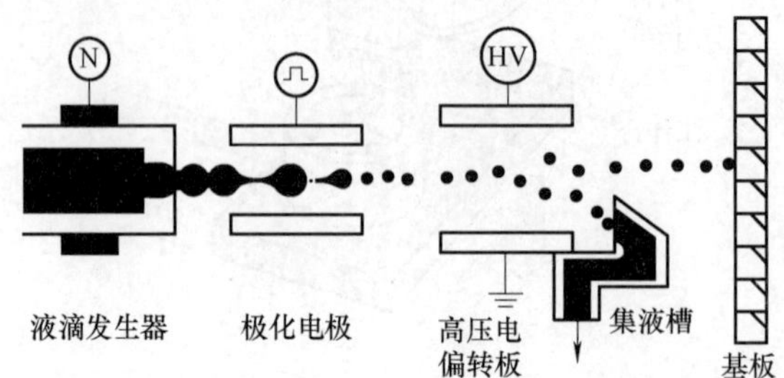

图 2-28　连续式喷射喷头的工作原理

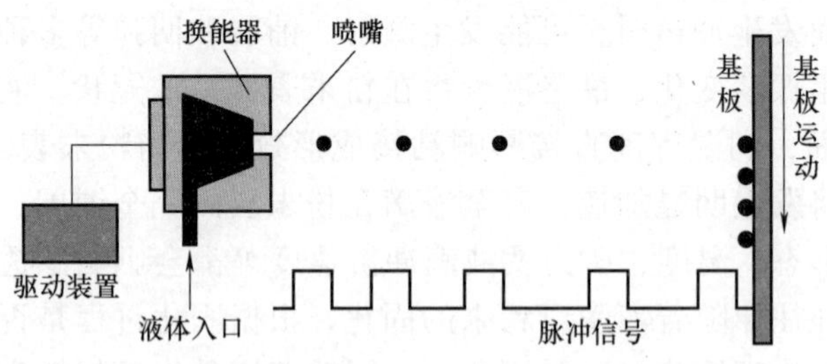

图 2-29　按需式喷射喷头的工作原理

1）热气泡式喷头。热气泡式喷头（见图 2-30）的核心部件是加热元件。液态黏结剂充满喷头的压力腔，微型加热器正对着喷嘴，当接收到由芯片电路产生脉宽为几微秒的脉冲电流时，微型加热器将被迅速加热到 300～400℃，与其表面接触的黏结剂将迅速受热汽化并形成微小气泡，在将微型加热器与黏结剂隔离开的同时也将一定量的黏结剂从喷嘴处挤出。脉冲电流过后微型加热器开始冷却，气泡逐渐收缩，被挤出的液体在惯性作用下继续朝喷嘴外飞出，进而与喷嘴内液体分开，形成黏结剂液滴。待气泡消失后，进液系统中的液体被负压吸入压力腔，准备下一次喷射。热气泡式喷头的结构简单、成本较低，但只适用于水性黏结剂溶液。当黏结剂基体为热敏感液体时，此类喷头不能正常工作。

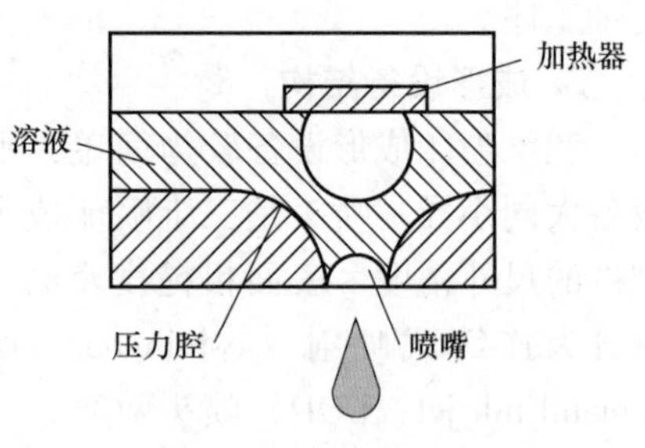

图 2-30　热气泡式喷头

2）微压电式喷头。微压电式喷头在压力腔壁上装有压电换能器，压电换能器内的压电晶体在脉冲信号的驱动下带动弹性片发生微小变形，从而将腔内黏结剂自喷嘴处挤出。当弹性片恢复变形时，被挤出的黏结剂在惯性的作用下克服自身表面张力脱离喷嘴形成液滴，同时进液系统中的黏结剂在负压的作用下被吸入腔内，准备下一次喷射。根据微压电换能器的位置和喷头结构，微压电式喷头可分为收缩型、弯曲型、推挤型和剪切型（见图 2-31）。由于微压电式喷头在工作过程中不需要加热，黏结剂不会因受热发生物理或化学变化，因此可喷射的黏结剂种类较多。此外，由于喷射出的液滴大小与脉冲电压有关，因此可通过调节脉冲电压幅值来控制液滴尺寸。微压电式喷头对环境温度的依赖性小，可靠性高，成形精度高。但与热气泡式喷头相比，此类喷头的喷射速率较低。

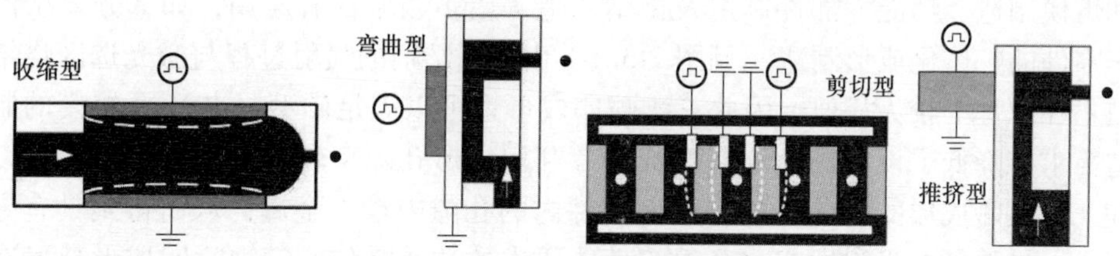

图 2-31　微压电式喷头的典型结构

4. 工艺特点

（1）工艺优势

1）设备结构简单，成本低。三维喷印成形设备的喷头结构紧凑且高度集成化，设备生产、运行和维护费用低廉，消耗能源少，运行可靠性高，便于向小型化、桌面化发展。

2）可选用的成形材料类型广泛。高分子材料、陶瓷粉末材料、粉末状复合材料，甚至梯度功能材料均可用于三维喷印成形。

3）成形过程不需要支撑。由于黏结剂的作用，同时以底层未成形粉末材料作为支撑，三维喷印成形过程基本不需要设计支撑结构，成形过程易于控制，简化了后处理工艺。

4）成形效率高。通过排布多个喷头，使三维喷印成形设备拥有更多的并行工作源，并且相比于立体光固化成形，三维喷印成形后的制件不需要固化，成形过程中跟随喷头的紫外线已经使材料完全固化，缩短了后处理时间。

5）可实现彩色成形。仿照喷墨式打印机的原理，可在黏结剂或液态树脂材料中加入人工色素实现彩色制造，黏结剂喷射设备的各个喷头按照三原色着色法进行喷液成形。

（2）工艺局限

1）未经后处理工序的初始制件强度较低。由于三维喷印成形件的孔隙率较大，通常需要后处理工序进行补强。

2）成形精度较低。液体黏结剂在沉积到粉末后常会出现过度渗透问题，导致制件容易出现变形或裂纹，尺寸精度不高且表面粗糙。

3）喷头易堵塞。若选取的黏结剂稳定性较差，则喷头很容易受此影响产生堵塞；若喷头数目较多，则堵塞的喷头会显著增加设备的维护成本。

4）制件从成形设备卸下时，未固化的材料液会附着于制件表面，产生“发黏”现象，需要将制件置于阳光下放置一天左右，使外表面干燥、硬化，增加了后处理时间。

5. 应用范围

三维喷印成形工艺的应用十分广泛，在原型制作和设计评估，砂型（芯）和熔模制造、功能零部件制造及微纳制造等诸多领域都有应用，如部分复杂汽车零件的一体化成形制造（见图2-32）。由于黏结剂的喷射过程与激光选区烧结技术在原理上较为相似，因此三维喷印成形也可以满足砂型（芯）及熔模的制造需求，降低了设计周期和制造成本。利用成形孔隙率较大的工艺特点，可以在三维喷印成形的后处理过程中向制件内的孔隙中渗入金属，从而得到具有导电性、导热性、吸附性或耐高温等性能要求的功能零件。三维喷印成形技术在生物医疗及制药领域中还可以制造各种医学手术模型、人体植入物及复杂药物，能够减小手术风险和病患的痛苦；能成形具有复杂药物释放曲线且需要精确药量控制的药物，增强药物的治疗效果，减小副作用。在微纳制造领域，利用三维喷印成形技术能够快速制造微纳电子器件和电子电路。

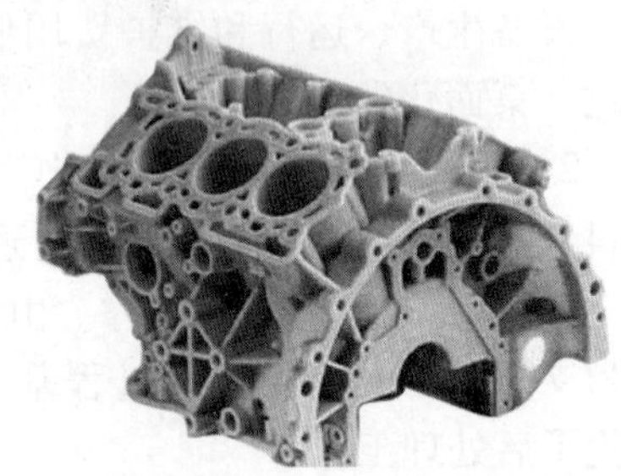

图2-32　三维喷印成形的复杂汽车零件

在设备开发方面，美国Z-Corporation公司于1995年得到三维喷印成形技术的专利授权，并陆续推出了多个系列的三维喷印设备。2000年以后，三维喷印成形技术在国外高速发展。Z-Corporation公司于2000年推出了多喷头彩色打印设备Z402C，可成形8种不同颜色的制件。该公司与日本Riken Institute公司合作研制出基于喷墨打印的三维打印机，能够成形色彩更丰富、精确的彩色制件，合作生产的Z400、Z406和Z810等系列设备均采用喷射黏结剂粘接粉末工艺。

以色列OBJECT Geometries公司也于2000年推出了基于喷墨技术与光固化技术结合的三维打印机Quadra，该设备所有喷头共含1536个喷嘴孔，每层最小厚度可达0.02mm，具有较高的成形精度。2010年，Z-Corporation公司又推出具有更高清晰度的Z510四喷头彩色三维喷印机，分辨率达到600×540 DPI，具有全色24位调色板，成形速度更快。后来，美国Exone公司和德国Voxeljet公司也推出了多款商业化三维喷印成形设备及相应的材料体系，在模具、砂型铸造、熔模铸造等方面逐步应用。其中，德国Voxeljiet公司在2011年推出了世界上最大的三维喷印成形设备VX4000，最大成形尺寸可达4m×2m×1m，喷头上具有多达26560个喷嘴孔，分辨率为600 DPI，成形速度快。

2.2　非金属零件增材制造用材料

不同增材制造技术在材料选择上各有特点，对材料的类型、形式及性能等需求也各不相同。因此，需要将增材制造所用的材料进行汇总和分类。非金属零件增材制造所用的材料按照类型可以分为塑料材料、陶瓷材料、复合材料及高分子材料等；按照形式可以分为丝状材料、粉末材料、液体材料及薄片材料。本节将列举各种常用的材料类型及其性能。

2.2.1　不同增材制造工艺对材料的要求

1. 立体光固化成形工艺的材料要求

立体光固化成形工艺适合选用热固性材料，最常用的材料为液态光敏树脂。为了保证成形过程顺利、制件性能优良，在调配光敏树脂材料时，通常会考虑以下要求。

（1）固化灵敏度高　在光固化成形过程中，激光束的照射光斑面积约为$3mm^2$，扫描光斑的移动速度约为2m/s，单层树脂的固化厚度最大可达0.5mm。这就要求光敏树脂具有较好的光敏性，在受到紫外激光束的照射后能够迅速发生聚合反应而开始固化，提高成形效率；照射结束后，聚合反应也能迅速中止，不影响光斑周围未固化的液体光敏树脂。

（2）黏度低　在光固化成形过程中，液态树脂会由于表面张力等因素的作用，自动将已经固化的树脂表面进行覆盖。若光敏树脂的黏度较高，不能迅速完成覆盖，就需要用刮刀刮平树脂液面来加速液体树脂的流平。因此，为了加快成形速度，便于加料和制件的后处理，要求光敏树脂的黏度较低，在前一层固化后，新一层材料能够迅速流平，尽量避免粘挂在制件或设备上。

（3）固化收缩率低，溶胀小　由于液态树脂固化后，其分子间距离的减小，并且分子由无序排序变成有序排列，会导致树脂固化后产生一定的收缩，影响制件的尺寸精度。因此，为了避免零件在成形及后处理过程中发生较大的变形、翘曲、膨胀开裂或层间分离等缺陷，要求材料的固化收缩率低。此外，由于成形过程中先固化成形的部分一直浸在光敏树脂中，因此较小的溶胀性会减小浸没部分的形变量，提高制件的尺寸精度。

（4）稳定性高　为了便于存放和取用，通常要求调配好的光敏树脂在可见光的照射下不会发生固化反应，同时还要具有较好的热稳定性、化学稳定性（不与氧气反应）与组成稳定性（组分具有较低的饱和蒸汽压）。

（5）其他要求　光敏树脂材料的透明度要高，杂质或气泡要少，有利于紫外光的照射与固化，并能减少成形缺陷。根据绿色制造的要求，光敏树脂还应无毒无味，不污染工作与生活环境，不对试验人员与试验设备造成危害。此外，材料固化后应具有良好的力学性能，如较高的撕裂强度、抗压强度与拉伸强度等，满足各种环境下的使用要求。

2. 薄材叠层制造工艺的材料要求

薄材叠层制造所使用的材料分为薄片材料和黏结剂两部分。当制造非金属零件时，可供选择的薄片材料主要为纸材、陶瓷片材、复合材料片材和塑料薄膜等。

（1）对薄片材料的要求　一般情况下，薄材叠层制造工艺要求薄片材料有较小的吸湿性，避免成形后出现严重的翘曲变形或层间开裂；还要求薄片材料具有良好的浸润性，使得黏结剂能够充分连接相邻两层薄材，提高制件沿成形方向的强度；薄材的抗拉强度也很重要，较高的抗拉强度可以保证在成形过程中薄材带不易被撕裂，并能提高制件的机械强度。此外，薄材的厚度也要适中，精度要求高时应选择更薄的片材，改善制件的表面粗糙度和成形精度；在满足制造精度的前提下，应尽量选择厚度大的薄片材料，以提高生产率。

（2）对黏结剂的要求　薄材叠层制造工艺除了要求黏结剂能够提供足够的粘接强度，还要求其稳定性好，能够在反复加热和冷却过程中不会分解失效或与薄片材料发生反应；黏结剂还需要有良好的热熔冷固性能，在较低的加热温度下即可熔化，在室温下能够固化，在薄片材料上能够很容易地涂抹均匀。

3. 熔融沉积成形工艺的材料要求

由于熔融沉积成形能够利用不同材料分别成形零件主体和支撑结构，因此需要根据零件性质或后处理要求分别为零件主体和支撑结构选择不同的材料，具体要求如下。

（1）对制件主体材料的要求

1）黏度低、流动性好。材料的黏度低，有助于减小挤出阻力，保证零件的成形精度，减小设备振动，提高制造效率，但流动性太好，易导致沉积区域发生流延。

2）熔融温度低。材料的熔融温度低不仅能缩小零件成形前后的温度差，减小零件热应力，提高成形精度，还有助于提高喷头和设备的使用寿命，但熔融温度低的高分子材料的耐热性和热稳定性一般较差，不适合成形对耐热性要求较高的零件。此外，如果材料的熔融温度与分解温度相近，将导致成形温度的控制变得极为困难。

3）粘接性好。材料的粘接性好有助于提高成形过程中层与层之间的连接强度，防止层间开裂，提高零件的使用寿命，但粘接性过高会增加支撑结构的去除难度。

4）收缩率小。当材料被加热融化时，其收缩率应尽量小，既有助于减小零件内部应力，减少成形缺陷，还有助于控制材料的实际挤出量，保证喷头正常工作。一般要求材料的线性收缩率低于 1%。

5）尺寸要求。成形丝材的直径一般为 1.75mm，直径公差为±0.05mm，要求表面光滑、内部密实无中空。

6）抗拉/抗弯强度和柔韧性好。在送丝过程中，驱动棘轮（摩擦轮）会牵引和挤压丝材，因此应确保丝材不易断裂和弯折，保障成形的连续性。

7）吸湿性不易过高。材料吸湿后会导致高温熔融时材料内部的水分挥发，影响成形质量，同时也不利于丝材的干燥保存。

（2）对支撑结构材料的要求

1）熔点高于零件主体材料的熔点。由于支撑结构会在支撑面上与零件主体接触，因此支撑结构材料的熔点必须高于零件主体材料的熔点，在主体材料熔融成形时不发生分解或融化。

2）不与零件主体材料发生反应或浸润。为了便于在后处理过程中顺利分离零件主体和支撑结构，要求这两种材料的亲和性不应太强。

3）流动性好。一般对支撑结构部分的力学性能和尺寸精度要求较低，尤其在成形表面和基板间的非接触区，因此为了提高成形速度，支撑材料应具有良好的流动性。

4）具有较低的熔融温度。较低的熔融温度有助于减小支撑结构的内部应力和形变，提高成形精度，但同时应具有一定的耐热性，防止支撑材料在成形材料熔融温度下提前熔化或发生分解。

5）粘接性不宜过高，便于剥离。后处理时，要求支撑材料能在一定的受力下快速、方便地剥离，而不会破坏或最大限度地提高剥离后的表面精度。

6）具有水溶性或酸溶性。为了方便地去除复杂型腔或孔洞结构中的支撑材料，简化后处理过程，在某些情况下需要支撑结构能够在水或酸性溶液中自动溶解。常用的支撑材料主要包括可溶于水的凝胶状材料、可溶于碱性溶液的材料及可溶于酒精的材料等。

4. 激光选区烧结工艺的材料要求

激光选区烧结使用的材料均为粉体材料，制造非金属零件时常用的粉体材料主要分为高分子材料粉末、覆膜砂粉末及陶瓷基复合材料粉末三大类，其中以高分子材料粉末使用最多。为了保证零件的表面粗糙度、尺寸精度、烧结成形速度和致密性，并增加粉末床的粉体填充密度，改善成形过程中的铺粉效果，激光选区烧结的粉末材料应满足以下要求：

1）烧结性能好。粉末材料应具有良好的热塑（固）性和一定的导热性，能够快速烧结成形。

2）成形温度范围窄。粉末材料的固化温度与软化温度应在一个尽量小的范围内，以减小制件内部热应力。

3）粘接强度好。粉末材料经激光烧结后要有一定的粘接强度，以提高制件的力学性能。

4）收缩率小。较小的材料收缩率有助于降低制件发生变形、翘曲甚至层间分裂等缺陷的风险。

5）颗粒形状和粒径分布合理。

激光选区烧结工艺使用的粉末材料通常由几种不同粒径的粉末颗粒混合而成，颗粒形状和粒径分布特性会对零件性能产生较大的影响。为了防止制件表面存在明显的阶梯效应，选用的粉末粒径一般应小于100μm。在铺粉过程中，辊筒与粉末间的摩擦还会产生静电，粒径小于10μm的粉末易吸附在辊筒上，造成铺粉困难。因此，粉末粒径范围一般为10~100μm。粒径的大小还会影响高分子粉末的烧结成形速度，粉末平均粒径与成形速度成反比。粉末粒径过大或过小都会导致粉末床的粉体填充密度减小，粉末床的粉体填充密度越大，零件的相对密度、强度及尺寸精度越高。此外，粉末颗粒的形状也会影响铺粉效果、烧结成形速度及制件的形状精度。在平均粒径相同的情况下，由于不规则粉末颗粒间接触点处的有效半径更小，其烧结成形速度明显高于球形粉末的成形速度。

5. 三维喷印成形工艺的材料要求

与激光选区烧结工艺相同，三维喷印成形工艺使用的材料也为粉末材料，如高分子材料粉末、陶瓷基复合材料粉末或石膏粉末等。该工艺使用的粉末材料由基体材料、黏结材料和其他添加材料组成。其中，基体材料占比最多，是构成制件的主体材料。当黏结剂液滴通过喷头滴落到粉末表面时，黏结材料溶解或与黏结剂液滴发生反应，实现对基体材料的粘接成形。其他添加材料能起到改善成形过程、提高制件力学性能的作用。与激光选区烧结工艺的选材要求类似，三维喷印成形工艺对粉末材料的粒径分布、颗粒形状也有明确要求。对于粒径分布，粒径太小的颗粒，因范德华力和湿气的作用，容易发生团聚而影响铺粉效果，在成形过程中还容易被扬起并黏附在喷头上，造成喷头堵塞。为了改善铺粉效果，提高制件质量，通常会在粉材中添加适量的辅助材料。常见的辅助材料包括固体润滑剂、卵磷脂类材料、气相材料或纤维材料。其中，固体润滑剂和气相材料有助于降低粉末颗粒间的摩擦力，提高粉末的流动性，改善铺粉效果；卵磷脂类材料可以增强粉末颗粒间的粘接力，既能防止小粒径粉末被扬起，又能预防黏结剂液滴被喷洒到粉末表面后发生飞溅，从而改善粉末层的平整性，减小制件的变形；纤维材料一般为刚性增强纤维或纤维素粉末，如聚合纤维、玻璃纤维、陶瓷纤维等刚性材料可作为增强纤维来提高制件的机械强度，羧甲基纤维素等纤维素粉末可提高制件的稳定性。但是，纤维材料不宜添加过多，以防止滚筒铺粉时的摩擦力过大，造成铺粉困难并降低粉末的填充密度。

2.2.2　高分子材料

1. 液态高分子材料

液态高分子材料主要用于立体光固化成形工艺，其中最常用的是紫外光固化/光敏树脂，具有黏度低、光敏感性强、固化速率快、固化收缩小、溶胀小及湿态强度高等特性，当被紫外线照射时，照射位置会迅速发生聚合反应，然后固化成形。光固化树脂主要由低聚物、反应性稀释剂和光引发剂三部分按照合适的比例混合调配而成，见表 2-1。实用商业化的光固化树脂主要包括不饱和聚酯和环氧丙烯酸酯等。

表 2-1　光固化树脂的组成

名　称	作　用	含量（质量分数,%）	类　型
低聚物	固化的主体材料，决定成形件的主要性能	≥50	丙烯酸酯基、环氧基树脂、硫醇-烯树脂
反应性稀释剂	稀释低聚物，改善成形性能	30~50	单、双、多官能基团
光引发剂	引发聚合	≤10	自由基型、阳离子型、自由基/阳离子混合型
其他助剂	改善材料整体性能	微量	脱泡剂、稳定剂、表面活性剂等

（1）低聚物　低聚物又称预聚物或低分子预聚合物，作为光固化树脂的主体材料（基料），含有大量不饱和官能团，官能团的末端有可以聚合的活性基团，一旦接收到光引发剂产生的自由基团就会发生交联反应，使低聚物的分子量迅速上升并由开始时的线状聚合物变为网状聚合物，实现快速固化。按照低

聚物的官能团种类，光固化树脂可分为（甲基）丙烯酸酯基、环氧基树脂和硫醇-烯树脂等。低聚物的选择和调整是光固化树脂调配中的重要环节之一，其性能很大程度上决定了固化后制件的性能。为了加快光固化速度，同时减小固化后的体积收缩率，可以增大低聚物的分子量，但分子量增大后，光固化树脂的黏度也会增加，需要添加更多的反应性稀释剂。

（2）反应性稀释剂 反应性稀释剂又称活性稀释剂或功能性单体，是一种含有可聚合官能团的有机小分子，是光固化树脂的重要组成部分。由于低聚物的黏度通常较大，因此需要加入反应性稀释剂来调节光固化树脂的整体黏度。此外，反应性稀释剂还能影响固化动力学、聚合程度及生成聚合物的物质等。

（3）光引发剂 光引发剂指任何能够吸收光线中的辐射能，经过化学变化产生具有引发聚合能力的活性中间体的物质，是一种激发光固化树脂交联反应的特殊基团。当受到特定波长的光子作用时，光引发剂会变成具有高度活性的自由基团。按照光引发剂的引发原理，光固化树脂可分为自由基型、阳离子型和自由基/阳离子混合型三类。光引发剂的性能决定了光固化树脂的固化程度和固化速度。光引发剂在光固化树脂整体中的浓度一般不超过10%，以避免对固化后制件的性能产生不良影响。

除了用作主要成形材料，液态高分子材料在增材制造中也常作为黏结剂的基体材料。例如，薄材叠层制造工艺所用到的黏结剂，通常为加有某些特殊添加剂组分的热熔胶。按其基体树脂划分，主要有共聚物类热熔胶、聚酯类热熔胶、尼龙类热熔胶或其混合物等。目前，广泛应用于薄材叠层制造的黏结剂是由乙烯-醋酸乙烯共聚物（EVA）树脂、增黏剂、蜡类和抗氧剂等组成的EVA型热熔胶。三维喷印成形工艺大多使用聚乙烯醇（PVA）等高分子材料黏结剂。此外，还可以利用光敏树脂和陶瓷粉末混合得到陶瓷浆料，用于成形复杂形状的陶瓷零件。

2. 固态高分子材料

固态高分子材料按照材料的形式可分为丝状、粒状、粉状和薄片状等。薄材叠层制造工艺通常选择塑料薄片材料，激光选区烧结工艺和三维喷印成形工艺通常选择尼龙粉末、聚碳酸酯粉末、ABS粉末、环氧聚酯粉末、聚氯乙烯粉末、四氟乙烯粉末等热塑性粉状材料。本节以熔融沉积成形技术所使用的常用高分子材料为例进行详细介绍。

（1）ABS ABS是“丙烯腈-丁二烯-苯乙烯”的三元共聚物。这种材料具有强度高、韧性好、稳定性高、绝缘性好、抗腐蚀性强和易加工、易着色等优点，是一种综合性能良好、用途极广的工程塑料，在家用电器、汽车行业、玩具工业等领域应用广泛。由于良好的热熔性和易挤出性，ABS树脂是最早应用于熔融沉积成形技术的高分子耗材，目前仍被广泛使用。ABS树脂在比较宽的温度范围内具有较高的冲击强度和表面硬度，热变形温度比 PA、聚氯乙烯（PVC）高，尺寸稳定性好。ABS 熔体的流动性比 PVC 和 PC 好，但比聚乙烯（PE）、PA 及聚苯乙烯（PS）差，与聚甲醛（POM）和耐冲击性聚苯乙烯（HIPS）类似。ABS 的流动特性属非牛顿流体，其熔体黏度与加工温度和剪切速率都有关系，但对剪切速率更为敏感。ABS 的触变性优越，适合熔融沉积成形的工艺需求，成形温度一般在 180~230℃，超过 250℃会开始降解并产生有毒的挥发性物质；工作台预热温度一般为 50~100℃。ABS 树脂的线胀系数一般为（6.2~9.5）$\times10^{-5}$℃$^{-1}$，成形收缩率为 0.3%~0.8%。

（2）PLA　PLA（聚乳酸）又称玉米淀粉树脂，是一种新型的生物降解材料，使用可再生的植物资源（玉米、木薯等）所提取出的淀粉原料制备而成。其生产过程无污染，拥有很好的光泽度、透明性和耐热性，是桌面级增材制造设备最常用的材料之一，打印时会产生甘甜气味。PLA 的成形温度一般为 175~210℃，工作台预热温度一般为 50~90℃。由于 PLA 在加热时不容易收缩，因此成形大尺寸模型不易发生翘曲问题。与 ABS 树脂相反，PLA 丝材在加热到 220℃时会出现鼓起的气泡，随后会被碳化而阻塞成形，因此容易堵住挤出头。未经改性的 PLA 丝材在加工过程中易产生降解，导致喷嘴处的熔体流动速率增大、强度下降而产生漏料问题，漏出的物料粘在制件上形成拉丝和毛边，影响制件的表面质量。PLA 制件的硬度、强度较高，耐蚀性较好，但脆性较高、熔体强度低、热稳定性较差，不适合成形薄壁件。PLA 材料主要被用于服装、工业和医疗卫生等领域。

（3）PC　PC（聚碳酸酯）是一种无色、高透明度的热塑性工程塑料，具有强度高（比 ABS 高 60%左右）、耐冲击、韧性高、耐热性好、收缩率低和透光性好等特点，几乎具备了工程塑料的全部优良特性，是当前用量最大的工程塑料之一，被广泛应用于电子消费品、家电、汽车制造、航空航天、医疗器械等领域。PC 的成形温度较高，一般为 290~315℃，工作台预热温度为 110~130℃，熔体触变性好，热膨胀系数不高，因此适用于熔融沉积成形工艺。在各类工程塑料中，PC 的内热性优于聚甲醛、脂肪族 PA，与聚对苯二甲酸乙二酯（PET）相当。PC 还具有良好的耐寒性，脆化温度为-100℃，正常使用温度范围一般为-70~120℃。PC 的热导率和比热容都不高，在塑料中属中等水平，但与其他非金属材料相比，仍然是良好的热绝缘材料。PC 的缺点是颜色单一、只有白色，并且 PC 在挤出拉丝过程中线径的尺寸稳定性低于 ABS 树脂，难以将丝材直径控制在 1.75±0.25mm 的标准范围内。而 ABS 树脂的尺寸稳定性极佳，丝材直径精度好，因此将 PC 与 ABS 树脂制成复合材料能够有效改善丝材的尺寸稳定性，同时结合了 PC 的强度与 ABS 的韧度，力学性能更优。此外，PC 丝材在熔融沉积成形过程中，材料极易黏附在喷嘴周围，导致成形失败。

（4）PA PA（聚酰胺）又称尼龙，其种类繁多，用途广泛。由于尼龙是一种结晶高分子材料，分子间存在大量作用力极强的氢键，因此具有力学性能好、耐磨性好、耐蚀性强等优点，并且尼龙无毒、质轻、易于加工，被广泛应用于航空航天、汽车、化工、电子电器等领域中制造轴承、齿轮、泵叶等零件，在一定程度上可替代铜等金属材料。与 ABS 和 PLA 材料不同，尼龙的脆性低，具有更好的强度、柔韧性和自润滑性，并有一定的阻燃性。通过使用玻璃纤维等材料填充后，能进一步提高尼龙的性能，但尼龙在成形中的收缩率较大，纯尼龙丝材在成形过程中易产生翘曲变形。尼龙可用于激光选区烧结、熔融沉积成形、多射流熔化和高速烧结等增材制造工艺，其成形温度一般为 240~280℃，工作台预热温度为 100~120℃。尼龙的改性品种数量繁多，如增强尼龙、单体浇铸尼龙（MC 尼龙）、芳香族尼龙、透明尼龙、高抗冲（超韧）尼龙、电镀尼龙、导电尼龙等。

（5）PEEK/PEI PEEK（聚醚醚酮）是一种高性能半结晶芳香族热塑性塑料，由于其规整的分子结构，PEEK 具有强度和刚度高、耐高温、耐腐蚀和磨损、抗冲击和蠕变、吸湿性低、生物相容性好、易加工等优点，被应用于航空航天、生物医疗、交通运输、电子通信和石油化工等领域，在某些场合可以完全替代铝和钢材，在低成本、轻量化、快速成形等方面的优势突出，是一种重要的国防军工材料。但在成形过程中，PEEK 分子链活动性较差，导致熔体黏度大、流动性差，影响制件的力学性能，而添加纤维增强材料形成的 PEEK 复合材料，其力学性能得到有效的改善，并能在 260℃高温下长期使用。PEEK 的成形温度为 360~400℃，工作台预热温度为 110~120℃。PEEK 可采用熔融沉积成形和激光选区烧结工艺制造，能克服传统的注塑和挤塑等工艺的难成形问题。PEI（聚醚酰亚胺）是一种具有优异热稳定性和良好耐化学性的高性能聚合物。PEI 与 PEEK 特性相似，但冲击强度和成本更低。PEI 的成形温度为 330~360℃，工作台预热温度为 110~160℃。

（6）HIPS HIPS（高抗冲聚苯乙烯）是一种由弹性体改性聚苯乙烯制成的热塑性材料，由橡胶相和连续的聚苯乙烯相构成。HIPS 的抗冲击性能好、收缩率小，制件的尺寸稳定性非常好，具有广泛的应用，常被用于制造样机。HIPS 的加工性能与 ABS 非常相似，但两者所用溶剂不同，HIPS 用柠檬烯，而 ABS 用丙酮，因此两者常搭配使用，使用 HIPS 制作的支撑结构可以很容易地从 ABS 零件上拆下。HIPS 的挤出温度为 220~250℃，工作台预热温度为 80~110℃。

（7）PVDF PVDF（聚偏氟乙烯）耐蠕变、耐疲劳，有良好的热稳定性、高介电常数和良好的力学性能，常用作化学应用中的绝缘层、防腐涂层、衬里和保护盖，或者经常户外曝晒的材料涂层，也可用以制作齿轮、轴承、隔膜、管道及密封材料。PVDF 的成形温度一般为 210~215℃，工作台预热温度为120~125℃。

（8）合成橡胶　用化学方法人工合成的橡胶统称为合成橡胶，具有高弹性、绝缘性、气密性、耐寒耐高温等优势，被广泛应用于工农业、国防、交通及日常生活中。增材制造中常采用热塑性聚氨酯弹性体橡胶（Thermoplastic Polyurethanes，TPU）进行柔性打印。TPU 具有强度高、韧性好、耐老化、高防水性、抗紫外线及能量释放等优良特性，是一种成熟、环保的弹性体材料，已广泛应用于医疗卫生、电子电器、工业及体育等领域。

（9）增强复合材料　根据添加的增强材料，用于熔融沉积成形的增强复合材料可分为颗粒增强、短纤维增强、连续纤维增强三大类。由于颗粒增强材料成本低，容易与聚合物结合，因此被广泛用于聚合物的改性。常用的颗粒增强材料有金属颗粒和玻璃颗粒。短纤维增强一般是将聚合物小球与短纤维混合搅拌，然后通过挤出机制成长丝，常用的短纤维增强材料为碳纤维和玻璃纤维。连续纤维增强材料在提升制件的力学性能方面比短纤维增强材料更胜一筹，连续纤维增强材料主要为碳纤维、玻璃纤维和芳纶纤维。纤维复合材料的具体介绍见 2.2.7 节。

2.2.3　陶瓷材料

陶瓷材料的强度和硬度高，耐腐蚀，耐高温，在机械、电子、航空航天、军事、生物工程等领域的应用广泛。其中，Ti_3SiC_2 等陶瓷材料还具有优秀的导电性和导热性，在成形具有宏观结构及内部微观孔的功能件，以及人体植入件方面有得天独厚的优势；堇青石陶瓷材料可用于成形带内部微孔的过滤器，用于汽车尾气处理；羟基磷灰石（HA）、多磷酸盐［$\alpha/\beta\text{-}Ca_3(PO_4)_2$］等生物陶瓷材料可用于制备组织工程支架；覆膜陶瓷粉末可通过进一步浸渗处理间接制备为陶瓷基复合材料。激光选区烧结、熔融沉积成形、三维喷印成形等增材制造工艺均能成形陶瓷材料（见图 2-33）。随着数字光处理技术的发展，液态陶瓷浆料也能用于光固化成形工艺，例如，β-磷酸三钙（β-TCP）、硅酸钙等生物陶瓷具有良好的生物相容性、可降解性和成骨性，是理想的骨修复材料；多孔氧化锆陶瓷经光固化成形工艺制得的轻量化零件性能优异，常用于飞行器结构件；氮化硅陶瓷（Si_3N_4）耐热、耐磨、抗热震、耐高温蠕变且有生物相容性，适合成形轻质精密的结构/功能件；表面改性的氧化铝陶瓷浆料制件拥有良好的致密性。

采用激光选区烧结工艺成形陶瓷材料时，需要在陶瓷粉末中加入黏结剂，形成陶瓷基复合材料。在成形过程中，黏结剂受热熔化或发生化学反应，将陶瓷粉末粘接成形；成形结束后需要脱脂操作和后处理工序改良制件的性能。相比于高分子材料和覆膜材料，陶瓷基复合材料所需的成形温度更高，制件的硬度也更高，可被用于制造高温模具。常用的纯陶瓷粉末原料主要有 Al_2O_3、SiC

图 2-33 熔融沉积成形的陶瓷材料制件

等，常用的黏结剂包括无机黏结剂、有机黏结剂和金属黏结剂三种。例如，选用 Al_2O_3 加有机黏结剂甲基丙烯酸甲酯（PMMA）成形时，激光束扫描使 PMMA 熔化，将 Al_2O_3 粉末粘接在一起；选用 Al_2O_3 加无机黏结剂磷酸二氢氨（$NH_4H_2PO_4$）成形时，粉末态的磷酸二氢氨受激光照射分解，生成的 P_2O_4 可与 Al_2O_3 发生反应，生成的磷酸铝能够粘接 Al_2O_3 粉末。此外，为了保证陶瓷粉末颗粒能被充分粘接，并防止制件在脱脂过程中出现变形、开裂甚至结构破坏等情况，需要精确控制陶瓷基复合材料粉末中黏结剂与陶瓷粉末的配比。黏结剂的加入方式主要有混合法和覆膜法两种，其中覆膜法工艺更为复杂，成本更高，但制件通常拥有更好的机械强度和更小的收缩变形，制件内部组织分布也更均匀。

2.2.4 纸材

纸材由纤维、辅料和胶（含一定的水分）组成。普通的纸具有多孔性和易吸湿性，纸材中的纤维素带有很多羟基，可以和醛基、羧基、氨基等活性官能团发生反应。纸的化学特性表现为与热熔胶的粘接能力，而其力学特性则表现为抗张能力、抗撕裂能力等。普通的纸材经一定处理后就能满足薄材叠层制造的加工要求，如涂抹热熔胶后能显著提高纸材的抗张强度、耐折度和撕裂强度。采用熔化温度较高的黏结剂和特殊的改性添加剂处理后的纸材，能抑制成形过程中翘曲变形，其制件强度高且表面光滑，甚至能在200℃的高温下工作；经表面涂覆处理后不吸水，有良好的稳定性。

2.2.5 型砂和覆膜砂

型砂在三维喷印成形工艺中通常被用作基体材料。型砂指符合铸件造型要求的混合料，分为天然型砂和合成型砂两类。型砂一般由原砂、黏结剂、附加物和水按一定配比混合制成，具有一定的透气性、强度、韧性和流动性。利用覆膜工艺，在型砂或芯砂表面涂覆一层固体树脂膜，即可制得覆膜砂。激光选区烧结工艺通常使用酚醛树脂包覆锆砂（ZrO_2）或石英砂（SiO_2）。覆膜工艺可分为冷加工法和热加工法两类，冷加工法首先将树脂材料溶解于乙醇中，接着将型砂或芯砂倒入乙醇溶液中，最后加入乌洛托品，当乙醇挥发后，树脂材料便覆盖在型砂或芯砂颗粒表面，从而得到了覆膜砂；热加工法通过先将型砂或芯砂预热到一定温度，再向其中加入树脂材料，充分搅拌使两者均匀混合，最后加乌洛托品水溶液及润滑剂，待混合物冷却后进行破碎和筛分，从而得到覆膜砂。在成形过程中，主要通过表面涂覆的树脂材料受热熔化，进而将固态颗粒粘接成形。成形结束后一般需要二次加热后处理，使树脂完全固化，从而增强制件的强度。

2.2.6　混凝土和石膏

混凝土和石膏是建筑行业广泛使用的建筑材料。混凝土的增材制造技术属于无模成形，不需要模板支撑即可直接制造出各种自由曲面架构的实体。为提高增材混凝土的耐久性和承载能力，一般还会采用纤维增强或钢筋增强等辅助强化方式。为了适应增材制造工艺，对混凝土材料的可挤出性、黏聚性、支撑性、耐久性及原材料配比要求较高。其中，良好的层间粘接强度是保证混凝土增材结构的承载能力和稳定性的必要条件，以防止打印层之间粘接不牢固而产生冷缝。良好的支撑性能可确保整个制造过程内构件保持较高的稳定性，已成形的混凝土层能够支撑后续的打印层而不发生坍塌或变形失稳。良好的耐久性能可确保成形后的混凝土结构能够抵御外力、温度、化学反应等外界因素对其正常工作性能的干扰能力（如抗渗透性、抗冻性），保证建筑物的使用寿命与结构安全。

粉状石膏材料在三维喷印成形中通常被用作基体材料。石膏是一种绿色环保的无机胶凝材料，其凝结时间迅速可控，成形精度高，并且取材广泛、价廉。Z-Corporation 公司最早开发的面向三维喷印成形工艺的石膏材料体系，采用半水合硫酸钙作为基体材料。由于制件的初始强度较低，通常采用丙烯酸酯基胶水、硅溶胶等浸渗剂进行浸渗后处理。用于增材制造的石膏粉末具有均匀细腻、流动性好、容易去除等优点，成形过程中无粉末飞扬，不会堵塞喷头，制件完全硬化后的精度和强度较高。

2.2.7　纤维复合材料

纤维复合材料一般由熔融沉积成形设备进行成形加工，应用最广泛的是连续碳纤维复合材料，包括短切纤维（碳纤维、凯夫拉纤维和玻璃纤维等）复合材料和连续碳纤维复合材料两大类。这类线材一般由聚合物和纤维丝混合后挤出成形。碳纤维复合材料的增材制件具有比强度高、生产周期短等优点，其抗弯强度可达540MPa，可用于替代铝合金零件。短切纤维复合材料通过向原材料中添加增强体制成打印丝材，可获得较好的增强效果，其成形工艺较为成熟。例如，美国Markforged公司推出的Onyx短切碳纤维增强尼龙，其强度和硬度是ABS材料的1.4倍，抗弯强度约为81MPa，还具有较小的表面粗糙度值和阻燃性能，常用于航空航天，汽车和国防工业。连续碳纤维复合材料除了力学性能增强外，还具有力阻效应、电磁屏蔽等功能特性，实现碳纤维结构件的智能化。例如，利用力阻特性可实现增材结构件状态（如应力、应变、损伤等）的自监测，在弹性阶段，可根据连续碳纤维可逆的压阻特性实现结构应力应变监测；在非弹性阶段，碳纤维复合材料电阻值将发生不可逆的变化，此时可根据电阻值的变化情况对结构的损伤进行识别和预警。这两种纤维复合材料的增材制造对比见表2-2，增材制造的连续碳纤维复合材料结构件如图2-34所示。

表2-2　两种纤维复合材料的增材制造对比

分　　类	短切纤维复合材料增材制造	连续碳纤维复合材料增材制造
增材制造方法	熔融沉积成形、选择性激光烧结、紫外光固化成形	熔融沉积成形、碳纤维层铺叠成形（AFP）
基体材料种类	热塑性材料或热固性材料	热塑性材料为主，如ABS、PLA、PEEK
材料应用	材料强化	增强、感知、驱动等
缺陷	孔隙率较高，打印层之间的粘接性较差，易使复合材料脆性增加	—

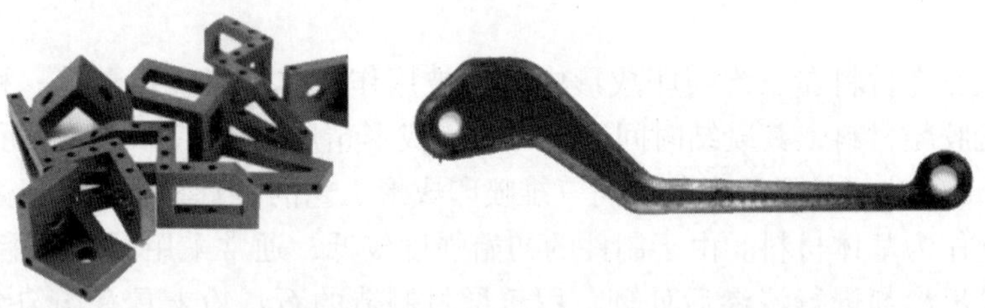

图2-34　增材制造的连续碳纤维复合材料结构件

2.3　非金属零件增材制造原材料的制备

由于非金属零件增材制造所涉及的原材料种类众多，体系繁杂，难以全面列举，因此本节以激光选区烧结工艺中常用的粉末材料为例，介绍其制备原理和流程。制备非金属零件增材制造用粉末材料的方法主要包括化学蒸发凝聚法、溶胶-凝胶法和深冷冲击粉碎法。

（1）化学蒸发凝聚法　化学蒸发凝聚法（chemical vapor condensation，CVC）是一种通过热解有机高分子来获得超细陶瓷粉末的方法。其制粉原理（见图 2-35）是利用高纯惰性气体为载体，由惰性气体携带有机高分子原料如六甲基二硅烷进入钼丝炉，在高温下进行热解，温度为 1100~1400℃，气氛压力保持在 100~1000Pa 的低气压状态。在此环境下，原料热解形成团簇，进一步凝聚成纳米级颗粒，最后附着在一个内部充满液氮的转动的衬底上，经刮板刮下进行超细粉体的收集。化学蒸发凝聚法的优点是产量大、颗粒尺寸小（纳米级）、粒度分布窄。

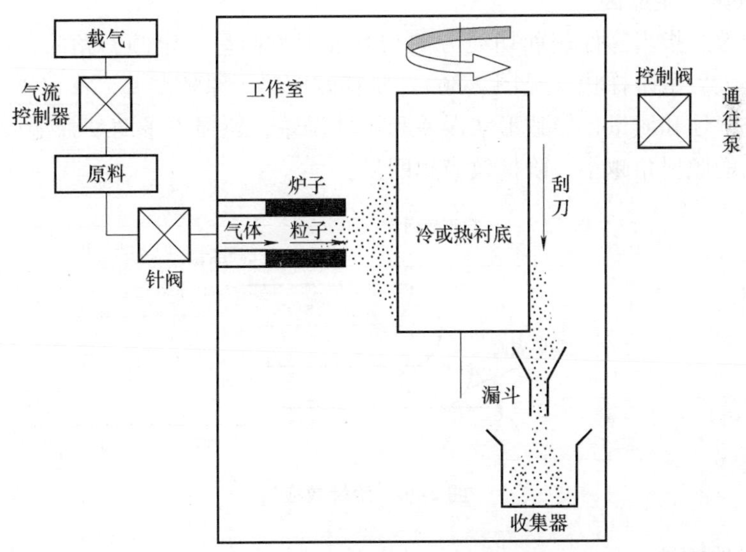

图 2-35　化学蒸发凝聚法的制粉原理

（2）溶胶-凝胶法　溶胶-凝胶法是液相法的一种，利用这种方法也能制备陶瓷超微细粉。金属醇盐易进行水解，产生金属氧化物、氢氧化物和水合物的凝胶，经过滤区分，氧化物可通过干燥得到陶瓷超微细粉，氢氧化物与水合物通过煅烧成为陶瓷超微细粉。与金属醇盐进行反应的对象仅是水，其他金属离子作为杂质被引入的可能性很小，故可以得到高纯度的陶瓷超细粉。

（3）深冷冲击粉碎法　由于某些高分子材料，如尼龙具有较高的热敏性和黏弹性，因此不适合利用一般的破碎研磨方法制备成粉状材料，而利用深冷冲击粉碎法可制备不规则形状的高分子粉末。其基本流程为：首先利用干冰或液氮等冷却介质使高分子材料冷冻，再在低温环境下对其进行破碎研磨或撞击摩擦操作，最后得到粉状材料。

2.4 非金属零件增材制造工艺缺陷及解决方法

非金属材料在增材制造过程中会出现各类工艺缺陷，可简要归纳为阶梯效应、翘曲变形、尺寸精度和表面完整性较低、力学性能不足和其他工艺缺陷等几大类。针对各种缺陷的解决方法主要包括合理选材、优化控制软件、优化成形工艺参数、改进成形设备、添加合适的后处理工艺等。

2.4.1 阶梯效应

1. 缺陷产生原因

阶梯效应指当零件表面切线方向与其成形方向呈一定倾斜角时，制件表面经局部放大后呈阶梯状（见图 2-36）。阶梯效应属于原理误差，不仅破坏了制件表面的连续性和质量，导致形状误差和尺寸误差，还损失了两切片层间的信息。制件表面的倾斜角越小，阶梯效应越明显。

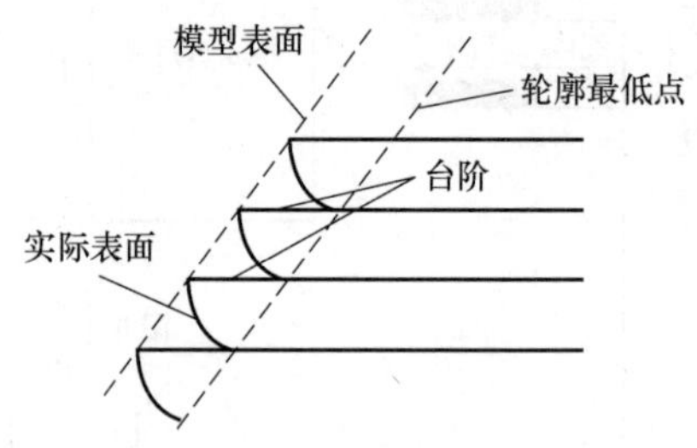

图 2-36 阶梯效应

2. 解决方法

（1）优化控制软件和文件格式 阶梯效应主要由分层厚度所决定。当层厚过大时，阶梯效应非常明显；当层厚过小时，阶梯效应降低，但分层数过多将导致成形效率低下、STL 文件体积过大等问题。为了能根据实际需求灵活地控制层厚，已经发展出了多种自适应分层方法，能在成形方向上根据零件轮廓的表面形状自动改变分层厚度。当零件表面倾斜度较大时，设置较小的分层厚度以提高成形精度；反之则选取较大的分层厚度，提高成形效率。

（2）添加合适的后处理工艺 增加打磨、抛光等后处理工艺可以有效修正阶梯效应带来的误差，具体方法介绍可参见本书 5.2 节“常用增材制造后处理工艺”。当用零件三维模型表面轮廓上的点作为“台阶”的下表面角点时，产生的是正偏差；当用零件表面轮廓上的点作为“台阶”的上表面角点时，产生的是负偏差。采用后处理方法处理阶梯效应通常需要制件产生正偏差，但当制件为模具时则应产生负偏差，以便通过该模具生产的零件拥有正偏差。

2.4.2 翘曲变形

1. 缺陷产生原因

翘曲变形是增材制造过程中常见的一种工艺缺陷，会对零件的尺寸和形状精度、表面质量和力学性能产生不良影响。翘曲变形有两种表现形式，一种是内应力破坏了零件内部的结合面，零件从层间界面裂开，导致裂纹以上部分发生翘曲；另一种是细长零件沿长边方向发生翘曲变形，成形过程中在内应力作用下，零件与基板之间的约束被破坏，左右两端脱离底板。在立体光固化成形过程中，由于液态光敏树脂在激光束的照射下发生反应导致体积收缩，同时在零件内部产生内应力，并且由于固化程度不同，层内应力呈梯度分布。在层与层之间，新固化层收缩时要受到层间粘接力限制，层内应力和层间粘接力的合力作用致使制件产生翘曲变形。在熔融沉积成形过程中，翘曲变形（见图 2-37）的成因主要为喷嘴和基板的温度设置不当及截面分层过厚。如果喷嘴温度过高或基板未经过充分预热，材料被挤出后骤然冷却，制件内部会产生较大的热应力，进而引起翘曲。熔融状态的丝材在冷却过程中会经过黏流态、高弹态和玻璃态，当新一层材料刚刚堆积到制件已成形部分的上方时，受到材料冷却收缩和已成形制件对其产生的外力拉伸作用，将引发一定程度的翘曲变形。

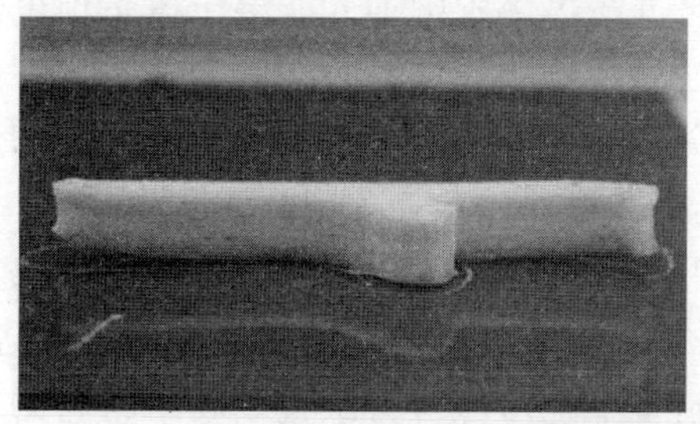

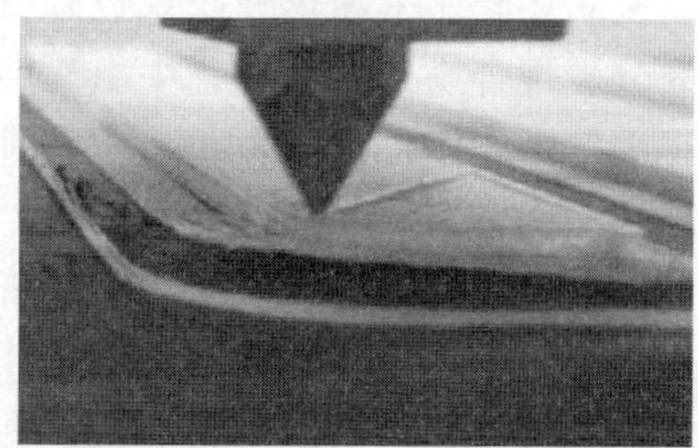

图 2-37　熔融沉积成形过程中的翘曲变形

薄材叠层制造过程中产生的翘曲变形一般是从制件的端部开始造成破坏。翘曲变形的起因是热熔胶与纸的热膨胀系数相差较大，两者在受热时产生的膨胀量不同，同时在纸胶之间产生复杂的不均匀的微观应力，可能会导致在纸胶界面上，甚至纸与胶内部产生微观裂纹，降低界面结合强度。纸纤维产生微观扭曲或破坏，在宏观上表现为横向开裂和层间破坏。此外，在热压后的冷却过程中，热熔胶通常会产生较大的体积收缩。已切割成形的制件因粘胶和纸层的收缩受到相邻层结构的限制，会造成不均匀约束，导致不可恢复的翘曲变形。

激光选区烧结成形过程中所使用的非金属粉末材料会在激光烧结和后处理过程中发生物理或化学变化，不仅导致成形材料的形态发生改变，还在零件内部形成内应力，制件各层的收缩量会存在相对差别，导致了翘曲变形的产生。在三维喷印成形过程中，由于逐层喷射出的黏结剂或材料在凝固收缩过程中产生内应力，同样会使制件产生翘曲变形。

2. 解决方法

（1）改进成形材料　针对立体光固化成形工艺，通过对光敏树脂材料进行改性，可以减小其黏度和收缩率。光敏树脂的改性主要分为改进低聚物和改进光引发剂两种方法。例如，采用硅烷偶联剂 A-174 和蒸馏水为原料制备超支化聚硅氧烷（HBPSi），将制得的 HBPSi 与光敏树脂进行机械共混，能得到黏度更低、收缩率更小的改性材料；通过采用自由基-阳离子混杂型光引发剂可减小固化收缩率，从而减小翘曲变形，提高成形精度。

针对薄材叠层制造工艺，由于一般采用树脂热熔胶对材料进行粘接，其主要成分是低密度聚乙烯和醋酸乙烯等热塑性材料，因此可通过改进树脂材料的性能减小零件内应力，进而抑制翘曲变形。对树脂材料的性能改进，主要围绕降低材料收缩率展开，如可选用低收缩的热熔胶，并使组成热熔胶的材料熔点形成一定的温度梯度。由于体积收缩率与热熔胶体系中参加反应的官能团浓度成正比，因此可通过共聚或提高预聚体的分子量等方法降低反应体系中官能团的浓度，进而降低收缩应力；还可以在树脂中加入不参与化学反应的无机物填料，使固化收缩率和热膨胀系数降低。通过在热熔胶中加入能溶于树脂预聚体的高分子聚合物，固化过程中由于溶解度参数的改变使高分子聚合物析出，此过程中发生的体积膨胀也可以抵消掉部分体积收缩。此外，提高制件内部和周边环境温度，降低树脂材料的黏性，也能有效减小内应力和翘曲变形。

针对激光选区烧结工艺，由于所使用的粉末材料的内在性能指标（如热力学性能、流变性能及光学性能等）是由分子结构决定的，因此很难做出改进。可通过改进粉末材料的制备方法、调节制备工艺参数等方式提高粉末材料的外在性能（如粉末粒径及形貌、流动性能和堆积性能），进而提高制件的精度、致密性和力学性能，抑制翘曲变形缺陷。

（2）优化成形控制方法　采用合适的软件系统进行成形控制优化，或者通过自动设置合适的扫描方式来减少打印层和制件整体的收缩量，同时对体积收缩进行反馈和补偿，可有效避免翘曲变形和扭曲变形，提高成形精度。例如，在激光选区烧结成形过程中，可通过优化控制算法自动校正成形设备双振镜模块产生的“枕形”畸变，减小因光斑面积的变化引起的粉末层受热不均匀问题，降低热应力；在进行薄材叠层制造时，通过合理控制网格的划分方式和切割顺序，适当增加层厚，以及降低热熔胶厚度等方法都能减小翘曲变形。此外，可通过分析与试验得到优化的复合扫描路径算法，兼顾轮廓扫描精度和加工效率，降低翘曲变形量。

(3) 优化成形工艺参数　除了改进成形材料和控制方法，根据实际情况合适设置和优化成形工艺参数也能在一定程度上减轻翘曲变形。例如，影响激光选区烧结成形精度的主要工艺参数包括激光功率、扫描速度、扫描间距、光斑大小和层厚等。其中，层厚对制件的尺寸精度和表面粗糙度有较大影响，制件层与层之间都存在一定的应力集中，在相同的温度梯度下，内应力的大小与层厚成正比。当切片层厚过小时，层片之间就容易产生翘曲变形；扫描间距过小也会导致翘曲变形；制件的尺寸也是影响翘曲变形的重要因素；一般情况下，制件的尺寸越大，其内应力和翘曲变形就可能越大。因此，在成形大型零件之前，可以先将其分解成多个小件分别成形，然后再逐个粘接完成零件整体制作，这样就能够显著减小翘曲变形。

2.4.3　尺寸精度和表面完整性较低

1. 缺陷产生原因

对于熔融沉积成形工艺，层间剥离、坍塌、缺丝、起皱、鼓泡、拉丝等工艺缺陷均会对增材制件的尺寸精度和表面完整性产生不良影响。尺寸精度和表面完整性较低的成因较为复杂，与成形设备的运动和定位精度、机构振动、材料溶胀、零件变形、阶梯效应、数据转换误差、工艺参数选择、成形设备误差等均可能有关。例如，熔融沉积成形过程中层间剥离表现为相邻的沉积层之间连接不紧密，甚至分离，严重时会出现已成形部分结构被粘在喷头上并跟随其移动的问题；坍塌指成形过程中已沉积的表层发生塌陷，因缺少稳定支撑导致无法继续成形的问题；缺丝是由成形过程中短暂的送丝中断造成的，常表现为在制件的某部分出现条状缺失或局部空洞；起皱指制件表面纹路不平直，产生不规则弯曲的皱纹。鼓泡指制件表面出现的小鼓包；拉丝指材料自喷嘴处被送出后并没有全部粘接在已成形层上，而是随着喷头的移动在空间中拉出细丝状废料并迅速凝固，干扰后续成形。对于激光选区烧结工艺，制件的尺寸和表面缺陷问题主要来源于热应力引起的变形和所用粉末材料的物理和化学性质，最优成形精度主要受激光光斑直径、振镜扫描定位精度和粉末材料的粒径决定。对于三维喷印成形工艺，其成形精度主要由喷头的移动定位精度和所用材料中的黏结剂饱和度决定。

2. 解决方法

(1) 优化成形设备　成形设备造成的误差主要是机械系统的定位和传动误差或光路系统的扫描误差。其中，机械系统误差是影响成形件精度的原始误差。从制件的外形尺寸来看，误差又可分为垂直方向误差和水平方向误差。通过提高工作台伺服单元的位置控制精度和测厚精度，根据单层系统误差量对产品三维模型进行补偿，控制 X、Y 轴的插补单元误差，对激光直径误差和能量输入误差进行补偿等，可在一定程度上减小成形误差。例如，在立体光固化成形过程中，通过对成形设备的扫描系统进行优化，解决光照利用率不高、均匀性较差和成形效果不佳的问题。通过对成形设备的温度与液位控制系统进行优化，根据面成形设备和树脂槽尺寸构建温控模型，选择加热方式、测温传感器，构建改进的硬件系统，提高制件精度；也可以采用单模激光器取代多模激光器，减小光斑直径，防止丢失小尺寸零件的细微结构特征，如尖点、拐角或微孔等结构，进而提高加工分辨率和成形精度，或者利用动态聚焦模块在振镜扫描过程中同步改变模块焦距，调整焦距位置，校正双振镜模块产生的聚焦误差。

（2）改进工艺参数　针对熔融沉积成形工艺，一般重点关注和优化喷嘴温度、喷嘴移动速度、出料（送丝）速度、材料填充间距和层厚等工艺参数，以改善制件的表面精度。坍塌缺陷的产生是由于喷嘴温度过高，挤出的材料在未冷却至合适温度时流动性较强，进而无法精确控制。若前一层还未冷却成形，后一层就叠加在其上，则可能导致前一层材料坍塌或破损。合理降低喷嘴温度可改善该缺陷。起皱缺陷的产生同样是由于喷嘴或成形室的温度过高，可以通过合理降低喷嘴和成形室温度，同时适当增加喷嘴移动速度进行改善，但喷嘴温度过低将可能会引起层间剥离缺陷，起因在于材料黏度大导致挤出速度慢，材料冷却时间过长，因此在与上一层材料接触时并不能可靠粘接，在合理提高喷嘴温度的同时降低喷嘴移动速度可有效避免该缺陷。缺丝是由于设备出料速度慢而喷嘴移动速度过快，挤出的材料不足以填充喷头移动路径导致，通过将喷头温度调高 3～5℃，同时降低喷嘴移动速度，增加产品厚度可避免该缺陷。拉丝缺陷的产生是由于设置的层厚接近喷嘴直径，使成形时喷嘴对丝材无挤压作用，不能保证材料可靠粘接，若此时喷嘴移动速度过快，则极易产生拉丝缺陷，通过调整喷嘴的移动速度，同时将层厚设置为喷嘴直径的一半左右可有效改善该缺陷。

对三维喷印成形工艺，其基本工艺参数包括粉层厚度、喷头到粉末层的距离、液滴喷射速度和喷嘴扫描速度等。当制件精度及强度要求较高时，层厚应取较小值。层厚最大值取决于粉末粘接所需的黏结剂饱和度（黏结剂与粉末空隙体积比即为饱和度），其值取决于层厚、液滴喷射量及喷头的扫描速度，对制件的性能和质量具有较大影响。饱和度的增加在一定范围内会提高制件的密度和强度，但饱和度过大容易导致制件的翘曲变形，甚至导致制件无法成形。喷头到粉末层的距离、液滴喷射速度和扫描速度可以直接影响液滴对粉末的冲击作用，进而影响成形精度。喷头距粉末层越远，喷射液滴的定位精度越低，液滴对粉末的冲击越大，不利于高精度成形。低的喷射速度和扫描速度可提高制件的精度，但会增加成形的时间。因此，各工艺参数的选择应根据制件的精度要求及成形效率要求进行综合考虑。

（3）改进成形材料　对于激光选区烧结和三维喷印成形工艺，粉末材料的粒径、粒径分布及颗粒形状也将直接影响制件的尺寸精度和表面完整性，因此应根据实际需要选用和改进成形材料。

2.4.4　力学性能不足

解决制件力学性能不足的方法：

1）改进成形材料。选用更合适的材料可以有效改善制件的力学性能。例如，选用立体光固化工艺成形零件时，采用硅烷偶联剂 A-151 对纳米级粒径的 Al_2O_3 进行表面改性后与液态光敏树脂机械共混，可以得到力学性能更优的改性材料，或者采用碳纤维增强光敏树脂可提升制件的抗拉强度；通过采用端羟基聚丁二烯（HTPB）和环氧化端羟基聚丁二烯（EHTPB）可对自由基-阳离子混杂固化型材料进行增韧改性。

2）添加合适的后处理工艺。采用合适的后处理工艺也可在一定程度上改善制件的力学性能。例如，当制件表面存在气孔等缺陷时，可选用合适的材料进行表面修补处理；对立体光固化成形制件，可进行二次立体光固化或电化学镀膜复合强化工艺来加强表面强度，或者采用添加背衬、内嵌金属强化部件等后处理工艺来加强零件的整体结构强度。

2.4.5　其他工艺缺陷

1. 支撑结构问题

在熔融沉积成形过程中，当制件的轮廓发生较大变化，前一层的强度不足以支撑当前层时，需要设计支撑结构。制造支撑结构会造成材料的浪费，降低成形效率，还会影响制件的表面质量，而采用双喷头熔融结构（见图 2-38）可解决该问题。双喷头分别被用于成形零件及其支撑结构，由于支撑结构没有表面粗糙度等成形要求，因此可以适当增加喷嘴的材料挤出量，缩短成形时间。双喷头熔融结构还可以灵活选择更便宜或具有水溶性等特殊性能的材料来成形支撑结构，用以降低成本或便于后处理过程中去除支撑结构。

2. 表面视觉效果问题

为了解决多数增材制造工艺无法直接彩色成形的问题，可以进行表面着色后处理。为了改善零件表面的手感或达到某种视觉效果，可以采用表面喷砂、抛光或电镀等后处理工艺。

3. 吸湿变形问题

制件吸湿变形问题主要发生在选用纸材进行薄材叠层制造过程中。通过在成形结束后安排合适的表面涂覆后处理，同时注意保持成形环境干燥即可解决该问题。此外，在成形前预先烘烤材料，蒸发掉其中的水分，若有需要可将材料密封保存，也能有效解决因材料中有水分或杂质而导致的制件鼓泡等缺陷。

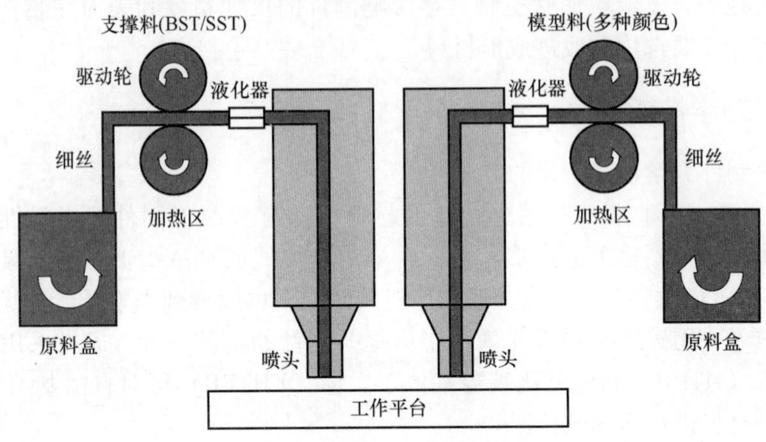

图 2-38　双喷头熔融结构

第 3 章 金属零件增材制造的原理及方法

金属零件的增材制造是高性能终端零部件直接成形的重要标志，是增材制造技术深入发展和广泛应用的必经之路。广义上的金属零件增材制造技术包括五大类，即定向能量沉积（direct energy deposition，DED）成形、粉末床熔融（powder bed fusion，PBF）成形、层压成形、挤出成形、材料/黏结剂喷射成形，如图 3-1 所示。英国标准协会（BSI）、国际标准化组织（ISO）和美国测试与材料学会（ASTM）共同将增材制造技术划分为七种不同的类别，其中有四种可用于成形金属零件。在这些技术中，粉末床熔融和定向能量沉积是两类最常见、应用最为广泛的工艺。粉末床熔融是使用激光或电子束在预先铺设的粉末床中逐层熔化和烧结金属粉末，主要包括激光选区烧结/熔化（SLS/SLM）和电子束熔化（EBM）；定向能量沉积中的能量来源多种多样，主要包括激光束、等离子束、电子束、电弧乃至超声波等高能束，金属粉末、丝材或箔材被同轴送入高能束中，并在基板上连续形成熔道。激光熔覆沉积（LCD）和电弧熔丝增材制造（WAAM）是两种典型的定向能量沉积工艺。典型金属零件增材制造技术的原理与特点对比见表 3-1。本章将选取激光选区熔化、激光熔覆沉积等五种常用金属零件增材制造技术，详细论述其技术原理、工艺特性及应用等，并介绍常用的金属零件增材制造辅助工艺和制造用材料的制备等内容。本章主要内容包

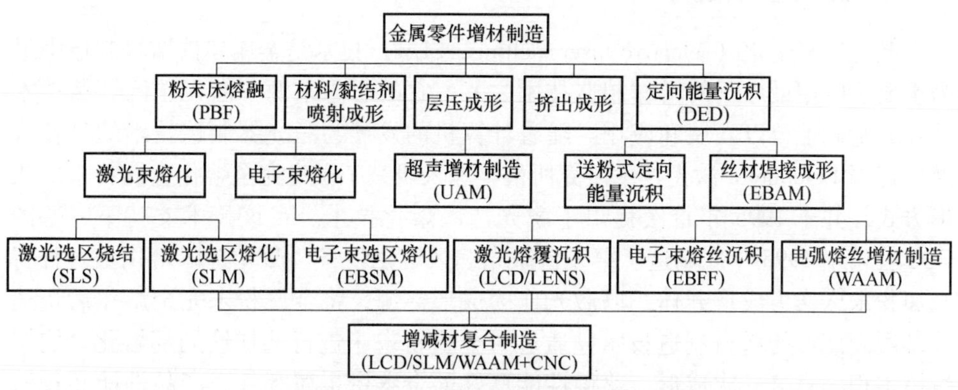

图 3-1 金属零件增材制造技术的分类

括：①金属零件增材制造方法概述；②常用金属零件增材制造辅助技术；③金属零件增材制造用材料；④金属零件增材制造原材料的制备；⑤金属零件增材制造工艺缺陷及解决方法。

表 3-1　典型金属零件增材制造技术的原理与特点对比

金属零件增材制造技术	激光选区熔化	电子束选区熔化	激光熔覆沉积	电子束熔丝沉积	电弧熔丝增材制造
热源	激光	电子束	激光	电子束	电弧
熔池光斑直径/mm	30~300μm	200~500μm	0.5~10	1~5	1~5
额定成形功率/W	50~1000	>2000	>1000	>1000	>1000
成形件类型	中小型	中小型	大中型	大型	超大型
成形精度/mm	±0.1	±0.4	±0.5	±1	±2
冷却速度/(K/s)	10^6	10^4	10^5	100	100
表面粗糙度 *Ra*/μm	6~10	20~50	20~50	20~50	>50
后处理工作量	几乎不需要	几乎不需要	少量	少量	较多
成形材料	铁、镍、钛、铝合金等	铁、镍、钛、铝、铜合金等	铁、镍、钛、铝合金等	铁、镍、钛、铝、铜合金等	不锈钢、锡铅合金等

3.1　金属零件增材制造方法概述

3.1.1　激光选区熔化

激光选区熔化（selective laser melting，SLM）技术是金属零件增材制造中最为重要、应用最广泛的增材制造技术之一，它的思想来源于激光选区烧结技术并在其基础上得以发展和应用。随着计算机的发展与激光器制造技术的日益成熟，德国 Fraunhofer 激光技术研究所最早深入研究了激光完全熔化金属粉末的成形方式，并于 1995 年首次提出了激光选区熔化技术。在该技术支持下，德国 EOS 公司于 1995 年底制造了第一台激光选区熔化设备。激光选区熔化是一种将金属粉末床作为成形载体，以激光作为成形热源，将金属粉末完全熔化后快速冷却凝固成形的增材制造技术，通过对金属粉末床进行选择性局部熔化，层层熔覆堆积，直接一次成形，获得性能良好的全致密金属零件，产品性能超过铸造工艺生产的零件。迄今为止，激光选区熔化仍是应用范围最广、成形结构最复杂、适用材料最多的一种增材制造技术。

1. 工艺原理

激光选区熔化是采用激光将金属粉末熔化并迅速冷却的技术，其工艺原理与激光选区烧结类似，它采用光斑直径为 50~100μm 的激光，在短时间内将热量输入到金属粉末中，直接熔化金属或合金粉末。激光束离开该点后，熔化的金属粉末经散热冷却凝固，与固体金属达到冶金结合，再通过层层选区熔化与堆积，最终成形具有冶金结合、组织致密的金属零件。激光选区熔化的工艺流程如图 3-2 所示，具体为：①将零件三维模型进行切片离散及扫描路径规划，得到控制激光束扫描的切片轮廓信息；②向成形室中填充保护气，一般须保证初始氧含量低于 0.015%（质量分数）；③铺粉，采用陶瓷或橡胶刮板将平均直径在 25~50μm 范围内的金属粉末从送粉缸刮到成形缸的工作台的板上，形成厚度为 30~50μm 的薄层；④计算机逐层调入切片轮廓信息，通过扫描振镜控制高能激光束，选择性熔化金属粉末，未被激光照射区域的粉末仍呈松散状，并起到一定的再支撑作用；⑤单层加工完成后，送粉料上升、工作台下降几十微米，继续铺粉，激光扫描该层粉末，并与上一层融为一体；⑥重复上述过程，直至成形过程完成。

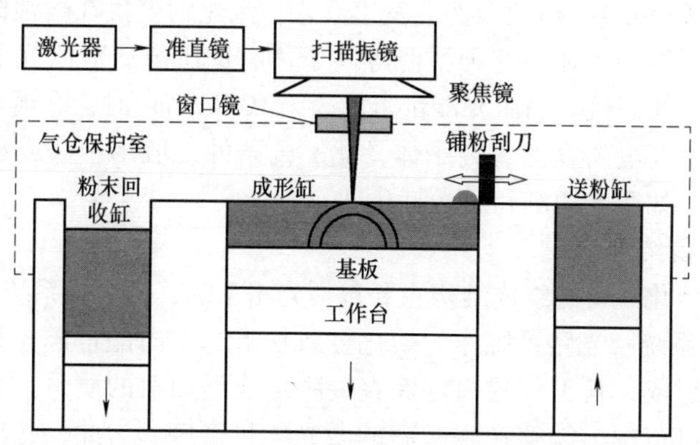

图 3-2　激光选区熔化的工艺流程

在激光选区熔化工艺中，激光热源作为必需的能量来源，其定义由 Morgan 表述为

$$E_{\mathrm{L}}=\frac{P}{\pi r^{2}}\times\frac{2r}{v}\times\frac{2r}{s}=\frac{4P}{\pi vs} \tag{3-1}$$

式中，E_{L} 是激光能量密度（W/mm）；P 是激光功率（W）；v 是扫描速度（mm/s）；r 是激光光斑半径（mm）；s 是扫描间距（mm）。

此外，体积能量密度（volumetric energy density，VED）也能反映激光选区熔化主要工艺参数的综合作用。体积能量密度将激光功率、扫描速度、扫描间

距及铺粉层厚度四个工艺参数结合在一起，共同决定着成形件的相对密度、表面质量等性能指标，其公式定义为

$$E_V = P/vst \tag{3-2}$$

式中，P 是激光功率（W）；v 是扫描速度（mm/s）；s 是扫描间距（mm）；t 是铺粉层厚度（mm）。

影响激光能量密度的主要因素为激光功率和扫描速度。当激光能量密度较低（$<10^4$W/cm^2）、扫描速度较大时，激光和粉末材料的作用时间较短，金属吸收的激光能量只能引起金属由表及里温度升高，但金属维持固相不变，导致液相生成量不足，熔池的流动性不好，粉末材料不能完全熔化，制件容易出现层离现象。此工艺条件一般用于零件退火和相变硬化处理。当激光能量密度提高至 10^4~10^6W/cm^2，固液分界面逐渐向深处移动，产生液态熔池。除熔覆，此工艺条件还能用于金属表面重熔、合金化和热导型焊接。当激光能量密度在该区间上限时，激光热源与粉末材料作用时间较长，生成的液相量较多，过多的液相会加剧“球化效应”，影响成形件表面质量。另外，较多的热量输入使得熔池过热并引发飞溅现象，使制件产生翘曲、开裂等缺陷。随着激光能量密度的继续增加（$>10^6$W/cm^2），熔池表面会发生汽化，汽化物聚集在熔池附近并发生微弱电离，形成了等离子体，这种稀薄等离子体有助于金属对激光的吸收，此工艺条件可用于激光焊接。当激光能量密度高于 10^7W/cm^2 时，金属表层发生剧烈的汽化，形成较高电离度的等离子体，此工艺条件一般用于金属材料的快速去除或表面强化，如激光切割和激光打孔。

2. 成形设备结构

激光选区熔化设备的组成结构主要包括光路系统、送铺粉系统和扫描系统。

（1）光路系统　光路系统作为熔化金属粉末的定向能量源，是激光选区熔化设备的重要组成，其工作的稳定性直接决定成形加工的质量。光路系统要保证在较小的光斑范围内能够产生极高的激光能量密度。为此，必须首先通过扩束镜将发散的激光全部矫正为准直平行光，然后通过聚焦透镜来调整平行光路，获得高能量密度的光斑。光路系统主要包括激光器、扩束镜、聚焦透镜等。扩束镜的工作原理类似于逆置的望远镜，起着对入射光束扩大或准直的作用。激光经过扩束后，激光光斑被扩大，减少了激光束传输过程中光器件表面激光束的功率密度，进而降低了激光束通过时光学组件的热应力，有利于保护光路上的光学组件。扩束后的激光束的发散角被压缩，减小了激光的衍射，从而获得较小的聚焦光斑，提升了光束质量。光束经过扩束镜后，直径变为输入直径与扩束倍数的乘积。在选用扩束镜时，其入射镜片直径应大于输入光束直径，输出的光束直径应小于与其连接的下一组光路组件的输入直径。

（2）送铺粉系统　送铺粉系统主要由铺粉装置、步进电动机、电动机控制

器、成形升降台和盛粉升降台等部分组成。最小铺粉厚度是由铺粉装置与成形升降台之间的最小间隙决定，因此铺粉装置和成形升降台的结构设计及运动控制很重要。影响最小铺粉厚度的因素包括铺粉辊或刮板的制造及安装误差、成形升降控制和成形升降台的几何公差。送粉系统可分为上送粉系统和下送粉系统两种。上送粉系统通过步进电动机驱动辊槽转动，控制粉末下落量；上送粉系统的粉末输送量均匀，输送同样体积粉末所占的空间更小，可使装备结构紧凑。下送粉系统是通过步进电动机控制丝杠转角，控制送粉缸的升降运动量，从而控制粉末层厚度；下送粉系统的粉末输送量均匀，粉末不易被扬起，因此成形室环境较洁净，减少了激光在传输过程的损耗。

铺粉装置主要包括铺粉辊和刮板两种。对于辊筒式铺粉，由于辊筒具有压实作用，可有效提高铺粉的致密性。但当制造零件发生变形时，辊筒容易被凸起的结构损伤，辊筒一旦损坏就必须进行更换，而且更换过程较为烦琐，还会造成粉末浪费；同时，辊筒铺粉方式对粉量需求较大，一般铺粉层厚在0.05~0.25mm之间，而刮刀式铺粉能够达到较小的铺粉层厚，刮刀的更换过程也较为便捷。

(3) 扫描系统　激光选区熔化的光学扫描系统可分为平面式扫描系统和振镜式扫描系统两大类。平面式扫描系统具有结构简单、定位精度高、成本低和数据处理相对简单等优点。该扫描方式由计算机控制光学镜片在XY平面内移动实现扫描，对扫描尺寸没有限制，无论在工作台的中心或边缘任何位置，都能保证光斑尺寸和入射角度保持不变，不会出现光斑畸变的问题，大大简化了物镜的设计。但这种扫描系统的运动惯性较大，为确保扫描定位精度，其运动速度不能过快，因此成形效率较低。振镜式扫描则使用电动机带动两片反射镜分别沿X、Y轴做高速往复偏转，通过两个反射镜的配合运动，实现激光束的扫描并投射到粉末床平面上的任意位置。在具有动态聚焦模块的振镜扫描系统中，还需要控制Z轴聚焦镜的往复运动来实现焦距补偿。振镜扫描系统具有以下优点：①镜片偏转较小角度即可实现大幅面的扫描，扫描系统的体积较小，结构非常紧凑；②镜片偏转的转动惯量很小，配合计算机控制和高速伺服电动机能明显降低激光扫描延迟，提高系统的动态响应速度，具有更高的扫描效率。此外，振镜扫描系统的原理性误差已能通过计算机控制的编程调节方式弥补，提高了成形精度。

3. 工艺特性

激光选区熔化技术的最大优势是能够直接制造高性能金属零件，在难加工复杂/异形结构件的制造方面具有突出的技术优势。

(1) 工艺优势

1) 成形精度高。激光选区熔化使用的激光束光斑细小，熔池的特征尺寸仅为 100μm 左右，成形精度一般为 0.05～0.1mm，表面粗糙度可达 $Ra10\sim20\mu m$，高于激光选区烧结工艺水平，获得的制件经过简单的喷砂处理即可，能够满足大部分不需要装配的复杂金属零件快速制造。

2）综合力学性能优良。由于激光增材制造具有极快的冷却速度（高达 $10^7K/s$），制件内部组织在快速熔凝过程中形成，具有晶粒尺寸小、增强相弥散分布等优点，因此制件的综合力学性能较好，部分力学性能指标优于同种材质的铸件及锻件。例如，激光选区熔化成形陶瓷试样的微观组织可达到纳米级别，并且晶粒尺寸可进一步细化。

3）成形材料广泛，包括不锈钢、镍基高温合金、钛合金、铝合金等多种金属材料，理论上任何加热后可以产生原子间粘接的粉末材料均可成形。

4）材料利用率高。成形过程中成形缸内未用完的粉末材料可以重复利用，其材料利用率一般在90%以上，能实现有效节约和控制成本。

5）能成形各种复杂形状的金属零件，如具有曲面、弧面及空腔等异形结构。尤其针对微结构阵列式的复杂孔隙零件，可实现零件的轻量化、功能化等需求，适合单件或小批量生产。

6）制件的微观组织致密。通过合理调控工艺参数，能将制件的相对密度提高到 99.9%，不需要二次熔浸、烧结。

（2）工艺局限

现阶段，激光选区熔化及其他多种金属增材制造工艺面临的最大挑战和障碍是如何确保成形件质量的可靠性和可重复性。在激光选区熔化成形过程中，激光与金属粉末、熔池及基材之间存在着复杂的交互作用，其工艺局限具体表现为：

1）由于激光选区熔化成形过程中的温度梯度和冷却速率较高，制件内部易产生较大的残余应力和热应力，造成裂纹孔洞等缺陷。复杂结构还需要添加辅助支撑，用于抑制变形。

2）对粉末材料的氧含量、形貌和粒径分布等性能参数要求较高，零件性能的稳定性难以控制。

3）受激光能量密度和粉末床最大尺寸的限制，难以成形尺寸较大的零件，而提高粉末床尺寸将使成形设备的成本大幅度提升。因此，激光选区熔化技术的大规模应用仍高度依赖于稳定、成熟的多品种材料基础工艺数据库的建立。

4. 应用范围

激光选区熔化技术已应用于航空航天、汽车、医学、家电、模具、工业设计、珠宝首饰及医学生物等领域。早期 SLM 制件的致密性较差，表面较为粗糙，整体性能一般。直到 2000 年以后，随着光纤激光器成熟地制造并应用到激光选区熔化设备中，制件的质量才得到明显的改善。世界上首台使用光纤激光器的激光选区熔化设备 SLM-50 由德国 MCP-HEK 分公司 Realizer 于 2003 年底推出。国外对 SLM 设备的研发主要集中在德国、美国、法国、英国、比利时、日本和新加坡等国家，这些国家均有专业生产商业化 SLM 设备的公司。其中，德国在 SLM 成形设备研发上处于国际领先地位，如德国 EOS 公司推出的 SLM 设备已应用于 GE 公司生产的 LEAP 航空发动机燃油喷嘴的快速制造。其他生产激光选区熔化设备的公司还包括德国的 SLM Solutions、Concept Laser、MCP、TRUMPF 公司；美国的 3D Systems、PHENIX 公司；英国雷尼绍公司和日本的 MATSUURA 公司等。不同公司研发 SLM 设备的差异主要体现在激光器类型与能量、工作台面积、激光光斑大小、铺粉方式、活塞缸及铺粉层厚等方面。其中，SLM Solutions 公司的激光技术和气流管理技术处于领先位置；Concept Laser 公司的设备以构建尺寸大见长；3D Systems 公司依靠其专用粉末沉积系统的技术优势，能够成形精密的细节特征；雷尼绍公司在材料使用灵活性、更换便捷性方面具有技术特色。除了以上公司，国外还有很多高校及科研机构也具有 SLM 设备的自主研发能力，如比利时鲁汶大学、日本大阪大学等。

我国最早在激光选区熔化技术上投入研究的单位主要有华中科技大学和华南理工大学，西北工业大学、南京航空航天大学、中国科学院和北京航空工程研究所等单位对 SLM 技术也进行了相关研究，对激光选区熔化设备的研发能力相对较强，获得了一定份额的市场应用。其中，西安铂力特激光成形技术有限公司自主开发了不同型号系列的激光选区熔化和激光高性能修复装备，并已广泛应用于高性能金属零部件的制造和修复，每年可为航空航天领域提供 8000 余件零件。永年公司于 2020 年研发出国内首台超大扫描面积 SLM 设备 YLM-1000（见图 3-3），能够满足航空发动机/燃气轮机、火箭发动机、医疗器械、燃料电池等复杂功能结构件成形制造的需要，其成形扫描区域可达 ϕ1000mm×800mm，具有四个 1000～5000W 高功率激光器、三个成形和清粉分离工位，垂直驱动系统载重高达 10t。此外，湖南华曙高科技股份有限公司、广东汉邦激光科技有限公司等也逐渐开发出成熟的商业化 SLM 设备。

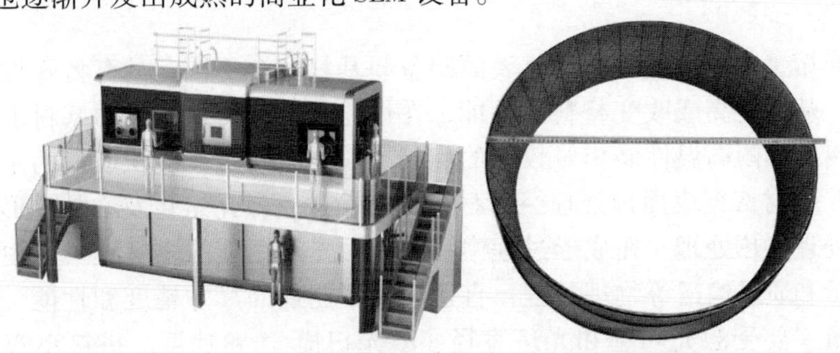

图 3-3　YLM-1000 型 SLM 设备及其制造的大型金属件

3.1.2 激光熔覆沉积

激光熔覆沉积（laser cladding deposition，LCD）又称激光金属沉积（laser metal deposition，LMD）、激光工程化净成形（laser engineered net shaping，LENS）、直接激光制造（direct laser fabrication，DLF），是定向能量沉积增材制造技术中应用最广泛的一种工艺方法，是在激光烧结工艺和激光熔覆工艺基础上研发的一种激光增材制造技术。该技术思想最早在1979年由美国联合技术研究中心Brown等人提出。20世纪80年代末，在美国能源部的资助下，Sandia国家实验室、美国联合技术公司（UTC）、Los Alamos国家实验室和密歇根大学率先展开了金属零件直接成形技术的相关研究，并于1996年成功开发出激光熔覆沉积工艺。激光熔覆沉积以高能激光束为手段，以不同的送料方式在被熔覆基体表面上放置选择的涂层/零件材料，经激光辐照使之和基体表面薄层同时熔化，并快速凝固后形成稀释度极低、与基体材料呈冶金结合的表面覆层。

1. 工艺原理

激光熔覆沉积是一种通过定向能量沉积完成增材制造的快速成形工艺。该工艺首先以特定的填料方式将合金粉末（如自熔性合金粉末、碳化物复合粉末、氧化物陶瓷粉末等）输送到被熔覆基材表面上，利用运载/保护气体（氮气或氩气等惰性气体，防止金属粉末熔化时发生氧化，并使粉末表面有更好的润湿性）将金属粉末以气-粉两相流的方式输送至喷头后射出（见图3-4）；然后利用聚焦后的高能激光束作为热源来熔化金属粉末，使位于激光束焦点处附近的金属粉末和少部分的基材表层同时熔化形成熔池，粉末以熔融状态均匀地分布在零件表面，随后快速冷却凝固（平均温度变化速度为102~106℃/s），使基材表面形成一层稀释率低、厚度在一定范围内可控，并和基材呈冶金结合状态的熔覆层。随着激光束的移动，熔化金属液按照指定移动路径沉积，逐层堆叠后形成金属实体。简言之，激光熔覆沉积是在激光束作用下，将粉末与基体表面迅速加热并熔化，光束移开后自激冷却的一种成形方法。

激光熔覆沉积技术能在基材表面制备与基材完全不同、具有特殊性能的熔覆涂层，从而提高或改变材料的性能，在性能普通、价格低廉的基材上得到耐磨、耐腐蚀和耐高温性能相对较高的优质涂层。激光熔覆沉积成形的主要工艺流程为：基材熔覆表面预处理→粉材干燥与输送→激光熔化及冷却成形→成形件表面处理→热处理。在成形过程中，高能激光作用下的金属粉末流中存在能量、动量和质量输送等物理过程，直接决定了制件的尺寸精度和性能。激光熔覆层质量主要受激光功率和光斑直径、激光扫描/送粉速度、搭接率等参数控制，具体作用原理如下。

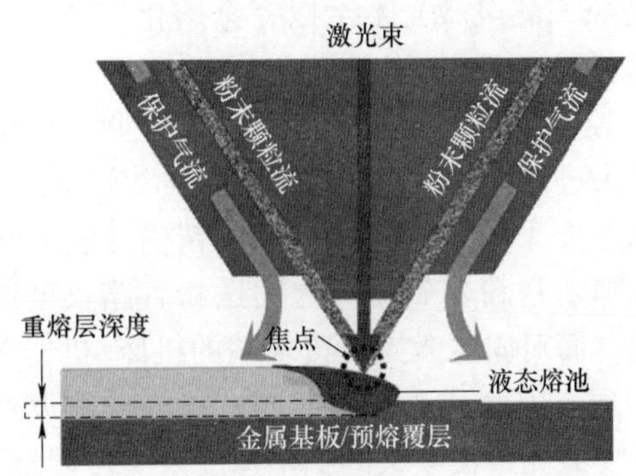

图 3-4　激光熔覆沉积的喷嘴结构和成形原理

(1) 激光功率和光斑直径　激光功率越大，熔化的熔覆金属量越多，产生气孔的概率越大。随着激光功率的增加，熔覆层深度也会增加，周围的液态金属在剧烈波动下动态凝固结晶，使气孔数量逐渐减少甚至消除，裂纹也逐渐减少。当熔覆层深度达到极限深度后，随着激光功率的提高，基材表面温度升高，变形和开裂现象加剧。当激光功率过小时，仅表层金属被熔化，下层和基材未能熔化，此时熔覆层表面易出现局部起球和空洞等缺陷。

由激光发生器射出的高能激光束，其照射光斑通常为圆形或圆环形。单道熔覆层的宽度主要取决于光斑直径的大小，并且呈正比关系。不同的光斑直径会改变熔覆层表面的能量分布，进而影响熔覆层的表面形貌和内部组织性能。通常情况下，光斑直径越小，成形精度越高，熔覆层的质量越好，但光斑直径过小，所形成的单道熔覆层过窄，成形效率较低。

(2) 激光扫描速度　扫描速度是影响激光熔覆沉积成形质量的关键工艺参数之一，当其他参数保持一定时，扫描速度对单位时间内熔池吸收的粉末量影响较大，对熔池中能量的分布情况有一定的影响，继而影响熔覆层的形貌和质量。激光扫描速度同激光功率对熔覆层质量有着相似的影响规律，若扫描速度过快，粉末难以完全熔化并部分粘连在熔覆层表面，导致熔覆层表面较粗糙，不利于下一层的熔覆；若扫描速度过慢，熔池移动缓慢导致能量密度过高，引起粉末过烧，合金中的部分元素损失，同时基材的热输入量大，增加了热应力和热变形量。通常扫描速度的自适应调节需设定上下限，限定范围依据激光的能量密度要求。区别于激光选区熔化工艺中的体积能量密度 E_V，激光熔覆沉积工艺一般用面积能量密度 E_S 描述激光功率 P、光斑直径 d 和激光扫描速度 v 的综合作用，即单位面积（一般为 mm^2）的辐照能量，数学表达式为

$$E_S = P/dv \tag{3-3}$$

一般地，较小的激光能量密度有利于降低稀释率，但易导致熔覆层和基体

表面出现“黏粉”现象，甚至激光不足以完全熔化熔覆粉末，而过大的激光能量密度将导致金属熔覆层表面易被氧化或烧伤。

（3）送粉速度　控制送粉速度一般可通过直接调节单位时间内的粉末吹出量或控制激光熔覆喷头进给/激光扫描速度两种方式实现。由于激光熔覆沉积成形过程中的金属粉末主要采用压缩气体驱动，精确并实时调控粉末的输出速度通常较为困难，并且随着送粉器到喷头之间送粉管路长度的增加，送粉速度控制具有明显的滞后性，而对固定激光熔覆末端的机床/机器人主轴进行进给速率的精确调节很容易实现。因此，送粉速度通常在成形前设置为定值，待出粉稳定、连续后，通过改变激光熔覆喷头的扫描速度来间接调整送粉速度。

（4）搭接率　搭接率（overlapping ratio）是相邻两条熔道重合区域的宽度占单条熔道宽度的比例（见图 3-5），搭接率的合理取值直接影响熔覆层表面的宏观平整程度及内部质量。若搭接率过低，则相邻的熔道之间容易产生凹陷，当沉积下一层时，凹陷的区域容易产生熔合不良等缺陷；若搭接率过高，则相邻的熔道表面容易产生倾斜，当沉积下一层时，倾斜角度会增大，影响粉末的沉积和成形表面的尺寸精度，严重时还会引起塌陷。一般地，当搭接率取 35% 左右时，制件的表面平整度较高。设搭接率为 λ，其计算公式为

$$\lambda=\frac{b_o}{b}=\frac{b-l_I}{b}\times100\% \tag{3-4}$$

式中，b 是单道熔覆层宽度；l_I 是相邻两道熔覆层的中心距，也称层间偏移量；b_o 是熔覆层重叠区的宽度。

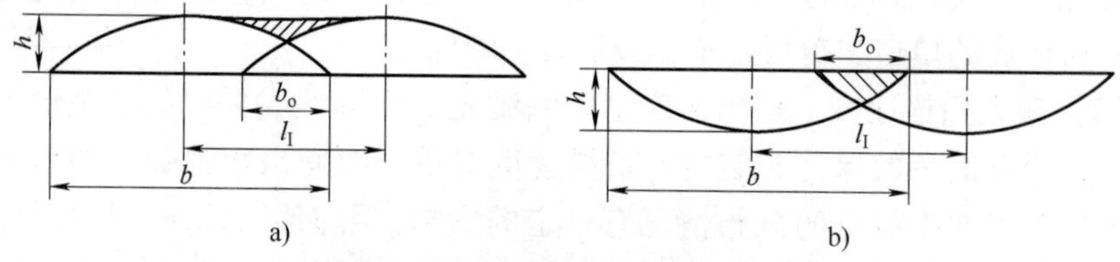

图 3-5　激光熔覆沉积和激光选区熔化工艺下的搭接率对比

a）激光熔覆沉积工艺　b）激光选区熔化工艺

h—单道熔覆层的高度

（5）离焦量　激光离焦量（defocusing distance）指激光焦点离待成形表面的距离，如图 3-6 所示。离焦量有正负之分，正离焦指激光焦点高于待成形表面，反之为负离焦。改变离焦量不仅会影响沉积区域的激光能量密度和光斑的大小，还会影响光束的入射方向，因此对熔池形貌有较大影响。根据光学原理，当正、负离焦量相等时，对应基准点的功率密度理论上相同，但激光对成形表面材料的穿透能力不同。若离焦量为负，激光可以穿透材料的更深处，因此能够获得更大的熔深；若离焦量为正，激光的穿透能力相对较弱，因此在实际成

形中一般选取一定的负离焦量，以提高激光的利用率。

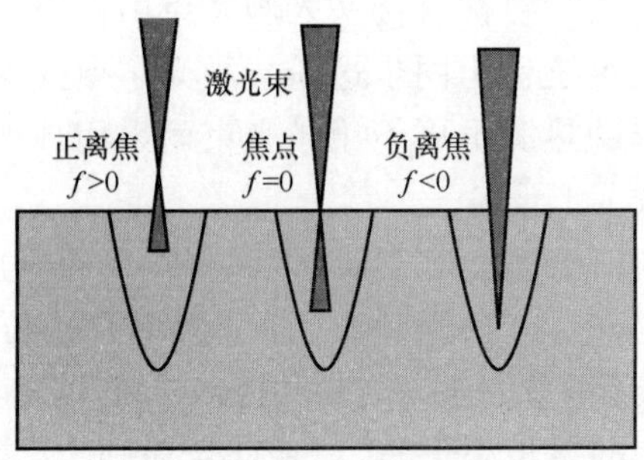

图 3-6　激光离焦量

（6）*Z* 轴提升量　*Z* 轴提升量指成形一个熔覆层后喷头沿着 *Z* 轴方向抬升至下一层成形的初始高度所需的垂直距离。若以直线扫描，则单道熔覆层的横截面可看作是圆的一部分。相邻两熔覆层间由于存在相互熔融重叠部分，这部分液态金属在两侧挤压下会自动填充上面空隙部分，从而形成表面平整的熔覆层。因此，为保证平整的多道熔覆层，在指定的宽高比 $\xi(\xi \geqslant 2)$ 条件下，可推导出热搭接单层熔覆高度的理论值，即 *Z* 轴提升量 ΔZ 为

$$\begin{cases} \Delta Z = \dfrac{2R^2 \arcsin\left(\dfrac{b}{2R}\right) - Rb}{b(1-2\lambda)} \\ R = \dfrac{b^2+4h^2}{8h} \end{cases} \tag{3-5}$$

式中，h、b 的含义同上；λ 为搭接率。

2. 成形设备结构

（1）激光发生器　现有激光发生器主要分为以下几类，即 CO_2 激光器、YAG 激光器、半导体激光器和光纤激光器等，用于产生并传导激光束到成形区域。其中，CO_2 激光器、YAG 激光器占 50%以上的市场份额。激光发生器为增材制造设备中的核心部件，其技术的进步直接影响了增材制造技术的发展。目前，用于激光加工中的激光器主要为气体激光器和固体激光器。激光器的工作原理均为通过激励和受激辐射产生激光，因此激光器的基本组成部分通常由激活介质（被激励后能产生粒子数反转的工作物质）、激励装置（能使激活介质产生粒子数反转的能源，泵浦源）和光学谐振腔（能使光束在其中反复振荡和被多次放大的反射镜装置）三部分组成。

（2）激光熔覆喷头　实现粉末材料的可控喷射而施加到喷头的驱动力是运载气，这种喷头称为粉粒流型气动喷头。根据粉末材料的供给方式，按照喷嘴

相对于激光束的位置，可将粉粒流型气动喷头分为侧向送粉喷头与同轴送粉喷头两种。由于成形中粉末材料被直接送入激光束中，使供料和熔覆成形同时完成，因此这两种喷头又可统称为同步送粉式激光熔覆式喷头。在粉粒流型气动喷头中，熔化金属粉末的热源也可不用激光束而采用焊弧，由此构成的设备称为同步送粉焊接熔覆式成形设备。

1）侧向送粉喷头。侧向送粉（lateral powder feeding）激光熔覆气动喷头，也称旁轴激光熔覆喷头，其送粉喷嘴（通常为单管）位于激光束的一侧，如图 3-7所示。侧向送粉还可分为正向送粉和逆向送粉。正向送粉的粉末流运动方向与喷头扫描运动方向的夹角小于 90°，逆向送粉则大于 90°。送粉喷嘴的位置由喷嘴与激光束之间的夹角和喷嘴出口距熔池中心的距离所决定。侧向送粉的优点是喷嘴的粉末出口距离激光束相对较远，能够有效预防因粉末过早熔化而阻塞激光束出口的问题，并防止粉管产生烧伤和变形。侧向送粉的缺点是仅有一个方向参与送粉，激光束和粉末输入不对称，限制了激光扫描方向，因此侧向送粉不能在任意方向形成均匀的熔覆层，激光熔覆喷头只适合线形轨迹运动，不适合做复杂轨迹运动。

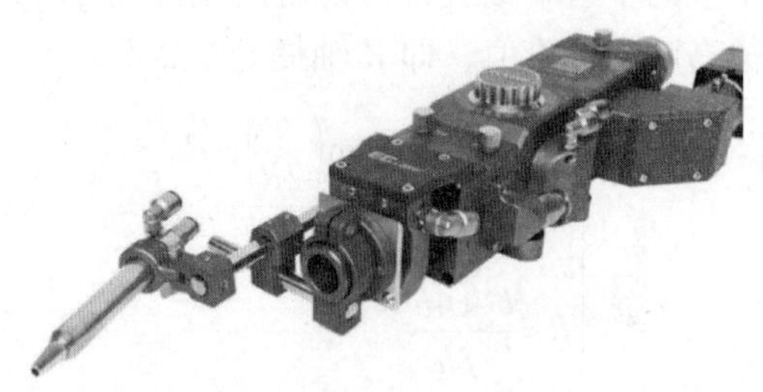

图 3-7　ECM340S 型旁轴激光熔覆喷头

2）同轴送粉喷头。同轴送粉（coaxial powder feeding）激光熔覆式气动喷头如图 3-8 所示。激光束从喷头的中央通过后投射至基板上，来自送粉系统的气-粉两相流通过均布在激光束周围的多路送粉管输送至喷头的周围，并经喷嘴实时同步喷射沉积至基板，同时激光束与粉末流同轴耦合输出。同轴送粉喷头还分为非连续同轴喷头和连续同轴喷头两种，非连续同轴喷头一般在喷口的圆周方向均匀布置 3~4 个独立粉管共同喷射粉末，直接喷出后汇聚成粉末射流，如图 3-8a 所示；连续同轴喷头能够直接在喷口处形成均匀的环形粉末射流，如图 3-8b 所示。连续同轴喷头有助于在熔覆平面上减小粉末喷射区域的直径，提高粉末沉积效率，但最大送粉速度低于非连续同轴喷头。

相比于侧向送粉，同轴送粉具有以下优点：①克服了侧向送粉只适合线形轨迹运动的缺点，同轴送粉的粉末均匀分散成环状，汇聚后送入聚焦的激光束中，不受扫描轨迹的限制，能形成均匀的熔覆层；②同轴送粉的粉末流分布对称且各向同性，适合激光直接制造或再制造技术所需要的三维熔覆。同轴送粉的缺点表现为：①喷嘴粉末出口距激光束出口较近，粉管易被烧伤变形，并且熔化的粉末容易堵塞喷嘴出口，中断成形过程；②粉末流的各向同性取决于粉末在喷嘴粉末腔内的分布状态，当喷嘴倾斜时，粉末流会受到重力的影响，从而导致熔覆层截面形状发生变化，使同轴送粉喷嘴的最大倾斜角度受到限制，难以实现喷嘴大角度偏转的五轴加工。

除了同步送粉式激光熔覆工艺，还有一种预置式激光熔覆沉积方法。该方法是将熔覆材料预先置于基材表面的熔覆部位，然后采用激光束辐照扫描熔化，原理类似于激光选区熔化工艺。熔覆材料以粉、丝和板的方式加入，其中粉末材料最为常用。

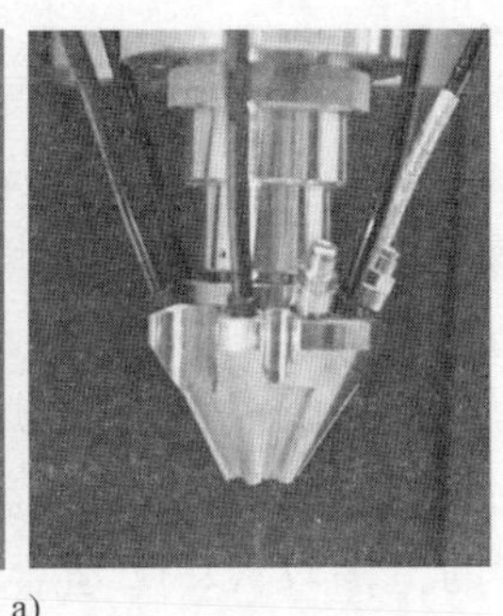

a)

b)

图 3-8　非连续和连续同轴送粉激光熔覆式气动喷头

a）非连续同轴喷头　b）连续同轴喷头

（3）粉末材料输送器　粉末材料输送器简称送粉器，其基本功能是按照激光熔覆沉积成形工艺要求，将金属粉末连续、均匀、定量地输送至熔融区/激光作用区，确保熔覆层稳定的形成。目前，激光熔覆沉积成形工艺常用的送粉器可分为转盘式、刮板式、螺旋式、沸腾式等。

1）转盘式送粉器。转盘式送粉器的主要结构包括粉斗、回转粉盘、吸粉嘴和出粉管等，回转粉盘上带有凹槽，整个送粉系统处于密闭环境中。基于气体动力学原理，转盘式送粉器的工作原理如图 3-9 所示。存储于粉斗中的粉末颗粒在重力作用下落入回转粉盘的凹槽中，同时电动机带动回转粉盘做低速转动；然后在充入系统中的保护气体压力作用下，位于回转粉盘另一侧的吸粉嘴将凹槽中的粉末吸入出粉管并形成气-粉两相流，最终被输送至熔池。转盘式送粉器的优点包括：①适合球形粉末的输送，最小粉末输送率可达 1g/min；②能对不同材料的异质粉末进行连续实时混合输送，可用于成形复杂合金或功能梯度材料。转盘式送粉器的缺点包括：①对粉末的干燥程度要求高，粉末潮湿会降低送粉的连续性和均匀性，因此需要配合烘干箱使用；②不适于输送形状不规则、流动性较差的非球形粉末；③工作时送粉率难以实时调控。

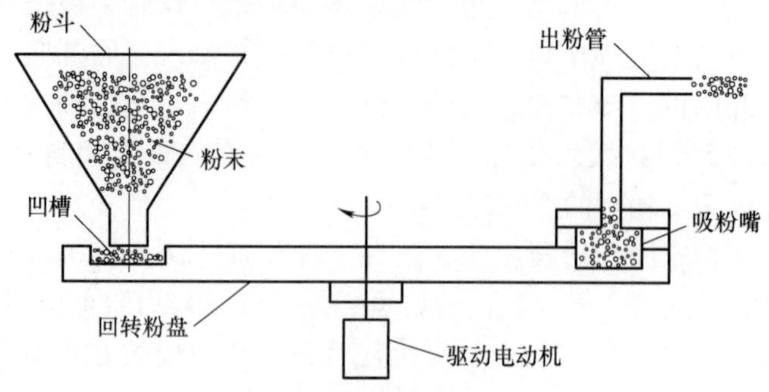

图 3-9　转盘式送粉器的工作原理

2）刮板式送粉器。刮板式送粉器主要由粉斗、粉盘、刮板、接粉斗等部分组成，其工作原理如图 3-10 所示。粉斗中的粉末依靠自身重力和载气压力作用经过漏粉孔流至回转粉盘，回转粉盘另一端的上方固定一个与回转粉盘表面紧密接触的刮板，并随着回转粉盘转动不断将粉末刮入接粉斗。在载气的负压作用下，粉末通过送粉管并形成气粉二相流被输送至熔池。刮板式送粉器的优点包括：①送粉量可通过调节转盘的转速、粉斗和转盘间的距离、漏粉孔的粗细等多种方式实现，因此可调节的范围较大；②适合输送颗粒较大（直径大于 20μm）、流动性好的粉末。刮板式送粉器的主要缺点是当输送的粉末颗粒直径较小时，粉末容易发生团聚，送粉的连续性和均匀性较差，漏粉孔及出粉管口处容易发生堵塞。

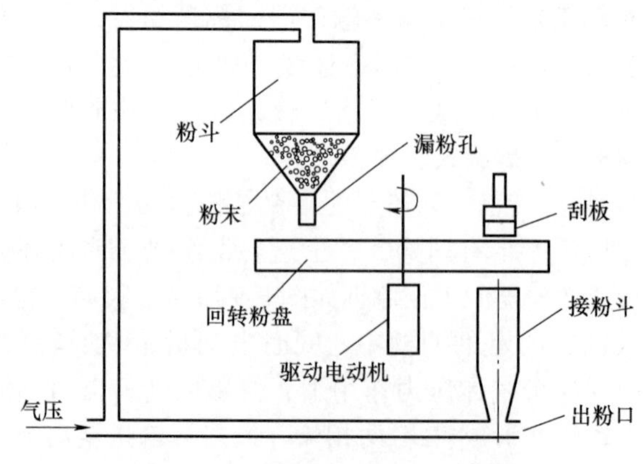

图 3-10　刮板式送粉器的工作原理

3）螺旋式送粉器。螺旋式送粉器主要包括粉末存储仓（粉斗）、螺杆、步进电动机和振动器等配件，其工作原理如图 3-11 所示。步进电动机驱动螺杆旋转，使螺杆螺纹间隙中的粉末颗粒沿着筒壁进入“气-粉”混合腔；然后混合器中的载气（惰性保护气）将粉末以气-粉两相流的形式从粉斗输送至熔池。螺旋式送粉器的送粉量与螺杆转速成正比，通过调控步进电动机的转速即可实现送粉量的精确控制。此外，为了使粉末充满螺纹间隙，需要通过振动器的连续振动确保送粉过程连续而均匀。螺旋式送粉器的优点包括：①能传送粒径在 15～150μm 范围内的粉末，粉末的输送速率一般为 10～150g/min，尤其适合输送小直径的细粉；②粉末材料输送均匀、连续，稳定性较好；③对粉末的干燥程度要求较低，可以输送部分潮湿、黏结成块的粉末。螺旋式送粉器的缺点包括：①难以输送大颗粒粗粉，容易产生堵塞；②依靠螺纹的间隙送粉，因此难以实现微量送粉，成形微小尺寸结构；③受到结构限制，难以同时输送多种材料的异质粉末，成形复杂合金或功能梯度材料。

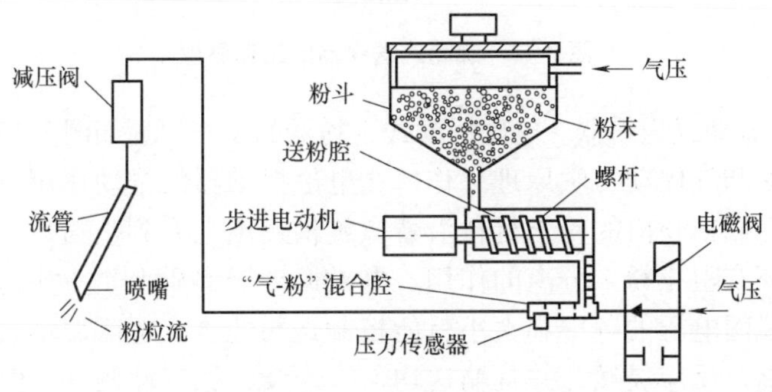

图 3-11　螺旋式送粉器的工作原理

4）沸腾式送粉器。沸腾式送粉器的工作原理如图 3-12 所示。工作时利用从粉斗上部和下部进入的气流，使粉斗内的粉粒发生流态化过程，这是因为当气体向上流过粉末时，其运动状态不断发生变化。当气体流速较低时，粉粒静止不动，气体只在粉粒之间的缝隙中通过；当气体流速增大到某一值之后，粉粒由气体的摩擦力所承托，单个颗粒不再依靠与其邻近颗粒的接触而维持其空间位置，每个颗粒可在粉末床中自由运动，因此整个粉末就具有许多类似流体的性质，这种状态就称为流态化或“流化”。粉末从静止状态转变为流化时的最低速度称为临界流化速度。随着从粉斗上部和下部进入的气流速度进一步增大（称为沸腾进气），粉粒运动加剧且上下翻滚，如同液体加热达到沸点时的沸腾状态。在此状态下，粉末床内固体粉粒就能像流体一样从中部左侧的孔口排至喷头。沸腾式送粉器的优点包括：①能使气体与粉末混合均匀，送粉量大小可通过送粉气的流速或流压来灵活调节；②在送粉过程中，粉末与送粉系统内器件无机械挤压和摩擦，不易发生粉末堵塞现象；

③对粉末的粒度和形状有较宽的适用范围。沸腾式送粉器的缺点是对粉末的干燥程度要求较高。

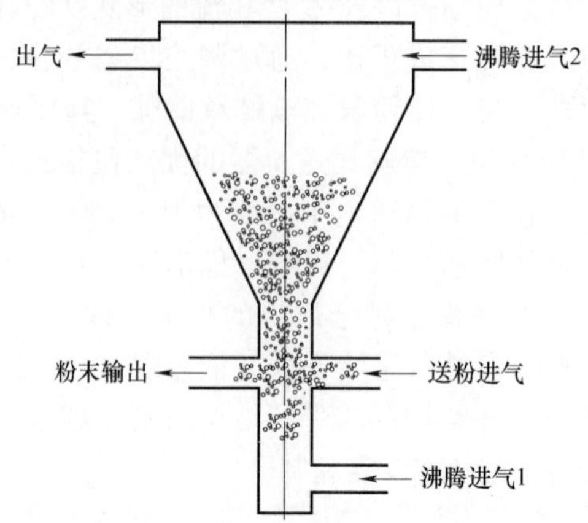

图 3-12　沸腾式送粉器的工作原理

5）电磁振动式送粉器。电磁振动式送粉器的工作原理如图 3-13 所示。它是基于机械力学和气体动力学原理工作，在电磁振动器的推动作用下驱使阻分器振动，储藏在储粉仓内的粉末材料沿着螺旋槽逐渐上升到出粉口，随着气流送出。阻分器还有阻止粉末分离的作用。电磁振动器实质上是一块电磁铁，通过调节电磁铁线圈电压的频率和大小就能控制送粉速度。电磁振动式送粉器的送粉控制精度高、反应灵敏，并且输送均匀、连续，稳定性较好，但对粉末的干燥程度要求高，输送微湿粉末会造成送粉的一致性差，并且不适于输送超细粉末，在出粉管处超细粉末容易团聚并发生堵塞。

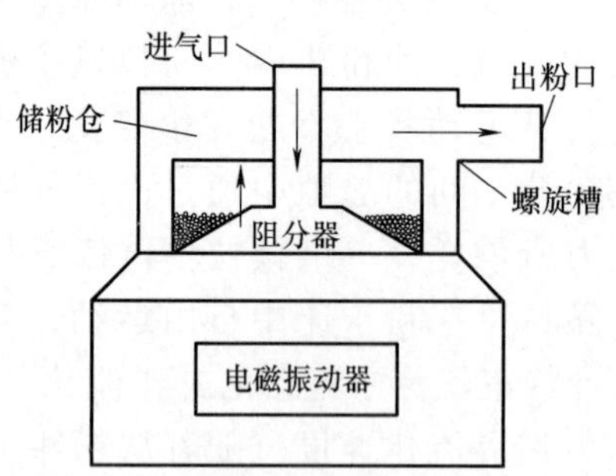

图 3-13　电磁振动式送粉器的工作原理

3. 工艺特性

对于激光熔覆沉积工艺，良好的熔覆层应具有良好的冶金结合，使熔覆层的稀释率和变形程度较低。也就是说，熔覆层材料与基体材料的熔点应尽量相近，以保证低稀释率，并且避免脆性相的产生，保证层间界面处的结合强度；熔覆材料还要具有一定的塑性以补偿热应变，抑制微裂纹的形成。在激光熔覆沉积成形过程中，制件品质受多种工艺参数（特别是熔覆过程参数）的影响，主要有激光功率、激光束扫描速度、送粉量和熔池温度等，通常需要在线检测熔覆层厚度、送粉量、熔池温度和形状、粉末成分等数据来优化工艺参数。

（1）工艺优势

1）激光熔覆沉积成形的高能激光作用时间短、冷却速度快，因此热输入和畸变较小，熔覆热影响区也小，组织具有快速凝固的典型特征，熔覆层组织细小，制件的综合力学性能较好，其疲劳强度高于相同材料的铸件或锻件。

2）基于同步送粉的材料输送特性，当需要熔覆两种或多种粉末材料时，可以设置多条送粉管同步送粉，就能快速制造由多种金属材料构成的复杂合金（如高熵合金），以及非均质、梯度材料金属零件，便于研发新型复合材料。

3）基材变形量和熔化量较小，熔覆层与基材的结合力强，并且熔覆层的稀释率低（一般小于5%），与基体呈冶金结合。

4）熔覆末端的空间接近性和工艺集成性较好，成形末端易与其他加工载具相结合，如增减材复合制造机床、工业机器人等，易实现自动化生产；由于喷头可以大范围移动，因此适合成形大尺寸（米级）或具有复杂外形的零件。

5）对成形粉末材料的选取限制较小，特别是在低熔点金属表面熔覆高熔点合金，性价比较高，能有效地提高基材表面层的硬度、耐磨性、耐蚀性、耐热性、抗氧化性和某些电气特性等。

6）对比激光选区熔化工艺，激光熔覆沉积成形的效率一般高一个数量级。

（2）工艺局限

1）激光束光斑的面积较大，光斑直径一般大于2mm，因此成形精度偏低，难以成形微孔、薄层、微阵列等微细特征结构，并增加了后处理加工的工作量，加工余量一般为3~6mm，降低了整体制造效率。

2）制件外表面较为粗糙，易产生塌陷、凹坑、黏粉等缺陷。

3）没有粉末床的支撑功能，难以成形复杂悬空结构。

4）在激光熔覆沉积过程中，金属粉末与基材的熔化和冷凝的速率较快，温度梯度较大，因此受粉末与基材在热物性及成形工艺方面差异的影响，熔覆层中容易形成气孔、裂纹和夹杂物等缺陷，熔覆层与基材间也容易发生结合不良，引起边缘翘曲和开裂。

4. 应用范围

激光熔覆沉积技术主要用于三大领域，即零部件及工具的改造、修复和表面强化；复杂大型零部件的一体化成形；金属基复合材料/功能梯度零部件的快速制造。激光熔覆沉积能够实现各种高性能金属材料（钛合金、铝合金、镍合金、高熵合金、不锈钢和碳素钢等）零件或精坯的快速全致密近净成形，配合少量的后处理工艺即可制造复杂结构件，在航空航天、船舶、动力机械等领域中具有很高的应用价值。20 世纪 90 年代初，随着计算机技术的飞速发展和增材制造技术的不断成熟，激光熔覆沉积技术进入高速发展时期。美国 Sandia 实验室总结出多种常用合金材料的激光熔覆沉积成形工艺，能够制造出多种高致密合金零件，力学性能高于传统方法，达到了锻件水平；通过不断改进和升级控制软件，有效提高了成形精度，制件的表面粗糙度可达 $Ra6.25\mu m$。1998 年，美国 Optomec Design 公司推出了商业化激光工程净成形制造系统 LENS 150 及其复合制造系统（见图 3-14）。美国 Aero Met 公司率先研究了钛合金的激光熔覆沉积成形工艺及其设备，所用激光器的功率高达 18kW，制件的力学性能满足 ASTM 标准要求，已有多种钛合金零件获准航空使用，并应用于复杂零件的结构修复。美国费斯托公司在激光熔覆沉积成形大尺寸零件方面优势明显，其研制的激光熔覆沉积系统 EFESTO 557 的最大成形尺寸可达 1.5m×1.5m×2.1m。美国 Optomec 公司推出的激光熔覆沉积设备具有 0.9m×1.5m×0.9m 的成形室空间，配置了五轴移动工作台，最大成形速度可达 1.5kg/h。德国诸多企业，如 TRUMPF、德马吉森精机 DMGMORI 提供的激光综合加工系统也是主流的 LCD 设备。我国南京中科煜宸激光技术有限公司研制了自动变焦同轴送粉喷头、长程送粉器、高效惰性气体循环净化箱体等核心器件，形成了金属激光熔覆沉积系列化装备。江苏永年激光成形技术有限公司生产的 YLC-I 型五轴机器人 LCD 设备（见图 3-15）能够自动成形或修复最大直径高达 $\phi2000mm$ 的超大型金属制件，激光功率可达 4000W，成形精度可控制在±(0.3~0.5mm)。

图 3-14　LENS 150 复合制造系统

图 3-15　YLC-I 型五轴机器人 LCD 设备

3.1.3　电子束选区熔化

电子束选区熔化（electron beam selective melting，EBSM）是 20 世纪 90 年代中期发展起来的一类增材制造技术，相对于激光和等离子束增材制造，电子束选区熔化技术出现较晚。1995 年，美国麻省理工学院提出利用电子束作为能量源将金属熔化进行增材制造的设想。2001 年，瑞典 Arcam 公司最早取得电子束选区熔化工艺及设备的国际专利（WO01/81031），并于 2003 年研发出世界上第一代商品化的电子束选区熔化设备 EBM-S12（见图 3-16）。

图 3-16　电子束选区熔化设备 EBM-S12

1. 工艺原理

电子束选区熔化的基本原理与激光选区烧结/熔化技术相似，主要区别在于高能热源由激光换成了高能电子束。在真空保护环境下，利用磁偏转线圈产生变化的磁场驱使高能电子束在粉末层上高速扫描，用于粉末床的预热和粉层的熔化，通过粉层的逐层熔化和冷却凝固成形，制造三维实体结构。电子束选区熔化成形的工艺过程为：首先在工作台上铺覆薄层金属粉末，电子束辐照整个粉末层进行预热以缓解热应力；预热后，电子束在计算机控制下通过电磁场进行偏转，将能量输入至粉末层进行扫描熔化，逐层成形直至完成整个零件；最后将零件从真空箱中取出，用高压空气吹出松散粉末，再配合喷砂、抛光等后处理工艺，即可获得表面质量较好的成品件。

2. 成形设备结构

电子束选区熔化设备的组成如图 3-17 所示，主要包括电子束单元、引导电子束扫描偏转的电磁线圈（包括像散线圈、聚焦线圈、偏转线圈）、内有铺粉机构的真空室及储粉仓等。电子束的最大成形功率一般为 3~6kW，电子从加热的灯丝或晶体发出，并通过高电压加速。电磁线圈对电子束的聚焦和定位过程，类似于激光选区烧结/熔化成形设备的光路系统中光学透镜对激光束的聚焦和定位。成形前准备所需的真空环境大约需要 1h，确保成形过程中成形室和电子束枪始终处于真空状态。成形结束后，成形室内将充满氦气以加快冷却过程，在氦气中冷却几小时后才能打开成形室，使其安全地暴露在空气中而不会发生粉末氧化。

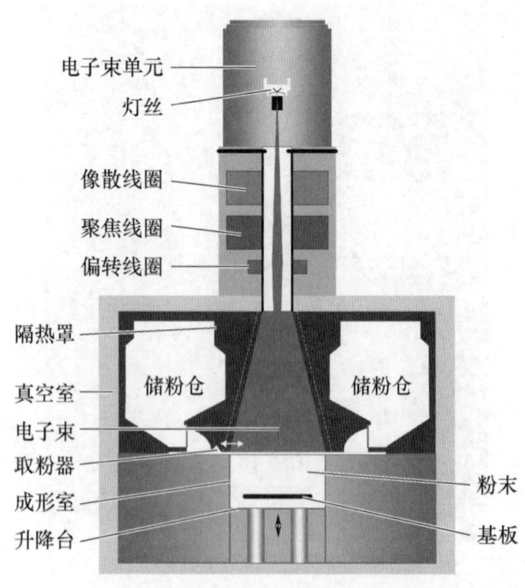

图 3-17　电子束选区熔化设备的组成

3. 工艺特性

电子束选区熔化的成形材料一般为粉末合金材料，目前已经商业化应用的电子束选区熔化成形材料有钴铬合金、纯铜和高温铜合金、纯铁和022Cr17Ni12Mo2不锈钢、4Cr5MoSiV1工具钢、镍基合金、金属铌、纯钛、钛合金和钛铝合金等。由于用于电子束选区熔化成形的粉末粒径相对较粗，主要分布在45~105μm，因此其铺粉层的厚度在50~150μm之间。

（1）工艺优势

1）能量利用率高。对比激光热源，大功率电子束发生器能实现更高的发射功率，最大可达42kW，热能转换效率更高，可达90%以上。材料对电子束能的吸收和利用率更高、作用深度大、反射小，较高的熔池温度能够成形钨、钼、钽、铌等高熔点金属及陶瓷材料，而且电子束的穿透能力更强，能熔化更厚的粉末层（75~200μm），预热温度更高（可达1100℃）。另外，真空环境提供的良好隔热性有助于进一步提高能源效率。

2）制件的力学性能好。电子束选区熔化成形的制件材料组织非常致密，可达到100%的相对密度，制件内部组织具有典型的快速凝固形貌特征，组织和化学成分均匀，综合力学性能甚至优于锻件。真空环境使得整个成形过程能保持高温，有效地减少了热应力引起的成形件翘曲变形的缺陷，制件的残余应力低，尤其适合成形TiAl等脆性和易裂性金属间化合物。

3）成形速度快。电子束的扫描是通过操纵磁偏转线圈实现的，仅需改变电信号的强度和方向就能控制电子束的偏转量和聚焦长度，而电子束的偏转没有质量惯性，省去了复杂的机械扫描或振镜系统，因此扫描速度极快，成形速度高达60cm^3/h（平均13.6kg/h），数倍于激光选区熔化工艺的成形速度。

4）控制精准、灵活且可靠，运行稳定且维护成本低。电子束功率大，通过调节电子束流参数就能精确控制熔池温度，温度可控性好，温升过程也更为均匀。利用面扫描技术，可以实现大面积预热及缓冷；利用多数流分束加工技术，可以实现多束流同时工作，一个束流用于成形，同时在路径周围用其他电子束进行扫描施加温度场，能有效控制成形过程中的应力与变形。

5）成形精度较好。电子束选区熔化成形件的尺寸精度约为±0.2mm，最高可达±0.1mm，略低于激光选区熔化工艺，但高于激光熔覆沉积工艺，表面粗糙度一般在*Ra*15~50μm范围内。

6）制件成分纯净。由于在10^{-3}Pa压强下的高真空环境下成形，保护效果好，能有效避免有害杂质元素，如氮、氢、氧等在高温状态下混入制件，并且成形过程中不消耗保护气体，仅消耗电能及不多的阴极材料。

7）选材广泛。不仅可成形钛合金、钴基合金、镍基合金、钢等多种材料，还适合熔化高反光率材料（铜、铝等），能避免粉末颗粒表面的过热蒸发，并且对粉末的粒径要求较低，与激光熔覆沉积工艺的粉末粒度相兼容，未熔化的金属粉末也能循环使用，降低了粉末材料消耗的成本。

（2）工艺局限

1）内部孔隙是电子束选区熔化制件的主要缺陷形式。在电子束选区熔化成形过程中，粉末床上预置的粉末层会在电子束的作用下溃散，离开预先的铺设位置，产生“吹粉”现象，导致制件产生孔隙缺陷，影响成形件的力学性能，严重时甚至导致成形中断或失败。

2）金属粉末被电子束预热后会变成轻微烧结的状态，并易粘接到制件表面；成形结束后，这些多余粉末需要通过喷砂等工艺去除，若制件具有复杂的内部结构，则难以去除。

3）需要额外的辅助设备提供严格的真空工作环境，并且为了确保真空室的耐高压性，需要采用厚度达 15mm 以上的优质钢板焊接密封制成，致使电子束选区熔化设备的整机重量、体积和生产成本远高于其他金属增材制造设备。

4）电子束的聚斑效果较激光略差，制件的精度和表面质量略低于激光选区熔化技术。

5）成形结束后，由于不能打开真空室，热量只能通过热辐射的形式散失，导致降温时间相当漫长，降低了制造效率。

6）成形过程中不便于进行工艺调试。为了保证电子束发射的平稳性，成形过程中和成形过后的很长时间内都不能打开真空室，使得现场难以在线调试工艺和发现问题。此外，生成电子束需要采用高电压，成形过程中还会产生较强的 X 射线辐射，操作人员需采取适当的防护措施。

4. 应用范围

电子束选区熔化技术适于成形多类金属材料和金属间化合物，能够在短时间内制得高性能的近净成形结构，经少量的表面处理即可投入使用，在航空航天、汽车、医疗植入物及石油化工等领域有巨大需求。采用电子束选区熔化技术制造的航空发动机或导弹用小型发动机多联叶片、整体叶盘、机匣、增压涡轮、散热器、飞行器筋板结构、支座、吊耳、框梁和起落架等结构已得到应用推广。例如，美国波音公司和 CalRAM 公司、意大利 Avio 公司等采用电子束选区熔化工艺制造了火箭发动机喷管、承力支座、起落架零件、发动机叶片等高性能结构件。美国 GE 公司、意大利 Avio 公司均采用电子束选区熔化技术批量化制造了钛铝合金的航空发动机低压涡轮叶片以替代铸造叶片（见图 3-18），结构重量减轻了 30%，在 800℃ 环境温度下的屈服强度可达 480MPa，同时具有良好的抗蠕变性能，制造成本与精密铸造接近。此外，电子束选区熔化技术还应用于钛合金卫星燃料箱的快速成形，制造周期由传统方法的 7~9 个月缩短至 2 个月以内，制造成本仅为传统制造方法的 25%。

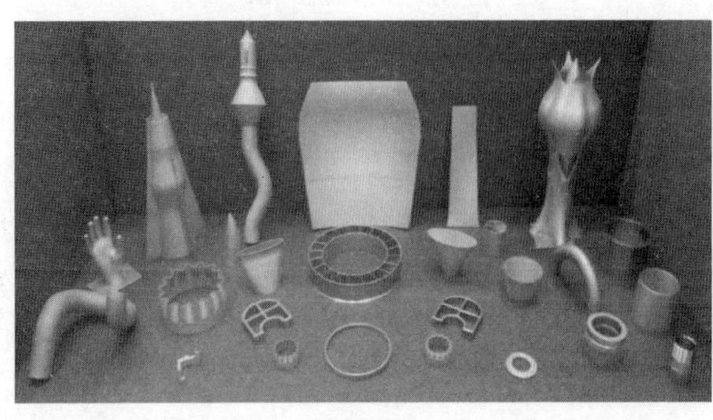

图 3-18　采用电子束选区熔化技术制造的典型样件和 GE9X 发动机的钛铝合金涡轮叶片

国外电子束选区熔化设备的主要制造商为 GE Additive Arcam 公司，产品以 Arcam Q10plus、Q20 plus 和 A2X 为主，主要应用于生物医疗领域。EBM 300 是目前世界上最大的金属零件增材制造设备，最长成形尺寸高达 7.2m，铺粉厚度从 100μm 减小至 50~70μm，电子枪功率为 3kW，电子束聚焦尺寸为 200μm，电子束最大跳转速度为 8000m/s，熔化扫描速度为 10~100m/s，成形精度为 ±0.3mm。我国清华大学和西北有色金属研究院率先开展了电子束选区熔化技术和设备的研发工作，掌握了铺粉、电子束精确扫描和成形控制等关键技术，并推出了商业化开源电子束选区熔化成形设备 QbeamLab，其最大成形尺寸为 200mm×200mm×240mm，成形精度为±0.2mm，电子束最大功率为 3kW，最小束斑直径为 200μm，电子束最大跳转速度为 10000m/s，粉末床表面温度可达 1100℃，采用主动式冷却块进行零件冷却，并加装了光学相机进行在线工艺监控。

3.1.4　电子束/电弧熔丝沉积

电子束直接制造（electron beam direct manufacturing，EBDM）和电弧熔丝增材制造（wire and arc additive manufacturing，WAAM）两者的工艺原理相似，是一种采用高能量密度电子束流或等离子电弧作为热源，将同步送进的金属丝材熔化并逐层沉积成形，制造出接近产品形状和尺寸要求的三维金属坯件，再辅以少量机械加工，最终达到产品使用要求的金属近净成形制造技术，本文将其统称为电子束/电弧熔丝沉积技术。电子束熔丝沉积制造技术最早由美国麻省理工学院提出。电弧熔丝沉积与激光/电子束熔化沉积的主要区别在于热源和材料送进方式的不同。电弧熔丝沉积制造技术基于熔化极惰性气体保护焊（MIGW）、钨极惰性气体保护焊（GTAW）、等离子弧焊（PAW）、冷金属过渡（CMT）焊等焊接技术发展而来，投资成本低，被欧洲航天局称为一种低能耗、可持续的绿色环保制造技术，特别适用于难加工、贵金属零件的增材制造。

1. 工艺原理

电弧熔丝沉积成形的原理如图 3-19 所示。其成形过程为：①在真空环境中，高能量密度的电子束或电弧轰击金属表面形成熔池，同时金属丝材在真空室内或气体保护环境中通过旁路送丝机构送入熔池并熔化，形成熔滴或液桥；②真空室底部的工作台按预设路径移动，熔滴凝固，逐线、逐层堆积后形成致密的冶金结合，成形出金属零件或毛坯。电弧熔丝沉积成形的物理过程涉及了电弧与焊丝间的传热、焊丝熔化及熔滴形成、熔滴下落及与基板碰撞、凝固成形等多个物理过程，每个过程都可能对最后的成形精度和产品性能产生重要影响。

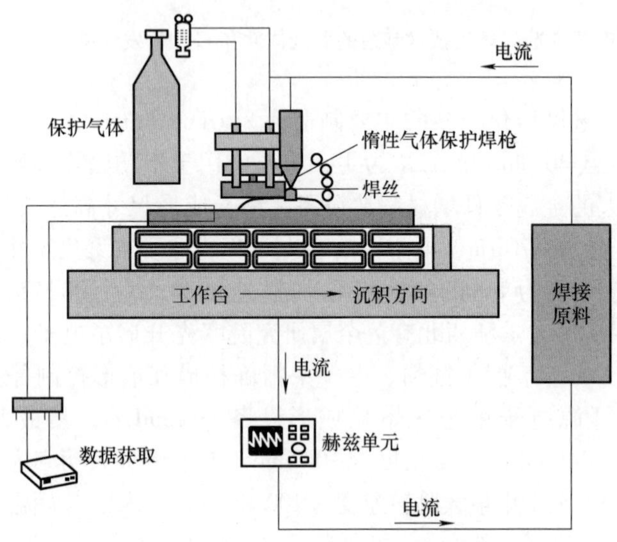

图 3-19　电弧熔丝沉积成形的原理

2. 成形设备结构

电子束/电弧熔丝沉积成形设备的主要组成结构包括电子束/电弧发生器、载具、气路系统、旁路送丝机构、控制系统等部分。其中，电子束/电弧发生器一般以气体保护电弧焊（GMAW）、钨极惰性气体保护焊（GTAW）或等离子弧焊（PAW）工艺所产生电弧作为能量源，用于快速熔化金属丝；载具作为运动平台可分为 CNC 机床和六轴工业机械臂两种，用于驱动熔覆末端精确运动，保持熔丝和基板间的相对位置；气路系统用于向金属熔池的周围环境中提供保护气，防止产生氧化等问题；旁路送丝机构负责将金属丝材根据扫描速度的变化自适应地送入熔池内；控制系统主要用于将工艺文件转化为控制指令，驱动电子束/电弧、载具和旁路送丝机构协同运动，同时监控成形室内的环境状况。

3. 工艺特性

与激光及电子束等高能束相比较，电弧熔丝沉积技术具有设备投资少、运行成本低、制造周期短、沉积效率高的特点，能够显著降低气孔率，制件的相对密度高，力学性能好，因此能够高效、低成本地制造大型金属构件。影响电子束/电弧熔丝沉积成形件的内部质量和成形精度的关键过程因素主要包括电流、电压、送丝速率、焊枪距沉积层高度、焊枪移动速率、层间温度和成形室气氛等。

（1）工艺优势

1）成形速度快，沉积效率高，适用于大尺寸、复杂形状金属构件的快速近净成形。与其他增材制造技术相比，电弧易实现较大功率（几十千瓦）输出，同时电控功率输出可在较宽的范围内实现准确升降，既能在低功率下获得相对较高的成形精度（1mm），也能在高功率下达到很高的沉积速率（成形不锈钢的效率高达 15kg/h），材料利用率高，比激光增材制造高出数倍到数十倍。

2）电子束与沉积材料之间的能量耦合效率较高，对金属材质不敏感，理论上能加工任何导电金属，可成形钨、钼、铌、钽等难熔金属和某些激光反射率较高的材料。电能与电子束的能量转换效率高达 95%以上，而激光发生器的电/光能量转换效率普遍偏低。例如，CO_2 激光器的电/光能量转换效率约为 20%，YAG 激光器仅为 2%~3%，可利用有效功率相对较低。此外，激光束输出的能量中还有一部分会被熔池反射并散失到大气中，散射范围为 40%~95%，进一步降低了能量利用率。

3）制件的力学性能较好，部分材料成形后能达到锻件水平（见表 3-2）。由于电子束是体热，偏摆扫描电子束具有冲击搅拌作用，有利于堆积层间和堆积路径间充分熔凝，能有效减少未熔合、偏析等缺陷，熔池的剧烈搅拌运动有利于减少气孔缺陷，组织和化学成分均匀，因此可以获得良好的内部质量，工艺一致性好。例如，电弧增材制造 GH4099 高温合金制件的抗拉强度和常温断后延伸率均满足 GB/T 14996—2010《高温合金冷轧板》的标准要求。

表 3-2　电子束熔丝沉积成形钛合金与锻件的力学性能对比

材料	成形方式	抗拉强度/MPa	残余屈服强度/MPa	断后伸长率（%）	断面收缩率（%）	冲击韧度/(J·cm^{-2})
TC4	电子束熔丝沉积	≥942	≥853	≥8.5	≥37	≥60
	锻件	≥895	≥825	≥10	≥30	≥35
TC18	电子束熔丝沉积	1067~1180	≥1005	≥5.5	≥13.5	≥22
	锻件	1080~1280	≥1010	≥7	≥16	≥25
TC15	电子束熔丝沉积	≥960	≥835	≥9	≥31	≥51
	锻件	930~1130	≥855	≥10	≥25	≥40

4）工艺方法控制灵活，协同性好，易于与其他制造工艺集成扩展加工能力。由于电子束/电弧熔丝沉积末端的体积相对较小，结构简单，因此可以根据零件的结构形式和使用性能要求，在同一台设备上采取多种成形和加工工艺协同制造，实现成本最低或工艺性能最优。

5）由于丝材比粉材的表面积小，熔化效率高，易清洁且不易吸附杂质，适合采用酸洗、打磨等清理工艺，制丝过程本身也是对材料内部质量的检验过程，更容易保证材料的纯净性，含有杂质的地方更容易被拉断，易于检测。

6）能成形功能梯度材料或金属基复合材料。

（2）工艺局限

1）由于电弧熔丝沉积制造本质上是多层焊道的焊接叠加，对比粉末熔化沉积成形等增材制造工艺，其制件的尺寸精度通常较差。尤其在制件的边缘，液态熔池处于弱拘束状态，流动性较高，因此对边缘区域的形态与尺寸的控制困难，通常需要使用数控铣削等后处理工艺。

2）电弧的热输入较高，已成形部分受到热源往复加热，温升较快，成形过程具有高度的非均匀性（温度、组织、变形的不均匀），熔池的稳定性较低，导致成形过程易产生多种缺陷，如孔隙、高残余应力、热变形和开裂。某些材料容易受到特定缺陷，如钛合金的氧化问题、铝合金的孔隙、多材料金属复合成形的变形和裂纹等的影响。

3）受金属丝材可成形性的限制，部分硬脆材料难以制备成丝材，一般要求制丝材料有良好的延展性和韧性。

4. 应用范围

电子束/电弧熔丝沉积制造技术主要应用于航空航天和军工领域，可成形碳素钢、钛合金、铝合金、镍基合金及记忆合金等金属材料。国外对电子束/电弧熔丝沉积制造技术的研究起步较早，以英国科伦菲尔德大学和英国宇航系统公司为代表的相关机构在技术研究与应用方面走在国际前沿。Stewart Williams 教授研究团队与欧洲航天局、庞巴迪等企业合作，采用等离子弧熔丝增材制造技术，成功制造了长度约 1. 2m 的钛合金飞机机翼翼梁（见图 3-20a），沉积速率可达数千克每小时，焊丝利用率超过 90%，成形耗时约 37h。挪威 Norsk Titanium（NTI）公司采用 WAAM 生产的钛合金组件（见图 3-20b）通过了美国联邦航空管理局（FAA）的认证，已应用在波音 787 和空中客车 A350 客机上。每架波音 787 上将使用 1000 个等离子弧熔丝增材制造钛合金组件，单架飞机的制造成本可节省 200 万～300 万美元。Norsk Titanium 公司生产的 MERKE Ⅳ 等离子弧熔丝沉积成形设备如图 3-21 所示。洛克希德 · 马丁公司以 ER4043 焊丝为原料，采用 WAAM 生产出了高约 380mm 的大型锥形筒体。庞巴迪公司也采用 WAAM 成形出 2. 5m×1. 2m 的大型飞机肋板。中国石油工程技术研究院联合南方增材科技有限公司，首次将电子束/电弧熔丝沉积制造技术应用于高钢级、大口径厚壁三通管件的制造，克服了传统制造方法的壁厚壁垒，产品性能完全满足中俄东线低温环境用 X80 热挤压三通管件的标准要求。西安智熔金属打印系统有限公司于 2020 年自行研发生产出基于 EBVF3 技术平台的 Zcomplex 3 型电子束熔丝金属成形系统，适于高速低成本制造大型金属结构件。

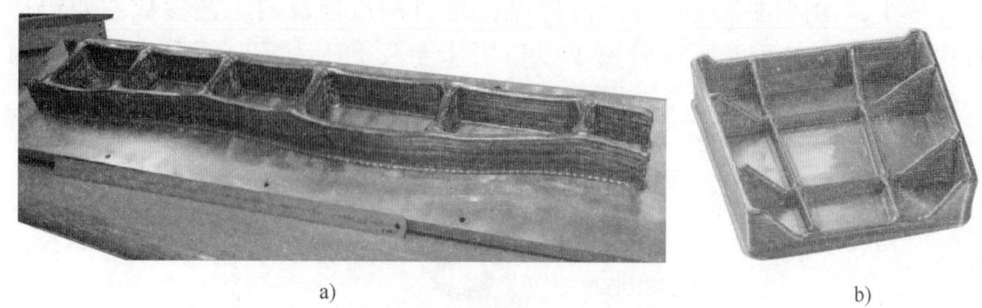

a)　　b)

图 3-20　等离子弧熔丝增材制造的钛合金飞机机翼翼梁和起落架支撑外翼肋

a）钛合金飞机机翼翼梁　b）起落架支撑外翼肋

图 3-21　Norsk Titanium 公司生产的 MERKE Ⅳ等离子弧熔丝沉积成形设备

3.1.5　固态焊增材制造

1. 搅拌摩擦增材制造

搅拌摩擦增材制造（friction stir additive manufacturing，FSAM）是一种从搅拌摩擦焊技术发展而来的固相增材技术，其实质为多层材料的焊接叠加。该技术最早由英国焊接研究所在 1991 年提出，通过搅拌针与连接件的搅拌摩擦所产生热量来软化连接处的材料，再通过轴向的压力使材料连接在一起。基于摩擦的增材制造就是利用搅拌摩擦焊的原理，把分离部件的横向连接转变为增材制造中的纵向堆积。

(1) 工艺原理　搅拌摩擦增材制造的基本原理如图 3-22 所示。待成形材料在纵向加载力的作用下进入空心旋转机构中，同时空心旋转机构进行高速旋转带动旋转轴肩，通过摩擦作用和塑性变形释放的热量使材料软化，并在纵向压力下形成熔核组织；成形末端按照预定的轨迹进行逐层扫描运动，最终形成一个由焊核组织构成的金属零件。搅拌摩擦增材制造涉及的工艺参数主要包括旋转机构（刀具）的形状、旋转速度、扫描速度及下压力等。成形材料可分为片材、丝/棒材和粉材三种。

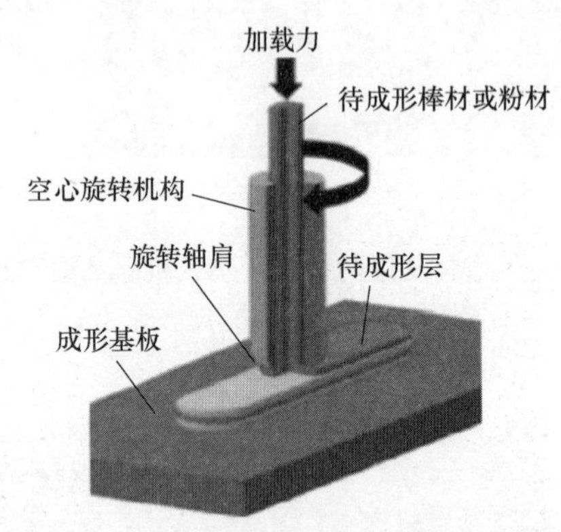

图 3-22　搅拌摩擦增材制造的基本原理

(2) 工艺特性　搅拌摩擦增材制造的工艺优势：

1) 搅拌摩擦成形过程中没有金属的熔化和凝固，成形的峰值温度通常为熔化温度的 60%~90%，只通过塑性软化和轴向的挤压成形，可以避免熔池带来偏析、气孔及裂纹等冶金缺陷问题；同时，搅拌摩擦过程中的挤压力又起到一定的"锻压"作用，产生的塑性变形能使晶粒细化，因此制件的力学性能较好，残余应力低，并能改善材料的延展性，提高制件的强度。例如，当采用搅拌摩擦增材制造 TC4 材料时，横向增材峰值温度大于纵向增材峰值温度，在搅拌区冷却及增材累积过程晶粒粗化，并且由 β 相转变为 α 相，由于不同热循环次数的影响，低层搅拌区晶粒尺寸较大，高层搅拌区晶粒尺寸较小。

2) 由于直接使用片材或棒材作为成形材料，因此成形效率很高。

3) 成形设备结构简单，不需要粉末床、沉积腔或真空室等复杂机构，可直接在现有数控机床上采用功能模块的形式升级改造，适合制造大尺寸金属零件，生产成本较低。

4) 适用材料范围广，原料形态选择灵活，可成形各种合金（如高强度钢、铝合金、镁合金、铜合金、钛合金和镍基高温合金等）和金属基复合材料（如 Al-Fe、Al-SiC、Al-W、Al-Mo、Al-BNC、Al-CF、Al-CNT、Cu-W、Cu-Ta 等）。

5）成形工艺过程环保无污染，能耗低，不产生有害气体、烟尘和辐射，成形过程安全稳定。

搅拌摩擦增材制造的工艺局限主要表现为：

1）受搅拌头最小成形直径的限制，搅拌摩擦增材制造的成形精度较低，难以直接制造精细结构和复杂形状的零件。

2）加工余量大，需要大量的减材后处理工艺。

（3）技术应用　2006 年，空客公司首次采用基于搅拌摩擦的增材制造技术以提高生产率。2018 年，美国 MELD 制造公司与阿拉巴马大学、美国陆军研究实验室合作开展基于粉末材料的搅拌摩擦增材制造技术，研制出了商业化的搅拌摩擦增材制造设备，并将其应用于战场金属废料回收再利用，修复车辆或装甲的受损结构，以及制造抗弹表面涂层等，能够缩短制造和修复时间，降低成本和能耗。搅拌摩擦增材制造技术已经在航空航天、轨道交通、舰船、通信等领域得到了广泛应用。例如，在航空航天领域用于制造刚性的筋板和梁结构，如机身平面板件的加强筋；在化工和核工业领域用于制造高强度抗蠕变结构，如核主泵常用的圆柱形压力容器；在其他应用领域还可用于制造复杂功能梯度材料零件，实现不同金属的连接（如钢和镍基合金、铝，钛与镍基合金，铜与多种难熔金属等），如由外层耐蚀材料和内部韧性材料组合而成的一体化结构件。

2. 超声波增材制造

（1）工艺原理　超声波增材制造（ultrasonic additive manufacturing，UAM）技术在金属超声波固结/焊接成形技术的基础上发展而来，能够在室温或接近室温的条件下制造金属基复合材料。该方法利用大功率超声能量驱动金属层之间高频振动摩擦并产生热量，使材料局部发生塑性变形，最终形成分子间的融合，实现同种或异种金属材料间的物理连接。超声波增材制造的基本流程和成形末端如图 3-23 所示。在连续的超声波振动压力下，两层金属箔之间会产生高频摩擦并释放大量的热量。摩擦过程中，金属表面覆盖的氧化物和污染物被迅速剥离并露出纯金属层，再利用超声波的能量辐射（或外部加热）将较为纯净的金属材料软化填充到已完成焊接的金属箔片表面。在这个过程中，两片金属箔片的分子会相互渗透融合，进一步提高焊接面的强度，之后周而复始，层层叠加至成形结束。超声波增材制造的原材料为金属箔材，以铝、铜、不锈钢和钛合金为主，也可使用截面尺寸为 0. 15mm×25mm 左右的金属带，能减少后处理加工中的材料切除量，提高材料利用率。区别于薄材叠层制造工艺，超声波增材制造过程中每一层打印结束后需要对未结合的金属箔材再次焊接，并通过机械加工铣削去除多余的箔材。

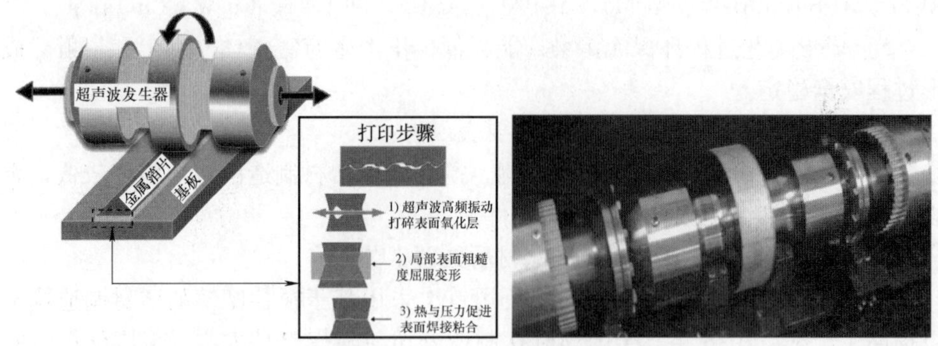

图 3-23　超声波增材制造的基本流程和成形末端

（2）工艺特性　超声波增材制造的工艺优势：

1）成形设备结构简单。超声波增材制造过程中既不向工件输送电流，也不向工件施以高温热源，仅在静压力下将振动能量转变为工件间的摩擦功、形变能及有限的温升，因此制造设备结构简单，成形工艺易于控制。

2）低温制造。超声波增材制造成形的初始温度一般在 150℃左右，成形过程中摩擦和塑性变形释放的热量产生的局部升温仅为 200℃左右，而其他增材制造技术通常要将金属加热至熔点以形成熔池。因此，超声波增材制造工艺能将多种金属材料连接在一起，还可以将传感器、合金纤维等对温度敏感的低熔点材料或电子器件嵌入其中。

3）成形速度快，可制造大尺寸工件。超声波增材制造的成形速度能达到 $100mm^3/s$，高速成形下不会影响制件精度，制件的最大尺寸可达 1.8m×1.8m×9m。

4）修复能力强。通过调整超声波的频率与幅度，可对摩擦损坏的表面或裂纹进行超声波焊修复，提高了制件的使用寿命。

超声波增材制造的工艺局限：

1）换能器的功率限制。碍于换能器转换效率的限制，其实际输出的超声能量难以大幅度提高。

2）容易产生机械共振。超声波发生器的频率一般在 20kHz 左右，因此成形过程中很容易在 20kHz 频率上发生共振，将导致工件基板与上层金属箔片的摩擦大幅度减弱，使焊接质量降低。

3）无法自动放置或取出支撑结构。超声波粘接过程需要施以一定压力，当制造较大面积的悬空结构时，缺少支撑将直接导致压力无法施加而加大制造难度。因此，超声波增材制造对悬空结构尺寸有严格的限制。

4）加工精度受限。超声波增材制造的最佳成形精度一般为 100μm，主要受限于金属箔片的厚度和数控加工的精度，难以制造低于100μm的精细结构。

（3）技术应用　鉴于超声波增材制造的低温制造优点，能保证被嵌入的功能元器件不会被损坏或失效，因此适合制造功能/智能材料和结构。另外，由于独特的叠层制造方式，加之其制造过程中增材/减材相搭配的制造方法，超声波增材制造可使用同种或异种金属层状复合材料、纤维增强复合材料等。例如，采用超声波增材制造碳纤维增强塑料（CFRP）/Ti复合材料，能够提高制件的剪切强度和承重能力，在航空航天和汽车工业上具有应用和推广价值。此外，超声波增材制造技术还能用于电子封装结构、金属蜂窝板结构等拥有复杂内腔结构的零部件制造（见图3-24）。

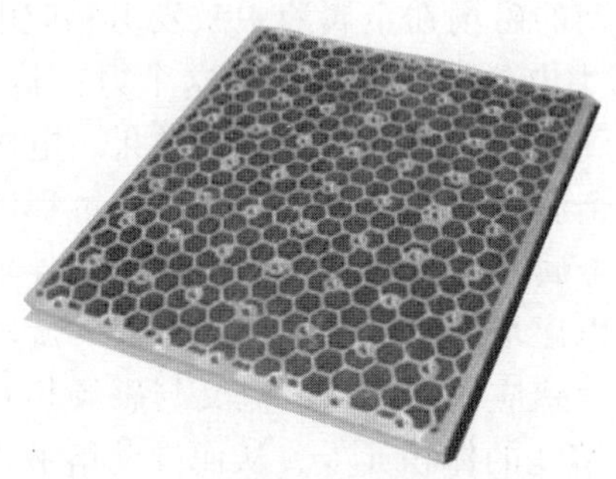

图3-24　超声波增材制造的金属蜂窝板

3.2　常用金属零件增材制造辅助技术

金属零件增材制造辅助技术主要分为两类，一类是指采用机械振动、超声波振动、高频感应和电磁搅拌等辅助方法，使增材制造过程中的金属液态熔池内部产生或强化对流作用，旨在改善材料内部微观组织结构，消除或抑制孔隙、裂纹和热应力，并细化熔覆层中尤其是底部的晶粒，提高制件的力学性能；另一类是指通过机械加工辅助工序去除金属制件的粗糙表面，并产生有益的加工应力，使制件的表面质量满足设计需求。本节将重点论述电磁搅拌辅助、超声/微锻辅助和增减材复合制造三种常用的金属零件增材制造辅助技术，阐明各种辅助技术的基本原理、工艺特性和技术应用。

3.2.1　电磁搅拌辅助增材制造技术

电磁搅拌（electromagnetic stirring，EMS）技术属于电磁流体力学、冶金学和材料工程学的多学科交叉领域，该技术可以追溯到1922年，美国Mcneill申请了专利，证明电磁场能够有效改善金属凝固组织和减少缺陷，可作为一种辅助工艺用于提高钢材的铸造质量。电磁搅拌技术借助感应电流与磁场所形成的电磁力，通过改变液态金属在熔池中的凝固行为，对金属液的流动、传热、传质，以及结晶形核和结晶生长等过程施加影响，不仅可以加速冶金反应，使结晶组织细化，还有利于排出金属液中的气体和夹杂物，降低结晶裂纹的敏感性。目前，电磁搅拌技术已在铸造、焊接等领域得到了广泛应用，用以减少冶金缺陷和变形。

1. 工艺原理

电磁搅拌指在金属凝固过程中，利用电磁力促进金属液的流动，改善金属液凝固过程中的传热和传质条件。电磁搅拌的工作原理是导电流体在旋转磁场或行波磁场下工作，移动的磁场在金属液中激发出感应电流，感应电流与该处磁场的磁感应强度 B 产生电磁体积力 $J\times B$，这个力在整个断面上产生合力矩，从而产生搅拌作用，达到强化金属液的运动的效果。电磁搅拌的实质是通过电磁关系转换能量，改变金属熔池的流场，电磁搅拌过程即为电磁场变化和流体流动相互作用的过程。金属零件增材制造中的电磁搅拌辅助工艺是利用电磁感应在金属液中产生感应电磁场，由电磁搅拌器激发的旋转或交变磁场渗透到液态熔池内，在熔池中产生感应电流；该电流又与磁场相互作用从而产生电磁力（又称体积力），作用在熔池的体积元上，从而推动熔液内的对流运动，形成强烈的搅拌作用，即“磁-电-力”的相互作用。在电磁搅拌过程中，液态熔池主要受到重力、压力、黏滞力和电磁力的作用。

2. 工艺特性

电磁搅拌辅助增材制造技术的优势：

1）能够改变金属零件增材制造成形熔凝过程中熔体的流动、传热与传质，将树枝晶组织打碎，从而实现细化晶粒、排除金属液中的气体、夹杂物的作用；对熔池的搅拌还能加速冶金反应，使制件内的微观组织和成分均匀化，减小热应力。

2）电磁搅拌相对于机械搅拌具有非接触性，从而避免了外界杂质的引入，防止成形过程中材料被二次氧化，保证了制件的质量稳定性。

3）电磁搅拌过程易于控制，通过改变励磁电流的强弱和频率的大小即可精确控制磁场强度和搅拌速率，进而控制熔池搅拌效果。

4）电磁能是一种清洁能源，无污染。

电磁搅拌辅助增材制造技术的局限：

1）由于熔池的存留时间非常短，使得磁场对熔池搅拌的有效作用时间有限，对熔覆层组织性能的调控效果难以进一步提升。如果磁场强度过高，熔池凝固过程中会在其内部产生巨大焦耳热效应，导致形核率下降并引起晶粒粗化，熔池表面形态恶化。

2）电磁搅拌过程产生的交变磁场会对增材制造设备中的某些精密电子元件产生不利的干扰，通常需要加装电磁防护组件。

3. 技术应用

从 20 世纪 70 年代开始，电磁搅拌技术作为一种制备金属半固态成形工艺在世界范围内得到了广泛的应用。电磁搅拌技术最初应用于特种钢材的连铸中，并随着技术的不断发展和完善，现已在冶金制造领域得到了广泛的应用，因为在电磁力的作用下能够明显改善铸坯的宏观/微观凝固组织、成分和力学性能。在增材制造领域，电磁搅拌技术已被引入到激光和电弧增材制造或修复工艺中，用于提高镍基高温合金和钛合金等多种金属材料制件的综合性能，成为提高金属成形工艺效率和产品质量的有效辅助手段。例如，电磁搅拌能够促进加剧熔池的对流并促进包晶反应，抑制柱状晶的产生，提高等轴晶比例和细化晶粒，还可有效减小气孔和裂纹的体积，降低孔隙率，最终提高制件的抗拉强度、延伸率等力学性能。

3.2.2　超声/微锻辅助增材制造技术

增材制造是一种短流程制造技术，但由于制造过程中未经热锻加工，制件内部易产生各种缺陷，如孔隙率高、组织不均匀、偏析和各向异性、韧性较低等。GE 公司曾指出，增材制造零件难以达到与锻件同等的性能要求。另外，采用逐点堆积成形的效率不高，多采用粉末材料及大功率激光束、电子束，导致制造成本高。为了解决这些问题，超声振动作为外场辅助技术可以有效改善制件的微观组织结构和力学性能，抑制缺陷的产生。

1. 工艺原理

超声/微锻辅助增材制造技术是将超声振动辅助系统和定向能量沉积成形系统相结合的一种复合增材制造技术。其中，超声振动辅助系统由超声波电源、压电换能器和变幅杆组成。超声波电源用于产生高频电信号，并将电信号传递给超声换能器系统。部分大功率超声振动系统的超声波电源多采用频率自动跟踪电路，使输出的超声频率与超声换能器系统的谐振频率相匹配。压电换能器用于接收来自超声电源的高频电信号，并将高频电信号转换成自身的高频机械振动，再将振动传递给变幅杆，并将高频振幅放大。超声/微锻辅助增材制造的基本原理如图 3-25 所示。该技术基于非平衡加热凝固与半固态变形再结晶热力学过程，将高频正弦波振动施加到熔池，对刚凝固的局部区域进行连续锻压，模拟“微锻”过程，从而改变制件组织的凝固特性，获得均匀而致密的锻态组织。

2. 工艺特性

超声/微锻辅助增材制造技术的优势：

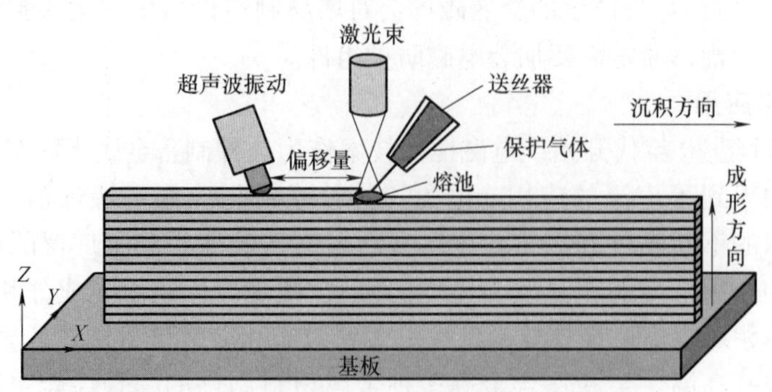

图 3-25　超声/微锻辅助增材制造的基本原理

1）在金属塑性流动与变形过程中，引入的超声波具有穿透性强、能定点聚焦的特点，能显著降低金属流变抗力，提高金属的流动性。

2）超声振动频率高（>20kHz），产生的空化效应和声流效应在熔池中期起主导作用，而机械振动的频率较低（几百至几千 Hz），仅能通过改变熔池内部瞬时压强影响熔池流动状态。

3）制件的表面粗糙度值更小，残余应力降低，晶粒得到细化，微观组织更加均匀，抗拉强度和屈服强度都有所提高。

4）成形效率高，超声/微锻辅助成形设备的熔敷速度可达 5~15kg/h，甚至几十 kg/h。

5）成形设备和材料使用成本较低，热源及丝材价格仅为激光和粉材的1/5~1/10，能量及材料利用率高，设备使用稳定可靠。

超声振动对增材成形件的微观组织和力学性能的影响具体表现为：

（1）超声振动对微观组织的影响　基于熔融的金属零件增材制造工艺特点是熔池尺寸较小，并且从固液界面到液态金属的温度梯度大。因此，凝固过程在层与层之间显示出很强的外延生长趋势，成核数量由于缺乏有效的核清洁剂颗粒和较小的熔池体积（通过外延生长而迅速消耗）而受到限制。这导致在大多数增材制造的金属材料中沿构造方向出现柱状晶粒，产生各向异性，降低力学性能并增加热撕裂的趋势，而金属制件中的晶粒分布应以细小的等轴晶粒为主，代替粗大的柱状晶粒。在超声振动辅助增材制造过程中，声流效应和超声空化等非线性效应在极短时间内作用于熔池。声流效应不仅加快了枝晶根部的熔断，增加了晶粒的游离，有效提高了成核率，同时加速了溶质元素的扩散，降低了偏析程度，提高了材料的一致性（见图 3-26）。此外，超声振动的空化效应将产生局部高温高压，使扩散系数增大，增加了溶质原子在熔池中的扩散程度，进而有效抑制了溶质偏析。这些效应有效地细化晶粒，提高了组织均匀性。

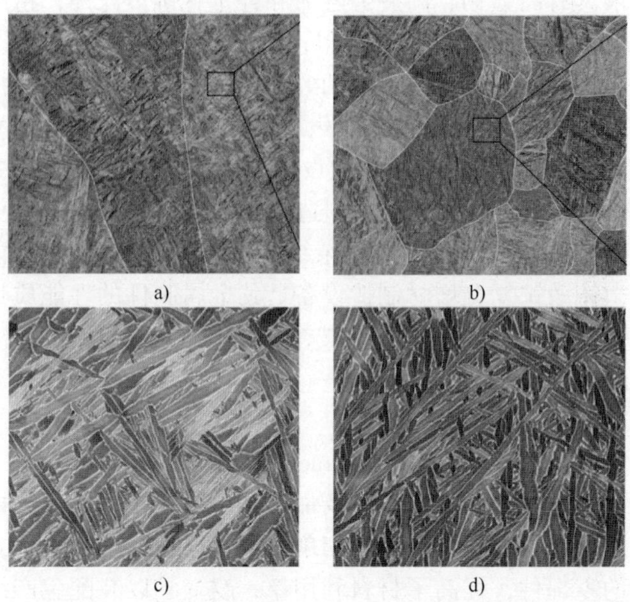

图 3-26　超声辅助与非超声辅助下增材制造 TC4 钛合金的显微组织特征对比
a)、c）无超声辅助　b)、d）有超声辅助

（2）超声振动对力学性能的影响　在超声振动辅助增材过程中，超声波振幅与频率的改变都会引起制件力学性能的改变。增加振幅或频率会引起熔池内部剧烈变化，使晶粒细化并减少偏析，制件的硬度与耐磨性会相应提高。例如，在不改变合金化学性质的情况下，采用高强度超声辅助激光沉积技术可实现钛合金内部组织晶粒从柱状晶到细等轴晶（$\approx 100\mu m$）的完全转变，与传统的增材制造技术相比，其屈服强度和抗拉强度相应提高了 12%。在残余应力方面，在超声振动作用下的制件表面残余应力值均比未加超声振动时有所减小，这是因为在激光熔覆过程中，由于枝晶的交错封闭，熔覆材料熔化后冷却凝固时液体无法补充，产生了较大的拉应力，但在激光熔覆过程中施加超声振动后，超声振动的空化或机械效应打碎了由初生枝晶交错连接形成的固态结晶网，使继续凝固时液体得到补充，从而减小了枝晶间产生的拉应力。另外，超声振动的声流作用使涂层中各区域组织成分均匀分布，有效降低了相与相之间因凝固收缩不同而产生的凝固应力。

3. 技术应用

超声/微锻辅助增材制造技术目前主要应用于航空航天、国防军工等领域中重大装备的关键结构件，如飞机框梁、发动机涡轮盘、起落架等的制造，这些结构件大都要求具有高强韧、高疲劳寿命和轻量化等。此外，超声振动辅助技术还被用于预处理碳纤维增强复合材料，以增加碳纤维表面质量和浸润效果，改善碳纤维复合材料熔融沉积成形件的致密性和界面粘接质量，提高制件的抗拉强度和抗弯强度。在成形设备的研发方面，美国 Fabrisonic 公司成功研发了 Soniclayer 4000/7200 超声波增减材制造设备，其 Soniclayer 7200 将超声波滚焊系统和三轴数控铣床系统相结合，最大制造尺寸为 1.8m×1.8m×0.9m，成形速度可达 246~492cm^3/h，适合制造大型复杂结构件。我国武汉天昱智能制造有限公司研制出智能微铸锻铣复合增材制造设备，其金属制件的性能质量可达到锻件水平，制件内可形成 12 级超细晶粒，被誉为“锻造级的金属件增材制造”。

3.2.3 增减材复合制造技术

增减材复合制造（additive and subtractive hybrid manufacturing，ASHM）技术是一种面向产品设计、软件控制设计及加工三个阶段，将增材制造和减材制造相结合的新兴技术。增材制造改变了切削、组装原材料的加工模式，适合加工具有复杂结构的零部件，提高了材料利用率，改变了以装配生产线为代表的大规模生产方式，实现了向个性化、定制化的转变。但增材制造过程中的分层加工模式容易造成尺寸误差和阶梯效应，并且表面精度偏低，而传统减材制造中的多轴数控加工具有高精度、高效率及工艺规划简单等特点，能弥补增材制造的缺点。因此，结合增材制造和减材制造优点的增减材复合制造技术具有广阔的应用前景。以典型的增材、减材和增减材复合制造方式为例，三者对比见表 3-3。

表 3-3 增材、减材及增减材复合制造方式对比

制造方式	加工速度	加工精度	表面质量	加工柔性	成品率
减材制造	高	高	高	底	低
增材制造	低	低	低	高	高
增减材复合制造	中	高	高	高	中

1. 技术原理

增减材复合制造主要可分为激光熔覆沉积与数控加工复合制造、激光选区熔化与数控加工复合制造、电弧熔丝沉积与数控加工复合制造、形状沉积制造与数控加工复合制造三种，其基本原理如下。

（1）激光熔覆沉积与数控加工复合制造　激光熔覆是以不同的填料方式在堆积的基体表面填充加工材料，由激光聚焦照射使材料与基体表面同时融化，并

迅速凝固，通过逐层沉积在基体上实现快速成形。通过激光熔覆技术生成零件毛坯，再经过机械加工处理，提高精度，完成增减材复合制造。为了将增材制造、减材制造和在位测量等辅助工序有机集成，实现多种工艺的动态集成最优组合规划，已有研究提出了交变递进式增减材复合制造工艺规划方法。该方法能够根据待加工件的成形特征及机理，确保良好的工艺协调性和成形质量，如图 3-27 所示。

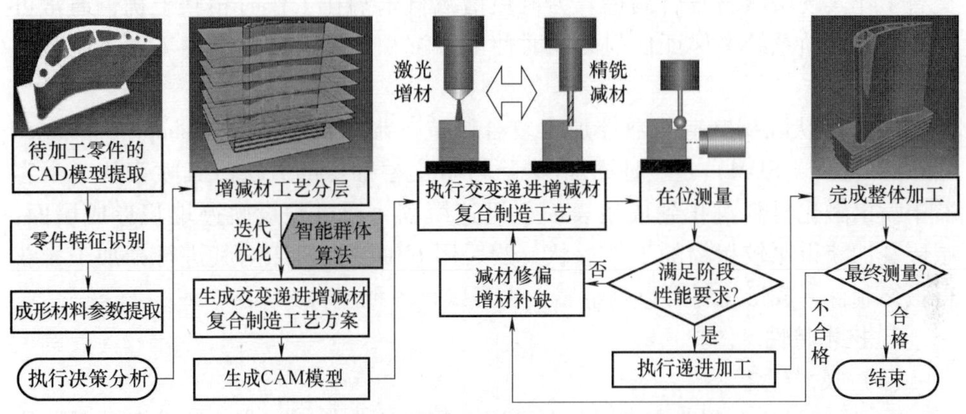

图 3-27　交变递进式增减材复合制造工艺规划方法

1）提取制件模型并识别关键几何特征。

2）计算增减材复合制造的冷热加工工艺分层面（即为需要执行增减材复合制造工艺切换的加工分离面）。

3）根据增减材复合制造工艺分层数据，求解增材制造、减材加工、在位测量等多类工序的最优切换序列及时间分布，生成交变递进增减材复合制造工艺路线，并导出 CAM 文件至数控系统中。

4）根据 CAM 文件执行增减材复合制造工艺，每完成单步增减材复合加工后执行阶段测量，检测该阶段的成形性能是否满足要求，如热变形尺寸偏差、表面质量等；若满足要求则执行下一步增减材复合递进工序，若不满足则执行减材修偏/增材补缺过程工艺。

5）完成整体成形后进行最终测量，根据反馈结果判断制件是否合格。

（2）激光选区熔化与数控加工复合制造　激光选区熔化与数控加工复合制造的原理和流程与基于激光熔覆沉积的增减材复合制造相似，主要特征是在粉末床上与粉末辊轮/刮板平行的位置增加了减材用的三轴加工动力头，当每层扫描熔化结束后，进行铣削修整加工。其具体加工流程为：①用激光扫描铺展在金属底板上的金属粉末进行预热；②进行激光选区熔化成形，逐层叠加造型使叠层厚度达到切削刀具的有效刃长，确保刀具能对已成形部分进行有效切削；

③根据计算机指令和视觉/位移传感器读出工作台 X、Y、Z 轴的移动和成形部分的实际轮廓、层厚等参数，对叠层侧面和顶面用小直径切削/磨削刀具施以加工；④反复交替进行激光选区熔化、叠层成形和切削加工，直至加工出具有精密加工表面的立体制件。

（3）电弧熔丝沉积与数控加工复合制造　该技术通过在传统的电弧熔丝沉积设备上引入数控加工（如铣削）机构，通过切削加工末端与电弧沉积末端的交替工作实现增减材复合制造。为避免增减材末端在工作时相互干扰，通常可加入一套滑轨系统，保证切削的同时使电弧沉积末端上升并远离工件，避免发生碰撞。

（4）形状沉积制造与数控加工复合制造　形状沉积制造（shape deposition manufacturing，SDM）是一种添加/去除材料交替加工的方法。其喷头从一个容器中喷出融化材料沉积到成型表面上迅速凝固，通过预设轨迹堆积形成层面，层层叠加获得比较粗糙的工件形状，然后用五轴数控机床对其进行精加工，获得最终制件。成形材料可以是金属，也可以是各种塑料。

2. 技术特性

（1）技术优势

1）增减材复合制造能在同一台机床上完成所有加工工序，因此避免了转换工作平台和反复装夹带来的定位及装夹误差积累，提高了加工精度（可达 ±5μm）与生产率，也有助于节省工作空间，降低制造成本。

2）有效简化了或消除了支撑结构，底座转盘能保证送粉角度垂直向下，适合制造具有较大水平倾斜角度的零件，如带有扭转角和后掠角的航空发动机压气机风扇叶片。

3）部分消除了残余应力及熔覆过程产生的热变形。

4）在激光熔化成形过程中并行增加减材制造工艺，可有效减轻已成形制件表面对铺粉刮板的磨损，有利于后续增材制造工艺的进行。

（2）技术局限　增减材复合制造及其装备技术的研发，并非简单地将两种工艺叠加，同时要解决异种工艺的协调控制和定向能量沉积技术的固有装备技术问题。由于涉及异种工艺耦合，如何更好地实现增减材复合制造工艺的柔顺衔接并保障成形表面的尺寸精度是需要解决的关键问题。此外，增减材复合制造还面临如下问题：

1）加工期间往往需要使用大量切削液不断冲洗制件和刀具，防止制件烧伤并延长刀具寿命，而增材制造环境下需要保持制件表面的平整和干燥，便于后续熔覆层的正常沉积，因此切削液的即时清理成为难题。

2）增减材工序的复合会改变单一增材制造或减材制造的加热/冷却循环过程，引起制件内部（尤其在增减材工序的分界处）的微观组织结构和力学性能发生变化。

3）增减材制造中产生的多余粉末材料会和切屑混杂在一起，增加了粉末的分离和回收难度，尤其被冷却液冲洗后的粉末材料难以被回收利用。

3. 应用

增减材复合制造技术已经从理论探索阶段开始逐步走向应用。维珍轨道公司（Virgin Orbit）使用增减材混合机床完成了火箭发动机燃烧室零件的快速制造与精加工，并于 2019 年完成了发动机的运行测试。在设备研发方面，日本 DMG MORI 公司、西班牙艾巴米亚公司等均推出了五轴联动激光熔覆/铣削增减材复合加工机床（如 LASERTEC 65），成形速度较普通粉末床提高 20 倍，能够成形和处理各种常见的金属粉末，如钢、镍和钴合金、黄铜和钛合金等。日本松浦公司研制出 Lumex Avance-25 混合机床实现了激光选区熔化与高速铣削加工功能的复合，能在粉末床上完成金属粉末烧结成形后对已成形部分结构进行表面精加工，适用于模具制造等行业。我国大连三垒公司率先研制出实用型 SVW80C-3D 五轴增减材复合加工中心（见图 3-28），沉积效率可达 $300cm^3/h$，已应用于东北大学先进制造与自动化技术重点实验室，通过合理工艺规划和重组成功制造出高温合金空心叶片、复杂热防护结构等。此外，华中科技大学通过增减材复合加工方式制造了具有随形冷却水道的梯度材料模具，获得了较多行业的应用。

a)

b)

c)

图 3-28　SVW80C-3D 五轴增减材复合加工中心

a）五轴增减材复合加工中心　b）激光增材制造　c）铣削减材加工

3.3　金属零件增材制造用材料

金属零件增材制造用材料体系主要集中在铁基、镍基、钛基等合金材料。

根据材料形状的不同分类，主要分为金属丝材和金属粉材两种。根据材料属性分类，主要分为常用自熔性合金、钛合金、铝合金、铜合金及金属陶瓷等。增材制造常用的商用合金及应用场合见表 3-4。

表 3-4　增材制造常用的商用合金及应用场合

材料体系	合金牌号	应用场合
Ni 基	Inconel 625，Inconel 718，Hastelloy-X，Haynes 230，Haynes 214，Haynes 282，Monel K-500，C-276，Rene 80，Waspalloy	航空航天
Co 基	CoCr，Stellite 6，Stellite 21，Haynes 188	航空航天、医疗
Fe 基	SS 17-4PH，SS 15-5 GP1，SS 304L，SS 316L，SS 420，工具钢（4140/4340），Invar 36，SS347，JBK-75，NASA HR-1	航空航天、医疗、车辆、船舶
Cu 基	GRCop-84，GRCop-42，C18150，C18200，Glidcop，CU110	航空航天
Al 基	AlSi10Mg，A205，F357，2024，4047，6061，7050	航空航天、车辆
Ti 基	Ti6Al4V，γ-TiAl，Ti-6242	航空航天、医疗、车辆、船舶
难熔合金	W，W-25Re，Mo，Mo-41Re，Mo-47.5Re，C-103，Ta	
二相合金	GRCop-84/IN625，C18150/IN625	

3.3.1　自熔性合金

常用自熔性合金可分为铁基合金、镍基合金、钴基合金三类，又称为超合金，其主要特点是含有硼和硅，因而具有自我脱氧和造渣的性能，即所谓自熔性。这类合金在熔覆或重熔时，合金中的硼和硅被氧化会分别生成 B_2O_3、SiO_2，并在覆层表面形成薄膜。这种薄膜能防止合金中的元素被氧化，又能与这些元素的氧化物形成硼硅酸熔渣，从而获得氧化物含量低、气孔少的熔覆/喷焊层。硼和硅还能降低合金的熔点，增加合金的浸润作用，对合金的流动性及表面张力产生有利的影响。自熔性合金对基材有较大的适应性，几乎可用于任何基材，包括各种碳素钢、合金钢、含磷易切削钢、不锈钢和铸铁类材质，但对于含硫钢或含硫易切削钢则应慎用。自熔性合金的硬度随着合金内硼、碳含量的增加而提高，这是由于硼和碳与合金中的镍、铬等元素形成硬度极高的硼化物和碳化物的数量增加所致。在激光熔覆成形中，自熔性合金粉末中要严格控制硼和硅含量，否则将加重熔覆层开裂的概率。为提高自熔性合金的硬度和耐磨性，也可在其中加入较多的碳化钨（WC），形成自熔性合金与碳化钨的混合物。

1. 铁基合金

铁基合金是工业应用中最重要、用量最大的金属材料，常作为各类工程构件的基体材料。目前，用于增材制造的铁基合金材料主要有不锈钢（304L、316L、904L 为美国牌号，对应我国牌号 022Cr19Ni10、022Cr17Ni12Mo2、015Cr21Ni26Mo5Cu2）、工具钢（H13、17-4PH 对应我国牌号 4Cr5MoSiV1、05Cr17Ni4Cu4Nb）、S136（对应我国牌号 Cr12MoV）模具钢、M2/M3（对应我国牌号 W6Mo5Cr4V2/CW6Mo5Cr4V3）高速钢、18Ni-300（对应我国牌号 022Ni18Co8Mo5TiA）钢等。铁基合金熔覆组织的合金化设计主要为 Fe、Cr、Ni、C、W、Mo、B 等。其中，Cr 元素能够提高熔覆层的耐蚀性，Ni 元素能够提高熔覆层的抗开裂能力，B、Si 元素能够提高硬度与耐磨性。铁基合金适用于要求局部耐磨且容易变形的零件，基材多用铸铁和低碳钢，其最大优点是来源广泛，容易制备，价格低廉，并且抗磨性能好。铁基合金熔覆层具有好的润湿性，界面结合牢固，可以有效地解决激光熔覆中的剥落问题。铁基合金熔覆层组织主要为富 C、B、Si 等的树枝晶和 Fe-Cr 马氏体组织，硬度与耐磨性较好。铁基合金的主要局限性包括熔点高、合金自熔性差，抗氧化性差，流动性不好，熔层内气孔夹渣较多。以最常用的金属零件增材制造材料 AISI 316L（美国标准）奥氏体不锈钢为例，主要含有 Cr、Ni、Mo 三种元素，Mo 含量使得该钢种拥有优异的抗点蚀能力。采用激光选区熔化工艺成形的 316L 不锈钢制件的平均抗拉强度为 750~795MPa，屈服强度为 480~667MPa，断后伸长率为 15%，而普通铸造的 316L 不锈钢制件的抗拉强度为 540~620MPa，屈服强度为 200~250MPa，断后伸长率为 50%~60%，硬度为 170~200HRV。因此，增材制造工艺能显著提高 316L 不锈钢的抗拉强度，但会降低其断后伸长率，主要是因为增材制造工艺的骤热骤冷凝固特性，使得晶粒尺寸更为细小（通常小于 1μm）。由金属学原理的 Hall-Petch 关系可知，致密金属材料的晶粒越细小，其力学性能越高，抗拉强度会显著增强；相反地，其塑性即断后伸长率会显著下降（见表 3-5）。

表 3-5　激光选区熔化成形不锈钢的性能参数

材料	处理条件	抗拉强度/MPa	屈服强度/MPa	断后伸长率（%）
17-4 PH	H900 热处理（AMS 5604）	950~1344	600~1207	10
316L	去应力退火（ASTM F3184）	750~795	480~667	15

2. 钴基高温合金

在第二次世界大战之后，高温合金应运而生，此类材料是专门为了延长暴露于极端高温下的飞机部件的使用寿命而开发的，目前已成为航空航天、石油化工、赛车等多个行业的支柱材料。高温合金以镍、铁、钴为基，通过加入合金元素实现多种金属特性的超级融合，能够在600℃以上的高温及一定应力作用下长期工作，并具有一定的抗氧化和耐蚀性。其中，钴基高温合金在高温合金的早期发展历史中起到了很大的作用。对比镍基高温合金，钴基高温合金在力学性能（屈服强度）、耐蚀性上更佳，而且在高温低应力条件下具有良好的组织稳定性，因此常用于非转动零部件的增材制造，但其高温力学性能相对于镍基高温合金较差，主要归因于钴基的热稳定性低于镍基。在钴基合金的发展过程中，人们试图引入在高温下保持稳定的共格 γ' 相，但所有尝试都失败了。在钴基合金中加入 Ti 可以形成共格的 γ'（Co_3Ti）相，但由于基体发生转变，其热稳定性较差。

激光熔覆用钴基高温合金目前主要为司太立（stellite）系列合金，合金元素包括 Ni、W、Cr、Mo、Ti、Zr、Nb、Ta 和 C。其中，Ni 元素能够提供稳定的 FCC 面心立方结构，W 元素是重要的固溶强化元素，能与 C 元素形成 WC 硬质相，提高制件的耐磨性；Cr 元素能固溶在 Co 的面心立方晶体，对晶体起固溶和钝化作用，提高耐蚀性和抗高温氧化性，富余的 Cr 元素与 C、B 元素形成碳化铬和硼化铬硬质相，提高合金的硬度和耐磨性；Mo、W 等元素能提高耐磨性；Ni、Fe 元素能降低钴基合金熔覆层的热膨胀系数，减小合金的熔化温度区间，防止熔覆层产生裂纹，提高熔覆合金对基体的润湿性。

钴基合金的主要强化来自于碳化物，因此 C 含量相当高，质量分数可达 0.05%～0.20%，而镍基高温合金中 C 的质量分数为 0.005%～0.2%。其中，M23C6 型碳化物是钴基合金中最常见的碳化物，除了 Ni 元素，上面所提到的元素都有利于碳化物的形成。钴基合金的熔覆层组织为 Co-Cr 的 γ 相固溶体，弥散析出的铬和钨的碳化物和硼化物，具有耐热、耐磨、耐腐蚀、抗高温氧化等优越性能。钴基合金浸润性较好，其熔点较碳化物低，受热后 Co 元素最先处于熔化状态。在凝固时，Co 最先与其他元素结合形成新的物相，对熔覆层的强化极为有利，并且钴基合金的红硬性好于镍基合金，在 600℃以上的环境温度下仍具有很高的红硬性，因此常被用于石化、电力、冶金等工业领域。但是，由于 Co 价格的不断上涨，钴基合金的发展受到了严重的阻碍，甚至在镍基高温合金中已经开始寻找钴的替代元素。

3. 镍基高温合金

镍基高温合金是以镍元素为基体（镍的质量分数一般大于 50%），在 650～1100℃范围内具有相对较高的强度和良好的抗氧化、抗燃气腐蚀能力的高温合金，适用于在长时间高温环境与极限复杂应力条件下使用，是目前产量最大、发展最快、使用最广的高温合金，广泛应用于航空航天、石油化工、船舶等领域。镍基合金粉末以其良好的润湿性、耐蚀性、高温自润滑作用和适中的价格在激光增材制造工艺中被广泛应用，适用于局部要求耐磨、耐热腐蚀及抗热疲劳的构件。

镍基高温合金的研制始于 20 世纪 30 年代后期，英国于 1941 年首先生产出镍基合金 Nimonic 75（Ni-20Cr-0.4Ti），源自添加 0.3%（质量分数）的 Ti 和 0.1%（质量分数）的 C 的 Nichrome V 合金。为了提高蠕变强度添加了铝，研制出 Nimonic 80（Ni-20Cr-2.5Ti-1.3Al）。美国于 20 世纪 40 年代中期研制出 Inconel X 镍基合金，即添加了 Al、Ti、Nb 和 C 的 Inconel（15% Cr-7% Fe-78% Ni）的衍生合金。苏联和中国也分别于 20 世纪 40 年代后期和 50 年代中期研制出镍基合金。航空涡轮发动机时代始于钴基合金，如 Vitallium、Co-Cr-Mo 合金及 S816 合金，但由于碳化物强化合金不具备长期耐久性所需的超高温“恢复能力”，而镍基合金具有良好的超高温恢复能力，因此钴基合金很快被镍基合金取代。镍基高温合金的高温力学性能得益于 γ′（Ni_3Al）沉淀物的存在，该沉淀物与基体共格，并且在相对较高的温度下仍然能保持稳定，通过提高 γ′相的体积分数就能提高高温强度。镍基高温合金的 γ′相体积分数一般在 60%左右，但随着 γ′相体积分数的提高，通常会加剧大型铸锭内的宏观偏析，导致其难以锻造。由于 Ni 相对于 Fe 和 Co 具有更稳定的奥氏体结构和较高的化学稳定性，因此镍基高温合金具有更好的高温性能，逐渐成为发展最快、应用范围最广和用量最大的高温合金。在航空、航天飞行器的发动机及工业燃气轮机的制造中，镍基高温合金往往成为关键热部件的必选材料，如涡轮叶片和涡轮盘（见图 3-29）。据统计，目前航空航天发动机用材总质量 50%以上都是镍基高温合金，在航天飞机发动机中采用镍基变形高温合金制造的零件高达 1500 多种，用量可达到发动机总重的 34%~57%。

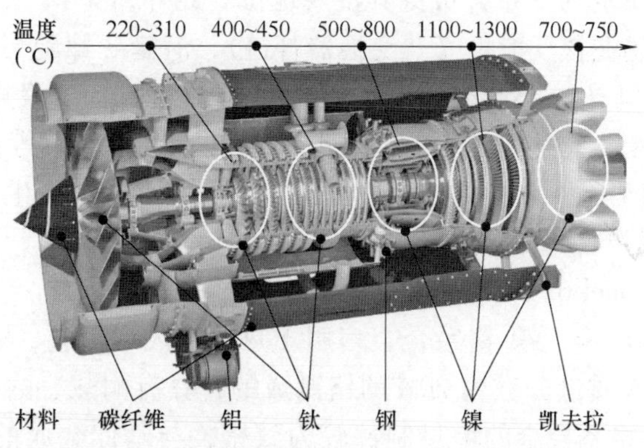

图 3-29　典型航发材料构成和运行温度分布

镍基高温合金中的合金元素及作用见表 3-6。

表 3-6　镍基高温合金中的合金元素及作用

类　别	元　素	作　用
基体形成元素	Co、Fe、Cr、Mo、W、V、Ti、Al	固溶强化（Cr、Al 提高耐蚀性），提高强度
γ′形成相元素	Al、Ti、Nb、Ta	析出强化，提高高温强度
碳化物形成元素	Cr、Mo、W、V、Nb、Ta、Ti、Hf	减少晶界滑动
晶界活泼元素	Zr、B、C	增强蠕变强度、断裂韧度

常用于增材制造的镍基合金牌号以 Inconel 625/718 为主。其中 Inconel 718（相当于我国牌号 GH4169）是含铌、钼的沉淀硬化型镍铬铁合金，于 1965 年开始批量生产，其最佳使用温度范围是-253~650℃，能够固溶多种合金元素且避免析出低延性有害相，在高温环境中可保持较高的屈服强度、较好的塑性，以及良好的可加工性和组织稳定性，并且具有良好的耐腐蚀、抗辐射、热处理和焊接性，有“万能合金”的美称。Inconel 718 的使用量已经超过整个镍基合金使用量的一半以上，成为航空航天应用的基石。在 GE 公司生产的 CF6 航空发动机上，仅 Inconel 718 合金的使用量就占所有材料总重量的 34%，制件包括压气机和涡轮叶片、燃烧室衬套等（见图 3-30）。在普惠公司生产的 PW4000 发动机中，Inconel 718 合金的使用量更是超过了该发动机总质量的一半，可见其重要地位。此外，Inconel 718 合金还在核反应堆（热交换器管道）、潜艇（螺旋桨叶片、快速断开装置、辅助推进马达）、化工（容器、泵、阀门、管道）、发电（工业燃气轮机）、石油和天然气工业（井下管道、井口硬件、火炬臂）等领域有着重要应用，但 Inconel 718 合金的切削温度高、加工硬化严重并易产生表面微裂纹，属于典型的难加工材料，并且加工成本高昂。

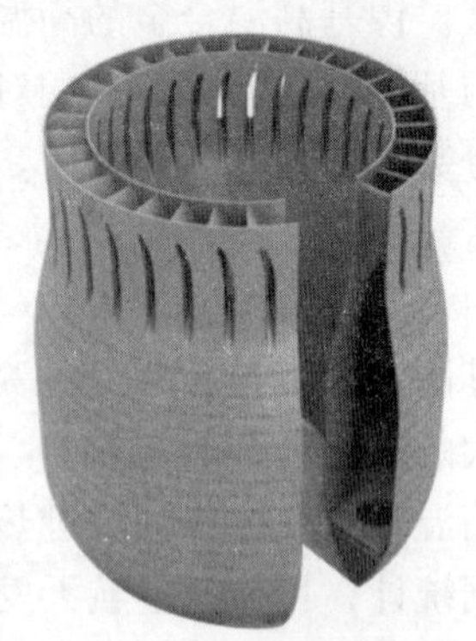

图 3-30　增材制造的航空发动机燃烧室衬套

增材制造 Inconel 625/718 的性能参数见表 3-7。

（1）镍-铬系合金　镍-铬系合金多用于热喷涂成形工艺，如镍-铬耐热合金是通过在镍中加入质量分数为 20% 的铬制成的，具有耐热、耐蚀和耐高温氧化等优异特性。镍-铬系合金的增材制件较为致密，与基体金属的粘接性能良好，也可作为陶瓷、软金属等材料与基体间的过渡层材料，既能增加基体防高温气体侵蚀的能力，又能改善熔覆层与基体材料的粘接强度。

表 3-7　增材制造 Inconel 625/718 的性能参数

材　料	处理条件	拉伸强度/MPa	屈服强度/MPa	延伸率(%)	硬度(HRC)
Inconel 625(GH3625)①	激光粉末床熔融+退火处理	910	386	54.4	-
MWCNT-Inconel 625	激光粉末床熔融+热处理	1000	585	31.5	-
Inconel 718(GH4169)①	打印态(ASTM F3055)	965	655	35	31
Inconel 718	溶液处理与时效（AMS 5662）	1427	1207	18	46
Inconel 718	溶液处理与时效（AMS 5664）	1434	1172	21	45

① 相当于我国的牌号。

（2）镍-铬-铁系合金　镍-铬-铁系合金是通过在镍、铬中加入适当的铁制成的，耐高温氧化性能比镍-铬系合金稍差，其他性能基本上与镍-铬系合金接近，突出的优点是价格比较便宜，因此可用于修补耐蚀工件，也可作过渡层热喷涂粉使用。

（3）镍-铬-硼-碳系合金　镍-铬-硼-碳系合金由于含有硼、铬和碳等元素，硬度比较高，韧性也适中，熔覆后的制件耐磨、耐蚀、耐热性较好，可用于轴类、活塞等的防腐修复。

（4）镍-铝合金　镍-铝合金常用来成形制件的底层，组成其材料的每个粉末颗粒都是由微细的镍粉和铝粉组成的。在使用激光熔覆沉积成形工艺时，镍和铝之间会产生强烈的化学反应，生成金属间化合物，并释放出大量的热，同时部分铝还会被氧化并释放出更多的热量。在这种高温环境下，熔覆层中的镍能扩散到基材金属中去，使熔覆层的结合强度显著提高。镍-铝合金的线胀系数与大多数钢材的线胀系数接近，因此也是一种理想的中间层过渡材料。

3.3.2　钛合金

钛是同素异构体，有两种同质异晶体，熔点为1720℃，在低于882℃时呈密排六方晶格结构，即α钛；在882℃以上呈体心立方晶格结构，即β钛。钛合金(titanium alloys）是以钛元素为基础，加入其他元素组成的合金，利用钛的上述两种结构的不同特点，添加适当的合金元素，使其相变温度及组分含量逐渐改变而得到不同组织的钛合金。第一种实用型钛合金是美国在1954年研制成功的Ti6Al4V（TC4)，由于TC4的密度较低，并且耐热性、强塑比、强度重量比、焊接性、耐蚀性、抗疲劳和抗裂纹扩展性及生物相容性均较好，在航空航天、生物医疗和汽车工业中得到广泛应用，成为钛合金工业中的王牌合金，其用量已占全部钛合金的75%~85%。但是，由于钛合金的加工难度大，主要表现为切削困难、加工周期长、刀具易黏结和磨损等问题，由此带来制造成本的上升，而利用金属零件增材制造技术生产钛合金制件，可以实现制件结构的整体化和无模化制造，降低成本和周期，可节省材料三分之二以上，数控加工时间减少一半以上。增材制造的钛合金制件最早于2001年开始应用于美国的舰载歼击机中，可作为飞机的承力结构件使用，热处理后的综合力学性能满足实用要求（见表3-8）。此外，TC4增材制件还在航空发动机风扇和压气机段等中、低温服役环境下大量使用，如压气机叶片、盘和机匣等零部件，其他多种实用性钛合金都可以看作TC4合金的改型。室温下，钛合金主要包括三种基体组织，即α钛合金、α-β钛合金、β钛合金，GB/T 3620.1中分别以TA、TC、TB表示，此外还包括近α、近β钛合金。

表3-8 增材制造TC4的性能参数

处理条件	抗拉强度/MPa	屈服强度/MPa	断后伸长率（%）	硬度HRC
去应力退火（AMS 2801）	1241	1138	8	42
去应力退火（ProtoLabs）	986	876	14	35

（1）α钛合金和近α钛合金　α钛合金指含有α稳定元素，在室温状态下基本为α相的钛合金，如TA4等。α钛合金组织稳定，但不能进行热处理强化。近α钛合金指以α相为基体，仅含有少量β相的钛合金。在室温稳定状态下β相含量（质量分数）一般小于10%，如TA11、TA15和TA19等。α钛合金主要以锻件和模锻件形式供应。

（2）α-β钛合金　α-β钛合金金指在室温状态下由α相、β相所组成的钛合金。β相含量（质量分数）一般为10%~15%，如TC4、TC11和TC16等。这类合金具有良好的综合性能，能较好地进行热塑性加工，能进行淬火、时效处理，使合金强化。

（3）β钛合金　β钛合金指含有足够多的β稳定元素，在适当冷却速度下能使其室温组织的绝大部分为β相的钛合金，如TB5、TB6等。β钛合金在未热处理时就具有较高的强度，在淬火、时效处理后得到进一步强化，但其热稳定性较差，不宜在高温下使用。

3.3.3 铝合金

铝合金（包括铝基复合材料）具有密度低、成形性好且易加工、耐腐蚀和抗疲劳性好、热性能好（热胀系数低、热导率高）、比刚度和比强度高等诸多优异性能，是理想的轻量化材料，在光学精密仪器、发动机活塞、直升机起落架、导弹壳体、导弹镶嵌结构、汽车车身、机车车厢及航空航天器结构等方面均有大量的应用，但由于铝合金极易被氧化，并且有高反射性（见图 3-31）和高导热性等特点，极大地增大了铝合金的增材制造难度。目前，激光选区熔化和激光熔覆沉积工艺使用的铝合金材料多为铸造铝硅合金，常用牌号有 YZAlSi10Mg、ZAlSi7Mg、YZAlSi9Cu4 等。针对电弧增材制造技术成形工艺的铝合金材料多为变形铝合金，常用牌号有 5356、4043 等。

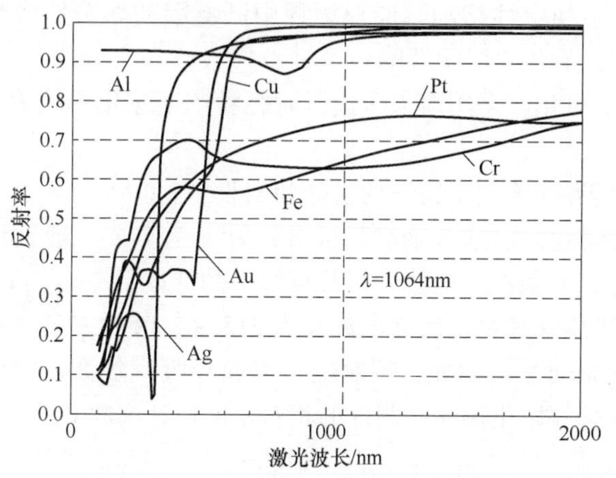

图 3-31　室温下部分金属的反射率曲线

3.3.4　铜合金

铜是传统工业中一种重要的韧性金属材料，在铜中加入合金元素可提高铜的硬度和力学性能。铜及铜合金由于具有良好的导热/电性、延展性及耐蚀性、耐磨性与减摩性，被广泛应用在电子、机械、航空航天等领域，制造如散热器、管道及航空航天发动机燃烧室部件等。利用增材制造技术能够制备复杂功能集成的纯铜或铜合金散热器与热交换器、尾喷管、驱动电动机转子等零部件。除了应用于工业制品，铜合金（尤其是青铜）的增材制造在文物保护方面也具有重要的应用价值，常用于青铜器文物的修复和还原。

铜及铜合金的增材制造工艺以粉末床工艺（成形材料一般为 CuCrZr、CuNiSi、CuNi2SiCr、CuSn10 等粉末）、定向能量沉积［成形材料一般为纯铜、CuNi、GRCop-84（美国牌号，相当于我国的 Cu8Cr4Nb）等铜、铜合金粉末］和超声波增材制造（成形材料一般为纯铜粉、纯铜片材）为主，也可以采用立体光固化成形、熔融沉积成形和黏结剂喷射等技术。铜粉的预热温度较低，粉末流动性好，成形件的后处理过程相对简单并容易实现，但铜合金的增材制造也存在如下问题：

1）铜及铜合金的激光吸收率低（激光反射率高），能量利用率和成形效率较低。目前大多数激光增材制造设备使用的是波长为1064nm左右的Nd：YAG激光器或光纤激光器，而该波长下铜的吸收率仅为2%~3%，97%~98%激光束能量都被反射浪费，使得常规粉末床激光设备无法完全熔化铜粉，导致未熔合、孔洞、裂纹等缺陷的发生，制件的致密性较差；同时高反光率还容易损伤成形设备内的光学器件。

2）铜的热导率较高，增加了从熔池到周围区域的热传递率，致使熔池产生较高的热梯度，不稳定性增加。成形过程中已凝固的熔覆层散热速度快，影响后续粉层的熔合，易产生层间缺陷。

3）铜粉易被氧化，采用粉末床成形时容易产生球化等缺陷，难以形成平整表面。

4）铜的高延展性不利于粉末的去除和回收。

为解决以上问题，铜基合金材料成分设计尤为重要，通常可采用合金化或表面改性技术（金属颗粒表面镀一层几百纳米的低反射率金属），也可采用新型的绿色/蓝色短波长（如绿色激光的波长为515nm，吸收率可达60%以上）激光器解决铜粉的反光问题。此外，铜对电子束的吸收率较高，因此采用电子束选区熔化技术能够有效熔化铜粉，制件的相对密度可达90%以上。

3.3.5 高熵合金

1. 高熵合金的定义

工程材料的合金化主要通过添加少量的二次元素到主元素中进而实现强化。其中，基于Fe、Al、Ni、Cu和Zn等主元素的合金发展较为完善。高熵合金（high-entropy alloys，HEAs）是由等摩尔比或近等摩尔比的五种及以上的主元素形成的合金，每种主元素的原子百分比含量在5%~35%之间，能够形成简单固溶体的多主元合金。随着研究的深入，高熵合金的概念已拓展为“覆盖三种中等熵的合金或四种主元素的合金均可称为高熵合金”。高熵合金主要由面心立方（FCC）、体心立方（BCC）或密排六方（HCP）结构固溶体相组成。在传统的合金中，主要的元素成分可能只有一至两种，如应用较多的铁基合金就是以铁为基础，再加入一些微量的元素来提升其性能，但合金中添加的元素种类越多，越会使合金材质脆化，而高熵合金区别于传统合金，有多种金属元素却不会脆化。高熵合金虽然成分复杂，但相组成简单，通常是单相或双相结构，在显微组织控制方面既具有很好的稳定性，又具有很高的灵活性。高熵合金具有一些传统合金无法比拟的优异性能，如高强度、高硬度、高耐磨性、耐蚀性、高热阻、高电阻率、抗高温氧化、抗高温软化等，与增材制造技术相结合能够生产出更多性能优异的零部件，具有广阔的应用前景。

高熵合金的五大效应：

1）热力学上的高熵效应，即高的混合熵使主元素间的相容性增大，可以最大限度避免因相分离而生成端际固溶体或金属间化合物。由于高熵显著降低了体系的自由能，因此降低了合金凝固过程中的有序和偏析倾向，使固溶体更容易形成，并且比金属间化合物或其他有序相更稳定。

2）动力学上的缓慢扩散效应。可以在纳米晶和非晶合金的形成和其显微结构中观察到。

3）结构上的晶格畸变效应。晶格畸变源自不同的原子尺寸，构成复杂的浓缩相的晶格，甚至由于过大的原子尺寸而导致晶格畸变能太高，以致无法保持晶体构型，从而导致晶格坍塌，形成非晶相结构。这些变原子位置的不确定性导致过量的构型熵。晶格畸变效应对材料的力学、电学、光学、热学性能均会产生显著影响。

4）性能上的“鸡尾酒”效应，即多种元素具有不同特性，不同元素之间的相互作用使高熵合金呈现出复合效应。该效应强调元素的一些性质最终会体现对合金宏观性能的影响，多种金属元素以特定的原子比合金化形成的高熵合金一般具有高温热稳定性、高硬度（强度）、高耐蚀性等性能。

5）组织上的热稳定性，即高熵可以大幅度降低吉布斯自由能，尤其在高温环境中。因此，高熵合金的抗高温性能非常好，具有组织上的热稳定性。

2. 高熵合金增材制造工艺特点

高熵合金的制备方法主要包括铸锭冶金法、粉末冶金法、机械合金化法、选择性激光熔化法、电化学沉积法及增材制造法等。其中，铸锭冶金、电弧/真空感应熔炼、粉末冶金、选择性激光熔化等方法多用于制备块体类高熵合金，而激光熔覆法和电化学沉积法通常用来制备高熵合金薄膜或高熵合金涂层。由于高熵合金的主元素较多，合金成分较高，传统冶金、熔化方法制备高熵合金需要熔化多次来排出非均匀的不理想的金属间化合物，致使制造效率偏低，特别是制造大尺寸及形状复杂的部件时尤为明显。此外，部分高熵合金还需要较快的冷却速度来抑制不理想的金属间化合物自固溶相中的析出，致使高熵合金件内部易出现不同程度的缩孔等铸造缺陷，晶粒粗大，枝晶间会发生部分元素偏析，而采用增材制造技术能有效克服上述问题（见表 3-9）。不仅能够减少材料的浪费，还有利于合金获得超细晶粒，实现对微小区域的精确控制，保障合金成分、组织的均匀性，改善高熵合金制件的综合性能。目前，激光熔覆沉积、激光选区熔化及电子束/等离子束熔化是制备高熵合金制件最常用的增材制造技术，成形材料以丝材为主，也可以选择粉末材料。

表 3-9　增材制造与传统制造方法制造高熵合金制件的对比

方　法	成形状态	优　点	缺　点
真空电弧熔炼法	块体	致密性好，可以生产大尺寸金属锭	晶粒较大，易产生元素偏析；熔炼速度慢，难于控制合金成分比例、制作表面粗糙度，形状受限
机械合金化法	块体	晶粒细小，扩展各主元素间的固溶度，工艺条件简单	球磨过程可能引入杂质，不适用于难熔高熵合金制备
磁控溅射法	薄膜	沉积速度快，大部分材料可实现溅射，薄膜和基材结合较好，元素成分均匀、致密性好，易于实现工业化	靶材利用率不高，等离子体不稳定，强磁材料的低温高速溅射
增材制造技术	薄膜/块体	热量均匀、快热快冷、热影响区小；晶粒细小、均匀，可得到纳米或微米晶粒；精确控制尺寸、形状；元素成分均匀、致密性好；节约材料、生产率高；加工周期短	设备成本高，不适合用于大批量生产和超大尺寸制件制备

以激光选区熔化技术制备的高熵合金为例，其技术优势包括：

1）不仅可制备超细晶、全致密的高熵合金，同时还能获得较高的间隙元素固溶度。在成形过程中，高墒合金的相组成可能发生改变，如气雾化粉末由 FCC 相（面心立方结构）和 BCC（体心立方结构）相组成的 $Al_{0.5}FeCoCrNi$，会在成形过程中由 BCC 相转变为 FCC 相。

2）激光输入的高能量密度能够快速熔化 W、Nb、Mo、Ta 等高熔点的难熔金属材料。

3）能缩小高墒合金晶体尺寸，与 Hall-Petch 定律一致，随着晶粒尺寸的减小，脆性的 BCC 高墒合金（如 NbMoTaW）也能得到性能的提升，相比于传统熔炼制备技术，具有更高的应用价值。

激光选区熔化制备高熵合金的工艺局限：

1）高熵合金不仅自身具有较强的畸变应力，增材制造过程中较快的冷却速度也会产生较大的内应力，易产生裂纹、变形等缺陷，影响制件的整体性能。

2）由于激光选区熔化工艺对粉材的要求较高，以及高熵合金材料凝固区域较大等原因，类似于功能梯度材料，高熵合金的多组分、部分元素熔点高的特性极大地增加了制粉难度，并容易引起组分偏析。能否顺利制件主要受组成元素的熔点、液体密度、粉末特性、能量吸收等因素的限制。

3）增材制造工艺热源的能量密度普遍较高，导致高熵合金中的低熔点元素

（如 Al）容易产生严重的元素过烧现象，影响制件的致密性等性能。

4）高熵合金的高温抗氧化性能一般较差，易引入杂质污染，降低合金综合性能。因此，开发增材制造的高熵合金体系及其配套的成形和后处理工艺，获得致密无缺陷的高熵合金是增材制造高熵合金未来的发展方向。

除了激光选区融化工艺，也可以通过缆线多丝电弧增材制造工艺制备高熵合金，其技术核心是将高熵合金的各组分金属制成多丝材缆线后进行高能束沉积成形。如图 3-32 所示，可采用 7 根直径为 0.6mm 的丝材缠绕制成直径为 1.8mm 的整体焊丝成形 Al-Co-Cr-Fe-Ni 高熵合金，制件的强度和延展性较高，抗压强度达到 2.8GPa，塑性应变可达 42%。

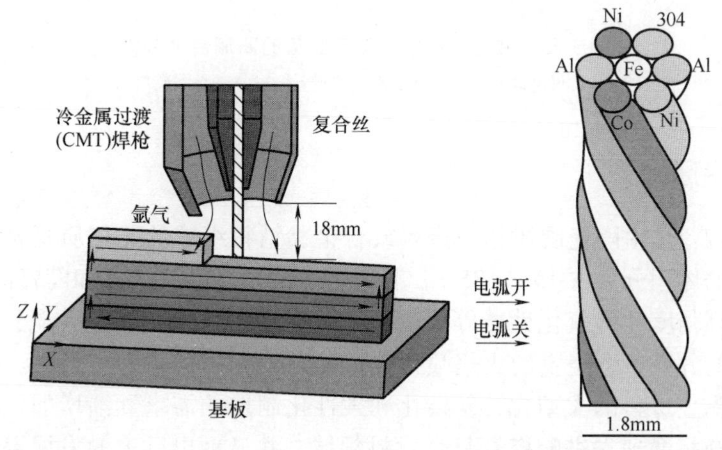

图 3-32　缆线多丝电弧增材制备高熵合金原理及缆线焊丝组成

3. 增材制造高熵合金的应用

高熵合金由于多主元元素的存在而具有独特的超级性能，主要包括超高的硬度、强度和韧性，以及高温稳定的显微结构和机械稳定性、优异的耐磨及耐蚀性、抗氧化性等，现阶段主要应用于核电、航空航天等领域。2015 年，日本日立创新中心首次采用电子束选区熔化技术制备了 AlCoCrFeNi 高熵合金块体；美国密苏里大学首次利用同轴送粉定向能量沉积成形设备制备了 Al_nFeCoCrNi2-X（n = 0.3 或 1）体系的高熵合金；波兰华沙军事科技学院采用激光熔覆沉积工艺成形和加工了 TiZrNbMoV 等高熵合金样件，并获得了成分均匀的枝晶组织，主要用于储氢材料和设备。

我国西安交通大学、中南大学等研究机构采用激光选区熔化工艺成功制备出 WTaMoNb、$Al_{0.5}$FeCoCrNi 等耐热高熵合金（见图 3-33），能够应用于航空发动机涡轮叶片的制造。其中，$Al_{0.5}$FeCoCrNi 高熵合金的屈服强度和极限抗拉强度分别达到 579MPa 和 721MPa，仅需进行少量的机械加工，即可满足目标精度和性能要求。

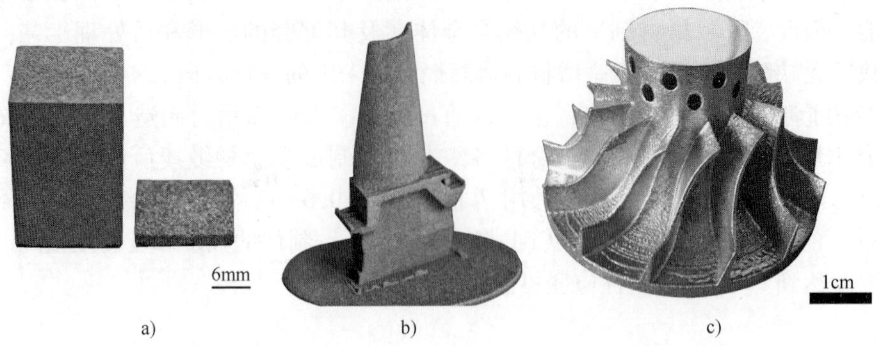

图 3-33　激光选区熔化工艺制备的高熵合金制件
a）大尺寸块体　b）航空发动机叶片　c）离心涡轮叶片

3.3.6　金属陶瓷

金属陶瓷是由陶瓷硬质相与金属或合金黏结相组成的非均质复合材料，其中陶瓷相的体积分数占 15%~85%，兼有金属的韧性、可塑性和陶瓷的耐高温、耐磨损、高强度和抗氧化性能等优点，已被广泛地应用于制造火箭、导弹、超音速飞机的外壳、燃烧室的火焰喷口等工况环境恶劣的特种零部件。随着更高承温能力陶瓷材料的大型化、复杂化和柔性化制造的需求逐渐增加，增材制造技术已逐渐拓展到先进陶瓷及复合材料领域，并显示出巨大的发展潜力。金属陶瓷在高温下有较高的强度，并且热稳定性和化学稳定性好。增材制造常用的陶瓷材料主要有 Al_2O_3、ZrO_2、Y_2O_3、MgO、CaO 等，通常制成粉末颗粒原料；常用的金属陶瓷复合材料主要包括 MgO、ZrO_2-NiAL 和 Al_2O_3-ZrO_2-CoCrAlY 等，耐磨金属陶瓷复合材料包括 Ni/AL、Ni-Cr/AL 及 NiCrAlY 等。

3.4　金属零件增材制造原材料的制备

金属零件增材制造原材料的状态一般为粉末状、丝状和膏状等，金属板材、金属带和焊条等也可作为熔覆材料。其中，金属粉材和丝材是多数金属零件增材制造工艺的原材料，其品质对增材制造产业的发展具有重要影响。本节将重点介绍金属粉材和丝材的制备及材料性能的测评方法。

3.4.1　金属粉材的制备方法

粉末材料的制备和性能表征是金属零件增材制造的关键技术之一。现有的制粉方法可归纳为两大类，即机械法和物理化学法。机械法是将大块原材料通过机械地粉碎获得细小的粉末颗粒，其化学成分基本上不发生变化；物理化学法是借助化学的或物理的作用，改变原材料的化学成分或聚集状态而获得粉末。在图 3-34 所示的金属粉末制备方法分类中，部分方法制得的粉末形貌不佳，不适合用于增材制造工艺。其中，二流雾化法和离心雾化法、等离子雾化法均可制备出球形或近球形的金属粉末，是当前增材制造用金属粉末原料的主要制备方法。

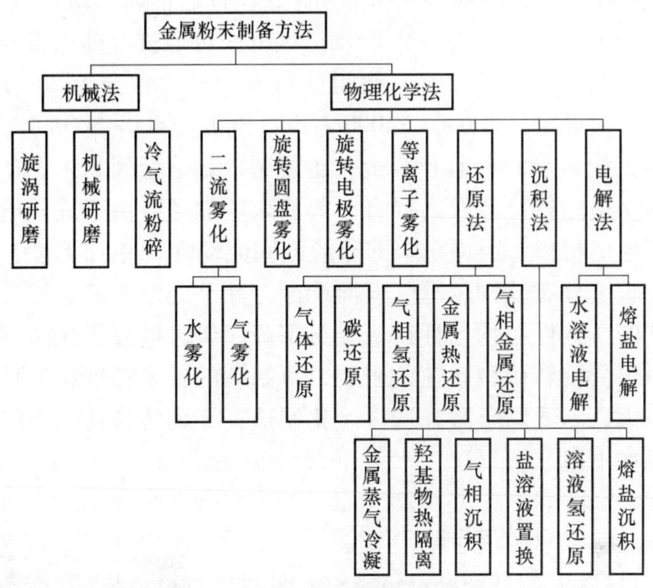

图 3-34　金属粉末制备方法分类

1. 雾化法

雾化法（又称熔体粉碎法、喷雾法）是制取球形合金粉末最重要的方法，应用较广泛，生产规模仅次于还原法。雾化法是最为古老的制粉技术之一，自 20 世纪 30 年代以来一直应用于铁粉的生产。雾化法的制粉原理：通过直接击碎液态金属或合金而制得粉末，一般利用高压气体、高压液体或高速旋转的叶片，将高温、高压熔融后的液态金属破碎成细小液滴，然后在收集器内冷凝细小液滴，从而得到小直径的金属粉末，其粒径一般小于 150μm。雾化法生产率较高、成本较低，易于制造熔点低于 1750℃ 的各种高纯度金属和合金粉末，金属粉末主要包括铅、锡、铝、锌、铜、镍、铁等，合金粉末包括黄铜、青铜、合金钢、高速钢、不锈钢、铝合金、镍合金等。雾化法所得粉末颗粒氧含量较低、粒度可控，粉末的形状因雾化条件而异。金属熔液的温度越高，球化的倾向越显著。雾化法制粉的局限性是难以制得粒径小于 20μm 的细粉。雾化法中粉碎熔体的三种机理包括：①利用离心力；②利用气体流的动能；③使气体逸出进入真空。

（1）离心雾化法　离心雾化是利用机械旋转的离心力将金属液流击碎成细的液滴，然后冷却凝结成粉末。离心雾化法可分为旋转圆盘雾化、旋转水流雾化、旋转电极雾化、旋转坩埚雾化等。以目前常用的等离子旋转电极雾化法（plasma rotating electrode process，PREP）为例，其制粉原理是将要雾化的金属和合金制成自耗电极棒后装入传动装置中，使其在惰性保护气氛下高速旋转，同时由电弧将其加热熔化，形成的液膜受离心力作用分散飞离电极棒断面，最终在表面张力作用下迅速凝固形成球形粉末，凝固后的粉末落于收集室器底部，其原理和制备的球形粉末如图 3-35 所示。该方法可通过改变电极棒的直径、转速和电流来调控粉末颗粒的直径，制得的粉末粒径通常介于 30～500μm 之间，旋转电极转速一般设定为 10000～25000r/min，电流为 400～800A。旋转电极雾化法不仅可以雾化低熔点的金属和合金，还能制取难熔金属粉末，适用于航空航天零部件增材制造用钛合金及高温合金等粉末的制备。由于旋转电极雾化不受熔化坩埚及其他的污染，所得粉末的球形度和流动性（单球形度）好、卫星粉少、纯度高、粒度分布范围较窄、表面干净、几乎无空心粉、松装密度高，使增材制造工艺的一致性与均匀性得到充分保障。旋转电极雾化法制粉的缺点主要包括：①由于受旋转棒级转速的限制，所制备的粉末粒度相对较粗，相应的夹杂物尺寸偏大，不适用于激光选区熔化制造；②旋转自耗电极的制取难度较大，材料利用率不高。

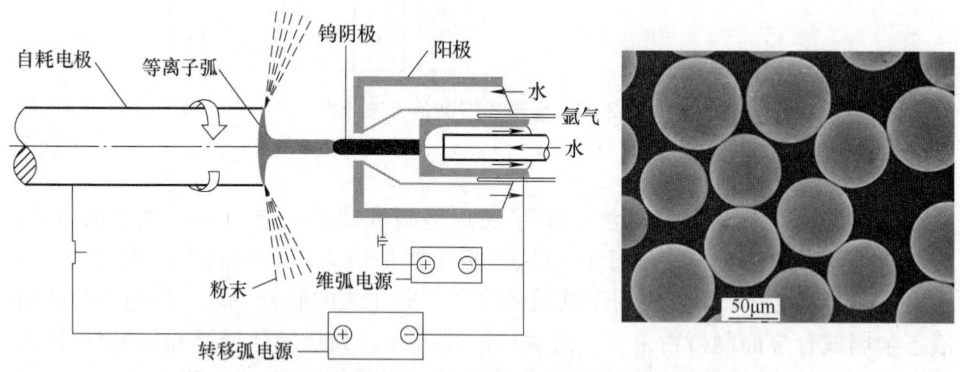

图 3-35　等离子旋转电极雾化法制粉原理及其制备的球形粉末

（2）二流雾化法　二流雾化法的制粉原理是通过雾化喷嘴产生的高速、高压介质流（常用的为水或气体）来粉碎金属液流，使其变成微细液滴，并快速冷却凝固成球形颗粒，如图 3-36 所示。二流雾化法制粉只需要克服流态金属原子间的键合力就能使之分散成粉末，因此雾化过程所需消耗的外力比机械粉碎法小得多。二流雾化法主要包括水雾化和气雾化两种。据不完全统计，目前采用气雾化法制得的增材制造用金属粉末占总产量的 50%~60%，因此气雾化法已成为增材制造用高性能金属粉末的主要生产方法之一。

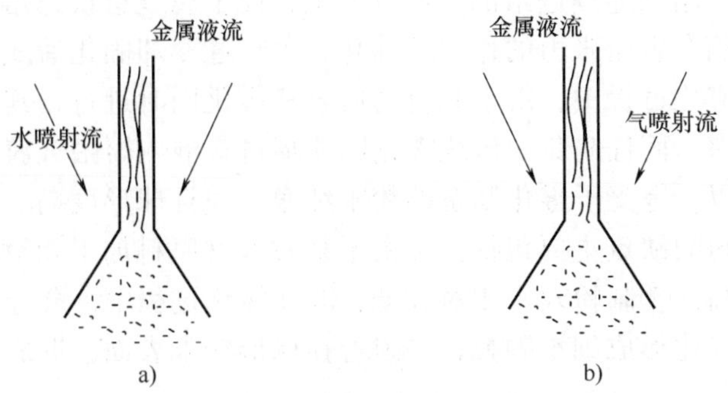

图 3-36　水雾化和气雾化制粉原理

a）水雾化　b）气雾化

工业上使用最广泛的两种气雾化制粉系统为自由落体式和紧密耦合式，在这两种系统中，金属或合金液流均会被高压气体射流破碎成液滴，随后在高速雾化气流中经受高速冷却和深度过冷。在自由落体式系统中，金属或合金液流在被雾化气体撞击之前会沿重力方向自由下落一定距离，产生的颗粒相对粗糙；在紧密耦合式系统中，金属或合金液流从喷嘴中出来后就会立即被气体射流击中，产生的金属粉末中值直径一般在 10~100μm 之间。

气雾化法制粉的缺点主要包括：

1）制备的粉末粒度分布范围较宽。金属或合金液流靠气流的冲击和扰动破碎而后形成粉末，由于气流扰动的不稳定性导致粉末颗粒的大小不一，成粉后需要反复筛分以获得指定粒径范围内的粉末，大幅降低了出粉率。

2）制粉过程需要消耗大量的气体，降低了雾化效率。主要原因是，气雾化过程中，气流在作用于液流前的飞行中不断膨胀且速度变缓，导致雾化气体能量损失较大。

3）类似于离心雾化法，气雾化法制备细粒径粉末也较为困难。例如，激光选区熔化成形使用的 AlSi10Mg 合金粉末（制件广泛应用于航空、仪表及一般机械，如汽车发动机的缸盖、进气歧管、活塞、轮毂、转向助力器壳体等），在常规气雾化工艺中，尺寸小于 53μm 的细粉收得率仅为 30%（体积分数）左右。

4）所制粉末的氧及其他杂质含量较高，部分粉末颗粒的球形度和成分均匀性较差。因此，面向增材制造的气雾化制粉技术的关键是开发小粒径、成分纯净均匀、生产率高的球形粉末制备工艺。提高气雾化效率或细粉收得率主要有三种途径：①优化气体喷嘴设计及气体喷嘴与熔体喷嘴的布置；②提高雾化气体的性能；③控制熔体的性能，提高熔体质量的稳定性。

（3）等离子雾化法　等离子雾化技术最早由加拿大 AP&C 公司开发，其工作原理如图 3-37 所示。在氩气等惰性气体保护下，通过将温度高达 11000K 的超音速等离子弧作用到连续进给的金属丝材上，使金属丝材快速熔融并雾化，雾化后的细小液滴在表面张力的作用下球化，再经过冷却固化后成为球形粉末颗粒。在等离子雾化过程中，由于原料的熔融和雾化同时进行，其工艺设定不仅提高了雾化效率，而且避免了传统雾化因喷嘴材料混入熔融金属液流而引入杂质的弊端。所以，等离子雾化制备的粉末纯净，并且球形度高、流动性好。等离子雾化法制粉的缺点主要包括：①由于金属丝材原料加工相对困难，导致原料采购成本较高；②制粉效率相对较低；③在雾化过程中，合金材料容易在高温等离子体处气化形成细小颗粒，并附着在球形粉末表面，形成一定数量的卫星粉。

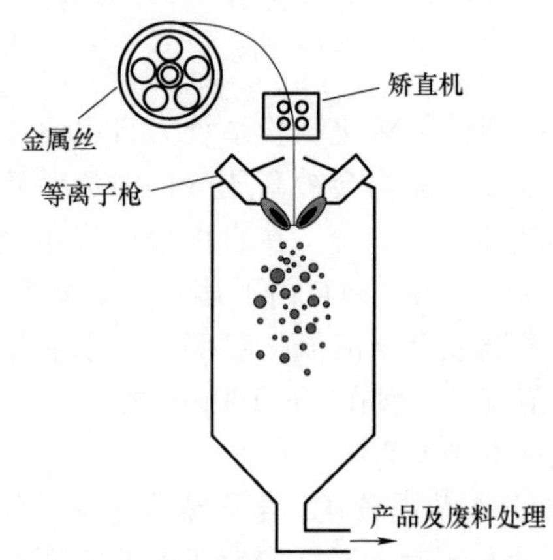

图 3-37　等离子雾化技术的工作原理

2. 球化法

球化法利用高能量密度热源使不规则粉体迅速熔化或气化，然后在极大的温度梯度下迅速冷却、固化、沉积，得到球形粉末。与雾化法相比，球化法制备的粉体球形度相对较高，表面光滑，流动性好，纯度高。经过球化处理后，一些形貌、品质不佳的粉末也能制成适合增材制造使用的高品质球形粉末，因此成为一种高品质粉末制备的辅助方法，可以在初步制粉阶段选择最为经济、便捷和高效的方法，从而拓宽制粉路径。球化法主要分为等离子球化法、激光球化法和火焰球化法三种。

（1）等离子球化法　等离子球化法能够制备出综合性能良好的球形金属粉末，是制备难熔金属粉末的主要技术之一。等离子球化制粉工艺原理及设备结构如图 3-38 所示。通过载气将不规则形状的金属粉末由加料枪导入高温等离子体中，在辐射、对流、传导传热机制的共同作用下，粉末颗粒迅速吸热后表面（或整体）开始融化，并在表面张力作用下缩聚成球形液滴，进入冷却室后骤冷凝固而获得球形粉末。整个球化过程主要包括机内加热、单个颗粒的熔化、熔融球形液滴的下落冷却三部分。根据粉末进料的粒度和表观密度来控制熔融液滴下落时间，使其在到达主反应器室底部之前有充足的时间完全凝固。等离子体气体中残留的较细颗粒，则通过旋风分离器和过滤器收集装置在主反应器室的下游进行回收。感应等离子体由于其体积大、纯度高及放电过程中粒子停留时间长等特点，特别适合用于粉末球化，能够制备高品质增材制造用球形粉末。

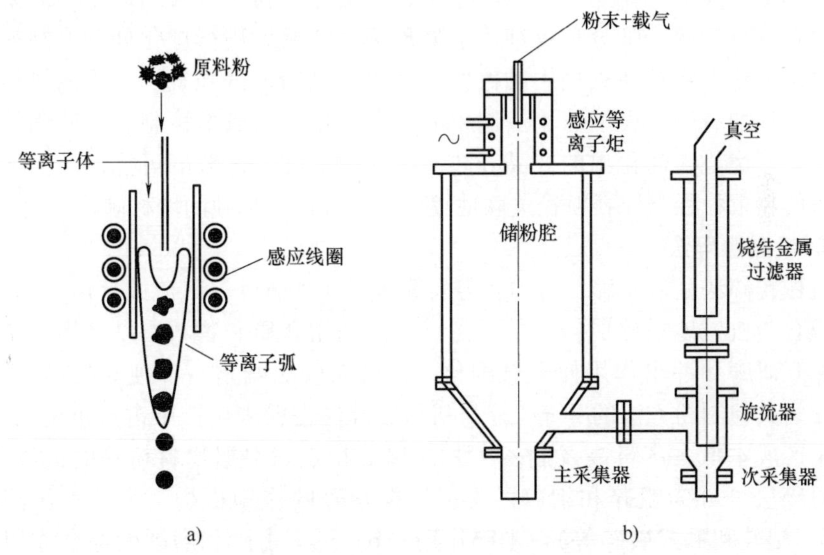

图 3-38　等离子球化制粉工艺原理及设备结构

a）工艺原理　b）设备结构

等离子球化法制粉的缺点主要包括：①球化过程中容易引入外来杂质，对粉末造成污染；②能量可控性不好，导致粉末容易被烧损或发生变性；③等离子球化过程中存在大量不确定因素，粉末颗粒进入等离子体焰炬中后，其传热与传质涉及气化和蒸发、颗粒运动的非连续行为、颗粒内部热量传导、颗粒表面能量辐射、颗粒形状及粒子带电等行为，导致精确控制球化率较为困难；④难以保证难熔金属的球化质量。在等离子球化过程中，由于从颗粒表面到周围环境的辐射能量损失迅速增加，对于熔点较高的材料和尺寸较大的颗粒，其加热和熔化变得更加困难。对于钼和钨等非常难熔的金属，等离子体温度需要远高于材料的理论熔点，难以一次制备出粒径为 100~200μm 的粉末。

（2）激光球化法　激光作为一种高能束流，与等离子体相比，其能量、方向性高度可控，并且与材料相互作用时不引入外来杂质，非常适合于非球形硬质合金粉末的球化。在激光选区烧结/熔化成形过程中普遍存在球化现象，当激光束扫过粉末表面时，粉末迅速升温熔化，随后在表面张力作用下收缩成球形颗粒。球化效应虽然破坏了粉末床上粉层的平整度，影响成形质量，但也为球形粉末的制备提供了新的思路，即利用激光球化效应可制备高品质的球形粉末。

（3）火焰球化法　火焰球化法又称火焰熔融法，其制粉原理是直接将形貌不规则的金属粉材喷入高温火焰中，在极短的时间内将不规则微粉的棱角熔化，并在表面张力等作用下形成球形实心颗粒，随后在冷空气作用下迅速冷却，并在重力加速度及负压作用下落入料仓中，获得球形粉末。火焰球化法需要对金属原材料进行粉碎、筛分和提纯等前处理工序，然后进行球化处理。制粉过程中通过调节粉末颗粒在火焰中的停留时间来控制粉末的粒径。火焰的燃烧一般使用天然气加氧气。火焰球化法制粉的工艺简单，在成本控制上比使用等离子球化法更具优势，球化出的产品导热率高，球形度好，粒度可控，但火焰球化法制备的粉末粒径与原料粒径关联性较大，不宜作为单独的增材制粉工艺。

3. 机械粉碎法

机械粉碎法是靠压碎、击碎和磨削等作用（如研磨、气流或超声），将块状金属或合金机械地粉碎成粉末的方法。主要利用介质和物料，以及物料和物料间的相互研磨和冲击作用使颗粒细化。机械粉碎法既是一种独立的制粉方法，又常作为其他制粉方法的补充工序。机械粉碎法在粉末生产中占有重要的地位，具有生产成本低、产量高及制备工艺简单等特点。根据物料粉碎的最终程度，机械粉碎法可分为粗碎和细碎两类；根据粉碎的作用机构，可分为压碎作用（碾碎、辊轧和颚式破碎等）、击碎作用（锤磨）、击碎和磨削的综合作用（球磨、棒磨等）三类。在相应的设备中，碾碎机、双辊滚碎机、颚式破碎机属于粗碎设备，锤磨机、棒磨机、球磨机、振动球磨机、搅动球磨机等属于细碎或研磨设备。虽然所有金属材料都能被机械地粉碎，但机械粉碎法更适用于脆性材料。对于塑性材料的机械粉碎，主要有旋涡研磨、冷气流粉碎等方法。

（1）球磨法　球磨法利用了金属颗粒在不同应变速率下因产生变形而破碎细化的机理，球磨粉碎物料的作用（压碎、击碎、磨削）主要取决于球和物料的运动状态，该运动状态由球磨筒的转速控制，一般包含三种基本状态，如图 3-39 所示。当球磨机转速较慢时，粉末和物料沿筒体上升至自然坡度角后滚下，称为“泻落”，这时物料的粉碎主要靠球的摩擦作用。随着球磨机转速的增加，粉末在离心力的作用下随着筒体上升至更高的高度，然后在重力作用下掉下来，称为“抛落”。这时物料不仅靠粉末颗粒之间的摩擦作用细化，粉末抛落时的冲击粉碎起主导作用，此时粉碎效果最好。继续增加球磨机转速，当离心力超过粉末的重力时，粉末紧靠衬板与筒体一起回转，不再泻落和抛落，此时物料的粉碎作用停止，产生这种状态的最低转速称为临界转速。球磨法制粉的工艺流程主要包括：①根据待制粉体的元素组成，将单质金属粉末组成初始粉末；②根据待制粉体的性质和粒度要求，选择合理的球磨介质，如钢球、刚玉球或其他介质球；③初始粉末和球磨介质按一定的比例放入球磨机中进行球磨，初始粉末在球磨机中长时间运转，回转机械能被传递给粉末，粉末在冷却状态下反复挤压和破碎，逐步形成弥散分布的细粉。

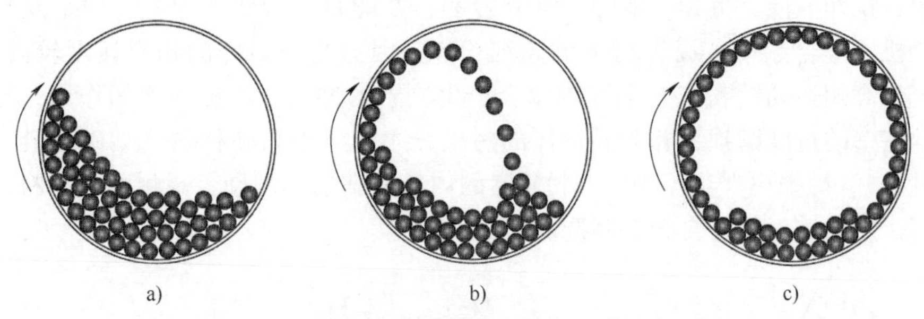

图 3-39　球和物料随球磨筒转速不同的三种状态

a）低转速　b）适宜转速　c）临界转速

球磨法制粉的优点是对物料的选择性不强、可连续操作、工艺简单、生产率高，适用于干磨和湿磨，能够制备复杂合金粉末，以及常规方法难以获得的高熔点金属或纳米粉末材料。球磨法制粉的缺点主要包括：①球磨过程中容易引入杂质；②制备复合材料粉末的表面较为粗糙，球形度差，元素分布均匀性也不能得到保证；③制粉后的筛分和分级比较困难，但随着球磨设备的发展和改进，此问题正在逐步改善。例如，现有的超细粉碎机可在短时间内将粒子粉碎至微米级；磨腔内衬材料也逐步采用刚玉、氧化锆，有的用特种橡胶、聚氨酯等，避免混入杂质，从而保证粉末纯度。

（2）冷气流粉碎法　冷气流粉碎是利用冷气流的能量使物料颗粒发生相互碰撞或与固定板碰撞而粉碎变细，其工作原理为：压缩气体经过特殊设计的喷嘴后被加速为超音速流，喷射到研磨机的中心研磨区，从而带动研磨区内的物料互相碰撞，使粉末粉碎变细；气流膨胀后随物料上升进入分级区，由涡轮式分级器分选出达到粒度的物料，其余粗粉返回研磨区继续研磨，直至达到要求的粒度被分出为止。整个生产过程可以连续自动运行，并通过分级轮转速的调节来控制粉末粒径大小。冷气流粉碎法适合制备金属及其氧化物粉末，也是磁性材料制粉应用最多的方法，该方法制粉纯度高、活性大、分散性好，粒度细且分布较窄（平均粒度为 3～8μm），颗粒表面光滑，并且工艺成熟，适合于大批量工业化生产。目前，工业上常用的气流粉碎设备主要有扁平式气流粉碎机、循环管式气流磨、对喷式气流粉碎机、流化床对撞式气流粉碎机。

扁平式气流粉碎机又称圆盘式气流磨，由美国 Fluid Energy 公司在 1934 年研制成功，在工业上应用最早也最为广泛。扁平式气流粉碎机的工作原理如图 3-40 所示。物料经加料口由喷射式加料器的喷嘴加速，导入粉碎室，在旋转气流带动下发生相互碰撞、摩擦、剪切而粉碎；细粉被气流推到粉碎室中心出口管，在旋风分离器中呈螺旋状运动缓降到贮斗中，废气则由废气排出管排出；粗粒在离心作用下被甩到粉碎室周壁进行循环粉碎。扁平式气流粉碎机的结构简单，操作方便，拆卸、清理、维修容易，并能自动分级。但是，扁平式气流粉碎机不适合超硬、高纯材料的超细粉碎，因为当被粉碎的物料速度较高时，随气流高速运动的粉末与磨腔内壁会产生剧烈的冲击、摩擦和剪切作用，导致粉碎室壁的过度磨损，并造成粉体的污染，尤其对于高硬材料（如碳化硅，氧化硅等），磨损更严重。因此，粉碎室的内壁通常选用超硬、高耐磨的材料，如刚玉、氧化锆、超硬合金等制造。

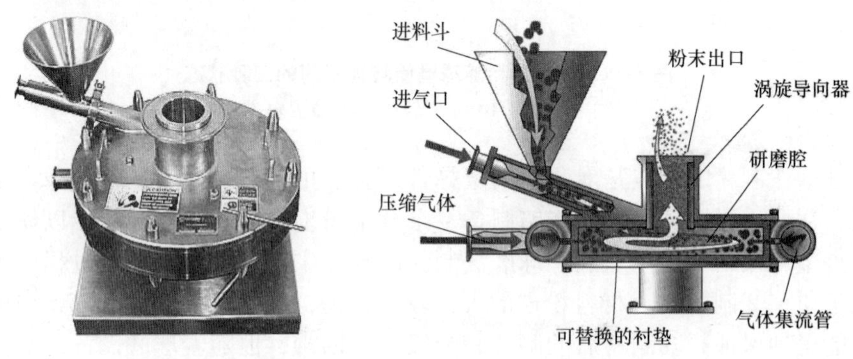

图 3-40　扁平式气流粉碎机及其工作原理

循环管式气流磨又称立式环形喷射式气流磨，可分为等圆截面和变截面循环管式气流磨。其中应用最多的是 JOM 系列（也称 O 型）变截面循环管式气流磨。循环管式气流磨的工作原理和设备如图 3-41 所示。物料颗粒高速进入粉碎区后，高压空气带动颗粒沿管道运动。由于管道呈 O 型，内外圈的半径不同使得内外层粉末的运动路径及速度都不同，引起各层粉末颗粒之间发生相对运动，产生摩擦、剪切、碰撞粉碎作用。同时，离心力的作用使密集的颗粒流分层，粗粉流向外层，细粉流向内层并不断聚集，最后由排料口排出，粗粒则继续粉碎。循环管式气流磨的结构简单、体积小，操作方便，生产能力大，粉碎的同时具有自动分级功能，能够制备粒度为 0.2～3μm 的超细粉末，但循环管式气流磨的粉碎效率是各类气流磨中最低的，能耗最大。此外，由于气流与物料对设备管内壁的冲刷，磨损严重，因此循环管式气流磨也不适合硬度较高的材料细化。

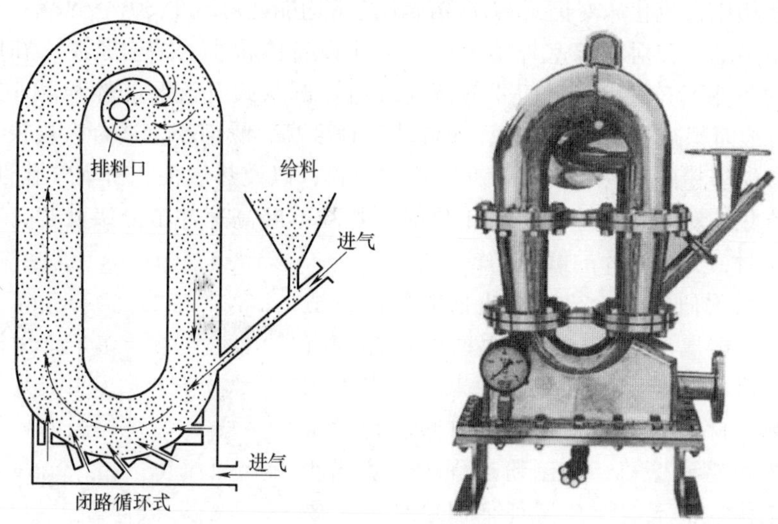

图 3-41　循环管式气流磨的工作原理和设备

对喷式气流粉碎机又称逆向喷射磨，是一种物料在超音速气流中自身产生对撞而实现超细粉碎的装置。其工作原理为：物料由料斗进入，被加料喷嘴喷出的高速气流喷入粉碎室，同时粉碎喷嘴将分级室落下的粗粒喷入粉碎室，物料对撞并被粉碎后，随气流上升至分级室。在分级室，气流形成主旋流，使颗粒发生分级。由于粗粉位于分级室外围，在气流带动下，退回粉碎室进一步粉碎，细粉经中间出口排到机外进行气固分离和产品回收。对喷式气流粉碎机的生产能力大，避免了颗粒对管壁的磨损及管壁材料对粉粒的污染，能生产物料硬度较高的超细粉。对喷式气流粉碎机利用相对运动的气流，颗粒从第一次撞击开始就依靠相互之间的冲撞，减少了对管壁的磨损和对产品的污染，可以加工较硬的物料，但对喷式气流粉碎机的结构复杂、体积庞大、能耗高，气固混合流对粉碎室及管道仍有一定的磨损。

流化床对撞式气流粉碎机（见图 3-42），是将对喷原理与流化床中膨胀气体喷射流相结合，其工作原理为：物料通过阀门进入料仓，螺旋将物料送入研磨室，随后空气通过逆喷嘴喷入研磨室使物料呈流态化。被加速的物料在各喷嘴交汇点处汇合，此处的粉末颗粒互相冲撞、摩擦、剪切而粉碎。粉碎后的粉末由上升气流输送至涡轮式超细分级器，细粉经出口排出，粗粉沿机壁返回磨矿室，尾气进入除尘器排出。流化床对撞式气流粉碎机的优点包括：①粉碎效率高、能耗低，气流带颗粒呈多角度对撞，作用力大，粉粒的受力复杂，外加的能量被粉粒充分吸收，喷射功损耗少；②把流化床原理与平卧式涡轮超细分级器相结合，细粉能被及时排出，减少了细粉的重复粉碎而损失的能量，与圆盘式气流磨相比，流化床对撞式气流粉碎机的平均能耗可减少 30%~50%；③设备磨损轻，污染少，对粉碎室外壁冲撞少；④设备体积小，结构紧凑，在同等生产能力的条件下，流化床对撞式气流粉碎机比圆盘式气流磨的体积减小 10%~15%，占地面积减少 15%~30%；⑤自动化程度高，噪声小，适合大规模工业化生产；⑥能够粉碎高硬、高纯等难粉碎的原料，以及热敏性、密集气孔性原料。但是，流化床对撞式气流粉碎机工作时，颗粒不断高速冲击分级叶片，在生产超硬粉粒时，分级叶片的磨损仍较严重。

(3) 旋涡研磨法　普通的机械粉碎法只适于制备脆性金属和合金，而旋涡研磨法能够有效地研磨和制备软、塑性金属粉末，最先被用于生产磁性材料的纯铁粉。旋涡研磨制粉设备又称汉米塔克研磨机，在制粉过程中，旋涡研磨机的工作室中不需要放置任何研磨体，主要依靠被研磨物料颗粒间自相撞击和物料颗粒与磨壁、螺旋桨间的撞击作用进行研磨。螺旋桨一般以 3000r/min 左右的转速旋转，形成两股相对的气流，气流带动粉末颗粒使其相互撞击而被磨碎。由于旋涡研磨法制备的粉末较细，为了防止粉末氧化，需通入惰性气体和还原性气体作为保护气体。旋涡研磨法制得的粉末颗粒表面易形成特别的凹形，因此被称为碟状粉末。旋涡研磨法对进料形态的要求较低，可以是细金属丝、切屑及其他废屑，因此能广泛利用边角余料来生产金属粉末。

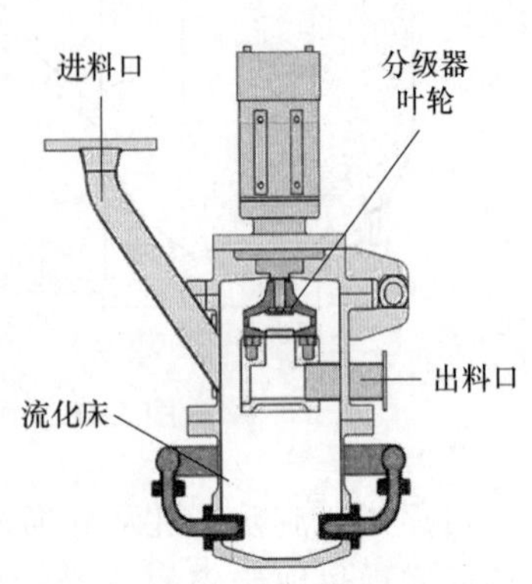

图 3-42　流化床对撞式气流粉碎机的基本结构

4. 化学法

(1) 电解法　电解法在粉末生产中占有重要的地位，其生产规模在物理化学法中仅次于还原法。电解法制粉又可分为水溶液电解法、有机电解质电解法、熔盐电解法和液体金属阴极电解法，其中水溶液电解法和熔盐电解法应用较多。熔盐电解法主要用于制取一些稀有难熔金属粉末，而水溶液电解法应用更加广泛。水溶液电解法是在一定条件下通过电解熔盐或盐的水溶液，使金属粉末在电解槽中的阴极上沉积析出。电解法制粉的原理与电解精炼金属相同，仅需要调整电流密度、电解液的组成和浓度、阴极的大小和形状等工艺条件。电解法制粉的优点包括：①制得的金属粉末纯度较高，一般单质粉末的纯度可达 99.7%以上；②粉末的粒度容易准确控制，能制取超精细粉末。但由于电解法耗电较多，制粉成本明显高于雾化法、还原法等，因此在粉末总产量中，电解粉所占的比重相对较小。

(2) 还原法　还原法是通过金属氧化物或盐类以制取金属粉末的方法，其基本原理为：所使用的还原剂对氧的亲和力比氧化物和所用盐类中相应金属对氧的亲和力大，因而能够夺取金属氧化物或盐类中的氧而使金属被还原出来。最简单的还原反应可表示为

$$MeO+X \longrightarrow Me+XO \tag{3-6}$$

式中，X、XO 是还原剂、还原剂氧化物；Me、MeO 是欲制取的金属、金属氧化物。

还原法具有操作简单、工艺参数易于控制、生产率高、成本较低等优点，适合工业化生产，是应用最广的制取金属粉末的方法之一。铁、钨、铜、钴、镍等金属材料均可用还原法制得粉末，如用固体碳还原可制取铁粉、钨粉；用氢、分解氨或转化天然气（主要成分为 H_2 和 CO）作为还原剂可制取钨、钼、铁、铜、钴、镍等粉末；用钠、钙、镁等金属作为还原剂可以制取钽、铌、钛、锆、钍、铀等稀有金属粉末；用还原化合法可以制取碳化物、硼化物、硅化物、氮化物等难熔化合物粉末。

3.4.2　金属粉材的性能测评

金属粉材性能的合理表征与评价直接影响以粉末为原料的增材制件性能，旨在使粉材的特性与增材制造工艺和设备精确匹配，并确保粉材制备的高度一致性和稳定性。对金属粉材的评价标准主要包括流动性、均匀性、浸润性、球形度、分散度、空心率等，具体介绍如下。

1. 流动性

粉材的流动性直接影响熔覆层的质量，金属零件增材制造一般要求粉材具有较好的流动性。例如，当采用激光选区熔化工艺成形时，良好的流动性能保证粉末层均匀而平整。但由于粉材的制备工艺不同，其表面物理状态也不尽相同，通过后期的筛分、配比及混合后，其流动性也表现出差异性。影响粉末流动性的因素包括粉末颗粒形状、粒度分布、相对密度、表面状态、浸润性和颗粒间的黏附作用等。一般粉末颗粒直径越大（粒度粗），形状越接近球形，松装密度越高，流动性越好，易于传送；颗粒直径较小的粉末容易团聚，流动性较差。从热力学和动力学的角度分析，粉末颗粒越小，其比表面积越大，烧结驱动力强而有利于成形。粉末使用前应充分烘干，防止粉末吸潮结块后影响流动性，造成粉管阻塞。此外，卫星粉也会降低粉末的流动性，造成粉末层堆积不均匀，制件内易产生缺陷。

粉材的流动性可以用一定量的金属粉末颗粒流过规定孔径的量具所需要的时间来评价，通常采用标准漏斗法，即 50g 金属粉末流过标准尺寸漏斗孔所需时间，单位为 s/50g，数值越小，说明该粉末的流动性越好。测量粉材流动性的仪器为霍尔流速计（见图 3-43a）。粉材的流动性还可用休止角（angle of repose,

AOR）进行表征，是一种检验粉末流动性的简易方法。休止角指在重力场中，粉末通过自然堆积，在平衡静止无外力的状态下，自由斜面上滑动时所受重力和粒子之间摩擦力达到平衡时，所呈斜面与水平面之间形成的最大夹角。休止角 α 可通过公式 $\tan\alpha=h/r$ 计算（见图 3-43b）。休止角越小，表示颗粒间的摩擦力越小，流动性越好，越有利于铺粉和送粉的进行。

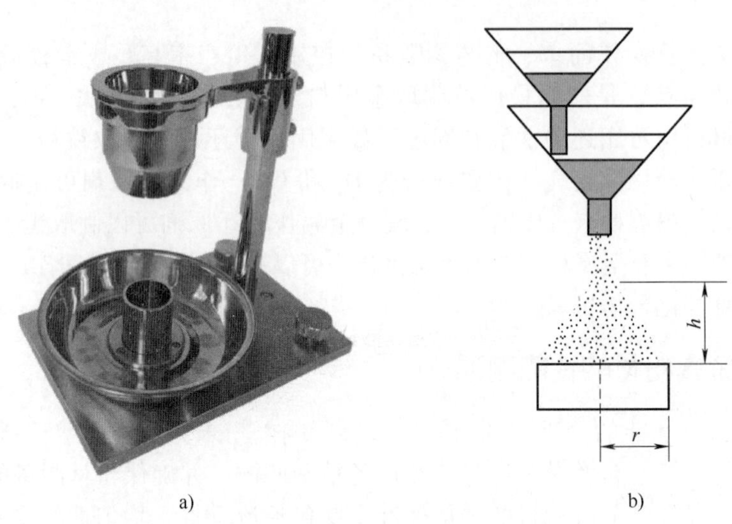

图 3-43　霍尔流速计和休止角的测量原理

a）霍尔流速计　b）休止角的测量原理

2. 均匀性

粉材的均匀性指粉末颗粒尺寸分布的一致程度。对于球形或近似球形颗粒，均匀性可通过单位体积或数量粉末颗粒的粒径分布情况进行表征，利用统计学方法进行量化。常用评估粉材均匀度的方法有激光衍射法、扫描电镜法、质量法、筛分法、分布分形维数法、像素格分析法等。增材制造常用的粉末粒径通常在某一区间内呈正态分布，如激光熔覆沉积成形一般采用粒径为 53～150μm 的球形粉（粗粉），激光选区烧结/熔化一般采用粒径为 10～45μm 的球形粉（细粉）。粉末的平均颗粒直径一般采用加权平均法求解：

$$\overline{D}=\sum\left(\frac{n}{\sum n}\cdot d\right)=\frac{\sum(n\cdot d)}{\sum n} \tag{3-7}$$

式中，$\overline{D}$ 是粉末颗粒的平均粒径；n 和 d 是颗粒直径为 d 的颗粒有 n 个。

3. 浸润性

金属粉材应具有良好的表面浸润性。浸润性通常用接触角进行表征，即液态熔池在固体材料（基材）表面上的接触角，符号为 θ_e，如图 3-44 所示。接触角越小，表示润湿性越好，液体较易润湿固体。通过接触角的测量可以获得材料表面固-液、固-气界面相互作用的诸多信息。对于金属粉末，其表面张力越小，接触角越小，液态流动性越好，越易获得平整光滑的熔覆层。对于激光选区熔化工艺，当 $\theta_e \leqslant 90°$ 时，液态熔池能够均匀地铺展在前一层上；当 $\theta_e > 90°$ 时，液态熔池极易凝固成金属小球并黏附于前一层上，产生“球化”缺陷。

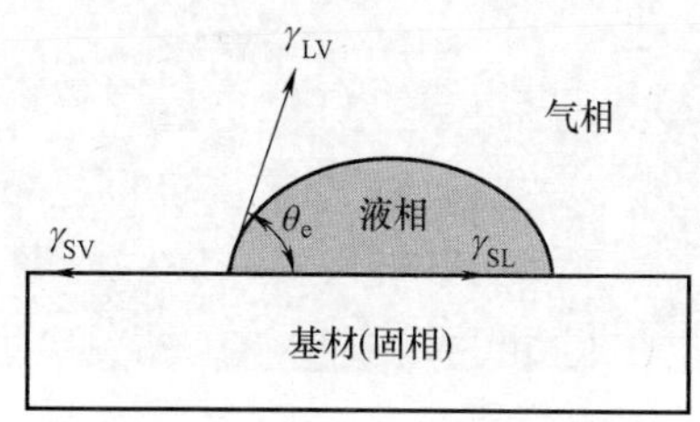

图 3-44　固液相间的接触角

4. 球形度

球形度指粉末颗粒接近标准球体的程度，通常定义为颗粒的周长等效直径与颗粒面积等效直径之比。若采用二维化定义，则通常表示为“圆度”。在空间维度，球形度也可定义为与待测颗粒相同体积的标准球体表面积和待测颗粒表面积的比值，即

$$Q = d_S / d_V = \sqrt{S/\pi} / \sqrt[3]{6V/\pi} \tag{3-8}$$

式中，d_S是颗粒的表面积等效直径；d_V是颗粒的体积等效直径；S 是颗粒的表面积；V 是颗粒体积。标准球的球形度等于 1，其他凸体球形度小于 1。

粉末颗粒形状直接影响粉末的流动性和堆积性能，进而影响铺粉或送粉的稳定性。通常粉末颗粒的球形度越高，其流动性越好，铺粉或送粉也更容易控制，提高增材制造质量，确保制件的致密性和组织均匀。目前，球形度的检测主要依靠扫描电子显微镜（SEM）进行图像分析（见图 3-45），测量颗粒群中完整颗粒的周长和对应颗粒的面积进而计算球形度。一般来说，等离子旋转电极雾化技术制备的粉末球形度优于气雾化制粉。

5. 分散度

分散度指粉末颗粒从一定高度落下时的散落程度，粉末的分散度可用来描述粉末的飞溅程度，如果飞溅范围过大，则影响粉末床成形过程中的铺粉效果。分散度的测量方法为：用电子天平取粉末 10g，关闭料斗阀，把粉末均匀撒到料斗中后，将接料盘放置在分散度测定筒的正下方的分散度测定室内。开启卸料阀，粉末试样就会通过分散筒自由落下，紧接着称量接料盘内残留的粉末，试验三次取平均值。

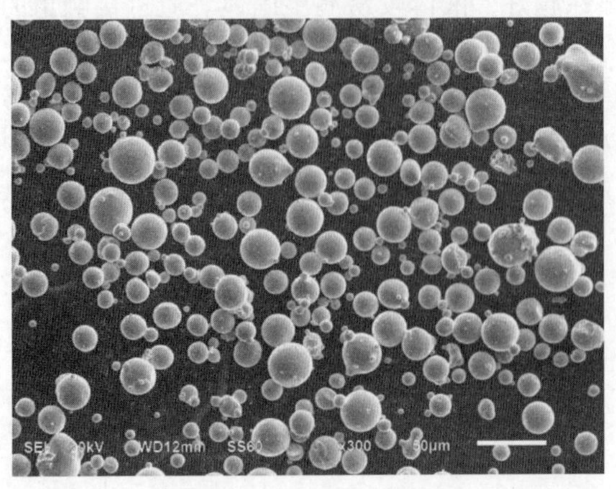

图 3-45　GH5188 高温合金粉末的 SEM 球形度分析图

6. 空心率

空心率指在单位数量或体积的粉末颗粒中，具有中空缺陷的粉末所占数量或体积的百分比。空心粉末的存在容易在增材制件内部形成气孔，严重恶化制件的致密性和力学性能。因此，在用于增材制造前，应对同一生产批次的空心粉末所占的比例（空心率）进行标定，标定结果是衡量粉末品质的重要指标。粉末空心率的测量一般采用金相法或工业 CT 法，结合图像分析软件对空心率进行表征和评价。

7. 洁净度

粉末材料的洁净度直接影响熔融增材制造工艺下的制件最终质量。金属粉末在制备、运输、使用和贮存过程中难免会与不同的环境介质（空气、包装材料等）相接触并引入杂质。杂质的存在会影响甚至恶化粉末的成形性能，如制件的孔隙率、塑性和韧性等。例如，部分杂质会导致粉末熔化后的润湿性变差，成形过程中易产生粉末球化问题；又如，在电子束选区熔化成形工艺中，杂质含量升高会降低粉末的导电性，引发局部放电、吹粉等问题。

8. 松装密度与振实密度

松装密度指将粉末颗粒自然地充满指定规格的容器时，单位体积容器内的粉末质量。松装密度是衡量粉末床增材制造所用粉末特性的一个关键指标。松装密度的测量方法是让粉末自由通过标准漏斗流入容积为（25±0.05）cm^3 的量杯，充满量杯后刮平，称量粉末质量后计算松装密度。振实密度是将粉末装入振动容器中，在规定条件下经过振实后所测得的粉末密度。振实密度的测量方法是将定量的粉末装入振动容器中，在规定的条件下进行振动，直到粉末体积不能再小，测得粉末的振实体积，再计算振实密度。粉末振实密度与松装密度之比还能用来表征粉末的流动性，比值越小，粉体压缩性越弱，流动性越好。

9. 与基材的相似性

对于激光熔覆沉积工艺，粉末材料应与基体材料的热膨胀系数、导热性相匹配，以减少熔覆层中的残余应力，降低熔覆层对裂纹的敏感性。粉末与基材的熔点应相近，较大的熔点差异容易导致不良的冶金结合。如果粉末材料的熔点过高，加热时熔覆材料熔化少，会使涂层表面粗糙，并且基体表层过烧，严重污染熔覆层；如果粉末材料的熔点过低，易使粉末和熔覆层发生过烧，并在熔覆层和基体之间产生孔洞和夹杂缺陷。

10. 稳定性与易保存性

粉末材料除了具有目标使用性能，如耐热性、耐磨或耐蚀性等，还应具有良好的稳定性与易保存性，如耐潮湿和抗氧化，防止在存储和使用过程中发生变质。此外，粉材还应具有良好的造渣、除气、隔气性能。

3.4.3 金属丝材的制备方法

增材制造工艺所使用的金属丝材直径通常为0.8~4mm，其工业化制备方法主要以冶炼+锻造+轧制+后续拉拔和热处理为主。其中，轧制工艺又分为两种：一种是采用轧机热轧钢坯的方法，通常称之为普线生产。普线生产的组织一般较粗大，在拉拔深加工之前必须先经过一道铅淬火热处理，以获得有利于拉拔深加工的索氏体组织。另一种是采用高速无扭轧制生产技术。对于由芯材和覆层组成的金属复合丝材，其制备工艺是在芯材表面包覆或镀覆一定厚度的覆层材料，经挤压、多道次拉拔、热处理等成形工艺制成。轧丝机组各主动辊分别使用独立的动力和传动系统，由粗/细拉机、放线/收线/绕线机和层绕机等单元组成，轧丝机组由交流变频电动机驱动，带动卷筒完成拉拔操作。目前，增材制造应用的金属丝材直径一般小于1.2mm，并且多为实心体，常用类型见表3-10。由于加工工艺的局限性，部分高硬合金或特殊成分合金难以直接成形出丝材，因此相比于粉末原材料，适用于增材制造的金属丝材的种类和数量相对较少。

表3-10 部分电弧熔丝成形所使用的丝材种类

丝材材料	成形工艺	丝材直径/mm
AZ31镁合金	冷金属过渡（CMT）电弧焊	1.2
ER316L（H022Cr19Ni12Mo2）不锈钢	气体保护电弧焊（GMAW）	0.76
SS308（06Cr20Ni11）、ER70S-6（ER50-6）	GMAW	0.9
Inconel 718（GH4169）高温合金	GMAW	1.0

（续）

丝材材料	成形工艺	丝材直径/mm
H08Mn2SiA、ER70S-6（ER50-6）、6061-T6	GMAW	1.2
AISI 1018 碳素结构钢（近似于 20 号钢）	钨极惰性气体保护电弧焊（GTAW）	0.85
TC4 钛合金	GTAW	1.2
5356、4043 铝合金	变极性钨极气体保护电弧焊（VP-GTAW）	1.2
ER308L（H022Cr21Ni10）不锈钢	微束等离子弧焊（MPAW）	0.8
Invar42（4J42）、Inconel 600（HGH 3600）、SUS304（06Cr19Ni10）	三维焊接+铣削	0.2

注：括号内为相当于我国的牌号。

3.5 金属零件增材制造工艺缺陷及解决方法

增材制造非平衡的凝固特性使制件的组织和结构具有新的特征，如凝固组织的高度细化、固溶极限的扩大和新的亚稳相等，也极易导致微观组织的不均匀性、气孔和裂纹等冶金缺陷的产生，直接影响制件的性能和质量。由于分层叠加制造的加工策略、局部加热以及快速冷却的特点，增材制件的内部通常可以观察到气孔、裂纹和黏附的未熔合粉末颗粒等多种缺陷，这些缺陷会显著降低金属制件的力学性能，并成为疲劳失效的来源，因此增材制件的疲劳强度通常低于锻件。金属零件增材制造工艺缺陷主要分为表面缺陷和内部缺陷两大类，表面缺陷包括制件的表面粗糙度差、表面氧化、球化、表面裂纹等；内部缺陷按尺度不同可分为宏观缺陷及微观缺陷。常见宏观缺陷包括裂纹、未熔合、夹杂及冷隔缺陷，其他缺陷大都为微观缺陷，包括孔洞缺陷，以及和材料组织相联系的定向生长、溶质偏析及合金元素缺失等。缺陷通常是由于能量密度不足或过大所引起的，增材制造工艺参数对缺陷的类型、形状、尺寸、位置、方向和密度等特征有很大的影响。

3.5.1 气孔

气孔是激光增材制造最常见的缺陷类型之一，气孔的形状多为球形或椭圆形。熔融态金属中存在过饱和的气体是形成气孔的重要物质条件。金属粉末的氧化、受潮、空心等因素都会导致熔池中产生气体，未及时排除便形成了气孔。

熔覆层的凝固收缩也有可能产生气孔，此类气孔常存在于搭接处的根部。

1. 气孔的生成机理和分类

气孔缺陷一般是由于不合理的能量输入或成形工艺不稳定导致气体残留在熔池内部形成的。一方面，增材制造过程中材料熔化和凝固的时间极短，熔池内产生的气体在凝固过程中没有充足的溢出时间；另一方面，能量输入过高使得熔池温度较高，气体在熔池内部溶解度也随之提高，随着熔池的冷却，温度降低，溶解度减小，增加了气体残留的可能。此外，增材制造用粉末颗粒在制备过程中其内部可能会残存气体，如空心粉的产生，尤其对于气雾化制备的粉末材料，制备过程处在氩气保护范围内，在凝固过程中不可避免地会有微量的氩气包含在内部。另外，当能量输入过大时，在金属或合金材料内，低熔点金属蒸发汽化时对表面熔池形成反冲力，进而形成凹坑，如果后续金属液未能有效填充，也会形成气孔缺陷。受成形条件的影响，此类缺陷一般在成形件内部随机分布，难以彻底消除。由于熔池中的液态金属产生的表面张力占主导地位，因此气孔的形状一般较为规则，以球状、椭球为主，孔径一般在 100μm 以下。按照不同的形成机理，金属制件中的气孔可分为析出型气孔、反应型气孔、卷入型气孔、未熔合型气孔四类。

（1）析出型气孔　气体在金属中的溶解度会随着温度的变化而改变。当温度升高时，气体在金属中的溶解度增加；当温度降低时，溶解度下降。当液态金属熔池的温度降低时，由于气体溶解度降低，熔池中溶解的过饱和气体不断析出；随着熔池的不断冷却，液态金属的黏度不断增加，导致析出的气体原子不能扩散到熔池表面聚集成气体分子逸出，而是在熔池内部聚合成气体分子。当这种呈分子状的气体不能逸出时，将通过扩散聚合成气泡。如果气泡不能随着熔池内的热对流运动上浮到金属表面并逸出，则会残留在制件的内部或表面上产生析出型气孔。

（2）反应型气孔　反应型气孔可分为内生型反应气孔和外生型反应气孔两种。内生型反应气孔的形成是由于在高温液态金属的凝固过程中，金属氧化物和非金属元素发生化学反应而生成气体，如 $C+FeO \rightarrow CO+Fe$。由于 CO 在黑色金属中的溶解度极低，因此液态金属中的 CO 气体将发生扩散或形成气泡。外生型反应气孔指的是液态金属与外界环境中的氧气产生化学反应而生成的气孔。虽然大多数金属零件增材制造工艺都会采用气体保护措施以隔绝氧气，但残存的氧气在熔池冷却过程中仍会与材料发生氧化反应生成气孔。

（3）卷入型气孔　卷入型气孔的形成主要来自金属粉末中的滞留气体和设备中的保护气体。例如，激光熔覆沉积成形采用的是同步送粉方式供给材料，粉末的输送需要保护气体作为载体连续驱动，成形过程中会使一部分载气随着粉末颗粒进入熔池内部形成起泡，如果气泡在熔池中的上浮受阻，不能顺利排出而停留在熔覆层内就会形成气孔，如图 3-46a 所示。对于激光选区熔化工艺，由于粉末本身比较松散，粉末之间存在的部分气体也容易被卷入熔池中形成卷入型气孔。

（4）未熔合型气孔　未熔合型气孔的尺寸一般较大，并且形状不规则，通常呈现为 50μm 到几毫米不等的不规则细长条形状缺陷。若原材料为金属粉末，则气孔中还可能存在一定数量的未熔化或部分熔化的粉末颗粒，如图 3-46b 所示。未熔合型气孔的主要成因是增材制造过程中的能量密度不足（如热源功率过低、扫描速度过快、扫描间距过大、材料供给量过大、离焦量异常等情况）导致在后一层的沉积过程中，熔池的深度和宽度不足，如果保持前一层所用的能量输入不变，层与层之间及相邻扫描线之间难以形成致密的重熔和搭接，导致层间结合不良，并且相邻扫描线间还存在大量的未熔颗粒，使熔道产生尖端而锋利的边缘，进而形成较大的层间未熔合孔洞缺陷。当扫描间距较大时，相邻熔道之间的重叠减少，也容易产生未熔合型气孔。因此，未熔合孔洞缺陷主要分布于各扫描线及各沉积层之间。此外，随着后续沉积的进行，在已形成的未熔合孔洞处，由于熔道的表面质量较差，使得熔融金属的流动性降低，未熔合气孔开始逐渐向上扩展，在热循环的作用下形成尺寸较大的穿层缺陷，即诱发裂纹。对比其他类型的气孔，未熔合型气孔引起的熔道边缘应力集中更加明显，直接影响熔覆层间结合力，危害制件的疲劳性能，同时引起显著的各向异性。其他气孔在不同方向上的分布大致相似，通常不会影响材料组织的各向异性。

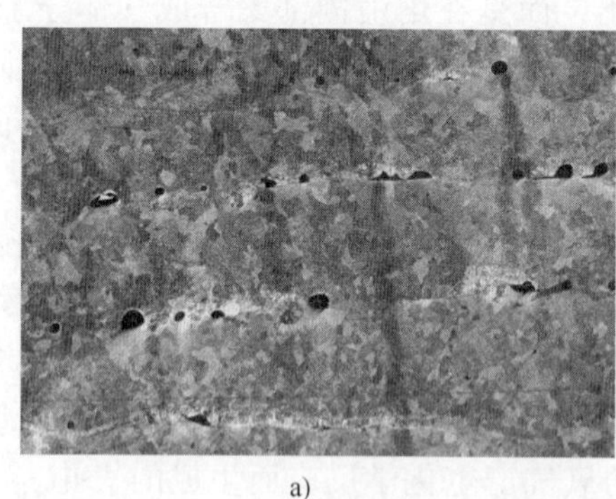

a)

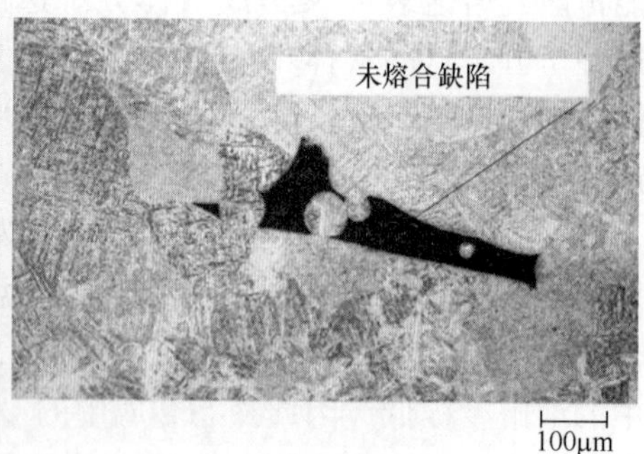

b)

图 3-46　激光熔覆沉积制件中的气孔缺陷

a）022Cr19Ni10 不锈钢制件中的卷入型气孔　b）TC4 钛合金制件中的未熔合气孔缺陷

2. 气孔的测量与评价标准

气孔的尺寸、数量和分布均匀程度等都是其在材料内部的特征表现。评价气孔缺陷通常用孔隙率（porosity）来衡量。孔隙率是单位体积材料内的孔隙体

积与材料在自然状态下总体积的百分比，一般用符号 P 表示，计算公式为

$$P=\frac{V_0-V}{V_0}\times 100\%=\left(1-\frac{\rho_0}{\rho}\right)\times 100\% \tag{3-9}$$

式中，V_0、V 分别是材料在自然状态下的体积和绝对密实体积；ρ_0、ρ 分别是材料的实际体积密度和密实密度。

增材制件的孔隙率测量通常采用排水法，基于阿基米德原理测量试件的实际体积。与孔隙率相对应的是密实度，密实度表示材料内被固体所填充的程度，反映了材料内部固体的含量。孔隙率越高，则密实度越小。此外，密实度还能反映粉末材料的振实情况。

3. 气孔的预防措施

预防和控制气孔产生的最直接有效的方法即为合理优化和控制增材制造过程中能量的输入密度，同时保证所用粉材的振实密度和洁净度，在粉材的保存和使用过程中保持干燥、无污染的环境。对于制件中已经形成的气孔，可以通过后处理工艺消除，如采用热等静压后处理，可以显著减少气孔的数量和大小，详细原理可参见本书 5.2.2 节。

3.5.2 裂纹

裂纹是增材制造过程中破坏性最大的一种缺陷，是制约金属零件增材制造技术应用和发展的首要难题。增材制件内形成的裂纹通常是在温度应力和其他致脆因素的共同作用下，熔覆层内的部分金属原子结合力遭到破坏，形成了新的界面而产生的缝隙。内应力是制造过程中裂纹萌生的主要原因，当内应力超过成形材料的强度极限时，沉积层或基材就会产生裂纹。由于金属零件增材制造过程中材料温度变化迅速，反复的快速熔凝过程使制件内部产生了较大的温度梯度，进而形成了热变形，但变形同时又受到周围材料约束，加上覆层材料与基材的热膨胀系数不同，造成熔覆层内各部位体积胀缩的不一致性，将不可避免地在熔覆层内产生内应力，通常表现为拉应力。当局部的拉应力超过材料的强度极限时就会引起裂纹的萌生，使制件中出现微裂纹。部分微裂纹在后续制造过程中会进一步扩展，形成宏观裂纹，宏观裂纹继续扩展到一定程度就会造成制件的整体开裂，如图 3-47 所示。增材制造的毛坯件经过表面加工处理后，裂纹的萌生点会转移到亚表面形成内部缺陷，而内部缺陷是高周疲劳的主要失效机制。在裂纹萌生阶段，材料内部的孔隙缺陷通常导致制件过早失效。

1. 裂纹的生成机理和分类

裂纹的产生是成形材料的物理特性和残余应力综合作用的结果。影响熔覆层内应力的因素很多，涉及成形材料特性、熔池的能量分布、工艺参数（成形能束功率、扫描速度和扫描间距）等，影响关系错综复杂，尚无确定的关系式

图 3-47 激光熔覆成形薄壁件的变形与开裂现象

或模型来量化描述其机理，裂纹的成因只能定性地归结为成形工艺参数设置不当及残余应力的影响。在增材制造过程中，高能束的能量输入非常集中，熔池及其附近区域被迅速加热熔化，该区域因受热而膨胀，同时受到周围温度较低区域的约束而产生压应力；同时，由于温度升高后金属材料的屈服强度下降，使受热区域的压应力值超过其屈服强度，从而转变成塑性压缩，冷却后就比周围区域相对缩短或变窄，同时还受到基体材料冷却收缩的约束，最终在熔覆层中形成明显的残余应力。当残余应力超过材料强度极限就会导致裂纹的产生。根据裂纹的尺寸，裂纹可大致分两类：一类为肉眼能见到的宏观裂纹，另一类为在光学显微镜下才能看到的微观裂纹；根据裂纹形成的原因和温度范围，裂纹可以分为热裂纹、冷裂纹和再热裂纹。

（1）热裂纹　热裂纹一般指在 $0.5T_m$（T_m为金属材料的熔点，单位为 K）温度以上形成的裂纹，在钢中通常指 A_3（实际加热时亚共析钢奥氏体化温度线）以上直至凝固温度的范围，属于高温裂纹。热裂纹的形态包括起源于熔覆层根部沿柱状晶界向焊缝扩展的裂纹、分布于搭接区的裂纹，以及沿晶界分布的横向裂纹和纵向裂纹。根据成因的不同，热裂纹可分为：

1）结晶裂纹。在液态金属熔池凝固结晶时（液相与固相并存的温度区间），由于结晶偏析和收缩应力应变等作用，沿一次结晶晶界形成的裂纹称为结晶裂纹。结晶裂纹通常发生在熔道的搭接缝中，有纵裂纹和横裂纹两种。结晶裂纹的纤维特征为沿晶开裂，属晶间裂纹。液相与固相间的温度区间越大，结晶偏析越大；冷却速度越快，越易产生结晶裂纹。

2）熔化裂纹。增材制造过程中的骤热骤冷会使母材与搭接区交接处发生局部熔化，并沿晶界扩展形成晶间熔化裂纹，而晶间存在的低熔点合金或夹杂物往往是裂纹的扩展源。熔化裂纹主要发生在热影响区，特别是在熔合线附近区域。熔化裂纹的特征是沿晶界扩展，具有曲折的轮廓。

3）高温低塑性裂纹。在增材制造高温合金和奥氏体不锈钢的过程中，由于金属在高温下的塑性丧失而导致的热裂纹，称为高温低塑性裂纹或高温失塑性裂纹。该裂纹一般发生在热影响区，特点是沿晶界有清晰而光滑的棱边，不像熔化裂纹那么曲折，并且裂纹方向任意，在裂纹附近常伴有再结晶现象。

（2）冷裂纹　因氢元素引起的或熔池冷却速度过快而产生的应力裂纹均称为冷裂纹或低温裂纹。冷裂纹通常在 Ar_3 温度（冷却时铁素体转变的开始温度）以下冷却过程中或冷却后产生，根据成因的不同，冷裂纹可分为：

1）氢致裂纹。氢致裂纹是最常见的冷裂纹，起因为基板或金属粉末中残存的水分经激光束高温作用而分解出氢并富集在熔覆层中，氢的存在会产生一定的内压并形成起泡（又称“白点”），受内应力或外力作用而扩展为冷裂纹。冷裂纹的形成温度通常在马氏体转变范围，即200~300℃以下。

2）层状裂纹。当熔覆基体较大时，约束应力大，残留应力高。在熔覆热影响区或靠近热影响区的部位，由于母材受到温度梯度方向的应力，在扫描方向产生具有层状和台阶状形态的裂纹称为层状裂纹。层状裂纹大部分呈穿晶分布，具有典型的冷裂纹特征。

（3）再热裂纹　对于激光熔覆后经过去应力退火，或者不经任何热处理但处于一定温度下服役的增材制件，在熔覆层的热影响区（粗晶区）产生沿原奥氏体晶界分布的纵向裂纹，称为再热裂纹或去应力退火裂纹。再热裂纹不发生在熔覆过程中，而是在熔覆层再次加热时产生的。

2. 裂纹的预防措施

裂纹的产生是由于成形工艺、组织因素、残余应力及显微偏析等因素综合作用的结果，其中成形过程中各种应力的影响作用最为显著。为了抑制裂纹的产生和增加韧性，主要的预防措施包括：

（1）后处理和成形工艺参数优化　通过增加预热、后热工序并优化成形工艺参数，改善熔池的流动和凝固状态是抑制裂纹生成的主要方法。尤其对于不锈钢和镍基高温合金等导热系数较低、热膨胀系数较高的金属材料，通过合理调控输入能量密度、降低扫描速度、优化扫描路径及施加基板预热等辅助手段，提高成形时的环境温度，降低凝固过程的冷却速度均可减小制件内的温度梯度，有效抑制裂纹的产生。例如，适当地提高激光功率，可扩大熔池尺寸并降低冷却速度，控制裂纹的生成。此外，熔池形状对其传热方式有很大影响，扁平状熔池比锁孔状熔池更容易产生裂纹。

（2）合理设计零件几何外形　通过和合理设计零件的几何外形，重新优化熔池的传热路线，在一定程度上也能减少内应力，控制裂纹的产生。

（3）改进材料成分及配比　在满足熔覆性能要求的基础上，通过合理设计成形材料的成分及配比，添加某些辅助元素（如稀土元素），能够缩小熔覆层和基材间热膨胀系数的差异，增加熔覆层的塑性和润湿性，从而降低裂纹的敏感性。

（4）添加过渡层　对于某些金属基复合材料或功能梯度材料，在其增材制造过程中可通过添加过渡层的方式抑制热应力的产生。例如，采用激光熔覆沉积工艺制备金属基陶瓷材料时，可在基体与涂层之间引入过渡层，使熔覆层内不同区域的膨胀系数实现梯度分布，以松弛熔覆层结合界面的热应力，抑制裂纹的产生。

3.5.3　氧化

1. 氧化的生成机理和分类

氧化是温度较高的金属材料与周围氧元素发生化学反应而形成的一种缺陷。金属零件增材制造过程极易发生氧化，造成氧化的原因主要包括：①金属粉末在高能束作用下温度急剧上升，使制件极易被氧化；②粉末中掺杂的氧气和氧化物在高温作用下也会导致熔池内的液态金属发生氧化，并增大了熔池表面的张力，加剧了球化效应。通常随着粉末中氧含量的增加，增材制件的相对密度、抗拉强度与表面精度会明显降低。当粉末中的氧含量超过 2%（体积分数）时，其性能急剧恶化。

2. 氧化的预防措施

为防止氧化问题的产生，大多数金属零件增材制造设备都需要配套的惰性气体保护系统，用于隔绝氧气；某些特殊工艺，如电子束选区熔化则需在真空环境中进行。真空环境虽然能预防氧化，但环境压力过低会导致粉末材料飞溅严重。因此，普遍采用氮气、氩气等保护气体形成封闭的气体腔室或气流保护成形材料和熔融区。

3.5.4　球化

球化现象（balling effect）可以归结为液态金属与固态表面的润湿问题。在金属零件增材制造过程中，熔池中的液态金属在表面张力作用下有收缩趋势，当熔体表面张力快速增高、失稳爆裂为若干个体积较小的熔体并达到新的热平衡时，金属粉末熔化后如果不能均匀地铺展于前一层，体积较小的熔体凝固后形成球形颗粒并附着在制件表面，形成大量彼此隔离的金属球，即球化现象。球化现象普遍存在于激光选区熔化工艺中，是金属基粉末床制造过程特有的冶金缺陷，如图 3-48 所示。球化缺陷的产生主要取决于高能束的能量密度，能量过低时，金属粉末未能完全熔化会产生球化；能量过高时，液态金属飞溅到未熔化的金属粉末层上也会形成球化。

从形状与尺寸上，球化缺陷主要分为两类：①椭球形缺陷，具有非平整凝

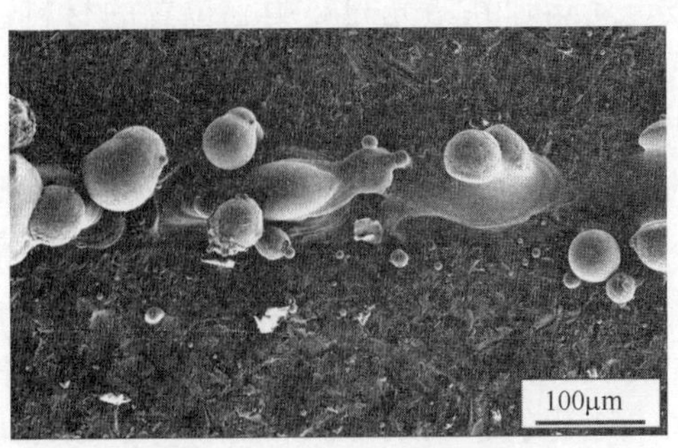

图 3-48　激光选区熔化成形过程中的球化现象

固结块特征，尺寸较大，平均直径约为 500μm；②球形缺陷，其球形度较高，具有较小的尺寸，平均直径约为 10μm。

影响的球化因素主要包括：

1）粉体性质。例如气雾化粉末成形表面较为平坦，无球化产生，而水雾化粉末成形表面表现出较差的润湿性能，出现严重的球化。

2）氧含量。粉末材料和成形气氛的氧含量对球化也会产生很大的影响。因为在熔池的形成与发展过程中，表面自由能始终向最低的方向发展。随着氧含量的增大，氧极易与金属熔池发生反应并生成氧化膜，其表面自由能比液相金属与气相的界面自由能小很多，使得液相金属很难润湿金属氧化物，不利于液态熔池的润湿与铺展，而球形的表面自由能最低，导致球化效应的产生。

3）成形温度。液态金属的温度决定了其黏度，黏度越好则熔池流性越好，进而影响其流动、铺展和润湿性。

球化问题严重影响了增材制件的表面粗糙度，其危害主要表现为：①由于球化后，金属球之间都是彼此隔离的，隔离的金属球之间存在孔隙，导致制件内部容易形成气孔和裂纹，影响制件的力学性能；②球化后的表面非常粗糙，影响制件几何精度的同时也将影响下一层材料的沉积，极易造成制件内部材料不连续；③球化会使铺粉辊在铺粉过程中与前一层产生较大的摩擦力，严重时还会阻碍铺粉辊，使其无法运动，最终导致后续成形失败。

3.5.5　飞溅

飞溅主要产生于激光增材制造工艺中，是在激光束与粉末颗粒的作用过程中形成的一种常见缺陷。如图 3-49 所示，金属粉末在激光的辐射作用下经历液化、汽化，形成微熔池，微熔池系统中的熔体在反冲压力和马兰戈尼（marangoni）效应下存在逃逸行为，熔池周边的粉末在微熔池系统金属蒸气的夹带作用下形成固液熔融态的过程称为飞溅。有也学者将飞溅过程解释为：聚焦的高能激光束会导致金属熔池在激光光斑中心位置的材料达到汽化点，反冲气压会在熔池上方形成，导致部分熔池材料被驱逐移开，同时由于马兰戈尼对流对溶体的加速，造成熔池液体在垂直方向产生流动。喷射的金属很快冷却和固化，形成不同直径的颗粒，这些与粉末床分离的颗粒称为飞溅粉末。飞溅是复杂的动态过程，其本质是熔体的移动，在激光与材料的相互作用过程中起粉末剥夺的效果。由金属蒸汽和伯努利效应驱动气体流动之间的相互作用所诱导，在金属蒸汽驱动下，使粉末粒子飞溅。粉末飞溅和熔池飞溅是两个常见的缺陷，这两类飞溅均沉积在未熔化的粉末或凝固层上。对于激光熔覆沉积工艺，产生飞溅的主要过程为：粉末飞溅→粉末飞溅/聚集+熔滴飞溅→熔滴飞溅。金属粉末的种类、粉末颗粒的大小和均匀性、粉末层厚度、激光束参数、扫描速度和环境气氛都是影响飞溅产生的因素。

飞溅的产生会恶化增材制件的性能，具体表现为：①飞溅带走了成形区域的未成形粉末材料，造成材料的损失，并使已成形表面变得粗糙；②飞溅产生的粉末颗粒会影响粉末床上粉末铺展过程的稳定性，同时容易引发夹杂、孔隙等内部缺陷，降低制件的抗拉强度和疲劳性能；③飞溅的粉末颗粒在运动过程中，其化学成分容易发生变化，增加了材料组织的不确定性。

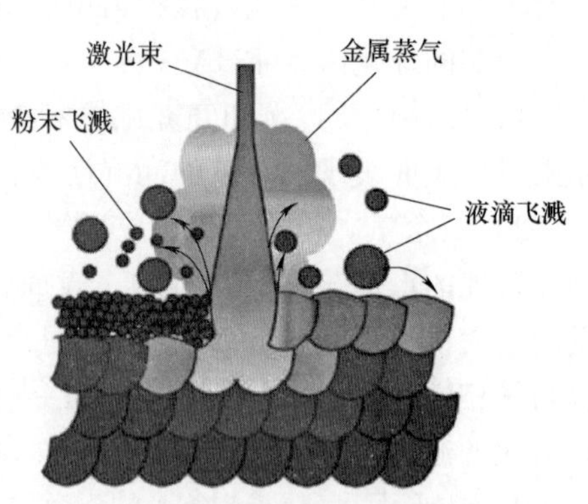

图 3-49　激光选区熔化成形中的飞溅

根据飞溅物的形态与来源，飞溅物可分为三种：①来源于原始粉末的飞溅物；②熔池中的金属粉末在金属蒸汽作用下形成的飞溅物；③熔体逃离熔池形成的飞溅物。只要激光功率达到一定阈值，能够产生足够的金属蒸汽或环境气体扰动，就可使原始金属粉末产生飞射现象，从而产生飞溅物。熔池中的熔体在经历凸起、颈缩过程后逃离熔池成为飞溅物。为了预防和控制飞溅物对粉末床的污染，通常可采用高速的保护气流吹除飞溅物，但需要合理控制保护气流的流速，防止破坏粉末层表面的平整度。

3.5.6　粉末黏附

粉末黏附指金属粉末在热影响区内熔化不充分，导致粉末黏附在熔覆层的表面。经过多层成形后，未完全熔化的粉末颗粒会不断地聚集黏结，导致制件的表面较为粗糙，表面粗糙度一般等同于单个粉末颗粒的直径值。例如，激光选区熔化成形的毛坯件表面粗糙度在后处理之前为 4~64μm。

3.5.7　几何变形

在金属零件增材制造过程中，由于制件的几何特征、热积累、应力集中等原因均会形成不同程度的几何缺陷，引起宏观上的几何变形，造成尺寸误差，严重的还会导致结构不完整，影响制件的装配和使用性能。几何变形往往是由材料属性、多种增材制造工艺参数和成形环境共同作用的结果，作用机制较为复杂，难以进行量化表征，需要大量的工艺试验反复验证来确定最优工艺参数组合。

第 4 章 增材制造的前处理

增材制造前处理的基本流程主要包括建模、切片、扫描路径规划等步骤（见图 4-1）。基于增材制造的离散和叠加的核心思想，离散过程是将待成形产品的三维数字化模型进行分层切片，再对得到的片层信息进行数据处理，其中涉及的数据信息不仅包含增材制造的相关工艺参数，也包含片层轮廓内部进行扫描填充和运动路径规划等数据；叠加后形成增材制造设备可读取的标准化文件，一般为 Gcode 格式文件，标准化文件被发送到增材制造设备并执行相关准备工作。当接收到制造指令后开始逐层累积成形，最终得到三维实体。本章内容包括：①增材制造产品的建模方法；②增材制造模型的标准化；③增材制造模型的切片原理及方法；④增材制造模型的扫描原理及方法。

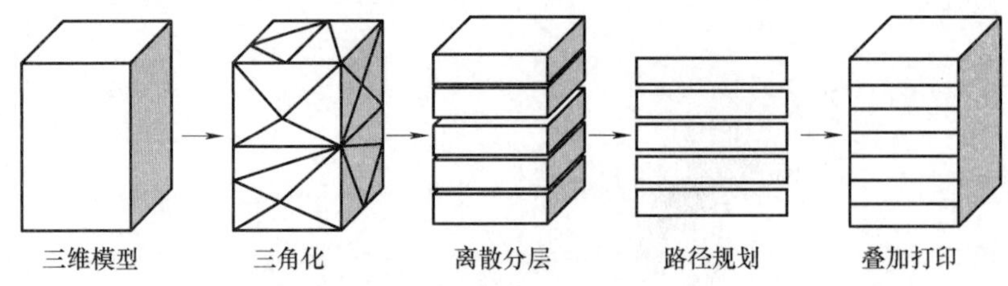

图 4-1　增材制造前处理的基本流程

4.1　增材制造产品的建模方法

增材制造过程以三维 CAD 模型为基础，根据三维模型确定产品最终的结构、材料和性能。因此，建立产品的三维模型是增材制造前处理中的第一步，也是后续所有工作的基础。通过建立更为丰富的实体模型，探索更为广阔的设计空间，充分发挥增材制造的技术优势。

根据增材制造产品特征的不同，建模的种类包括：

1）产品结构建模。增材制造的灵活性赋予了产品形貌/轮廓和结构设计的更高自由度，因此可以基于产品的形状和结构特征建立基础数字模型。

2）产品材料建模。增材制造技术既可以制造单一材料的产品，又能够实现异质材料零件的一体化制造，因此可以在产品结构模型的基础上添加材料属性特征，构成产品的材料模型。

3）产品多尺度建模。增材制造的“点-线-面”成形过程允许建模过程中跨越多个尺度（从微观结构到宏观结构）设计并制造具有复杂形状的特征。增材制造建模的新特性增加了零件设计（结构和材料）、成形工艺规划和控制，以及后处理的难度。传统的产品模型设计方法因其自身的局限性，只能利用数字化方法来描述零件的表面信息，难以描述产品内部的结构、组织和材料信息，设计过程也未根据零件的特征考虑成形工艺和后处理所带来的影响，极大地限制了增材制造前处理技术的发展。在此背景下，面向增材制造（design for additive manufacturing，DfAM）的设计技术被提出并快速发展，该技术旨在根据增材制造的流程特性，通过综合考虑目标产品的形状、尺寸、层次结构及材料组成等属性，并结合对应的增材制造工艺特点作为约束条件，系统地设计产品的数字模型，实现产品性能的最优化和生命周期内的其他特定目标。

根据产品模型信息来源的不同，面向增材制造的三维模型构建方法（见图 4-2）主要包括：①应用计算机三维设计软件（如 AutoCAD、Creo、NX、CATIA 等），根据产品的要求直接设计其三维模型；②应用计算机三维设计软件，将已有产品的二维图样转换为三维模型；③采用逆向工程技术复制已有产品模型，应用空间形貌测量设备（如 CT 断层扫描）得到产品的点云数据，再利用反求工程的方法来重构三维模型；④基于智能制造技术，利用云制造环境下的网络平台进行离散分布式制造，将数据库中的三维模型进行修改或直接传输到增材制造工作站。前两种方法属于正向建模过程，后两种属于逆向建模。本节将从产品的几何特征、材料特征、多尺度特征和逆向建模四个维度阐述面向增材制造前处理的产品建模方法。

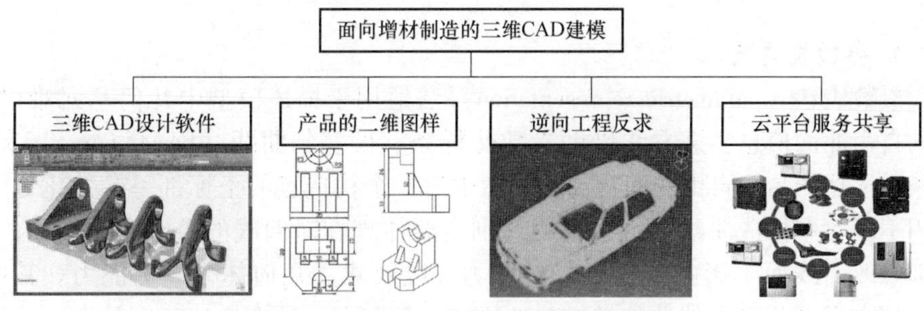

图 4-2　面向增材制造的三维模型构建方法

4.1.1　几何特征建模

三维建模可分为实体建模与曲面建模两大类。实体建模主要面向工业设计和制造领域，一般用来设计规则的几何形状，不擅长构建结构不规则的复杂形体，难以满足增材制造形状复杂性的需求；曲面建模能创建复杂、精细的不规则形状，但其只考虑形状的表面而忽略了内部结构特征，因此曲面建模技术主要面向影视动漫、游戏娱乐等领域，难以为增材制造提供完整的产品模型。因此，需要结合两种建模方法的优势建立能准确表达面向增材产品特征的完整模型。随着计算机辅助设计技术的发展，三维模型几何特征的表达方法主要包括：

1. 构造实体几何法

构造实体几何（constructive solid geometry，CSG）法对物体模型的描述与该物体的生成顺序密切相关，即产品模型存储的主要是物体的生成过程信息。该方法的建模过程简洁，模型生成速度快，数据处理方便，无冗余信息，并能够详细地记录构成实体的原始特征参数，甚至在必要时可修改体素参数或附加体素进行重新拼合。构造实体几何法的缺点是由于模型信息简单，这种数据结构无法存储物体最终的详细信息，如边界、顶点信息等。

2. 边界表达法

边界表达（boundary representation，B-Rep）法的建模基本思想是：实体可以通过面的集合来表征，每一个面又可以用边来描述，边再通过点来表达，点最终由三个坐标值来定义。边界表示法强调实体外表面轮廓的细节，详细记录了构成物体的所有几何信息和拓扑信息，将面、边、点的信息分层记录，并建立层与层之间的联系。该方法的优点是有较多的关于面、边、点及其相互关系的信息，有利于生成和绘制实体的线框图、投影图，有利于同二维绘图软件及曲面建模软件相关联。边界表达法的缺点是它的核心信息是面，因此对集合物体的整体描述能力相对较差，无法提供关于实体生成过程的信息，也无法记录组成几何体的基本体素的原始数据，同时描述物体所需信息量较多，表达形式不唯一。

3. 参数表达法

参数表达（parametric representation）法适用于描述模型中几何基元难以表达的自由曲面信息。该方法借助参数化样条、贝塞尔曲线（bezier curve）和 B 样条来描述产品的自由曲面特征，模型中每一个构造点的坐标都呈参数化形式。采用不同类型构造曲线进行建模的差别主要体现在对曲线的控制水平不同，即局部修改曲线而不影响临近部分的能力，以及建立几何体模型的能力。其中，非均匀有理 B 样条曲线法能够准确地描述几何基元，适合表达复杂的自由曲面，并允许局部修改曲率。

4. 单元表达法

单元表达（cell representation）法也称分割法，是通过一系列空间单元构成的图形来表示物体的一种方法。这些单元是具有一定尺寸的平面或立方体，在计算机中主要通过定义各单元的位置是否被实体占有来表示物体。单元表示法要求有大量的存储空间，但算法比较简单，可作为产品物理特性计算和有限元分析中网格划分的基础。单元表达法的最大优点是便于对模型做出局部修改并进行几何运算，适合描述具有复杂内孔或凹凸结构的表面不规则实体；缺点是不能表达一个物体两部分之间的关系，也没有点、线、面的概念。模型文件输出格式有多种，常见的有 IPGL、HPGL、STEP、DXF 和 STL 等。

4.1.2　材料特征建模

材料特征建模用于定义产品模型特定几何区域内的材料分布。以图形学为基础的传统 CAD 模型能为单个实体添加一种材料属性，但难以在同一个实体中描述三维模型的多材料属性。由于增材制造技术适合成形具有异质材料特征的复杂功能零件，因此对材料特征建模方法提出了更高的要求。异质材料零件建模包括几何建模和材料建模两个过程，几何建模关注零件的几何表达，材料建模则旨在定义几何区域内的材料分布。针对异质材料的特征建模方法主要包括：

1. 估值建模法

估值建模通过密集的空间分解表示异质材料的分布，得到的结果往往是近似而不精确的。估值建模法可分为基于体素的异质材料建模和基于体网格的异质材料建模两类。

（1）基于体素的异质材料建模　基于体素的异质材料建模首先将实体划分成空间中的若干个体素（通常是等边的立方体），体素的几何信息由笛卡儿坐标系中的点坐标来表示，体素的坐标基准点也就是体素的体心，体素不局限于均匀体素，材料信息则由组成实体的各种材料的相对体积分数来表示。由于计算机强大的细分能力，体素尺寸可以相对很小，因此能够较为精确地表达材料任意分布的实体模型信息，其描述能力已受到广泛的认可，如采用 Bernstein 多项式和三线性方程来估值表示异质实体内部的多材料分布。

基于体素的异质材料建模方法的缺陷包括：

1）模型的准确性与体素的分辨率直接相关。为了得到准确的异质材料模型，通常需要巨大的存储空间，同时也给实体可视化表达带来不利的影响。

2）体素模型的几何精度和材料精度偏低，几何精度受阶梯效应的影响明显；材料精度与理想的材料成分也存在较大的差异。

3）体素模型的维护存在一定局限性，如对材料空间的均匀或非均匀缩放较为困难。

（2）基于体网格的异质材料建模　基于体网格的异质材料建模一般先将实体划分为一系列由顶点表达的多面体单元网格（如四面体、六面体等），并将几何信息和材料信息存储在网格节点中。与体素模型不同的是，基于体网格的模型不要求明确储存每个体素的几何和材料信息，而是通过插值形函数（通常具有连续性）获得网格内任意点的模型信息。网格节点既可以是多面体单元的顶点，也可以是单元边上的点；信息既可以同时存储在同一个节点上，也可以由成对的节点分别存储。此外，还可以从不同组成材料的隐式表示模型中直接提取表面网格，将隐式表示的异质材料模型转换为表面模型分离的均质材料区域。相对于体素模型，体网格模型的表示方式能够使数据结构更为紧凑，在一定程度上降低了信息储存量，模型的轻量化程度更高。

2. 非估值建模法

与依赖密集空间细分的估值模型不同，非估值模型利用精确的几何数据和严格的函数表达式来表达材料的分布，一般与分辨率无关，理论上可以满足任意精度信息检索的需求。给定一个采样分辨率，非估值模型就能转换为估值模型，但由估值模型转换为非估值模型则往往非常困难。非估值模型更加简洁紧凑，在数学层面上也更加严格。非估值模型又分为基于控制特征的模型、基于控制顶点的模型、显式函数模型和隐式函数模型。

（1）基于控制特征的模型　基于控制特征的异质材料建模用梯度源的概念来表示实体中的材料分布。梯度源就是梯度发生的几何位置，一般用点、线或面来表示。根据实体中的点到这些参考特征的最小欧式距离，用设定的材料分布函数确定异质实体的材料分布。基于控制特征的表达方法较为简单，使用者可以直观地对实体特征进行材料分配，再应用不同的材料混合特征定义异质材料的分布。

（2）基于控制顶点的模型　基于控制特征的模型并不要求所有的特征尺寸均匀一致。当所有特征尺寸一致时，则形成了一种特殊情况，即基于控制顶点的模型。基于控制顶点的模型是参数线、面、体在每个控制点中附加材料信息的直接扩展，可以通过给定的参数坐标迅速查询到该点的材料组成。基于控制顶点的模型还能有效表述更为复杂的材料分布特征，实体局部的几何和材料定义都可以直接修改。该模型的缺点是过于依赖于空间参数化。

（3）显式函数模型　显式函数模型表达直观、易于理解，而且由于计算机能够快速处理解析函数的计算，因此对材料的高效查询是显式函数模型的突出优势。线性函数、指数函数、抛物线函数及幂函数均被广泛用于异质材料建模。

（4）隐式函数模型　上述非估值建模方法创建的几何形状主要通过边界表达（B-Rep）法表示，而材料分布建模则遵从于显式函数或过程函数。与这些模型不同的是，基于隐函数的模型使用功能表达（F-Rep）法来建立点集几何形状和材料分布的共同模型。功能表达法提供了一个严格的框架来指定、编辑和分析点集及其材料组成，结构简洁紧凑。功能表达法与传统的体素构造表示（CSG）法类似，还支持从简单初始形状逐步类推建立复杂零件模型。隐式函数模型同样具有高效性，通过查找表或显式函数进行评估就能快速得到某一位置的材料成分。

3. 复合建模法

复合建模法是将几种不同的建模方法集成应用在一个实体的建模过程，一般采用装配建模法。对于复杂实体，装配建模法首先将预先建立的模型按照所需的材料特征进行空间分区，针对每个分区分别设计其材料分布模式，然后将不同分区装配到一起。例如，可采用有效空间分区方法赋予不同的材料属性，不同分区之间的接合由异质布尔集算子（包括材料的合并、相交、求差、分割等功能）来实现。为使装配界面处的材料分布过渡光滑，一般采用混合函数或局部控制函数的方式来对材料分布的衔接部分进行单独建模。

4.1.3 多尺度建模

随着增材制造技术精度的日益提高，纳米/微观结构及介观结构的制备变得更为简单、便捷。因此，对结构建模的需求已经从普通异质材料的模型表征升级为具有多尺度性的复杂模型表征。工程中的许多问题都具有多尺度性，增材制造允许跨越从微观结构到零件级宏观结构的多个尺度进行设计与制造。在一些多尺度性并不十分重要的问题中，可以通过建立精度满足要求的等效模型来替代微观上的影响，但在复杂模型系统中，由于等效模型的局限性，得到的模型精度难以满足要求。因此，将高精度的微观模型与简单有效的宏观模型相结合后，便形成了多尺度模型的概念。其基本思想是，在某一尺度上的特征一定附加有更小的特征，而这些更小的特征还可以由更小的分化特征构成。在实际应用中，多尺度模型往往与功能梯度材料等异质材料的建模或有限元分析结合在一起。根据应用对象的尺度差异，可将多尺度建模方法分为宏观结构建模、介观结构建模、微观结构建模与表面纹理建模。其中，宏观结构一般指人类可用肉眼观察到的组织结构特征，结构体分辨率约为 200μm 以上。由于实际应用中的增材建模对象大多为宏观结构，建模过程易于理解，此处不再赘述。

1. 介观结构建模

介观结构又称细观结构、亚微观结构，结构体分辨率介于微观结构和宏观结构之间。绝大多数工程设计问题都要求设计者在确保结构符合物理、力学等性能要求的前提下尽量减轻结构的重量，而介观结构材料大多具有较好的隔热性、隔声性与能量吸收特性，在提高材料性能的同时能降低材料的相对密度，有助于实现产品的轻量化。增材制造复杂结构的独特优势为介观结构提供了一种有效、便捷的制造方式，如多孔材料是一类典型的介观结构材料，常见的泡沫材料、蜂窝材料、点阵材料等都属于适合增材制造的介观结构。

2. 微观结构建模

微观结构（又称微结构）指必须借助于光学显微镜或电子显微镜才能观察到的微细结构，如晶格结构。自然界中存在很多利用微观结构实现优良性能的范例，如植物枝干、动物骨骼等，因此纳米/微观结构的设计建模往往与结构仿生设计相结合。增材制造技术能够成形具有细微结构的复杂零件，如图 4-3 所示的螺旋弹簧微结构特征尺寸小于 10μm，因此在微结构的设计阶段需要一种有效的微观结构建模方法，能够准确地表征微观结构的几何和物理属性。现有微观结构建模方法的基本原理是：首先创建微观结构的几何模型，如分子或原子阵列结构的空间尺寸和形貌，然后给几何模型赋予材料属性。也有基于扫描电子显微镜拍摄的微观结构图像逆向生成微观结构模型的方法，它利用数字图像技术将二维图转化为矢量图及三维体结构，以实现真实微观结构的数字映射。

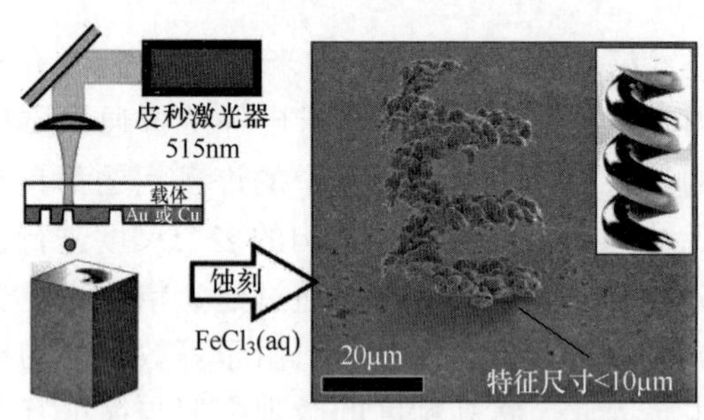

图 4-3　微增材制造的螺旋弹簧微结构

3. 表面纹理建模

表面纹理建模可被视为微观结构建模的一种特殊情况。采用不同的表面纹理进行增材制造可以任意改变材料表面属性，使其光滑、有纹理或粗糙。具有特定表面纹理的结构可以显著提高材料的某些性能。

4.1.4　逆向建模

逆向建模是根据已有产品原型复制或改进目标产品模型的设计方法，能通过对已有产品进行剖析、理解和改进实现再设计。复制原型采用的三维几何测量方法可分为接触式测量和非接触式测量两大类。

1. 接触式测量

接触式测量中应用最广泛的是三坐标测量机，通过监测测头与实物的接触情况获取坐标数据。测量时，通过探测传感器（探头）与测量空间轴线运动的配合，对被测几何元素进行离散的空间点位置的获取，经数学计算后完成对所测得点群的拟合分析，最终还原出被测的几何元素，并计算其与理论值（名义值）之间的偏差。接触式测量简单方便，对被测原型的材质和颜色无特殊要求，但测量速度相对较慢，测量数据密度低，还需对测头损伤及测头半径进行三维补偿，才能得到真实的实物表面数据，并且难以测量软材料或超薄物体。

2. 非接触式测量

非接触式测量速度快，不需要补偿测头的半径，还能测量柔软、易碎、不可接触的薄壁件、毛皮等工件，不会损伤工件表面的精度，但测量精度低于接触式测量方法，也无法测量特定的几何特征，如陡峭的面，工件表面质量对测量精度影响也较大。常用的非接触式测量方法主要包括：

（1）结构光测量　将一定模式的光（如光栅等）照射到被测物体的表面，然后由摄像头拍摄反射光的图像，通过“光-像”平面的对应关系来获取物体表面上点的实际位置。

（2）双目立体视觉法测量　利用两台相对固定的摄像机或数码相机，从不同角度同时获取同一景物的两幅图像，通过计算空间点在两幅图像中的像差来获得其三维坐标值。

（3）立体视觉测量　常用的立体视觉测量扫描机有激光扫描仪、工业 CT 断层扫描仪和磁共振成像仪等。工业 CT 断层扫描是测量三维内轮廓曲面的方法之一，该方法利用一定波长、强度的射线从不同方向照射被测物体，根据光/电转换所采集射线的强弱，用图像处理技术获得被测物体表面的形状。详细的技术原理可参见本书 5.4.5 节“计算机断层成像检测”。

（4）激光三角法测量　激光三角法将具有规则几何形状的激光投影到被测量表面上，形成的漫反射光点或光带的像被图像传感器吸收，根据光点或光带在物体上成像的偏移，通过被测物体参考平面、像点、像距等之间的关系，按三角几何原理即可测量出被测物体的空间坐标。根据入射光的不同，激光三角法测量可以分为点光源测量、线光源测量和面光源测量。

（5）层析法　层析法是一种有损测量方法，该方法是将被测物体装夹在工作台上，通过数控系统控制铣刀逐层地切削出被测物体的截面，再利用 CCD 相机摄像获得每一个截面的轮廓图像。通过一系列的图像处理技术，得到每一层的数据。

4.2　增材制造模型的标准化

增材制造普遍采用的三维模型标准化格式文件为 STL（stereolithography）。STL 文件格式是由美国 3D Systems 面向 SLA 快速成形服务而制定的三维图形文件格式和标准接口协议，已应用于增材制造、计算机动画、计算机辅助制造、虚拟现实等诸多技术中。STL 模型利用三角网格来表现三维模型，将三维实体模型经过三角化处理得到二维数据模型文件，该文件由若干个离散的三角形面片拼接组成。这些三角面片是无序排列的，每个三角形面片的定义包括三角形各个顶点的三维坐标、三角形面片的法向量。因此，STL 模型是以三角形集合来表示物体外轮廓形状的几何模型。同其他三维模型格式相比，STL 文件格式最简单，所用存储空间最小，是各类增材设计、前处理软件系统及增材设备所支持的、应用最广泛的标准文件格式类型。

4.2.1 STL 模型的特点

1）STL 模型的数据结构非常简单。STL 模型文件中的每个三角面片都是通过三角面片的三个顶点坐标及三角面片相对应的外法向量这四个数据所构成（见图 4-4），进而构成整个集合。STL 模型仅能描述三维物体的几何轮廓信息，不包含模型的材质、贴图、颜色等其他常见属性。

2）三角剖分后的 STL 模型呈多面体状，三角剖分的参数选用是否合理直接影响三维模型表面精度的优劣。网格划分越粗大，STL 模型表面越粗糙。三角剖分的参数主要包括弦高（chord height）、尺寸偏差（deviation）、角度公差（angle tolerance）等。以 CATIA V5 三维建模软件中几何图形的公差设定为例（见图 4-5），对于表面精度要求不高的三维模型，其几何图形公差通常设为 0.1mm，可有效提高模型处理和显示效率；对表面精度要求较高的模型，其几何图形公差一般设定为 0.01～0.02mm，能够满足大多数增材制件的表面精度要求。

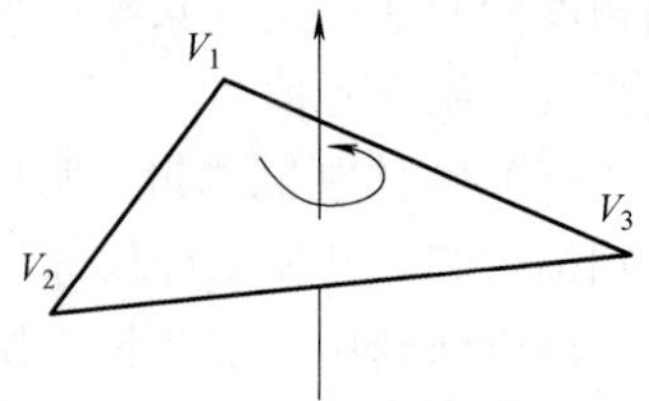

图 4-4 三角面片的参数表达

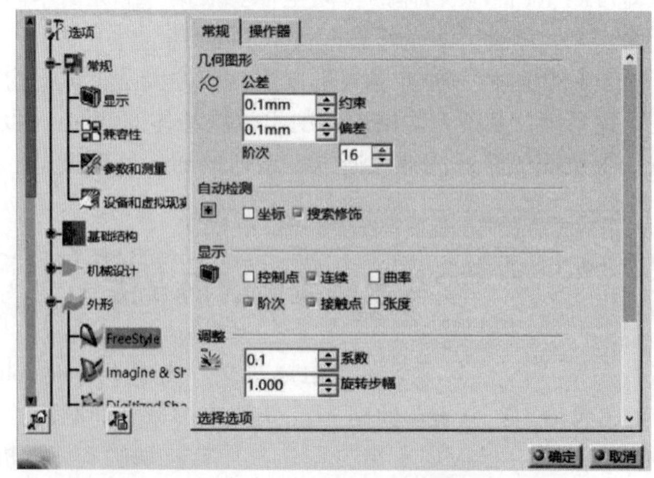

图 4-5 CATIA V5 建模软件中几何图形的公差设定

4.2.2　STL 模型的文件规则

为了确保 STL 文件格式可以正确有效地描述模型的原始轮廓信息，STL 模型必须遵循以下规则。

1）面规则：每个三角面片有且仅有三个与之相邻的三角面片。

2）共顶点规则：每个相邻的三角面片有且只能共用两个顶点，即一个三角面片的顶点不能落在相邻的任何三角面片的边上。

3）共边准则：每一条边都被相邻两个三角面片共享。

4）取向规则/右手规则：单个面片法向量符合右手法则且其法向量必须指向实体外面，即用平面小三角形中的顶点排序来确定其所表达的表面是内表面还是外表面，逆时针的顶点排序表示该表面为外表面，顺时针的顶点排序表示该表面为内表面。

5）取值规则：三角面片必须布满三维模型的所有表面，不得有任何遗漏。每个三角面片的顶点坐标值必须是正数，三角面片的个数、边数、顶点数均须满足多面体欧拉公式，即 $V+F-E=2$（V、F、E 分别代表三角面片的顶点、面、边的数量），三者之间满足以下关系（均为约等）：①三角面片个数与顶点数满足 $F=2V$；②边数与顶点数满足 $E=3V$。

6）合法实体规则：每个顶点的坐标值必须为非负，即 STL 文件的实体应该在坐标系的第一象限。STL 文件格式不得违反合法实体规则（又称充满法则），即在三维模型的所有表面上必须布满小三角形平面。

4.2.3　STL 模型的缺陷和处理方法

由于 CAD 软件和 STL 文件格式本身的问题，以及模型转换过程造成的错误，所产生的 STL 格式文件难免存在一些缺陷，其中最常见的有以下几种：

1）缝隙，即三角形面片的丢失。对于模型中的大曲率曲面相交部分，进行三角化处理时容易产生缝隙错误，即在显示的 STL 格式模型上，存在错误的裂缝或孔洞，缝隙中未填充三角形，因此违反了充满规则。常用的处理方法是在这些裂缝或孔沿处直接增补若干个小三角形面片，将缝隙补全。

2）畸变，即三角形面片的所有边都共线。这种缺陷通常发生在从三维实体到 STL 文件的转换算法上。当相邻结构的相交线处向不同实体生成三角形面片时，就容易导致相交线处的三角形面片产生畸变。

3）重叠。三角面片的重叠主要是由于在三角化面片时数值的圆整误差所产生的。由于三角形的顶点在三维空间中是以浮点数表示的，而不是整数。如果圆整误差范围较大，就会导致三角面片的重叠。

4）歧义，即拓扑关系具有歧义性。按照共顶点规则，在任一条边上仅存在两个三角形共边。若存在两个以上的三角形共用此边，就产生了歧义的拓扑关系。

上述STL模型的缺陷问题一般发生在特殊区域（如具有尖角的平面、不同实体的相交部分）的三角面片化处理和生成STL文件时控制参数的误差阶段。存在缺陷的STL模型文件在前处理和增材制造过程中会引发多种问题，如模型的几何失真、存在空洞及表面信息不完整等，严重时会导致无法完成分层切片和系统死机问题，因此在成形前需要检查STL模型文件数据的有效性并修复有缺陷的区域。美国3D Systems公司和国内AFS公司均有修改STL文件的专业软件。传统的解决方法通过开发STL纠错程序，排除错误后生成新的STL文件，再进行切片。但由于三维模型信息的复杂性，多数算法并不能将STL文件所描述的三维拓扑信息还原出一个整体、全局意义上的实体信息模型，无法像人一样对三维实体有一个空间上的认识，因而只能纠正简单错误，如标识出错误点的位置，针对复杂错误无法完成自动修复，而人工完成修错的过程烦琐而耗时。为了提高修复效率，可采用具有容错和修复功能的分层算法，直接对有问题的STL文件进行切片；然后搜寻二维截面轮廓上的错误信息，并相应地去除多余的轮廓线段，或者在轮廓断点处进行插补等。但由于轮廓上错误的千变万化，难以准确地修正所有类型的错误。为了消除由原始数据模型转换为STL格式过程中出现的各种误差，后期开发出了SLC文件格式；为了更快速精准地表达多边形模型，开发出了OBJ格式；为了克服STL格式准确性低、缺少过程信息、文件大和读取速度慢等缺点，同时记录颜色信息、材料信息和零件内部结构，开发出了AMF格式；在STL和AMF格式的基础上又发展出了3MF格式，能更完整地描述模型的几何信息，还可以保留零件的内部信息、颜色、材质和纹理等信息。

4.3　增材制造模型的切片原理及方法

根据增材制造“离散-叠加”的基本原理，增材制造模型的分层切片处理是前处理中的核心步骤，切片的优劣直接影响成形精度与效率。分层切片的实质是采用片体结构无限地逼近模拟三维模型，如果切片厚度或切片方向等与切片过程相关的参数选取不当，则会使逼近结果产生一定的尺寸误差，典型的缺陷就是“阶梯效应”误差（见图4-6）。

4.3.1　增材制造模型的切片原理

模型的分层切片一般是通过判断某一高度方向上的切片平面与三维模型三角面片间的位置关系，相交并求出交线段，将所有交线段有序地连接起来即获得该分层的切片轮廓。切片的本质是将产品模型在 Z 轴方向按照一定厚度进行迭代剖分，得到横截面的轮廓数据。支持增材制造切片处理的三维数据模型主要分为离散型数据模型和非离散型数据模型两大类。离散型数据模型主要以 STL 文件格式为主；非离散型数据模型则是直接对参数化的数据模型进行切片，它源于 CAD 建模数据的通用格式，通过切片算法使用计算机中存储的数字模型直接将 CAD 模型数据转换成增材制造设备可以识别的 G 代码。

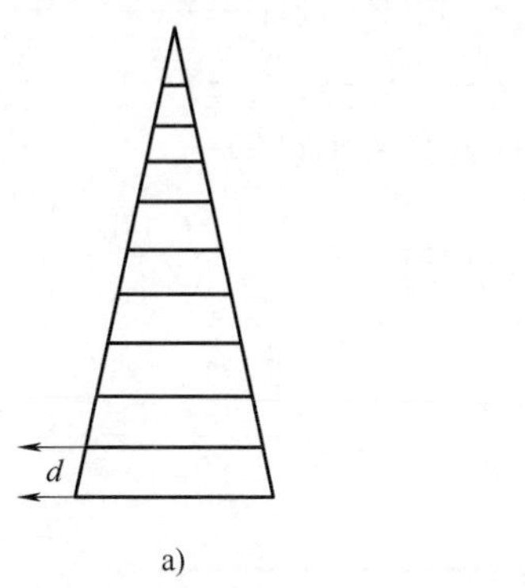

a)

b)

图 4-6　切片产生误差的原理

a）遗失细小特征　b）阶梯效应

在切片过程中，切片层厚越小，制件的表面精度越高，但切片处理时间较长，成形中的扫描次数也会骤增，但增加切片层厚后的成形表面粗糙，精度降低。因此，模型切片的核心诉求是在满足产品目标精度要求的前提下尽量提高成形速度。按照切片的厚度是否变化，可将切片方法分为等层厚切片、自适应层厚切片两类。等层厚切片包括对三角面片与切片平面位置关系的处理，以及截面轮廓交点的有序化处理；自适应层厚切片能在成形精度与效率之间取得协调，根据产品模型的结构特征自适应地调整切片层厚。

4.3.2　增材制造模型的切片算法

1. 三维模型体积的计算

影响增材制造精度的最大因素为阶梯效应，阶梯效应的产生使增材制造过程中出现增料或减料的情况，因此可将材料的增减量作为判断理论制造精度的标准之一，计算并比较 STL 模型的体积与分层后的体积差。体积差越大，成形精度越低。

（1）STL 模型体积的计算　以正方体 STL 模型体积的计算过程为例，正方体表面的 STL 格式转换中分为 12 个三角形（见图 4-7），计算正方体的体积需要将正方体三维模型分成对应三角面片数的四面体，即将正方体分解为 12 个四面

体。分解原理为：在正方体模型内任意找一个点，作为将 STL 模型分为四面体所对应三角面片的顶点；假设顶点的坐标是 $O(x, y, z)$，并设其中一个三角面片的三个顶点坐标为 $A(x_1, y_1, z_1)$、$B(x_2, y_2, z_2)$、$C(x_3, y_3, z_3)$，以上四个变量已知；设顶点坐标为原点，向量 $\boldsymbol{OA}$、$\boldsymbol{OB}$、$\boldsymbol{OC}$ 分别用 $\boldsymbol{a}$、$\boldsymbol{b}$、$\boldsymbol{c}$ 表示，则所求的体积为 $V=|(\boldsymbol{a}\times\boldsymbol{b})\cdot\boldsymbol{c}|/6$；又因为 $\boldsymbol{a}$、$\boldsymbol{b}$、$\boldsymbol{c}$ 已知，如式（4-1）所示：

$$\begin{cases}\boldsymbol{a}=\boldsymbol{OA}=(x_1-x,\ y_1-y,\ z_1-z)\\ \boldsymbol{b}=\boldsymbol{OB}=(x_2-x,\ y_2-y,\ z_2-z)\\ \boldsymbol{c}=\boldsymbol{OC}=(x_3-x,\ y_3-y,\ z_3-z)\end{cases} \tag{4-1}$$

将式（4-1）代入四面体的体积计算公式中可得

$$V=\frac{1}{6}\begin{vmatrix}x_1-x & y_1-y & z_1-z\\ x_2-x & y_2-y & z_2-z\\ x_3-x & y_3-y & z_3-z\end{vmatrix}=\frac{1}{6}\begin{vmatrix}x_1 & y_1 & z_1 & 1\\ x_2 & y_2 & z_2 & 1\\ x_3 & y_3 & z_3 & 1\\ x & y & z & 1\end{vmatrix} \tag{4-2}$$

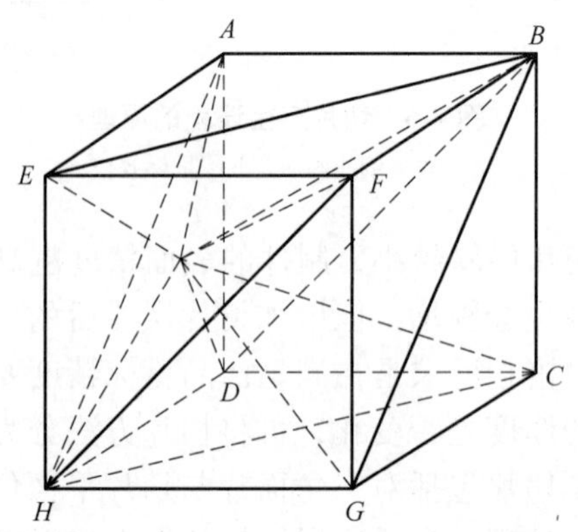

图 4-7　基于三角面片的正方体 STL 模型体积计算

（2）分层后模型体积的计算　对 STL 模型分层后将会得到一系列的多边形轮廓，每个轮廓对应一个层厚，通过计算多边形轮廓的面积并乘以对应的层厚即可得到该层的体积，然后将所有层的体积进行累加即可得到分层后的模型体积。多边形面积的具体计算过程为：给定任意三角形，如△ABC，设其顶点坐标为 $A(x_1, y_1)$、$B(x_2, y_2)$、$C(x_3, y_3)$，根据平面解析几何原理可求得△ABC 的有向面积为

$$S=\frac{1}{2}\begin{vmatrix}x_1 & y_1 & 1\\ x_2 & y_2 & 1\\ x_3 & y_3 & 1\end{vmatrix}=\frac{1}{2}\left\{\begin{vmatrix}x_2 & y_2\\ x_3 & y_3\end{vmatrix}-\begin{vmatrix}x_1 & y_1\\ x_3 & y_3\end{vmatrix}+\begin{vmatrix}x_1 & y_1\\ x_2 & y_2\end{vmatrix}\right\} \tag{4-3}$$

$\triangle ABC$ 顶点 A、B、C 逆时针给出时有向面积为正，顺时针给出时有向面积为负（图 4-8）。根据有向面积的定义，可以将任意多边形分割为若干个子三角形，根据式（4-3）就可以求出任意多边形的总面积。如图 4-9 所示，六边形顶点坐标分别为 $O(x_0, y_0)$、$A(x_1, y_1)$、$B(x_2, y_2)$、$C(x_3, y_3)$、$D(x_4, y_4)$、$E(x_5, y_5)$，则总面积可以表示为四个三角形面积之和，即 $S=S_{\triangle OAB}+S_{\triangle OBC}+S_{\triangle OCD}+S_{\triangle ODE}$。其中，$S_{\triangle OAB}$、$S_{\triangle OBC}$、$S_{\triangle OCD}$、$S_{\triangle ODE}$ 可表示为

$$\begin{cases} S_{\triangle OAB}=\dfrac{1}{2}\begin{vmatrix} x_0 & y_0 & 1 \\ x_1 & y_1 & 1 \\ x_2 & y_2 & 1 \end{vmatrix}=\dfrac{1}{2}\left\{\begin{vmatrix} x_1 & y_1 \\ x_2 & y_2 \end{vmatrix}-\begin{vmatrix} x_0 & y_0 \\ x_2 & y_2 \end{vmatrix}+\begin{vmatrix} x_0 & y_0 \\ x_1 & y_1 \end{vmatrix}\right\} \\ S_{\triangle OBC}=\dfrac{1}{2}\begin{vmatrix} x_0 & y_0 & 1 \\ x_2 & y_2 & 1 \\ x_3 & y_3 & 1 \end{vmatrix}=\dfrac{1}{2}\left\{\begin{vmatrix} x_2 & y_2 \\ x_3 & y_3 \end{vmatrix}-\begin{vmatrix} x_0 & y_0 \\ x_3 & y_3 \end{vmatrix}+\begin{vmatrix} x_0 & y_0 \\ x_2 & y_2 \end{vmatrix}\right\} \\ S_{\triangle OCD}=\dfrac{1}{2}\begin{vmatrix} x_0 & y_0 & 1 \\ x_3 & y_3 & 1 \\ x_4 & y_4 & 1 \end{vmatrix}=\dfrac{1}{2}\left\{\begin{vmatrix} x_3 & y_3 \\ x_4 & y_4 \end{vmatrix}-\begin{vmatrix} x_0 & y_0 \\ x_4 & y_4 \end{vmatrix}+\begin{vmatrix} x_0 & y_0 \\ x_3 & y_3 \end{vmatrix}\right\} \\ S_{\triangle ODE}=\dfrac{1}{2}\begin{vmatrix} x_0 & y_0 & 1 \\ x_4 & y_4 & 1 \\ x_5 & y_5 & 1 \end{vmatrix}=\dfrac{1}{2}\left\{\begin{vmatrix} x_4 & y_4 \\ x_5 & y_5 \end{vmatrix}-\begin{vmatrix} x_0 & y_0 \\ x_5 & y_5 \end{vmatrix}+\begin{vmatrix} x_0 & y_0 \\ x_4 & y_4 \end{vmatrix}\right\} \end{cases} \tag{4-4}$$

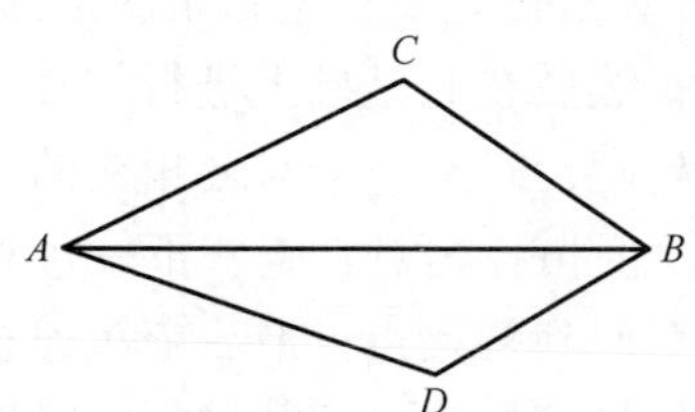

图 4-8　顺时针和逆时针有向面积计算

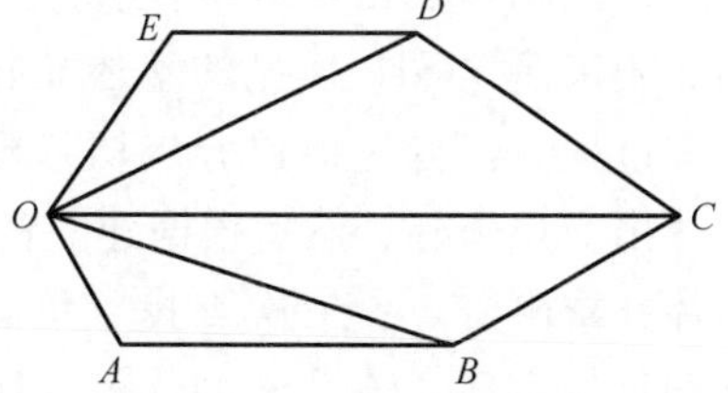

图 4-9　六边形面积计算

将式（4-4）代入 S 中可求出六边形的面积为

$$\begin{aligned} S &= \frac{1}{2}\left\{\begin{vmatrix} x_0 & y_0 \\ x_1 & y_1 \end{vmatrix}+\begin{vmatrix} x_1 & y_1 \\ x_2 & y_2 \end{vmatrix}+\begin{vmatrix} x_2 & y_2 \\ x_3 & y_3 \end{vmatrix}+\begin{vmatrix} x_3 & y_3 \\ x_4 & y_4 \end{vmatrix}+\begin{vmatrix} x_4 & y_4 \\ x_5 & y_5 \end{vmatrix}-\begin{vmatrix} x_0 & y_0 \\ x_5 & y_5 \end{vmatrix}\right\} \\ &= \frac{1}{2}\left[\sum_{i=0}^{4}(x_i y_{i+1}-x_{i+1}y_i)-(x_0 y_5-x_5 y_0)\right] \end{aligned} \tag{4-5}$$

上述方法同样适用凹多边形的面积求解。按照上述思路，凹多边形（见

图 4-10）的面积可表示为 $S=S_{\triangle OAB}+S_{\triangle OBC}+S_{\triangle OCD}$。若 $S_{\triangle OAB}$ 顶点顺序为顺时针，则 $S_{\triangle OAB}=-S_{\triangle OBA}$，因此凹多边形也适用上述公式。

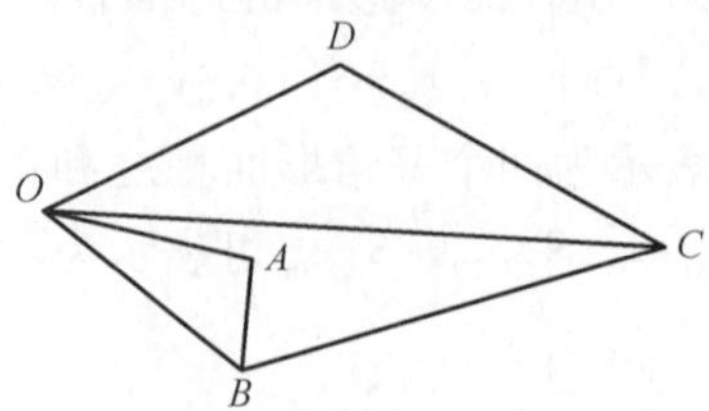

图 4-10　凹多边形面积计算

因此，给出任意一个多边形，其顶点坐标依次为（x_0，y_0），（x_1，y_1），（x_2，y_2），…，（x_n，y_n），则面积可表示为

$$S=\frac{1}{2}\sum_{i=0}^{n-2}(x_iy_{i+1}-x_{i+1}y_i)-\frac{1}{2}(x_0y_{n-1}-x_{n-1}y_0) \tag{4-6}$$

至此，已经可计算出 STL 原模型的体积和分层后的体积。

2. 等层厚切片算法

等层厚切片算法的核心是初始切片平面与三维模型求交后，通过在 Z 轴方向迭代抬升恒定高度后与三维模型进行求交，直到达到模型最大高度处。等层厚切片算法可分为基于几何拓扑信息的分层切片算法、基于三角面片位置信息的分层切片算法、基于 STL 网格模型几何连续性的分层切片算法三种。

（1）基于几何拓扑信息的分层切片算法　由于 STL 文件不包含模型的几何拓扑信息，因此基于几何拓扑信息的分层切片算法首先要根据三角网格的点表、边表和面表来建立 STL 模型的整体拓扑信息，然后在此基础上进行切片。该算法的基本过程为：首先根据分层切片截面的高度，确定一个与之相交的三角面片，计算出交点坐标；然后根据建立的 STL 模型拓扑信息，查找下一个相交的三角面片并求出交点；依次查找三角面片直至回到初始点；最后依次连接交线得到该切片轮廓环。该算法的优点在于利用拓扑信息建立切片数据，能够使切割平面和 STL 文件模型所得的交点集合是有序的，不再需要对所得交线段进行重新排序，能够直接获得首尾相接的轮廓线，因此简化了求解切片轮廓的过程。该算法的局限性表现在建立 STL 文件数据拓扑信息相当费时，占用内存大，尤其是三角形网格面片比较多的情况下，分层效率明显下降。

（2）基于三角面片位置信息的分层切片算法　三角面片在分层方向上的跨距越大，则与之相交的切割平面越多。按高度方向（Z 轴）分层，三角面片沿高度方向的坐标值距离起始位置越远，求得切片轮廓环的时机越靠后。利用这两个特征，可以减少切片过程中对三角面片与切割平面位置关系的判断次数，实现加快分层切片的目的。基于三角面片位置信息的分层切片算法的基本过程为：首先沿 Z 轴方向将三角面片按照 Z 坐标值的大小排序；然后依据当前切片高度找到排序后三角面片列表中对应的位置，由于三角面片已经排列好，因此查找效率会大幅度提高；最后，计算当前切片高度截面与所有相交三角面片的交点，按顺序连接生成该层的切片轮廓环。该算法的主要优点是分层速度的提升，根据 STL 文件模型三角网格面片的几何特征，对三角网格面片进行分类排序，因此在切片过程中减少了分层处理中三角网格面片与切割平面位置关系的判断，提高了分层速度。该算法的局限性在于：①分类排序过程中类的划分比较模糊，不能杜绝三角网格面片与切割平面位置关系的无效判断；②切割平面与三角网格面片的相交计算时，要进行两次求交线段计算；③所得的交线段是无序的，必须对交线段集合进行连接关系的处理，形成有向的闭合截面轮廓线。

（3）基于 STL 网格模型几何连续性的分层切片算法　基于 STL 网格模型几何连续性的分层切片算法是对以上两种算法的改进，以提高三角网格面片的搜索效率。STL 网格模型在分层方向上具有三个方面的连续性：与切割平面相交的三角网格面片具有连续性，与切割平面相交的三角网格面片集合具有连续性，所得截面的轮廓线具有连续性。该算法的基本过程为：首先建立三角网格面片的集合，然后在分层处理过程中，动态地形成与当前分层平面相交的三角网格面片表，当切割平面移动到下一层时，先分析动态的面片表，将不相交的网格面片删除，同时将与该切割平面相交的新的三角网格面片加入动态面片表中，建立局部三角网格面片的拓扑信息后进行求交线段运算，获得截面轮廓线，直到分层结束。该类算法的优点在于通过对不同的切割平面建立动态面片表，降低了内存的占用量，减少了拓扑信息所需的时间，因此提高了分层处理效率。该类算法的局限性为，在动态面片表中增减三角网格面片并建立其拓扑关系的过程较为耗时。

3. 自适应切片算法

切片算法在针对不同模型进行切片时，三角面片数量越多，在相同切片厚度下所用的切片耗时越长；切片厚度越小、模型包含的三角面片数量越多，所用的切片时间越长。针对三角面片数相近的不同模型进行切片时，复杂度越高，则切片耗时越长。切片算法对同一模型进行切片时，切片厚度越小，算法效率提升越高。基于上述切片特点，当处理复杂结构模型时，等厚切片法不能同时满足时间和精度的要求，因此需要根据三维模型的几何特征变化自适应地调整切片厚度，如在模型外表面曲率变化较大的区域减小层厚，在曲率变化较小的区域增大层厚，这种算法即为自适应切片算法。目前，成熟应用的自适应切片算法如下。

（1）基于轮廓面积比值的自适应分层　基于轮廓面积比值的自适应分层算法是基于有限面积偏差比值算法提出的，其定义为

$$\sigma = \left| \frac{A_{i+1} - A_i}{A_i} \right| \leqslant \delta \tag{4-7}$$

式中，σ 是当前连续层的面积偏差比值；δ 是用户给定允许的最大面积偏差比值。

如图 4-11 所示，其中 A_{i+1} 和 A_i 是两个连续的分层面轮廓所组成的面积，由用户自定义；用户还需要定义一个最大与最小层厚，以保证在进行面积比值分层时每层的厚度处于最大与最小的层厚之间。

进行轮廓面积偏差比值算法之前需要给出以下名词定义。

1）轮廓面积突变：为了提高增材制件的几何精度，如果分层后相邻的两个轮廓面积相差越大（面积突变），则阶梯效应产生的残留体积越大，几何精度越低，甚至会造成局部塌陷等缺陷，所以在轮廓面积发生突变的位置需要用较小的层厚来分层。

2）轮廓面积相互对应：当轮廓线中存在大于等于 2 个封闭的多边形时，需要将确定每层的实际面积相互一一对应。一般在没有发生轮廓面积突变时，其轮廓会互相一一对应。图 4-12 中标记了两个轮廓面积的对应关系。

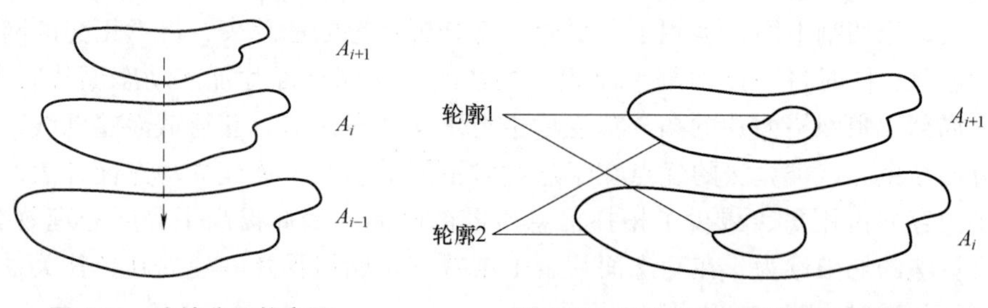

图 4-11　连续分层轮廓面　　　　**图 4-12　两个轮廓面积的对应关系**

3）轮廓面积比值标准：判断分层后的连续相邻平面是否发生面积突变的标准是计算相邻层之间的距离，若距离大于给定的标准就认为相邻的轮廓面发生了突变，一般该标准为用户定义的最大层厚。

4）自适应层厚：当两层之间没有发生突变时，需要将该层的轮廓线进行删除，在增加层厚后再进行分层得到轮廓面，计算面积偏差比值。增加的层厚为自适应层厚，也可表示为最小层厚。

如果当前连续层的面积偏差比值 σ 小于用户给定允许的最大面积偏差比值 δ，则将 A_{i+1} 的轮廓线从轮廓链表中剔除，然后使 $A_{i+1}=A_{i+2}$，继续判断 σ。若删除轮廓线后，连续两轮廓线之间的距离大于用户定义的最大层厚值，则应恢复

删除的轮廓线。该算法的基本流程为：

1）用户给定允许的最大面积偏差比值 δ、最小层厚 d_{min} 和最大层厚 d_{max}。

2）STL 模型文件的预处理（同等厚分层预处理方法）。

3）计算得到 STL 文件中所有面片顶点中的最低点 Z_{min} 和最高点 Z_{max}，初始分层平面用 $Z_i=Z_{min}$，将得到的轮廓线顶点进行逆时针排序后储存。

4）计算 $Z_i=Z_{min}$ 平面得到轮廓的面积 A_i。

5）进行下一步分层，令 $Z_{i+1}=Z_i+Z_s$，其中 $Z_s=d_{max}$，判断 $Z_{i+1}\leqslant Z_{max}$ 是否成立。若成立则用 Z_{i+1} 平面进行分层，得到轮廓线后并计算出其面积 A_{i+1}；若不成立，遍历完所有的三角面片，则退出算法。

6）根据式（4-7）计算出该层的面积偏差比值，若该层符合要求的面积偏差，则跳转至步骤 3)，若不成立则进行下一步。

7）令分层平面为 $Z_s=Z_s-d_{min}$，判断作差运算后 $Z_s<d_{min}$ 是否成立。若成立则令 $Z_s=d_{min}$，跳转至步骤 9)，若不成立则跳转至步骤 8)。

8）用 $Z_{i+1}=Z_i+Z_s$ 平面分层得到相应的轮廓后计算该轮廓的面积 A_{i+1}，跳转至步骤 6)。

9）储存 A_{i+1} 对应的轮廓线，令 $A_i=A_{i+1}$、$Z_i=Z_{i+1}$，跳转到步骤 5)。

在进行每层轮廓面积比值的计算之前需要先进行比较，判断两层之间的轮廓面的数量是否相等，若轮廓面的数量不相等，说明两层的轮廓面积发生了突变，此时当前的分层厚度只能用用户定义的最小层厚来分层；当两层的轮廓数量相等时，就需要进行轮廓面的互相对应计算。

（2）有限切削深度值的自适应分层　首先对 STL 模型进行等厚分层，层厚为用户允许的最大层厚 l_{max}，然后对分层层厚的切削深度值进行单独判断，判断这些层厚是否满足用户定义的最大切削深度 C_{max}。若当前切削深度 $c<C_{max}$。则将该层切分为更薄的层厚。有限切削深度值的自适应分层算法流程如图 4-13 所示，算法流程为：

1）用户定义最大切削深度 C_{max}、最小层厚 d_{min}、最大层厚 d_{max}。

2）STL 模型文件预处理。

3）计算得到 STL 文件中所有面片顶点中的最低点 Z_{min} 和最高点 Z_{max}，初始分层平面用 $Z_i=Z_{min}$，将得到的轮廓线顶点进行逆时针排序后储存。

4）用 $Z_{i+1}=Z_i+d_{max}$ 进行分层，判断 $Z_i\leqslant Z_{max}$ 是否成立。若成立，继续步骤 5)；若不成立，证明已完成所有三角面片的遍历，退出算法。

5）用片面 Z_i 切分 STL 模型得到轮廓线进行储存，该轮廓线与上一层轮廓线构成一组轮廓对，两个轮廓线中间即为层厚，然后进行下一步。

6）假设这两个轮廓线对应的切片面为 Z_i 和 Z_{i+1}，两个平面所切割的所有三角面片的法向量 z 部分的最大值为 N_{max}。

7）计算细分的层数 $\alpha_{sla}=(l_{max}\times N_{zmax})/C_{max}$，判断 $1\leqslant\alpha_{sla}\leqslant\alpha_{max}$ 是否成立，其中 α_{max} 为最大细分层数。若成立则跳至步骤 9）；若不成立则继续进行下一步。

8）如果 $\alpha_{sla}<\alpha_{max}$，则 $\alpha_{sla}=\alpha_{max}$；如果 $\alpha_{sla}<1$，则 $\alpha_{sla}=1$。

9）计算层厚 $l=l_{max}/\alpha_{sla}$，令 $Z_i=Z_{i+1}$，然后以 Z_i 的水平面去切分模型，将得到的轮廓线存储。继续进行步骤 4），直到 $Z_i\geqslant Z_{max}$，退出算法。

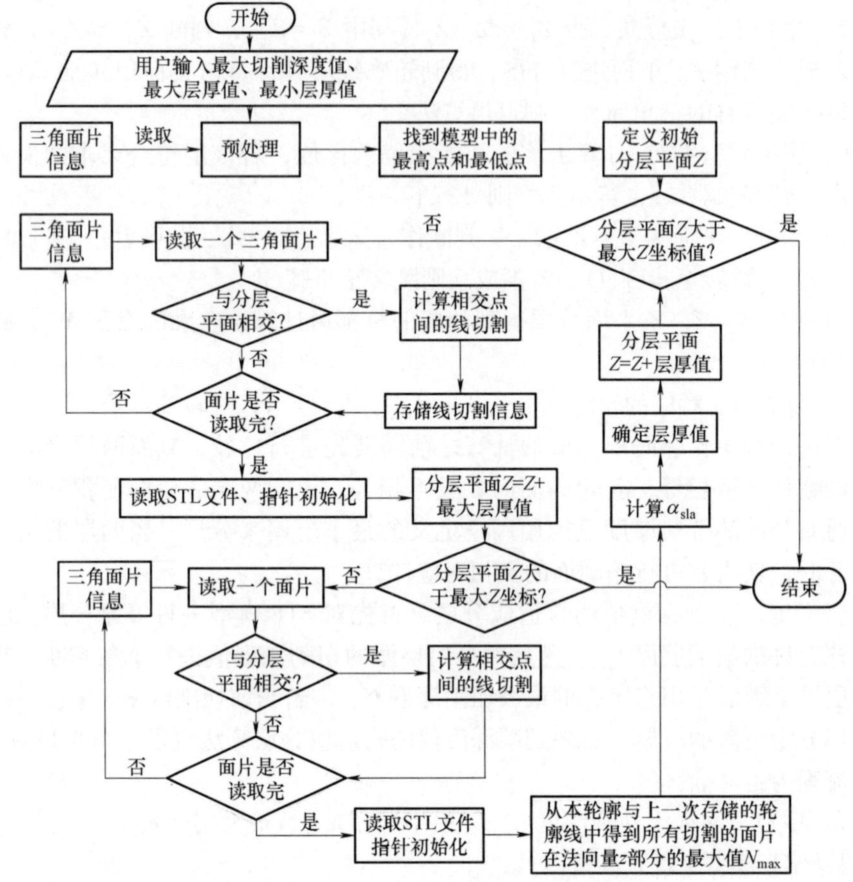

图 4-13　有限切削深度值的自适应分层算法流程图

（3）保留模型轮廓线的自适应分层　当进行保留模型轮廓线自适应分层时，首先要选取能够表达模型外轮廓的三条曲线，选取方法为，过 Z 轴的三个平面对模型进行切分，该平面与轮廓线相交得到三条曲线。选取的三条曲线应尽可能保证模型外轮廓的特征，这三条曲线将作为自适应分层考虑的模型轮廓线，并代替三维模型的轮廓，截取曲线的三个平面应均匀分布。在进行层厚计算前，用户需要确定最小层厚 d_{min} 和最大层厚 d_{max}。如果三条曲线中某一条线的某一段垂直于基平面（*XOY* 平面），则在垂直的这段线中采用已定义的最大层厚进行等厚分层。当进行分层时，在切割平面与三条曲线求交的过程中，交点处的曲线切线与切割平面夹角不断变化。层厚的计算就是基于该夹角的范围进行选取，选取规则为：如图 4-14 所示，当夹角满足 $0°<\theta<90°$时，模型轮廓产生的台阶效应较小，故分层的层厚应较厚；当夹角满足 $90°<\theta<180°$时，模型轮廓产生的台阶效应较大，故分层的层厚应较薄；当 $\theta=90°$时，因为这种情况不会产生台阶效应，故采用用户定义的最大层厚进行等厚分层；当 $\theta=0°$或者 $\theta=180°$时，这种情况需要对模型的三条轮廓线进行判断，若有其中的任意两条都是这种情况，则该层的层厚由第三条模型轮廓线决定。若三条模型线都是这种情况，则忽略三条曲线中的这一段，直接进入下一条。最终确定每层的层厚为

$$Z=d_{min}+(d_{max}-d_{min})\sin\theta \tag{4-8}$$

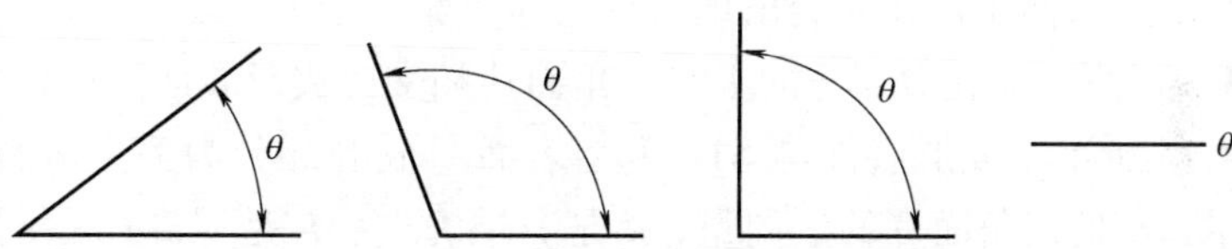

图 4-14　模型轮廓线与切割平面的夹角

分层时，模型的三条轮廓线与切割平面形成三个交点，设这三个交点的坐标分别为 P_1、P_2、P_3，在三个点的位置所求的层厚分别为 Z_1、Z_2、Z_3，一般可以取三个层厚的平均值作为该层的层厚。该方法一般适用于几何轮廓相对规则的三维模型，对于不规则的物体，需要补充一个加权平均的方法来获取层厚。加权平均法的层厚公式为

$$Z=\alpha_1 Z_1+\alpha_2 Z_2+\alpha_3 Z_3 \tag{4-9}$$

式中，$\alpha_1+\alpha_2+\alpha_3=1$，$\alpha_1$、$\alpha_2$、$\alpha_3$是非负数加权因子，可以根据三条模型轮廓线进行调整。在调整的过程中，通过不断改变 α_1、α_2、α_3的数值可以获得多个加权平均后的层厚，然后对其进行对比以选取最优的 *Z* 值。

保留模型轮廓线的自适应分层算法流程可总结为：

1）用户定义最大和最小层厚 d_{max}、d_{min}。

2）对 STL 模型文件进行预处理，得到模型中的最低点 Z_{min}和最高点 Z_{max}。

3）确定三个经过 *Z* 轴的平面并与三维实体求交，计算出三条模型轮廓曲线 L_1、L_2、L_3。

4）以 $Z_0=Z_{min}$为其平面集，对模型的外轮廓线进行判断计算。

5）通过计算得到 Z_1、Z_2、Z_3三个层厚值。

6）根据加权平均算法求得最终的层厚值 *Z*。

7）确定下一个切片面 $Z_{i+1}=Z_i+Z$。

8）判断 $Z_{i+1}<Z_{max}$ 是否成立。若成立则跳转至步骤 5），不成立则结束算法。

（4）保留模型特征的自适应分层　保留模型特征的自适应分层原理是通过控制层厚，将分层产生的阶梯效应所带来的体积误差与 STL 模型中本层的实际体积之比控制在一定的范围内，达到自适应分层的目的。算法的基本流程为：首先计算当前切割平面分层后产生的体积误差，然后计算在 STL 模型中该层的体积，最后比较两个体积的变化率。若得到的变化率不大于给定阈值，则当前分层满足条件；若不满足条件，则需要对当前分层进行再次细分。设第 i 层的体积误差为 ΔV_i，STL 模型中第 i 层实际体积为 V_i，则体积变化率可表示为

$$\Delta V_i / V_i \leqslant p \tag{4-10}$$

式中，p 是用户定义的最大体积变化率。

当进行保留模型特征的自适应分层时，需要求出体积误差 ΔV_i 及当前层的实际体积 V_i，求解这两个体积时会出现以下三种情况。

情况 1：切割平面在分层方向上与三角面片相交，成形表面阶梯效应误差的计算如图 4-15 所示。成形表面与 STL 模型表面组成的部分为丢失减料的区域，用 $\Delta S_{i,j}$ 表示；$\boldsymbol{n}$ 是三角面片的法向量；d 是分层方向；h 是层高；θ 是法向量与分层方向的夹角；则误差面积 $\Delta S_{i,j}$ 的计算公式为

$$\Delta S_{i,j} = \frac{1}{2} h^2 \frac{\cos\theta_j}{\sin\theta_j} \tag{4-11}$$

图 4-16 所示的阴影部分为切割平面的第 i 层与第 j 个三角面片所产生的阶梯效应的情况，则在该层中阶梯效应所产生的总体积误差 ΔV_i 的计算公式为

$$\Delta V_i = \frac{1}{2} h^2 \sum_{j=1}^{n_i} l_{i,j} \cot\theta_j \tag{4-12}$$

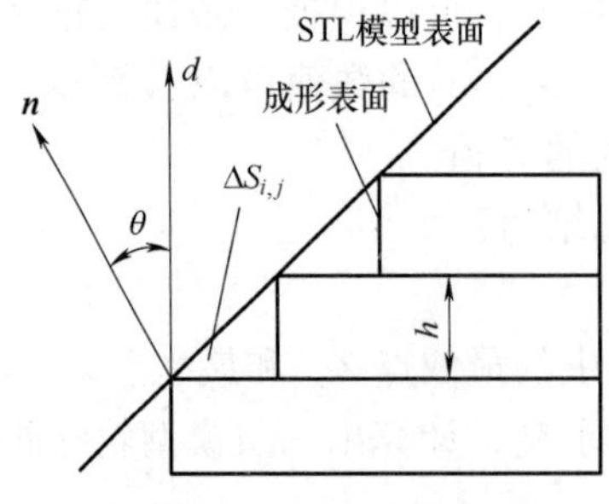

图 4-15　阶梯效应误差的计算

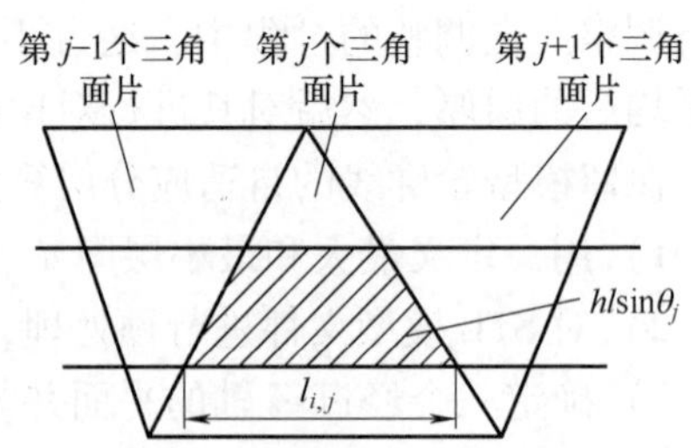

图 4-16　阶梯效应中一层的情况

式中，h 是当前层高；θ 是三角面片法向量与分层方向的夹角；n_i 是第 i 层切割平面与 STL 模型相交的所有三角面片个数；$l_{i,j}$ 是第 j 个三角面片与第 i 层切片面相交的线段长度；下标 i 是第 i 层切片面；j 是切割平面与三角面片相交的第 j 个

三角面片。

在图 4-17 中，由于 $\Delta S'_{i,j}$ 与 $\Delta S_{i,j}$ 的三角形相似，则可得该层的体积为

$$V_i = A_i h - \Delta V_i \tag{4-13}$$

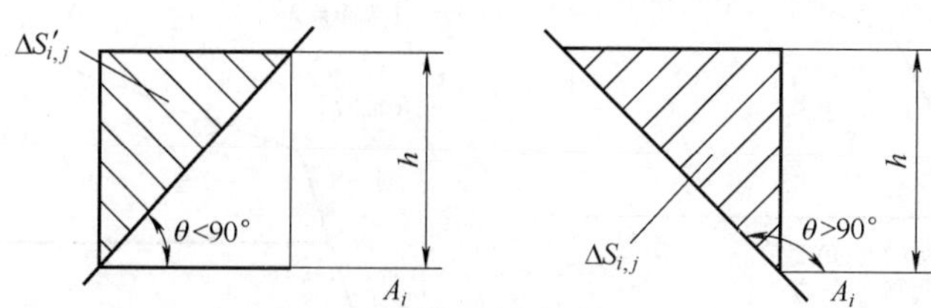

图 4-17　与夹角相关的两种情况

将式（4-13）带入式（4-10）中，得到层厚与体积误差满足以下关系：

$$\begin{cases} \dfrac{\Delta V_i}{A_i h} \leqslant \dfrac{p}{p+1} \\ \dfrac{\Delta V_i}{A_i h} \leqslant \dfrac{p}{1-p} \end{cases} \tag{4-14}$$

式中，A_i 为第 i 层截面积，化简得到层高的表达式为

$$h \leqslant \frac{2p}{p+1} \cdot \frac{A_i}{\sum\limits_{j=1}^{n_i} l_{i,j} \cot\theta} \tag{4-15}$$

情况 2： 切割平面在分层方向上对相邻的两个三角面片进行了切分。如图 4-18 所示，右剖面线的区域为第 i 层的遗失面积误差 $\Delta S_{i,j}$。左剖面线为第 i+1 层的遗失面积误差 ΔS_{i+1}。显然，第 i 层和第 i+1 层产生的体积误差不相等，会在计算实际体积时产生误差，使分层后的模型特征有偏移。因此，选择层高时需要考虑模型特征遗失产生的误差和偏移。为了避免这种情况的发生，可用较小的遗失面积代替较大的遗失面积。若 $\Delta S_{i,j} < \Delta S_{i+1}$，则应当将第 i 层造成的遗失面积误差 $\Delta S_{i,j}$ 替换成第 i+1 层所造成的遗失面积误差 ΔS_{i+1}，然后重新计算体积误差 ΔV_{i+1}，并与上一层的 ΔV_i 相比，选择较大误差来计算层高。若体积误差满足用户要求的 p，则说明计算得到的层高符合要求。其判断公式表示为

$$\frac{\max[\Delta V_i, \Delta V_{i+1}]}{A_i h - \max[\Delta V_i, \Delta V_{i+1}]} \leqslant p \tag{4-16}$$

情况 3： 切割平面在分层方向上对不相邻的两个三角面片进行了切分。如图 4-19 所示，层高 h 中含有未切分的三角面片。这种情况对模型特征的影响较小，故不对该情况下进行计算，直接采用用户定义的最小层厚进行分层即可。

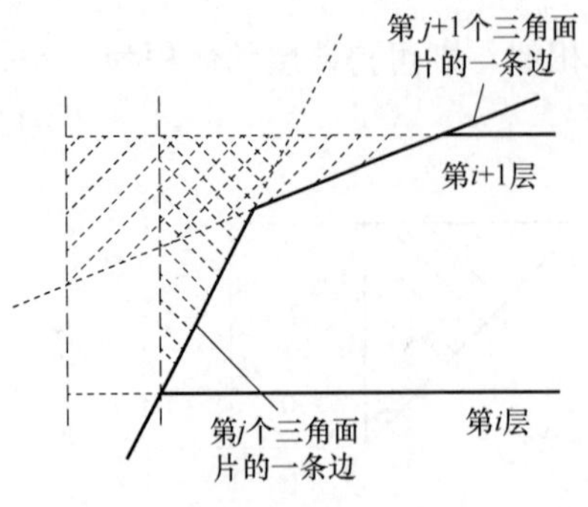

图 4-18　相邻三角面片的切分

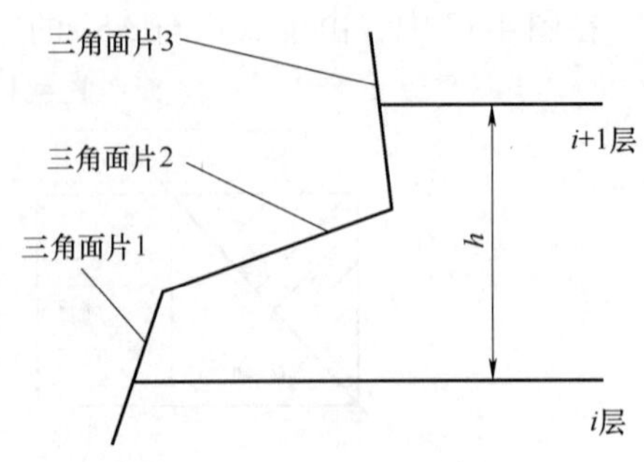

图 4-19　不相邻三角面片的切分

保留模型特征的自适应分层算法流程如图 4-20 所示。首先对 STL 模型文件进行预处理，将得到的三角面片按照分层方向从最低到最高进行排序，再按照最高到最低进行排序，将排序的三角面片存入数组中，数组的每一个下标对应一个三角面片。每次切割平面分割三角面片后记录三角面片在数组中的下标，这样能够快速查找切割平面是否对该面片进行了分割。

（5）基于三角面片法向量的自适应分层　基于三角面片法向量的自适应分层首先需要提取法向量，根据 STL 文件格式的特点，将所有三角面片的顶点坐标值和法向量坐标值存储在一个 12 列的数组中。执行分层时，将当前层的 Z 坐标值和三角面片三个顶点的 Z 坐标值进行对比，判断该三角面片是否与当前层存在交线。若存在，则将该三角面片提取出来并存入一个新的数组，同时建立一个二维数组来直接存储与当前层相交的三角面片法向量的坐标值，完成法向量信息的提取。假设分层方向为 Z 轴的正方向，则 Z 向的单位向量为 $\boldsymbol{Z}(0,\ 0,\ 1)$。若要在第 i 层进行分层切片，则从存储当前层三角面片法向量坐标的数组中提取出第 j 个三角面片的法向量。设 $\boldsymbol{n}_{i,j}(x_{i,j},\ y_{i,j},\ z_{i,j})$（$i, j=1, 2, 3, \cdots, k$）均为单位向量，并且该向量与 Z 向单位向量的夹角为 $\beta_{i,j}$，则夹角的计算公式为

$$\beta_{i,j}=\arccos\left(\frac{z_{i,j}}{|\boldsymbol{n}_{i,j}||\boldsymbol{Z}|}\right) \tag{4-17}$$

由于 STL 文件中所有三角面片的法向量均为单位向量，则式（4-17）可转化为

$$\cos\beta_{i,j}=Z_{n,i,j} \tag{4-18}$$

式中，$Z_{n,i,j}$是第 i 层中第 j 个三角面片法向量的 Z 坐标值。

三角面片的法向量与 Z 向的夹角 $\beta_{i,j}$可以是锐角也可以是钝角，如图 4-21 所示。设 $\alpha_{i,j}$是三角面片与分层方向之间的锐角，当 $0°\leqslant\beta_{i,j}\leqslant 90°$时，则 $\alpha_{i,j}=\beta_{i,j}$；当 $90°\leqslant\beta_{i,j}\leqslant 180°$，则 $\alpha_{i,j}=180°-\beta_{i,j}$。由 $\alpha_{i,j}$和 $\beta_{i,j}$的关系可将式（4-18）

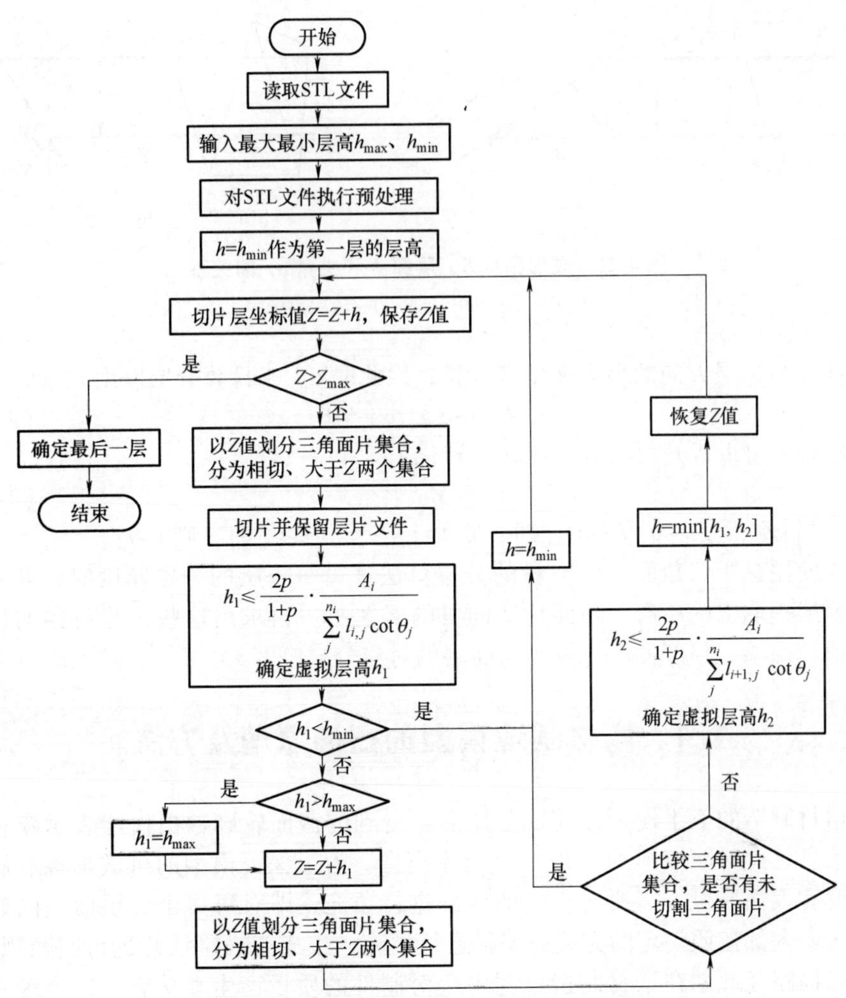

图 4-20　保留模型特征的自适应分层算法流程

转化为

$$\cos\alpha_{min} = |Z_{n,i,j}|_{max} \tag{4-19}$$

式中，$|Z_{n,i,j}|_{max}$是第 i 层中所有三角面片法向量 Z 坐标绝对值的最大值。

设用户给定的目标成形精度为 δ，其值直接反映模型阶梯效应的大小，必须在表面粗糙度或零件表面尺寸的公差带范围内。由图 4-21 可知，成形精度 δ、层厚 T 和夹角 $\alpha_{i,j}$ 的关系为

$$T=\delta/\cos\alpha_{i,j}, \alpha_{i,j} \neq 90° \tag{4-20}$$

在 δ 给定的情况下，$\alpha_{i,j}$ 越小，层厚 T 也越小。为了使当前层的每一部分都符合加工精度要求，应使用最小层厚 t 作为当前层的厚度，即使用对应的当前层

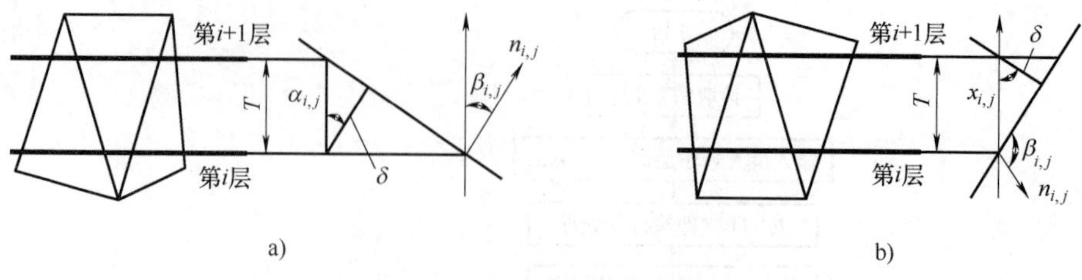

图 4-21　成形精度 δ、层厚 T 和夹角 $\alpha_{i,j}$ 的关系

a）$0°\leqslant\beta_{i,j}\leqslant90°$　b）$90°\leqslant\beta_{i,j}\leqslant180°$

所有面片与分层方向的最小夹角来计算，因此取 α_{min} 来计算分层厚度 t，即

$$t=\delta/\cos\alpha_{min},\alpha\neq90° \tag{4-21}$$

结合式（4-19）可将式（4-21）转化为

$$t=\delta\left|Z_{n,i,j}\right|_{max} \tag{4-22}$$

式中，当 $\left|Z_{n,i,j}\right|_{max}=0$ 或 $t\geqslant t_{max}$ 时，则 $t=t_{max}$；当 $t\leqslant t_{min}$ 时，则 $t=t_{min}$。

当使用基于三角面片法向量的分层算法计算每一层的分层厚度时，需要找出当前层提取出的所有三角面片法向量的 Z 坐标，再求出这些 Z 坐标绝对值的最大值，由给定精度便可计算出当前层的对应分层厚度 t。

4.4　增材制造模型的扫描原理及方法

增材制造的三维模型在完成分层后，得到的截面轮廓数据仅能表示模型的表面信息，此时能成形的只是一个壳体模型。为了保证模型的可成形性、制件的强度和表面质量，需要对模型的内部进行填充，即对每一个分层面上的截面轮廓区域内部按照一定的方式或路径进行填充，生成扫描路径并进行路径规划。截面扫描路径规划在增材制造过程中会对制件的质量产生直接影响，合理有效的路径规划方式需要通过大量的工艺实验验证，与增材制造设备、成形工艺特性，以及零件的材料属性和几何特征相匹配。若不能准确的匹配，就会带来诸如成形过程中的温度场分布不均匀，制件表面凹陷、翘曲及表面精度不足等问题。因此，截面扫描路径规划是增材制造前处理的重要步骤。由零件三维模型分层得到的截面轮廓是一系列封闭的多边形，这些多边形是由顺序连接的顶点链构成。多边形可能是凸的或凹的，包围的区域可能单连通区域或多连通区域。现有的扫描路径规划算法主要分为平行线扫描法、轮廓线扫描法、分区域扫描法、分形扫描法、复合扫描法及多层多道扫描法等。

4.4.1　平行线扫描法

平行线扫描法又称“光栅式扫描”，即采用一定数量且间距相等的平行线段对截面轮廓内部进行填充，将平行线与截面轮廓求交，仅保留轮廓内部的平行线段。如图 4-22 所示，其中实线表示成形段，虚线表示空行程，箭头表示挤出头的运动方向。成形末端在相邻的线段上运动方向相反，同时在空腔处快速移动，在成形段进给材料完成成形，即可完成对截面轮廓内部的填充。平行线扫描法的运动轨迹和铣削加工中常用的“行切法”轨迹相类似。

平行线扫描法的主要缺陷：

1）当产品模型的表面形状较为复杂或具有空腔结构时，采用平行线扫描后生成的平行线段会因为穿越截面轮廓而被分成多个较短的线段，将会导致增材扫描末端不断在成形速度和快进速度的这两个状态中来回切换，并产生大量的空行程，降低了成形效率。

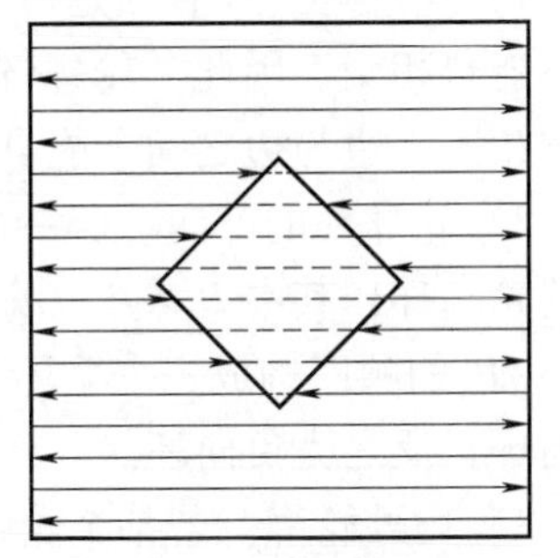

图 4-22　平行线扫描法

2）频繁的变速运动对增材制造设备的控制精度要求很高，并且会加剧丝杠、滑块等传动机构的损耗，缩减设备的使用寿命；同时，材料的供给也需要在进给和停止中反复切换，产生较大的过渡误差，导致过渡段附近的局部成形区域内容易发生材料的缺失或堆积，降低了制件的表面精度。

3）平行线扫描法还可分为单向式扫描法和往复式扫描法（见图 4-23）。对于单向式扫描法，其数据处理过程简单方便，但由于填充路径的方向一致，会造成材料冷却时产生的收缩内应力在同一个方向上反复叠加，应力集中现象严重，导致制件两端应力分布不平衡并产生翘曲变形。因此，平行线扫描法更多适用于一些表面形状较为简单、填充面积较小或没有空腔的实心模型。复式扫描法可在一定程度上平衡制件内的应力分布，降低变形量，但当制件的尺寸较大时，过长的扫描线也容易引发制件两端的翘曲变形，影响后续熔覆层的顺利沉积。因此，在进行单层熔覆成形（一般用于表面镀层）时，一般采用往复式扫描法。

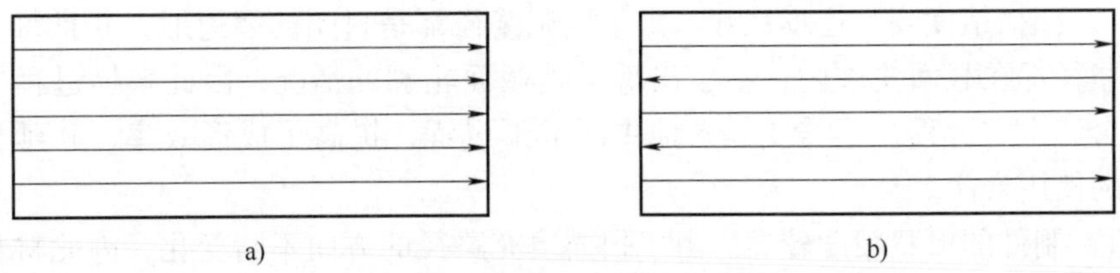

图 4-23　平行线扫描法的分类

a）单向式扫描法　b）往复式扫描法

4.4.2 轮廓线扫描法

轮廓线扫描法又称轮廓螺旋线扫描，是一种基于横截面轮廓的外轮廓和内轮廓，以固定距离向模型的内部偏置，从而产生填充路径的扫描方法，如图 4-24 所示。轮廓线扫描法涉及的基本概念包括：

1）轮廓环。环必须是一个面边界且由有顺序和方向的边所构成，边与边之间不能自相交。因此，轮廓环具有封闭性和方向性，在一个环中，每个边必须首尾相连，边与边之间不能自相交或存在断点，有断点就不能构成环。

2）轮廓环的方向。若一系列的点 P_1，P_2，P_3，……，P_{n-1}，P_n构成一个封闭的轮廓环，其中 $P_1=P_n$（即为重合点）。假设点集按照 $P_1 \rightarrow P_2 \rightarrow P_3 \rightarrow \cdots\cdots \rightarrow P_{n-1} \rightarrow P_n$的顺序构成一个循环，若封闭轮廓环所构成的面在左边，则该环被称为正向环；反之为负向环。

3）内外轮廓。若某个轮廓内包含的轮廓个数为奇数，则该轮廓被定义为外轮廓；若包含的轮廓个数为偶数或零，则该轮廓被定义为内轮廓。轮廓的偏置是对模型截面的内、外轮廓沿着不同的方向进行偏移，将切片后的轮廓环由外向内不断缩小，或者由内向外不断放大，多次重复该过程，直到填满整个内、外轮廓环之间的区域。

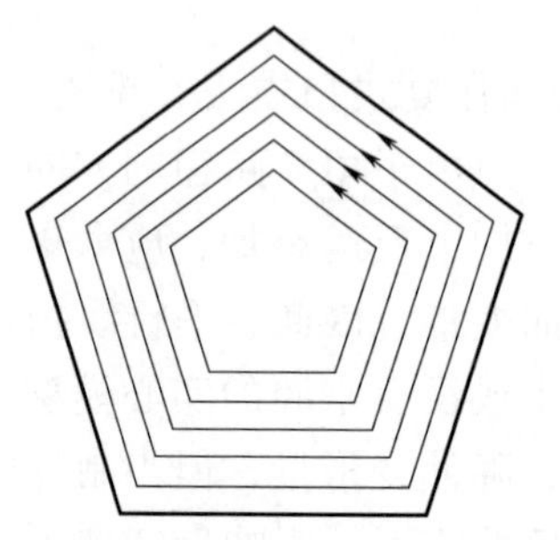
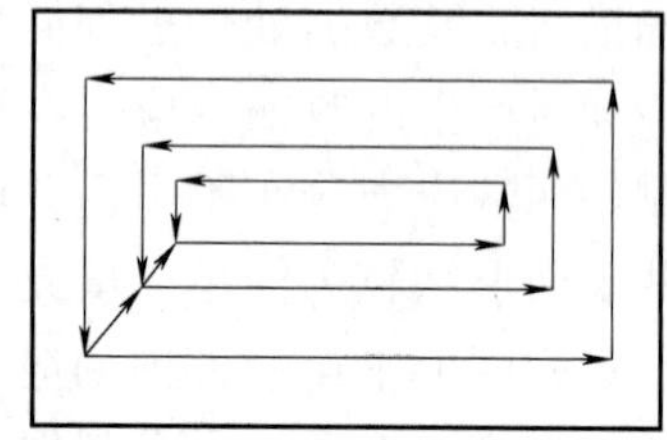

图 4-24　轮廓线扫描法

轮廓线扫描法的特点：

1）扫描精度高、连续性好。由于填充路径都是封闭的多边形，并且每一条填充路径都在截面轮廓内，不会出现穿越截面轮廓的情况，因此扫描过程中基本不会产生空行程，不需要频繁地中断成形过程，提高了成形效率，并延长了设备的使用寿命。

2）制件的形状精度较高。由于扫描填充路径的方向不断变化，因此材料冷却时产生的收缩应力不易集中，减小了翘曲变形，有助于提高制件的表面质量，尤其对于某些壁厚均匀的薄壁零件。

3）算法的复杂程度相对较高。当模型的截面轮廓比较复杂，或者内轮廓和外轮廓相距较近时，必然会造成内、外轮廓相互交错，大大增加了偏置轮廓计算的复杂度，生成扫描线的速度相对较慢，增加 STL 模型处理的时长。此外，还容易求解出错误的偏置轮廓，在轮廓环偏置后还需要进行一定的修复和优化等。

4）如果制件的形状比较简单，就可能出现模型在某一个高度区间内截面轮廓相似或相同，那么这些分层面上的填充路径的位置基本不变，则相邻分层面之间不能产生交叉粘接，而是类似于多层轮廓嵌套，导致相邻分层面的粘接不牢，会降低制件的力学性能。为了避免传统轮廓线扫描法中尖角过多、路径相交及填充间距不均匀等问题，可采用基于自适应螺旋曲线的改型轮廓线扫描法（见图 4-25）。该方法通过放样得到螺旋曲线的初始控制点，根据截面外轮廓线的曲率变化情况，自适应地插入不同数量的控制顶点，并通过样条曲线拟合获得间距均匀且连续光滑的成形路径。

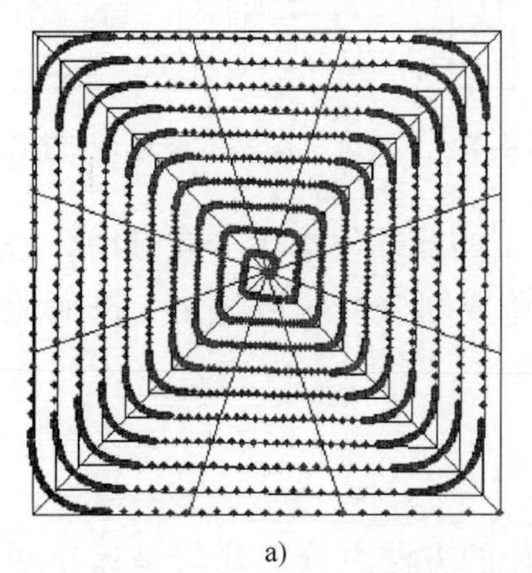

a)

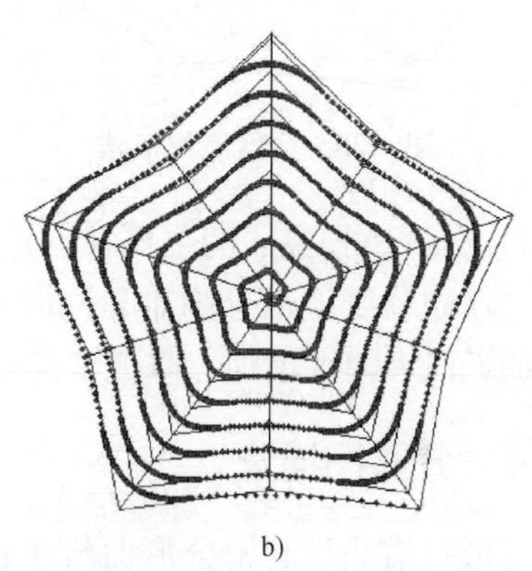

b)

图 4-25　基于自适应螺旋曲线的轮廓线扫描法

a）正方形的扫描路径　b）五角星形的扫描路径

4.4.3　分区域扫描法

分区域扫描法是将具有内凹形状的复杂截面轮廓或具有内腔的截面轮廓划分成多个简单的凸多边形，然后对每个简单的凸多边形进行填充，从而实现化繁为简的填充方法。每个简单凸多边形相互独立，其填充方法可以使用相同的方法，也可以根据不同的情况选择不同的填充方法，如图 4-26 所示。

分区域扫描法的特点：

1）对比轮廓线扫描法，分区域扫描法的连续性更好。由于截面轮廓被划分成多个小区域进行填充，每个区域的填充路径规律各不相同，因此成形末端的每个子区域内能连续而快速地扫描成形，并有效减少了跨越型腔的次数，提高了成形效率。尤其针对熔融沉积成形工艺，采用分区域扫描法能够有效减少拉丝、缺丝等缺陷，改善制件的表面及内部质量。

2）通过采用“棋盘”图案的分区域扫描法（见图4-27），可以使材料以交替的移动方向在不同的子区域熔化和凝固，能够有效减小热应力的累积，制件不易发生翘曲变形和开裂，该方法常用于激光选区熔化工艺中。

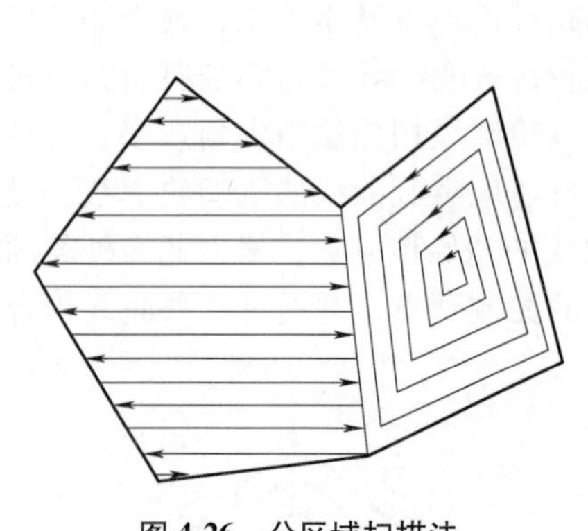

图4-26 分区域扫描法

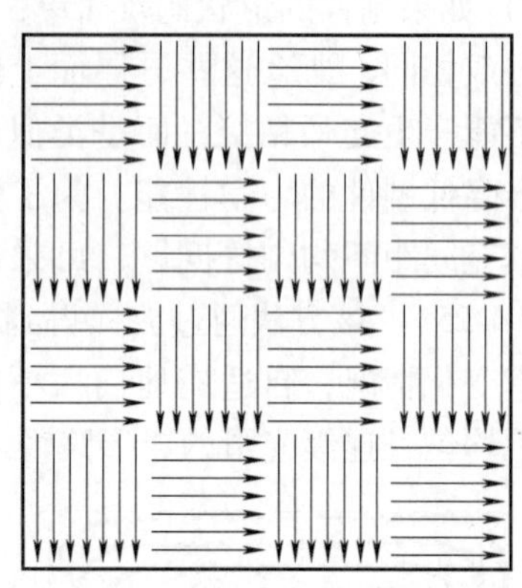

图4-27 “棋盘”图案的分区域扫描法

3）分区域扫描法的主要缺点是当产品模型的截面轮廓十分复杂时，进行合理的区域划分变得十分困难，同时也可能会造成划分的区域过多，进而使整个算法的耗时大幅度增加，降低了前处理的效率。

4.4.4 分形扫描法

分形扫描法是利用分形曲线生成填充路径的方法。分形几何是近年非常流行的新兴学科，其本质特征为从相似细分的角度用数学理论描述事物，加强事物的局部与整体的和谐统一。分形曲线是分形几何的一种，基于局部与整体相似的原则，不断地对局部曲线进行迭代、重复嵌套，从而生成可以充满整个截面轮廓的填充路径。由于分形曲线的局部与整体特征相似，所以截面轮廓内各个区域内的填充路径规律相同、密度均匀，成形的分层面平整度高，材料分布也更加均匀；对局部性能的优化可以应用到整个模型上，提高了制件整体的成形精度和质量。增材制造前处理中常用的分形扫描填充曲线为希尔伯特曲线（Hilbert curve），能有效减少能源消耗、缩短制造时间，如图4-28所示。Hilbert分形扫描填充曲线虽然在垂直方向上的力学性能较好，但其特殊结构使其对模型侧向的支撑较弱，制件的边缘成形不连续，力学性能较差，易产生变形、表面粗糙等问题，影响实际使用。另外，分形扫描填充曲线由数个相互垂直的短线段组成，如果采用熔融沉积成形或定向能量沉积等制造工艺，需要成形末端频繁地改变运动方向，使成形设备产生较大的机械振动，加剧了传动机构的损耗，缩短了设备的实际使用寿命。

图 4-28　基于希尔伯特曲线的分形扫描法

4.4.5　复合扫描法

复合扫描法一般将轮廓偏置法和扫描填充法相结合，如图 4-29 所示。零件外层的多边形轮廓边界通常采用轮廓偏置法，能够保证零件的精度和表面质量，轮廓偏置次数可根据零件的几何特征自定义；零件内层则适合采用平行线扫描法，以提高成形效率，一般将轮廓偏置的结束点设置为扫描线填充的起始点，不仅能够缩短成形时间，还能使结合处平滑过渡。复合扫描法的优点包括：①减少了制件内部的应力集中和翘曲变形；②改善制件边界精度的同时提高了内部的制造速度；③扫描过程连续，减少了成形末端的空行程，能够防止设备过早老化。

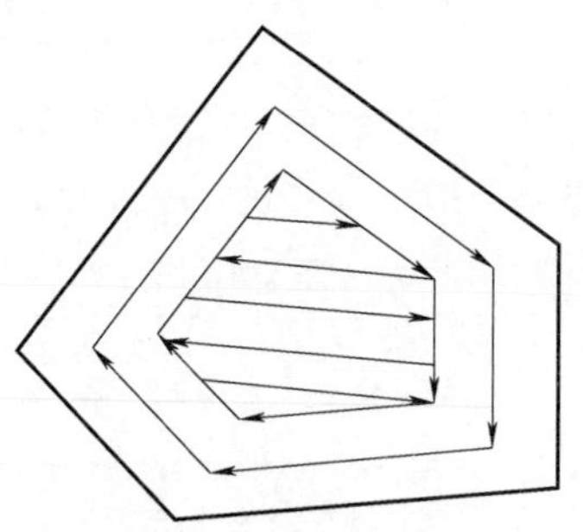

图 4-29　复合扫描法

4.4.6　多层多道扫描法

多层多道扫描法考虑了相邻层间的扫描方向关系，主要分为单向式扫描、交替式扫描和双向混合式扫描三种（见图 4-30）。对于激光选区熔化工艺，单向式扫描的扫描线端点处熔池有充足的时间进行冷却，可减轻球化缺陷；交替式扫描会使扫描线端点产生过多的液相，从而导致球化效应。另外，相对于单向式扫描，交替式扫描会产生更多的热应力和热量集中，从而导致更严重的变形，不利于后续粉末层的均匀铺放和成形，因此在进行多层成形时，一般选取单向式扫描法。双向混合扫描方式类似于焊接工艺中的交叉焊缝，不利于制件表面质量的提高，应尽量避免。

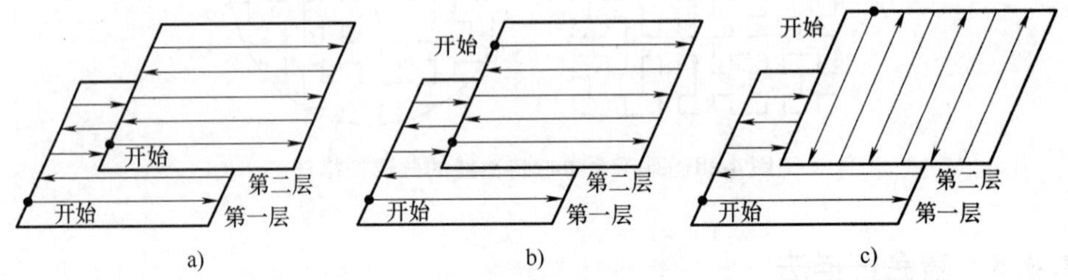

图 4-30　多层多道扫描法的分类

a）单向式扫描　b）交替式扫描　c）双向混合式扫描

第 5 章 增材制造的后处理

增材制造技术能够快速成形出各类零件，但由于成形原理、设备、材料等因素，制件表面和内部留有残留材料及缺陷，其强度和表面质量均难以达到工程实际的要求，因此必须进行相应的后处理工序。与传统的零件制造方法类似，后处理既能提高增材制造毛坯件的形状精度和表面质量，也可以改善零件的力学性能。因此，后处理是增材制造技术不可缺少的重要环节。随着对增材制件质量和功能要求的愈发严苛，对其后处理技术的处理能力和效率也提出了新的要求。本章详细介绍了增材制造的各种后处理原理、方法和应用，以及增材制件的质量评价和缺陷检测技术，主要内容包括：①增材制造的后处理工艺规划概述；②常用增材制造后处理工艺；③增材制造质量评价标准；④常用增材制造缺陷检测技术。

5.1 增材制造的后处理工艺规划概述

5.1.1 非金属制件的后处理工艺规划

1. 立体光固化成形的后处理

立体光固化成形的后处理主要包括制件的清理、支撑结构的去除、毛坯件的后固化及必要的打磨等工作，基本处理流程包括：①制件成形结束后，工作台升出液面并停留适当时间，以晾干残留在制件表面的树脂，并排出残存在制件内部的多余树脂液；②将制件和工作台网板一起倾斜放置后晾干，并将其浸入丙酮、酒精等清洗液中搅动清洗，若网板固定于成形设备的工作台上，可直接用铲刀将制件从网板上取下再进行清洗；③去除支撑结构，并注意防止刮伤制件表面，损伤精细结构；④进行二次清洗后，将制件置于紫外线烘箱中进行整体后固化，使材料完全硬化。对于性能要求不高的制件可不进行后固化处理，若成形陶瓷材料，生坯件还需要在热炉中烧结，其收缩率为15%~30%。

2. 熔融沉积成形的后处理

熔融沉积成形的后处理主要包括去除支撑结构、打磨零件表面、抛光和喷漆（上色）等工作。支撑材料通常要求具有较好的水溶性，可简化去支撑过程，也可在超声波清洗机中用碱性（NaOH 溶液）温水浸泡后将支撑结构溶解剥落。打磨处理用于去除制件表面的阶梯效应误差，达到表面粗糙度和装配尺寸精度要求，一般可采用水砂纸直接进行手工打磨，但由于 ABS、PLA 等树脂材料较硬，手工打磨过程较为耗时；也可采用溶解平滑的方法，使用醋酸正戊酯（香蕉水）浸泡涂刷制件表面以提高表面质量，但需要合理控制浸泡时间及涂刷量，防止制件表面结构被过度腐蚀。一般单次浸泡时间为 2~5s，或者用毛笔刷蘸醋酸正戊酯多次涂刷。

3. 薄材叠层制造的后处理

薄材叠层制造过程中虽然不需要支撑，但会产生网格状废料，也需要清除。薄材叠层制造的后处理工艺流程：首先去除成形后的余料，通常采用手工剥离的方法，并防止剥离过程中损坏制件表面；余料去除后需对制件进行加固、打磨抛光、防水和防潮等后处理工艺，满足制件的尺寸、精度、强度和稳定性等要求。薄材叠层制件最重要的后处理工艺为表面涂覆，既有利于表面打磨处理，还可以提高制件的强度、抗湿性、耐蚀性和耐热性，延长使用寿命。当叠层材料为纸材时，制件在吸湿后会产生一定程度的变形及沿叠层方向的尺寸增长，甚至会发生叠层相互脱离导致制件损坏。因此，在余料剥离和打磨工序后应尽快密封制件。表面涂覆使用的材料一般为双组分的环氧树脂，如 TCC630 和 TCC115N 硬化剂等。

表面涂覆的工艺过程：

1）将剥离后的毛坯件表面用砂布轻轻打磨。

2）按规定比例配备环氧树脂，并混合均匀。

3）在毛坯件上涂刷一薄层混合后的环氧树脂（见图 5-1），由于环氧树脂的黏度较低，很容易浸入纸基的毛坯表层中，浸入的深度可以达到 1.2~1.5mm。

4）对已经涂覆并硬化后的环氧树脂表层再次用砂布进行打磨，打磨过程中应及时测量尺寸，确保制件尺寸在要求的公差范围之内。

5）表面抛光去除划痕，最后喷涂颜色或透明的涂层，以增加制件表面的外观效果。

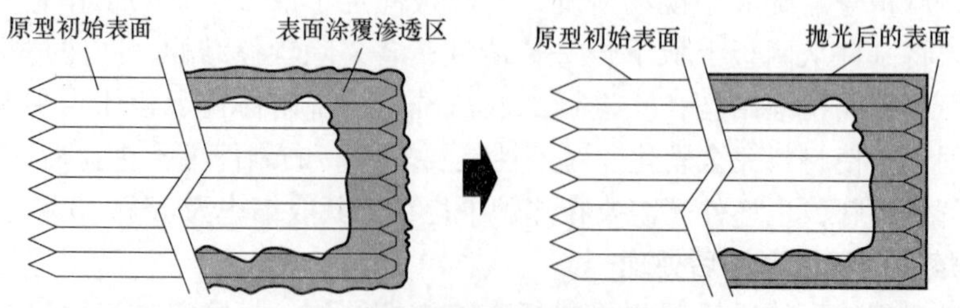

图 5-1　涂覆和抛光后的表面效果

4. 激光选区烧结的后处理

激光选区烧结的后处理主要包括制件表面浮粉的去除、表面补强处理及加热固化、热等静压等工作，具体操作因所选粉末材料的不同而异。例如，对于聚合物粉末材料烧结工艺，烧结后得到的制件强度很弱，需要根据使用要求进行渗蜡或渗树脂等补强处理；对于陶瓷粉末材料，由于成形过程中铺粉层的原始密度低，因而制件的密度相对较低，需要进行补强及加热固化。对激光选区烧结后的陶瓷粉末制件，其后处理工艺一般分为脱脂降解、高温烧结、熔渗或浸渍三个阶段。脱脂降解是去除坯体中的黏结剂；高温烧结是将去除黏结剂后的制件放在温控炉中进行高温烧结，使坯体内部的空隙率降低，提高制件的密度和强度；熔渗或浸渍处理是基于毛细管原理，将低熔点金属或合金渗入多孔烧结零件的空隙中，或者将预渗物质放置于成形坯体上进行加热，在毛细管力作用下浸渗到坯体内部的孔隙，最终将孔隙完全填充。此外，激光选区烧结制件一般还需要进行热等静压处理，即通过流体介质将高温高压同时作用在制件坯体表面上，使制件二次固结并消除内部空隙，可有效提高制件的密度和强度，但制件会有一定程度的收缩变形。

5.1.2　金属制件的后处理工艺规划

金属制件通常需要更复杂的后处理工艺来提高质量，如粉末清除、去应力退火、支撑去除、表面精加工及热等静压等。由于不同增材制造工艺的后处理工艺千差万别，以满足不同产品设计性能的要求，因此本节不以具体的金属零件增材制造工艺类型阐述后处理工艺规划方法，在 5.2 节中将根据不同的功能需求详细阐述各种后处理工艺的原理和方法。

5.2　常用增材制造后处理工艺

增材制造的后处理工艺一般可分为三类，即剥离、热处理和表面处理。剥离是将制件上遗留的废料和支撑结构去除（见图 5-2）；热处理主要包括传统的“四把火”工艺，以及热等静压、固溶时效等；表面处理主要包括常规的机械加工、抛光、喷丸或表面涂层等传统方法，还包括振动磨削、电抛光、表面机械研磨处理和超声波纳米表面改性等新兴技术。

5.2.1　剥离工艺

增材制造中的后处理加工通常从去除支撑材料开始，即剥离工艺。剥离的方法可分为四类，即机械剥离、气体剥离、加热剥离和化学剥离。机械剥离是最常见的一种剥离方法，通常由操作者用手和一些简单的工具（如手动电磨）

图 5-2　立体光固化和熔融沉积成形件的典型支撑结构

去除制件上的废料和支撑结构，对于难以去除的支撑结构，也可采用铣削、磨削、线切割或激光加工系统剥离；气体剥离使用加压气体高速喷射去除支撑结构，加热剥离通常用来去除石蜡类材料的支撑结构，当成形基体材料的熔点比蜡高时，则可用热水或适当温度的热蒸汽使支撑结构熔化并与工件分离；化学剥离通过可溶性液体冲洗来去除支撑结构，前提是化学液能溶解支撑结构而不会损坏工件。

5.2.2　热处理工艺

热处理是将金属材料放在一定的介质内加热、保温、冷却，通过改变材料表面或内部的金相组织结构来控制其性能的一种金属热加工工艺。对增材制造毛坯进行热处理，既能提高制件的力学性能，还能有效消除制件内部的残余应力，抑制有害形变。金属制件通常需要经过后续的“四把火”（淬火、退火、回火、正火）、热等静压、开模锻造等致密化处理、表面热处理（感应热处理）及化学热处理（渗碳/渗氮）工艺，并制订配套工艺标准，才能从根本上减少或消除制件存在的内部质量缺陷问题。

在进行热处理前，需要针对不同的增材制造工艺进行相应的准备工作。例如，对于采用粉末床熔融工艺制造的金属制件，热处理前应清除制件内型腔和支撑内的残余粉末，防止热处理时这些残余粉末发生二次烧结，增加清理难度。使用非真空炉进行热处理前，应对金属制件表面附着的未熔或半熔化颗粒、氧化皮、表面污染物等进行清理，可采用喷砂、砂轮抛磨或机械加工等清理方法；使用真空炉进行热处理前，金属制件表面的杂质颗粒物、锈蚀物、指印、油印、水迹或其他任何污染物都应清除干净，同时应防止在高温和高真空环境下，金属制件与工装夹具因金属间扩散而发生粘连和金属制件表面的合金元素贫化现象。

增材制造金属制件热处理设备及工艺控制应该符合 GB/T 32541 的规定，并且加热设备应安装炉温自动控制、记录和报警装置以保证安全；需要根据增材制造金属制件的尺寸、形状、加工余量、后处理工艺及热处理目的，选用适宜规格的热处理设备进行热处理。金属制件的热处理设备、适用标准及特殊要求见表 5-1。经热处理后的金属制件可再次采用喷砂、磨抛或机械加工等方法去除表面的氧化皮。

表 5-1　增材制造金属制件的热处理设备、适用标准及特殊要求

设　　备	适用标准	特殊要求
空气炉	GB/T 16923、GB/T 16924、GB/T 25745、GB/T 37584、JB/T 7712	宜用于零件加工余量≥1mm
惰性气氛保护炉	GB/T 16923、GB/T 16924、GB/T 25745、GB/T 37584、JB/T 7712，氩气：GB/T 4842	宜用于 1）零件加工余量<1mm 2）钢件表面有脱碳控制要求
真空炉	GB/T 22561，压升率：GB/T 4842	
冷处理炉	GB/T 16924	能达到规定温度的冷冻箱
冷却装置	GB/T 16924、GB/T 22561、GB/T 32541	缓冷应配置砂箱、铁箱等，风冷应配置吹风装置

1. 热等静压

热等静压（hot isostatic pressing，HIP）是一种集高温、高压于一体的处理工艺，是金属零件增材制造和高性能材料生产及开发过程中不可或缺的一种后处理方法。在应用于增材制造之前，热等静压一般用于粉末冶金领域，将粉末装入包套中，通过加热加压使粉末直接烧结成形；或者对成形后有缩松、缩孔的金属铸件进行热致密化处理。增材制件内部难以避免地会产生孔洞与缺陷，往往需要借助外力作用来消除。热等静压工艺通过向被加工件施加高温高压，从而闭合材料以解决内部孔隙和疏松等缺陷，改善材料性能（如焊接性）。如图 5-3 所示，热等静压后的零件致密性和均匀性好、力学性能优异，材料的微观组织与力学性能方面保持高度的一致性与重复性，可靠性和使用寿命均能得到有效提升。

热等静压工艺的具体流程：将制件放置在密闭的容器中，将高等静压（100~200MPa）气体（通常为氩气或氮气）作为加压介质施加到制件表面上，同时施以高温（温度低于固相线，但足以使塑性流动最大化，以增强原子/空位扩散），在高温高压的同时作用下，使材料发生蠕变及塑性变形，从而以较小的变形消除制件内部的孔隙和缺陷。孔隙最初会随着塑性流动而收缩，然后通过扩散机制而收缩。当残留气体的平衡压力与外加压力相等时，内部孔隙开始坍塌并逐渐被消除。

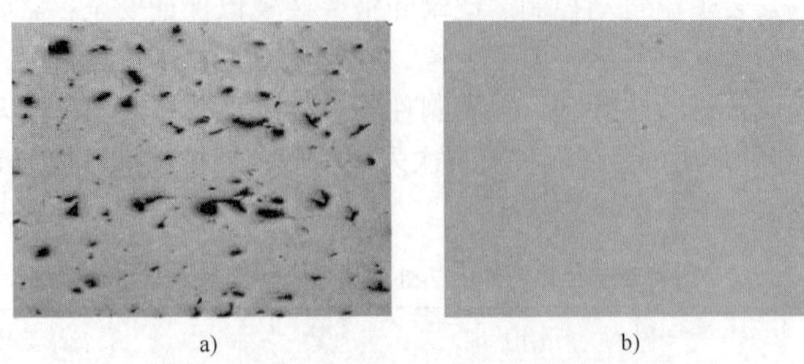

图 5-3　热等静压处理前后的材料内部孔隙对比

a）处理前　b）处理后

热等静压消除孔隙的机制主要包括塑性流动、幂律蠕变、晶界和晶格蠕变，不同机制下孔隙的消除速率不同。塑性流动下，孔隙率和流动应力呈反比关系。当静压超过材料在热等静压环境温度下的屈服强度时，孔隙收缩并在微观尺度上发生局部塑性流动；幂律蠕变则基于原子在空位的扩散和转移，以及固定位错间的转移，固定位错能越过障碍并穿过晶格；晶界和晶格蠕变下的扩散过程较为缓慢，主要发生在热等静压致密化的后期。表面能是通过扩散而使孔隙收缩的主要驱动力，驱使原子向孔隙表面运动并进入孔隙。

针对不同材料，热等静压处理过程中的温度、压力的控制，以及杂质和化学反应的控制十分复杂，需要大量的经验和技术积累。目前，热等静压技术主要应用于重要结构件的致密化处理，如航空发动机/发电汽轮机的涡轮叶片、飞机或民用的铝/钛结构件、汽车的重要零部件，以及生物工程中人工关节等，具体见表 5-2。

表 5-2　热等静压技术应用

应用领域	目　　的	涉及材料
铸件、增材制造零件致密化处理	消除内部宏观和微观孔隙	镍基/钴基高温合金、钛合金、铝合金、钢、铜合金
热等静压处理粉末冶金制品	获得全致密材料，并避免晶粒的过度长大	WC-Co 硬质合金、氮化硅（Si_3N_4）、氧化铝、氧化锆（ZrO_2）
热等静压制备粉末冶金制品	获得全致密材料，并避免偏析和晶粒的过度长大	高速钢、陶瓷、金属陶瓷复合材料、磁性材料、超导陶瓷

（续）

应用领域	目　　的	涉及材料
扩散连接	同种或异种材料的扩散连接	铜和钢扩散连接、镍基合金和钢的连接、陶瓷和金属的连接
反应热等静压	通过化学反应在热等静压设备内合成复合材料	金属间化合物，如二硼化钛（TiB_2）、铝化铌

2. 淬火与回火

淬火是把金属工件加热到临界温度以上，保温一定时间后以大于临界冷却速度进行冷却，从而获得以马氏体为主的不平衡组织（也有根据需要获得贝氏体或保持单相奥氏体）的一种热处理工艺方法。淬火的目的是使过冷奥氏体进行马氏体或贝氏体转变，得到马氏体或贝氏体组织；然后配合以不同温度的回火，以大幅度提高增材制件的强度、硬度、耐磨性、疲劳强度及韧性等，从而满足各种机械零件和工具的不同使用要求。

为改善淬火处理的效果，可以选择在真空炉中进行淬火，即真空淬火。真空淬火是在真空状态下，将金属工件加热到某一适当温度并保持一段时间，随即浸入冷却介质中快速冷却的金属热处理工艺。按冷却介质的不同，真空淬火可分为气淬、液淬等。气淬是将工件在真空加热后向冷却室中充以高纯度中性气体（如氮气）进行冷却，适用于高速钢和高碳高铬钢等马氏体临界冷却速度较低的材料；液淬是将工件在加热室中加热后，移至冷却室中充入高纯氮气并立即送入淬火油槽快速冷却。如果需要高的表面质量，工件真空淬火和固溶热处理后的回火和沉淀硬化仍应在真空炉中进行。真空淬火后的工件表面光亮不增碳、不脱碳，使服役中承受摩擦和接触应力的产品寿命大大提高。此外，淬火后的工件变形量小，一般可省去修复变形的后续机械加工，从而提高经济效益并弥补增材制造成本高的不足。

回火是将已经淬火的钢重新加热到一定温度，再用一定方法冷却的过程。回火的目的是将已通过淬火后的增材制造金属件的优势（抗氧化、不脱碳、表面光亮、无腐蚀污染等）保持下来，并消除淬火应力，稳定组织，以降低脆性并提高韧性，取得预期的力学性能。试验证明，增材制造的 TC4 钛合金制件经真空回火处理后，其强度未有明显变化，但塑性明显提高。对热处理后不再进行精加工并须进行多次高温回火的精密工件更应进行真空回火。

3. 退火与正火

退火是将金属材料加热到适当的温度，根据材料和工件尺寸采用不同的保温时间，然后进行缓慢冷却。退火的目的是使金属内部组织达到或接近平衡状态，获得良好的工艺性能和使用性能，或者为进一步淬火做组织准备。真空退火是在低于一个大气压的环境中进行退火的工艺，除了要达到改变增材制造金属件晶体结构、细化组织、消除应力等改性目的，还要发挥真空加热可防止氧化脱碳、除气脱脂、使氧化物蒸发的效果，进一步提高制件的表面光亮度和力学性能。真空退火的核心目的是获得洁净光亮的表面（在真空中加热有脱气、脱脂、清除锈迹的作用），能够排除溶解于金属中的气体，从而缩短工艺流程，如真空退火后的零件可以不经过酸洗或喷砂的清洗工序就能进行电镀。由于真空退火能使经过压力加工变形的晶粒得到恢复，并使金属材料软化，消除内应力和改变晶粒结构，改善了材料的力学性能。以增材制造的 TC11 钛合金发动机轮盘为例（见表 5-3），通过退火和强化热处理工艺能够消除或减少轮盘在成形过程中累积的冷热变形和机械加工时的残余应力，获得目标性能（如断裂韧性、疲劳性能和热强性能等），还可调整制件内部的组织结构，提高组织稳定性。

表 5-3　TC11 发动机轮盘的热处理制度及技术要求

热处理内容	热处理制度	技术要求				
最终热处理（双重退火）	（950±10）℃保温 1.5~2h，空冷至（530±10）℃，保温 6h 再空冷	室温性能				
		R_m/MPa	$R_{p0.2}$/MPa	A(%)	Z(%)	HBW（压痕平均直径）/mm
		1030~1230	880	8	23	3.2~3.7
		高温拉伸 500℃			高温持续 500℃	
		R_m/MPa	A(%)	Z(%)	σ/MPa	τ/h
		685	12	40	588	100
		室温拉伸				
		R_m/MPa	A(%)	Z(%)	τ/h	
		1030	8	20	100	
消除应力热处理	在真空炉或惰性气体保护下进行退火处理	从同熔炼炉号、同热处理炉次的盘中抽一件，在指定位置检查硬度，压痕平均直径 d=3.2~3.7mm				

正火是将钢材加热到钢的上临界温度或上临界温度以上 30~50℃，保持适当时间后，在静止的空气中冷却的热处理工艺。正火的效果同退火相似，只是得到的组织更细，常用于改善材料的切削性能，也有时用于对一些要求不高的零件作为最终热处理。正火可以作为金属制件的预处理或最终热处理工序，提高制件的力学性能。一些受力不大的工件，正火可代替调制处理作为最终热处理。此外，正火也可作为表面淬火前的预备热处理工序。

4. 固溶和时效

固溶处理（solution treatment）是将合金加热到高温单相区恒温保持，使过剩相充分溶解到固溶体中后快速冷却，以得到过饱和固溶体的热处理工艺。

固溶处理的作用：

1）改善材料的塑性和韧性，为沉淀硬化处理做准备。

2）溶解基体内碳化物、γ′相等以得到均匀的过饱和固溶体，便于时效时重新析出颗粒细小、分布均匀的碳化物和 γ′等强化相，同时使合金发生再结晶，提高韧性及耐蚀性，消除增材制造过程中频繁冷热交变产生的应力并使材料软化，以便后续加工。

3）获得适宜的晶粒度，保证材料的高温抗蠕变性能。固溶处理的温度范围在 980～1250℃之间，主要根据各个合金中相析出和溶解规律及使用要求来选择，以保证主要强化相必要的析出条件和一定的晶粒度。对于长期高温使用的合金，要求有较好的高温持久和蠕变性能，应选择较高的固溶温度以获得较大的晶粒度；对于中温使用并要求较好的室温硬度、屈服强度、抗拉强度、冲击韧性和疲劳强度的合金，可采用较低的固溶温度，保证较小的晶粒度。高温固溶处理时，各种析出相都逐步溶解，同时晶粒长大；低温固溶处理时，不仅有主要强化相的溶解，而且可能有某些相的析出。对于过饱和度低的合金，通常选择较快的冷却速度；对于过饱和度高的合金，通常为空气中冷却。

固溶处理和淬火的工艺流程相似，主要区别为：固溶处理是对加热冷却过程中不发生相变的金属所做的将第二相固溶进基体后急冷的工艺，而淬火是对加热冷却过程中存在相变的金属所做的先将第二相固溶进基体后急冷而得到另一种间隙元素过饱和的相组织的工艺。例如，奥氏体型不锈钢 06Cr19Ni10 从高温到低温均为奥氏体组织，将其加热到 1050～1100℃保温一段时间，使第二相固溶进奥氏体中后进行水冷的工艺即为固溶处理；而 45 钢加热到 860℃奥氏体化后再将其水冷后就变为碳原子过饱和的体心正方马氏体组织，即为淬火。

时效处理是将合金加热至高温单相区恒温保持，使过剩相充分溶于固溶体中再快速冷却，以得到过饱和固溶体的热处理工艺。时效处理的目的是在合金基体中析出一定数量和大小的强化相（如 γ′相和 γ″相），以达到合金的最大强化效果。时效处理分为自然时效和人工时效两种，自然时效是将制件长期置于自然环境中，使其缓缓地发生形变，从而使残余应力消除或减少；人工时效是将制件加热到 550～650℃进行去应力退火，人工时效比自然时效的处理时间短，残余应力去除较为彻底。高温下工作的铝合金适宜用人工时效，室温下工作的铝合金有些采用自然时效，有些则必须采用人工时效。

GH4169 涡轮盘固溶加时效热处理的制度及技术要求见表 5-4。

表 5-4　GH4169 涡轮盘固溶加时效热处理的制度及技术要求

<table>
<tr><th>热处理内容</th><th>热处理制度</th><th colspan="5">技术要求</th></tr>
<tr><td rowspan="7">最终热处理</td><td rowspan="7">950～980℃：油冷、空冷或水冷至室温，再加热到 720℃ 保温 8h，再以 55℃/h 速度炉冷到 620℃，保温 8h 空冷至室温</td><td colspan="5">室温性能</td></tr>
<tr><td rowspan="2">室温</td><td>R_m/MPa</td><td>$R_{p0.2}$/MPa</td><td>A(%)</td><td>Z(%)</td></tr>
<tr><td>1345</td><td>1100</td><td>12</td><td>15</td></tr>
<tr><td>650℃</td><td>1080</td><td>930</td><td>12</td><td>15</td></tr>
<tr><td colspan="5">高温持续 650℃</td></tr>
<tr><td colspan="2">R_m/MPa</td><td>τ/h</td><td colspan="2">A(%)</td></tr>
<tr><td colspan="2">725</td><td>25</td><td colspan="2">5</td></tr>
</table>

5. 化学热处理（渗碳与渗氮）

化学热处理是将化学元素的原子，借助高温时原子扩散的能力，将其渗入工件的表面层，以改变工件表面层的化学成分和结构，从而使制件表面层具有特定要求的组织和性能的一种热处理工艺。渗碳和渗氮是目前应用最广泛的一种化学热处理方法。在处理过程中，渗碳、渗氮介质在工件表面产生的活性原子，经过表面吸收和扩散，将碳、氮渗入工件表层，以便在工件淬火和低温回火后提高其表层的硬度、强度，特别是疲劳强度和耐磨性，而心部仍保持一定的强度和良好的韧性。

渗碳的一般过程是：首先清洗增材制件表面的未熔颗粒、半熔化颗粒、氧化皮、油印等污染物，防止污染物在渗碳加热过程中蒸发和碳化，沾污渗碳炉内部件，堵塞石墨布、石墨毡等部件的纤维间隙，降低其使用寿命。清洗剂可采用去污能力强的有机溶剂（如汽油）或专用清洗剂。当制件较小不能堆放时，可将其压在不锈钢网上间隔地插放或单层铺放；同时，各层网之间用不锈钢框架隔开，再将其用无锌皮钢丝与料框捆牢。然后开始抽真空，并加热炉体及工件，进行升温与均温，待工件均热以后，向炉内通入渗碳气体，这时炉内气压立即回升，达到预定时间后停止通气进行碳的扩散。渗层达到要求后即可停电并通入高纯度、低露点的氮气，以增加对流加快冷却，使工件温度迅速下降。为了细化晶粒，后续可补充气冷（至相变温度以下）→加热→淬火工艺；为了减小畸变，可进行渗碳后预冷淬火。将工件置于真空中加热并进行气体渗碳的工艺称为真空渗碳，具有渗碳温度高、渗速快、渗碳层均匀可控、渗层浓度变化平缓、表面光洁、渗碳效率高等优点。

5.2.3　表面处理工艺

金属制件的表面质量普遍偏低，阶梯效应、球化效应、粉末黏附等特性是导致制件表面粗糙的主要因素（见图 5-4）。未经后处理的增材制件无法满足高使役性要求，因此表面处理工艺是高性能增材制造技术链中的关键环节。改善金属制件表面质量的途径基本分为三类，即金属粉末质量改进、优化增材制造工艺参数（激光或离子束功率、扫描速度和间距、切片策略、温控等）、后处理。前两类途径无法从根本上解决零件表面质量差的问题，后处理工艺，如光整加工不可或缺。

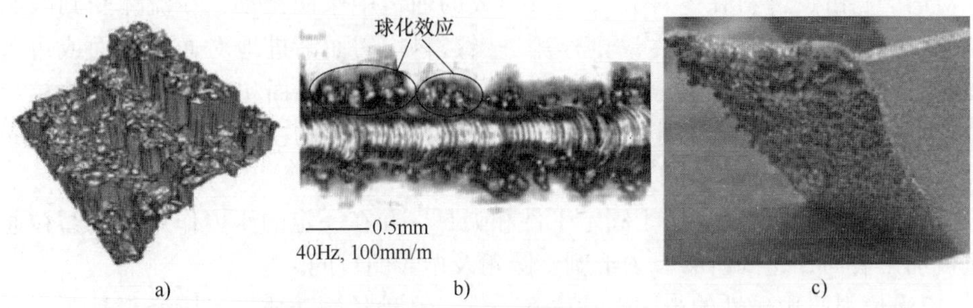

图 5-4　金属零件增材制造中的阶梯效应、球化效应、粉末黏附

a）阶梯效应　b）球化效应　c）粉末黏附

按照增材制件不同使用功能的要求，表面处理工艺主要分为表面磨抛加工和表面改性加工两类。常见的金属增材制件表面磨抛加工主要有喷砂、机床磨削抛光、电化学抛光、磨粒流抛光、磁力抛光、激光抛光等。喷砂和机床磨削抛光对具有复杂内部结构制件加工的可达性较差，一般用于外表面清洁抛光、去除氧化层等；电化学抛光、激光抛光、磨粒流抛光具有良好的加工可达性，在增材制件的后处理中应用比较广泛；表面改性加工主要包括激光重熔、喷丸、蒸气平滑处理、上色等工艺方法。表 5-5 列出了常见的金属制件抛光方法对比。

表 5-5　常见的金属制件抛光方法对比

抛光方法	抛光材料	增材制造工艺	表面粗糙度 Ra/μm
化学抛光/电化学抛光	钛合金	激光选区熔化/激光金属沉积	6～12→0.2～1
	022Cr17Ni12Mo2	激光选区熔化	8→0.18
激光抛光	钛合金	激光选区熔化	12.3→0.9
	Inconel718①	激光选区熔化	7.5→0.1
	022Cr17Ni12Mo2	定向能量沉积	2.4→0.25（SA）
磨粒流抛光	TC4	激光选区熔化	14→1.6
	钛合金	激光选区熔化	12～15→0.51

① 相当于我国的 GH4169。

1. 磨粒流抛光

磨粒流抛光（abrasive flow machining，AFM）技术最早由美国 Extrude Home

公司开发，是一种用于航空航天领域合金零件表面处理的精准可控超精密流体抛光技术。该技术采用流体作为载体，将具有切削性和流动性的黏弹性磨粒悬浮其中，作为可随形变化的加工刀具形成流体磨料，在较高挤压力作用下依靠磨料相对于被加工表面的流动能量进行加工，实现除飞边、倒圆、抛光等加工。

（1）基本原理　在磨粒流抛光过程中，夹具配合工件形成加工通道，两个相对的磨料缸使磨料在零件和夹具所形成的通道中来回挤动，在流体受到限制的部位（即挤压部位）产生磨削作用。当磨料均匀而渐进地对通道表面或边角进行工作时，即可去毛刺、抛光及倒圆，并降低加工表面粗糙度值。磨粒粒径和浓度、加工循环次数是影响抛光过程中材料去除率的主要因素。磨粒流抛光设备的主要组成结构包括：

1）挤压研磨机床。用于固定工件和夹具，并在一定的压力作用下使磨粒通过被加工表面，达到研磨、去毛刺、圆角及抛光的目的。

2）磨料。由柔性的半固态载体和一定量磨砂拌制而成，不同磨料具有不同的黏度、密度和磨砂粒度。最常用的磨砂材料是碳化硅，根据被加工材料的性质还可选择立方氮化硼、氧化铝和金刚砂等磨砂。

3）夹具。用于零件的定位，并引导磨粒通达被加工部位，堵住不需要加工的部位。

根据流体的黏度和施加压力不同，磨粒流抛光可分为磨料喷射抛光和磨料流动抛光。前者采用黏度极低的压缩空气或水作为载体，用较大的压力差使流体磨料喷射在工件表面而达到加工的目的；后者则采用黏度大的有机高分子材料作为载体，在压力作用下使载体中悬浮的磨料在被加工表面上缓慢流动，从而达到刮削或光整的目的。在常用金属制件（如航空发动机叶片）的磨粒流抛光中，最常用的磨砂是碳化硅，砂粒尺寸在0.005~1.5mm之间，粒度有120目、150目、240目、W40、W28等，含量占介质重量的25%~40%。磨粒流抛光前，零件表面越粗糙，所选用的砂粒应该越细，细小的砂粒有助于提高工件表面质量。砂粒对工件表面的切削深度取决于所选择的挤出压力、磨料粒度和硬度等，粗大砂粒产生的磨削量大。对磨粒流抛光后的工件，可采用压缩空气吹除或真空吸除被加工表面的残余粉末与磨料，微量粉末与磨料也可采用溶剂清洗等方法排出。由于磨料是可重复使用的，其使用寿命受限于使用的次数和程度。

金属增材制件的磨粒流抛光效果如图5-5所示。

（2）技术特点　磨粒流抛光的技术优点：

1）加工可达性高。磨粒流的加工介质柔软并具有流动性，使其能与任何形状的加工表面吻合，特别适合光整加工复杂增材制件的内型面、深孔、内倒角等难以触及的表面，不受制件几何形状的限制，并能满足极高的公差要求。

2）可加工材料范围广。磨粒流能对各种材料进行微量研磨加工，从较软的

a)　　　　b)

图5-5　金属增材制件的磨粒流抛光效果

a）抛光前　b）抛光后

有色金属（如铝材）到高强度的高温合金、陶瓷和硬质合金。此外，磨粒流加工还能去除激光、电子束熔融成形过程中产生的表面再铸层及微裂纹等。

3）抛光工艺灵活易控。通过调整挤压力、磨砂粒度和密度及载体黏度等参数就能准确地控制磨粒流加工效果。合理的磨料介质流道限制器可以引导磨料到达各个被加工部位，对零件其他部位没有任何影响。

4）抛光效率高，经济性好。磨粒流加工可同时加工一个零件上的多个部位，也可同时加工多个零件，具有极高的抛光效率，而且可以保持稳定的加工质量，即重复准确性和加工稳定性。

磨粒流抛光的技术局限包括：①磨料价格相对较为昂贵，加工成本较高；②磨料介质流道限制器设计和磨料选择对最终的结果有较大的影响，所以对工艺人员的要求较高；③工艺准备周期较长，针对不同零件需要不同的磨料；④磨料清除相对比较困难。磨粒流加工主要应用于汽车、医疗领域中的各种阀体和泵结构，航空航天领域中的涡轮叶片、燃烧室、整流叶片，模具，以及纺织工业中槽筒、导引喷管的光整加工。

2. 化学/电化学抛光

（1）基本原理　化学抛光（chemical polishing，CP）是依靠化学试剂的化学浸蚀作用对工件表面凹凸不平区域进行选择性溶解，以消除磨痕、浸蚀整平的一种方法。粗糙表面凸起处优先溶解，而凹陷部分生成较厚的氧化膜使溶解的金属离子不易扩散到抛光液中，周围新鲜的抛光液也不易浸入，因此溶解速度较慢，最终在不均匀溶解的作用下，制件表面逐渐平整并富有光泽。电化学抛光（electrochemical polishing，ECP）也称电解抛光，是以被抛工件为阳极，不溶性金属（如铅板或惰性导体）为阴极，将两极同时浸入特定的电解液中，通以直流电而产生有选择性的阳极溶解，同时在金属表面生成氧化膜，从而降低工件表面粗糙度值，提高金属光亮度。在电化学抛光过程中，电解液会溶解阳极零件中的凸起，零件表面会出现一层黏液层，填补工件表面的凹陷部分，从而使工件变得平整光亮。

（2）技术特点　化学抛光的技术优点包括：①化学和电化学抛光都具有极好的加工可达性，并且没有机械力作用，因而可加工可达性差的弱刚性复杂结构件内表面，不受工件尺寸、形状和软硬的限制；②抛光设备简单，不需要特殊辅助设备；③有效减少金属表面平整加工工艺循环中的工序数；④部分非导体材料也可采用化学抛光。

化学抛光的技术局限包括：①化学抛光所用的抛光液使用寿命短，调整和再生比较困难；②在化学抛光过程中，硝酸散发出大量黄棕色有害气体，对环境污染非常严重。

对比机械抛光和化学抛光，电化学抛光具有以下优点：①处理表面具有更光滑的微观表面和反光率，能彻底清除工件表面污垢和油脂；②对初始表面粗糙度为 $Ra1\mu m$ 左右的金属制件的抛光效果显著，可以达到镜面等级；③抛光时间短，而且可以多件同时抛光，生产率高，成本低廉；④增加工件表面耐蚀性，可以使表面元素选择性溶出且在表面生成一层致密坚固的富铬固体透明膜，并形成等电势表面，从而消除和减轻微电池腐蚀，可应用于腐蚀性较强的场合；⑤对母材不产生副作用，抛光的表面不会产生变质层，无附加应力，并可去除或减小原有的应力层；⑥工艺稳定，易操作，污染低于化学抛光。

电化学抛光的技术局限包括：①抛光质量取决于被加工金属的组织均匀性和纯度，金属结构的固有缺陷已被显露，对表面有序化组织敏感性较大；②难以保持零件尺寸和几何形状的精确度；③增材制件的粗糙表面需要预加工至一定的表面粗糙度值，才能保证较好的电化学抛光质量，但由于大多数增材制件的表面粗糙度远高于 $Ra1\mu m$，仅采用电化学方法无法对制件的不同区域进行选择性抛光，抛光后制件的尺寸仍超差严重，因此可采用超电势电化学抛光（OECP）与电化学抛光组合的策略解决此问题。例如，采用这种组合工艺抛光激光选区熔化成形的 316L 不锈钢样件，表面粗糙度由 $Ra8\mu m$ 降至 $Ra0.18\mu m$，材料去除厚度约为 $70\mu m$，制件的轮廓形状保持良好。

化学/电化学抛光广泛用于难加工金属制件的表面处理，适合去除增材制造的开放多孔网格结构内表面上的球化颗粒和黏附粉末。例如，医用植入网格多孔结构等，对其表面松动易脱落的球化层的去除效果显著。化学抛光主要用于抛光钢铁、铜及铜合金件，尤其是低碳钢件，有较好的抛光效果。电化学抛光可以代替许多金属机械精加工工艺（磨削、刮削、研磨），不仅可以抛光不锈钢和铜制件，还可以抛光镍、铝各种合金及由各种合金组合而成的复合材料。

3. 磁力抛光

磁力抛光是利用高速旋转的磁场，驱动并引导容器内的磁针在清水和抛光液混合的介质中高频撞击工件表面，使磁力钢针与工件进行全方位、多角度的充分研磨，实现快速除锈、去死角，去除毛刺、氧化薄膜及烧结痕迹的一种光整加工方法，尤其适合抛光形状复杂、多孔夹缝、内外螺纹等工件。磁力抛光不仅不伤及工件表面，不影响工件精度，还能够释放一部分工件内应力，强化工件表面质量，提高力学性能，因此适用于各类金属制件及硬质塑料等非金属类工件的研磨抛光。

磁力抛光的技术优势包括：①相比于机械抛光，磁力抛光速度快，运行稳定性强，可批量抛光工件，单次抛光的平均时间为 3~15min，抛光后的工件易于替换，可用筛网批量和钢针分离开，大幅度提高了工作效率；②磁力抛光采用抛光液和钢针（尺寸一般为 ϕ0. 2mm×3mm~ϕ1. 2mm×10mm），为半永久性磨材，消耗极低，唯一的耗材为抛光液，因此成本低，对环境的污染小；③能抛光结构尺寸较小、具有一定内部结构的复杂成形件，适合清理死角，对内孔和内外螺纹表面的处理效果极佳；④节能环保，磁力抛光在使用过程中噪声小，耗电量非常小，生产成本低，并且排污量小，抛光液通过配合适量纯净水来批量抛光工件，不带酸碱性的污水便于处理；⑤抛光设备占地面积小，维护简单。

4. 激光重熔表面改性

激光重熔表面改性技术又称激光抛光（laser polishing，LP），是一种利用高能激光照射金属表层，通过激光和金属的交互作用改善金属表面性能的表面处理技术。激光抛光最早应用于抛光金刚石或光学镜片，后来逐渐过渡到抛光金属制件。激光重熔技术采用近于聚集的激光束辐照在材料表面使之熔化，然后依靠热传导快速冷却凝固，在材料表面形成与基体相互熔合的改性层。可通过细化组织、减少偏析、形成过饱和固溶体等方式来改善重熔层的性能，使重熔层表面平整光滑（见图 5-6），并且内部的组织均匀而细密。

（1）基本原理　激光是一种相位一致、波长一定、方向性极强的电磁波，具有极高的功率密度。激光与金属之间的相互作用可按辐照强度和辐射时间分为吸收光束、能量传递、改变金属组织和材料冷却四个阶段，起到对材料表面加热熔融和冲击作用。激光重熔降低增材制件表面粗糙度值的机理可解释为：激光束作用在制件表面，其表面上的尖峰首先被熔化；伴随表现张力的变化，熔化的金属流入邻近的凹坑中，填充了原始不平整的表面，实现了“削峰填谷”（见图 5-7）。除了能降低表面粗糙度值，激光重熔后的金属表层组织得到了明显的改善，晶粒充分细化，还可以消除杂质、气孔及化合物，进一步提高金属表面硬度、耐磨性、耐疲劳性和耐蚀性等使用性能。激光重熔表面改性/抛光的理论基础是快速熔凝的凝固理论，其原理如图 5-8 所示。重熔过程是一个快速加热、快速冷却的过程。在这个过程中，重熔层的组织结构和性能迅速变化，温度、应力等数据的变化是直接影响重熔层组织结构的因素。此外，激光重熔还能够改善某些其他性能，如激光重熔后的铝合金件具有更高的热导率。

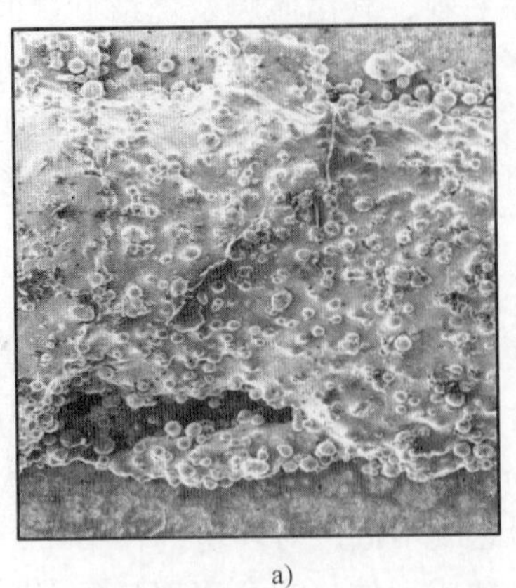

a)

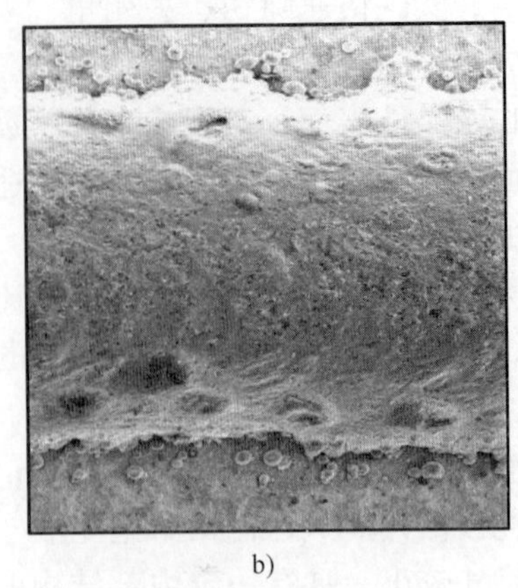

b)

图 5-6　激光熔覆沉积层和激光重熔后的沉积层表面形貌对比

a）激光熔覆沉积层　b）激光重熔后的沉积层

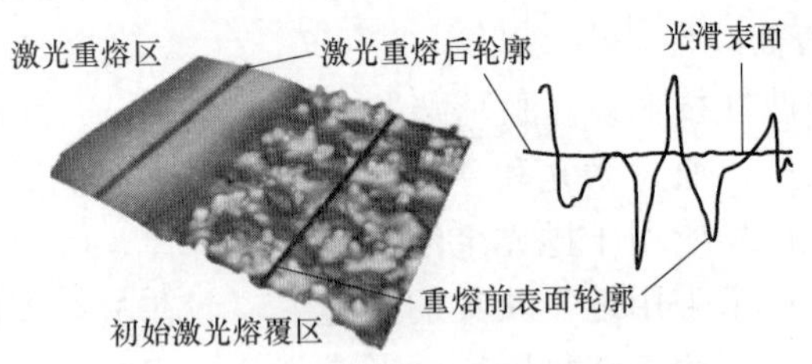

图 5-7　激光重熔降低表面粗糙度值

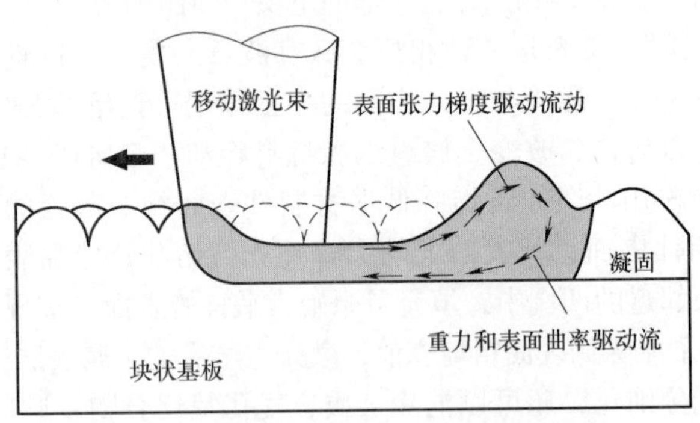

图 5-8　激光重熔表面改性/抛光原理

面向增材制造工艺的激光重熔方式可分为逐层重熔和整体表面重熔，重熔的工艺参数主要有激光功率、光斑尺寸、扫描速度和搭接率等。随着激光功率的增加，周围的金属液流向气孔，从而使气孔数量逐渐减少甚至消除，裂纹数量也逐渐减少；当重熔层深度达到极限深度后，随着激光功率的增加，等离子体增多，基材表面温升加快，导致变形和开裂现象加剧。光斑尺寸也会改变重熔层的表面形貌和力学性能，过小的光斑直径不利于获得大面积重熔层，过大的光斑直径会使输入的能量密度不足。扫描速度过慢，会造成熔覆层材料的烧损，增大表面粗糙度值；扫描速度过快，会使能量密度不足，不能形成有效的重熔层。重熔时搭接率过大也会使表面粗糙度值增加，当需大面积重熔时，应尽量选择宽光束并减小搭接率。

（2）技术特点　激光重熔表面改性的技术优点包括：①基本上不受材料种类的限制，便可获得一定深度的高性能重熔层；②激光束易于导向、聚集，可在不同方向变换，并且极易与数控系统配合，便于加工复杂零件；③激光的灵活性高，扫描速度快，抛光效率高，每分钟的处理面积可达 $9 \sim 35cm^2$，并且能够远距离传送，多个工作台可同时使用一台激光器，可采用计算机编程对激光热处理工艺进行控制和管理，实现生产过程的自动化；④能量作用集中，处理时间短，因此热影响区小，工件畸变小，对基体的组织、性能尺寸影响较弱；⑤操作工艺方便，易实现局部处理，不需要冷却介质，并且无污染，噪声小。

激光重熔表面改性的技术局限包括：①由于激光重熔的快热快冷作用，重熔层容易产生裂纹；②无法处理零件的内表面；③激光重熔设备较为昂贵，运行成本较高。

5. 喷砂

喷砂是采用高压空气形成的高速喷射束将喷料喷射到待处理零件表面，通过磨料对零件表面的冲击和切削作用提高其清洁度和降低粗糙度值。喷砂是一种通用而高效的常用表面光整加工技术，常用于粉末床熔化成形件的后处理，去除制件上的多余黏附粉末。

（1）基本原理　喷砂处理的基本原理是在一个封闭且可视的空间内，以压缩空气为动力，形成高速喷射束，将砂状研磨介质（石英砂、金刚砂等）高速喷射到需要处理的成形件表面，使成形件的外表面发生变化。一般设定气泵的气压为 0.83MPa，采用 0.2~0.5mm 的磨料。由于磨料对制件表面的冲击和切削作用，使其表面获得一定的清洁度和不同的粗糙程度，采用越细的磨料，表面越光滑细腻。例如，玻璃珠介质会产生粗糙的表面，可用于清洁表面；陶瓷介质会产生微小的凹痕；金属微球介质用于对金属制件进行喷丸处理，能够去除未烧结的粉末，同时改善制件表面的应力分布，提高制件的力学性能。此外，喷砂处理还能提高制件表面和后续涂层之间的附着力，有利于后续的表面喷涂或镀层。

喷砂的工艺流程：

1）检查和清除粉末、飞溅物等附着物，并清洗表面油脂及可溶污物，对无用的支撑或连接物也应做妥善处理。

2）打开压缩空气阀门，将喷嘴空喷 2～5min，使管道中的水分喷掉，以免使砂子潮湿；然后关严压缩空气阀门，将输砂管插到砂材中。

3）将待加工零件送入工作箱中，封闭后启动抽风设备进行喷砂。喷砂时，喷头一般倾斜 30°～40°，并均匀地旋转或翻转零件，同时缓慢地往复移动零件或喷嘴，使零件表面受到均匀喷射，直到表面全呈银灰色为止。喷砂时，应注意喷嘴和待处理零件的距离不能太近，防止砂粒“灼伤”零件表面并留下褐色痕迹。使用聚酰胺粉末代替普通砂粒介质能避免该问题，但由于聚酰胺粉末的研磨能力远低于砂粒，表面喷砂的效率较低。

（2）技术特点　喷砂处理是最通用、廉价和高效的后处理方法，主要优点包括：①抛光效率高，可以快速地抛光增材制件的粗糙表面，尤其对于厚重制件的抛光效果非常好；②可以在不同抛光表面粗糙度之间任意选择，而其他抛光工艺难以实现这一点。

喷砂的技术局限包括：①对于轻薄的成形件，喷砂处理容易造成结构损伤；②对具有复杂内曲面、多孔结构制件的加工可达性差；③设备体积较大，如配套使用的气泵与喷砂箱。

喷砂处理主要用于热处理后增材制件外表面的清理与抛光，改善制件的力学性能，清理工件表面的污物（如氧化皮、油污等残留物）并降低表面粗糙度值，使工件露出均匀一致的金属本色。喷砂处理还能清理工件表面的微小毛刺，并在表面交界处打出很小的圆角，使工件更加美观、精密。此外，喷砂处理还能改变制件的表面反光度，如不锈钢工件的表面亚光化。

6. 喷丸

喷丸处理在机械加工行业应用广泛，用来清除厚度高于 2mm 或不要求保持准确尺寸及轮廓的中大型金属制件上的氧化皮、铁锈、型砂及旧漆膜。喷丸后处理被广泛用于长期服役在高应力工况下的金属制件，如飞机引擎压缩机叶片、机身结构件及汽车传动零件等，可有效提高其抗疲劳性。

（1）基本原理　喷丸处理是一个冷处理过程，工作时高速弹丸流以 20～100m/s 的速度撞击工件表面，因弹丸的硬度较高，相对于被冲击材料可视为刚性体。弹丸击中工件表面时相当于对表面进行敲击并产生凹痕。在弹丸流的连续敲击下，工件表层将产生一定深度的塑性变形区，形成压缩残余应力，此应力场能有效阻止裂纹的萌生或扩展。喷砂与喷丸处理后的区别如图 5-9 所示。喷丸与喷砂都是使用压缩空气作为动力，将微粒高速吹出以冲击工件表面达到清理效果，但选择的介质不同，效果也不相同。喷砂处理后的工件表面为金属本色（见图 5-10），但由于表面为毛糙面，光线被折射掉，故没有金属光泽，为发暗表面，而喷丸处理后的工件表面未被破坏，产生的球状冲击凹坑使表面积有所增加，因此喷丸处理后的工件表面也为金属本色（见图 5-11），但由于部分光线被球面凹坑折射掉，故为亚光效果。

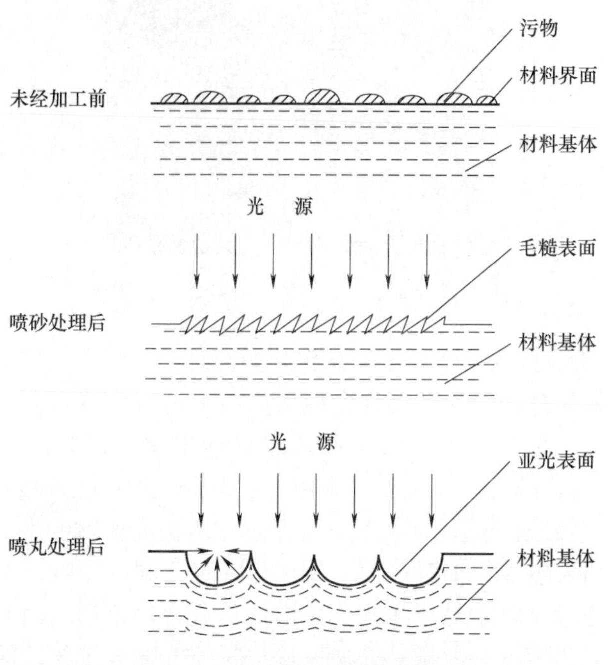

图 5-9　喷砂与喷丸处理后的对比

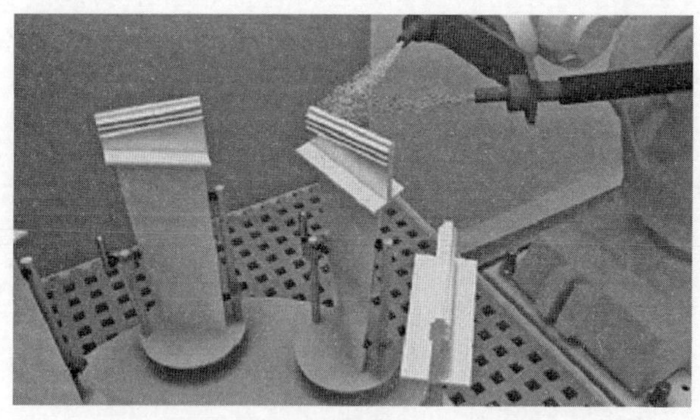

图 5-10　内燃机涡轮叶片的喷砂处理

（2）技术特点　喷丸处理可改善金属材料的疲劳性能及耐蚀性能，产生加工硬化，延长其使用寿命。此外，喷丸处理还可显著改变表层微观结构，引入高密度的晶格缺陷和位错，使表层晶粒显著细化。例如，在实际应用中，航空发动机的高压涡轮盘一般是采用喷丸处理工艺提高其疲劳寿命，其喷丸工艺参

图 5-11 航空发动机整体叶盘的喷丸强化

数见表 5-6。喷丸处理的应用范围也从传统的钛合金、铝合金零部件扩展到镁合金、粉末冶金等新材料，并且喷丸处理不仅用于提高疲劳寿命，同时还能使制作发生塑性形变，实现金属塑性成形或表面纳米化。新型复合喷丸处理技术（如激光喷丸、超声喷丸、高压水射流和复合表面喷丸）能将喷丸强化与激光重熔、表面渗碳/渗氮或热喷涂等工艺复合，进一步提高增材制件的表面质量。喷丸处理的技术局限包括：①对表面形貌产生一定不利的影响；②薄和细长的增材结构在喷丸处理过程中易产生损伤，限制了其使用范围。因此，在喷丸处理前，应按设计工艺参数对待喷丸处理区域进行喷丸强度校核，同时检查增材制件的表面状态，避免冲击气孔、裂纹、划伤等缺陷位置。制件的表面也应进行清洁处理，去除油污和腐蚀物。喷丸处理工艺的检验主要包括喷丸强度检验和覆盖率检查。一般地，喷丸后的零件要使用 10 倍放大镜检查喷丸区域的覆盖率，喷丸表面应完全覆盖。

表 5-6 某高压涡轮盘的喷丸工艺参数

参　　数	具体内容	参　　数	具体内容
丸粒	ZG60	规定强度	0. 20～0. 28A
覆盖率（%）	100	喷距/mm	150
饱和强度	0. 23A	饱和时间/min	5
喷零件时间/min	≥5	压力/MPa	0. 25～0. 30

注：A 表示 A 型试片，覆盖率为规定喷丸区域的覆盖率。

7. 蒸气平滑处理

蒸气平滑处理是通过溶剂溶解增材制件表面的材料实现表面光洁的一种后处理方法，通过蒸发溶剂并让蒸气充分溶解零件的外表面来消除层纹，主要应用于高分子聚合物材料的表面平滑处理。最简单的蒸气平滑处理方法是在广口瓶的底部放置一些溶剂，然后将零件悬挂在溶剂上方，溶剂在缓慢蒸发的过程中将覆盖零件表面并溶解其外层，在室温下即可发生溶解。为了提高溶解速率，也可使用加热板或超声波雾化设备加速溶剂的蒸发。丙酮溶剂一般用于溶解 ABS 树脂，氯仿可用溶解 PLA 材料。蒸气平滑处理后的零件表面圆润光滑（见图 5-12），表面质量和注塑件相近。与将成形件直接浸入溶剂相比，蒸气平滑处理能使溶剂更均匀地分布在制件表面，表面粗糙度的一致性较好。但是，蒸气平滑处理后的制件外表面的尺寸精度将受影响，过度暴露在溶剂蒸气中还会导致一些成形细节被溶解掉等。

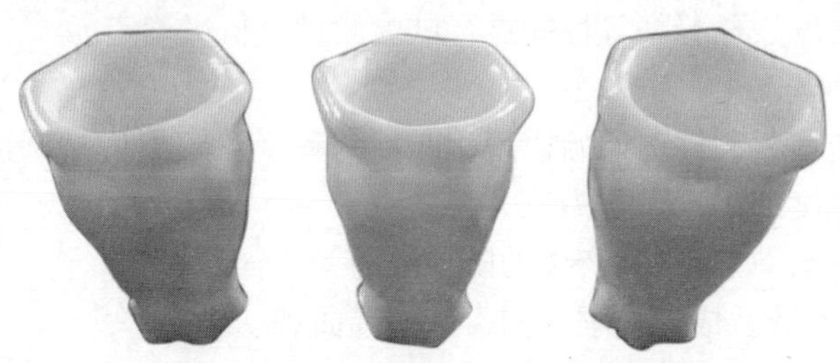

图 5-12　丙酮蒸气平滑处理后的 ABS 工艺杯

8. 上色

根据上色操作方法和技术的不同，目前常用的增材制件的上色与喷涂的工艺包括：

（1）人工上色　人工上色操作简单便捷，成本较低，上色前通常需要涂覆一层浅色底漆（浅灰色或白色），然后施加主颜色以预防颜色不均匀或反色现象。上色时需要采用交叉上色的方法，即当第一层不干时即进行第二层上色，第二层和第一层的涂刷方向垂直。由于人工上色大部分使用油性染料，所以色彩光泽略高于浸渍染料，低于喷漆上色、电镀上色和纳米喷涂，但人工上色的产品效果、一致性及二次着色力等方面偏弱。

（2）喷漆上色　喷漆是增材制件的主要上色技术之一。喷漆后的表面光泽度仅低于电镀上色和纳米喷涂，但由于工作色单一，受喷涂工艺和漆干度的影响，多色喷涂难度较大。在生产周期内，需要对细节进行干燥和微调后进行喷淋操作，操作周期为 3~4h。喷漆上色的效果受人工熟练程度、制件表面质量及二次着色程度等多种因素的影响。

（3）浸染上色　浸染上色只适用于尼龙材料增材制件。与其他几种上色方法相比，浸染上色的表面光泽度最低。虽然该方法受材料和颜色的限制较多，但上色周期相对较短，着色效果可在 30min 内完成。

（4）电镀上色　电镀上色是根据电解原理，在基材表面镀一薄层其他金属或合金，以提高制件的耐磨性、导电性、反射率、耐蚀性和美观性等，一般以镀金、银、铬、镍材料为主，只适用于金属和ABS塑料增材制件。对比手工上色、喷漆上色和浸染上色，电镀上色后的制件镜面光泽度很高，产品外观效果好，但上色成本更高，并且着色效果也受制件体积和形状的影响。

5.3　增材制造质量评价标准

在对增材制件进行过热处理及表面处理后，需要对制件的强度和表面质量进行评价。增材制造质量的评定一般是通过对制件的尺寸精度、力学性能、表面质量、相对密度、稀释率等性能进行试验测量分析后确定。

1. 尺寸精度

尺寸精度指增材制件与原始模型相匹配的程度。根据增材制造成形的特点，影响制件尺寸精度的因素可分为三大类：

1）原理误差，如分层后产生的阶梯效应。

2）由工艺参数及成形过程共同引起的翘曲和变形。

3）由材料特性引起的错层、破碎等。

上述因素会直接或间接影响制件尺寸精度、表面质量和强度，并且这些误差因素会在整个成形过程中重复出现，只有通过合理的试验分析研究才能找到误差产生的原因。增材制造的设计模型特征、选材和成形工艺都会影响制件的尺寸精度，这些影响因素包括：

1）设备精度。增材制造设备较高的定位和运动精度是保证制件尺寸精度的先决条件，使材料能在准确的位置被叠加。

2）材料。根据不同增材制造工艺的特性，合理选择正确的材料，能有效提高制件尺寸精度，如标准SLA树脂比柔性SLA树脂的成形精度更高。

3）制件尺寸和结构。通常，小型制件的尺寸精度要高于大型制件，大面积平坦的表面和无支撑的结构都有可能发生扭曲、变形，影响制件尺寸精度。

4）支撑结构。支撑结构的不当去除会影响制件的表面质量，破坏结构完整性。

5）后处理。部分后处理工艺（如热处理）可能会影响制件的尺寸精度，有时需要适当的冷却工艺以使制件保持所需的形状。因此，提高增材制件尺寸精度的主要措施包括：①定期检查和校准成形设备的定位、运动精度和成形环境（如气体保护、温度监控等）；②设计时尽量避免使用大而平坦的表面，并使用支撑结构来支撑容易下垂的区域，当成形大型零件时，可以考虑成形一些辅助结构用于连接形成类似于支撑的结构；③尽量选择不易变形的成形材料；④采用合适的后处理工艺修正已有的尺寸偏差。

2. 力学性能

力学性能是反映材料在不同环境（温度、介质、湿度）下承受各种外加载荷时所表现出的力学特征。表征材料力学行为参量的临界值或规定值则称为材料的力学性能指标，一般包括屈服强度、塑性应变、硬度、冲击韧度和断裂韧度、蠕变强度、疲劳强度等。这些性能指标既是评定增材制造用成形材料及工艺的基本依据，也是增材制件的结构强度设计、寿命预测和结构完整性评估的重要基础数据，是连接增材结构设计、成形材料及工艺研究和应用的桥梁。

（1）拉伸特性　金属拉伸特性是力学性能中最基本的性能参数，也是检验金属增材制造材料、表征其内在质量的重要试验项目之一。拉伸特性一般采用单向静拉伸试验测量及表征，该试验是在试样两端缓慢地施加载荷，使试样的工作部分受轴向拉力，引起试样沿轴向伸长，直至拉断为止，能清楚地反映材料受拉伸外力时表现出的弹性、弹塑性和断裂特征。国际上比较通用的拉伸试验标准方法有 ISO 6892、EN 2002（欧洲宇航标准）、美国的 ASTM E8/E8M 及日本的 JIS 2241 等。我国于 2021 年修订了 GB/T 228.1—2021《金属材料　拉伸试验　第1部分：室温试验方法》。拉伸试验一般在液压万能试验机或电子万能试验机上进行，通常应满足以下要求：①达到试验机检定的1级精度；②有加力调速装置；③有数据记录或显示装置；④由计量部门定期进行检定。

当增材制件允许破坏且有足够的机械加工余量时，可对制件本体加工取样。试样的切取位置和方向应按相关产品标准的要求，如未具体规定可按 GB/T 2975 的要求进行，但切取样坯和机械加工试样不应改变材料的力学性能。本体取样的试样类型和尺寸，应按相关力学性能试验方法标准的规定进行选择。试样的与制件的后处理状态也应保持一致。若需进行热处理，应按 GB/T 39247 的要求执行。经后处理后的试样，在测试前还应符合相关力学性能试验方法标准规定的样品条件。测试室温拉伸性能的环境温度应控制在 10～35℃，按 GB/T 228.1 规定的方法进行；测试低温拉伸性能的环境温度为-196～10℃，按 GB/T 228.3 规定的方法进行；测试高温拉伸性能的环境温度在 35℃以上，按 G/T 228.2 规定的方法进行。

（2）硬度　硬度是衡量金属材料软硬程度的一种性能指标，指材料局部抵抗硬物压入其表面的能力。硬度试验一般仅在金属表面局部体积内产生很小的压痕，通常视为无损检测。硬度试验也易于检查金属表面层情况，如脱碳与渗碳、表面淬火及化学热处理后的表面质量等。在进行硬度试验时，试样表面应平坦光滑，试验面上应无氧化皮及外来污物，尤其不应有油脂，除非在产品标准中另有规定。试样表面的质量应能保证压痕对角线长度的测量精度，建议试样表面进行表面抛光处理。试样支承面应清洁且无其他污物（氧化皮、油脂、灰尘等）。试样应稳固地放置于刚性支承台上，以保证试验过程中试样不产生位移。以维氏硬度的测量为例，在选择加载的试验力时，应使硬化层或试件的厚度为压痕对角线长度的 1.5 倍。若待测的硬化层厚度未知，则可在不同的试验力下按从小到大的顺序进行试验。若试验力增加，硬度明显降低，则必须采用较小的试验力，直至两相邻试验力得出相同结果时为止。当待测试件厚度较大时，应尽可能选用较大的试验力，以减小对角线测量的相对误差和试件表面层的影响，提高维氏硬度测定的精度。从加力开始至全部试验力施加完毕的时间应为 2~8s。对于小力值维氏硬度试验，施加实验力过程不能超过 10s 且压头下降速度应不大于 0.2mm/s。

（3）疲劳断裂性能　疲劳失效指材料在交变应力的反复作用下，经过一定的循环次数后产生破坏的现象。由于疲劳失效前材料往往不会出现明显的宏观塑性变形，这种破坏容易造成严重的灾难性事故。统计表明，在机械失效总数中，疲劳失效约占 80%以上，尤其对金属制件，其孔隙和裂纹缺陷非常容易引发疲劳问题。疲劳按其承受交变载荷的大小及循环次数的高低，通常分为高周疲劳和低周疲劳两大类。前者表征材料在线弹性范围内抵抗交变应力破坏的能力，一般包括疲劳强度、疲劳极限和 *S-N* 曲线；后者则表征材料在弹塑性范围内抵抗交变应变破坏的能力，一般用循环应力-应变曲线和应变-寿命曲线表征。评估疲劳性能的常用实验是疲劳裂纹扩展和疲劳寿命试验。疲劳裂纹扩展测试在带有尖锐裂纹的预开缺口试样上进行，以确定给定载荷条件下的裂纹扩展速率；疲劳寿命测试在光滑的样品上以变化的轴向或弯曲交替应力幅度进行，以确定材料在失效之前可以承受的循环次数。

影响增材制件疲劳性能的因素可归纳为残余应力、表面粗糙度、内部缺陷、各向异性和微观结构的不均匀性，这些因素可以通过工艺参数和或后处理进行改变。金属制件的疲劳性能主要受内部缺陷含量的影响，而内部缺陷含量又取决于成形和后处理条件。与锻造材料相比，经过热等静压处理的增材制造试样具有同等甚至更好的疲劳强度；与铸造材料相比，经优化工艺和去应力的增材制造试样也具有同等甚至更好的疲劳强度。与内部缺陷相比，表面缺陷会导致更高的应力集中。因为应力梯度的存在，表面上的剪切应力最高，表面缺陷在扭转或多轴疲劳中的作用可能更为关键。根据增材制件中缺陷的分布情况，采用机械加工的后处理方式可能会对疲劳寿命产生积极的影响。对于退火和机械加工后的制件，其表面及内部缺陷在疲劳寿命中起主要作用，当通过优化工艺和后处理手段减少缺陷时，微观组织的不均匀性可能会更多地参与疲劳裂纹的萌生。此外，由于增材制件在微观结构和缺陷方面的各向异性，缺陷取向对疲劳性能的影响比包含大的未熔合缺陷的制件更为显著，这与夹带气体导致的孔洞缺陷相反。

3. 表面质量

（1）表面粗糙度　表面粗糙度定义为加工表面上较小间距和峰谷所组成的微观几何形状特征，即加工表面的微观几何形状误差，其评定参数主要有轮廓

算术平均偏差 Ra 或轮廓最大高度 Rz。表面粗糙度是零件表面质量的重要表征参数，其大小影响着零件的磨损性能和几何尺寸，进而影响零件的使用寿命。表面粗糙度直接影响增材制件的疲劳性能，过于粗糙的表面会导致应力集中，进而萌生裂纹，大幅度降低制件的抗疲劳性和断裂韧性。例如，增材制件表面截取的 TC4 试样，其疲劳寿命是机械加工后的试样的 1/4。增材制造工艺多种多样，而每种工艺成形的金属制件具有不同的表面粗糙度。此外，工件的复杂程度、成形材料、成形工艺和环境等因素都有可能影响增材制件的最终表面粗糙度。

除了表面粗糙度，增材制件的表面质量还能通过表面波度、表面加工纹理和伤痕进行评价。其中，表面波度是介于宏观形状误差与微观表面粗糙度之间的周期性形状误差，主要是由机械加工过程中低频振动引起的，应作为工艺缺陷设法消除；表面加工纹理指表面切削加工刀纹的形状和方向，主要取决于表面形成过程中所采用的机械加工方法及其切屑运动的规律；伤痕指在加工表面个别位置上出现的缺陷，如砂眼、气孔、裂痕、划痕等，大多随机分布。

（2）表层残余应力　残余应力是当物体没有外部因素（一般指外力）作用时，物体因其经历过的外力作用、温度变化或相变等因素而产生的不均匀塑性变形导致的弹性应变所对应的、自身保持平衡的残留在材料内部的宏观应力。增材制造工艺中残余应力产生的根本原因是成形过程中不均匀的温度变化、相变和弹塑性形变所共同引起的。多数金属零件增材制造过程均属于材料热加工的过程，多以高密度能束作为移动热源来熔化金属材料，其局部热输入产生的局部热效应将使材料产生一定的残余应力和变形。例如，在激光增材制造过程中，激光光斑附近温度梯度大，骤热后快速冷却。不同部位温度不同，熔化不同步，冷却过程中凝固不同步，都会造成不同部位膨胀收缩趋势不一致，反复重复该过程则引起局部压缩和拉伸，从而产生热应力；同时，由于不同部位温度不一致，沉积不同部位的物相变化不同步，不同相之间的比容不一样，膨胀或收缩时相互牵制产生相变应力。上述因素共同导致增材制件通常具有明显的表层残余应力。增材制造过程中常见的多种缺陷，如热裂纹、翘曲等均与热应力有关。增材制件完成打印后逐渐冷却至室温，成形过程中的热应力、组织应力残留并积累，形成最终的残余应力。这类残余应力在成形后初期不易观察到，但在材料长期服役过程中会释放或重新分布，导致疲劳裂纹、冷裂纹脆性断裂、应力腐蚀等失效，危害较大。

增材制件表面残余应力的测量方法：

1）通过测定晶格畸变或因晶格畸变造成的物理性能改变来反推残余应力，如 X 射线衍射法、同步辐射法、中子衍射法、超声波法等。

2）通过破坏待测工件，释放残余应力的弹性变形，如盲孔法。

3）外加应力，分析材料形变量与单独外力作用时的差异进而计算残余应力，如压痕法。

增材制件表面残余应力的调控和预防措施：

1）适当预热。在成形前对基板进行充分预热，可以有效减少残余热应力的产生，预热温度一般在150~400℃之间。

2）合理控制输入的能量密度。由于不同粉末材料物理特性（如吸光系数、熔点等）的不同，其制备过程中所需要的激光能量密度不同，但过高的能量输入将导致相邻层因温度梯度过大，产生大的残余热应力而开裂。

3）在成形过程中引入一些辅助方法，可以实现残余应力的原位调控，如超声振动辅助、电磁搅拌辅助等。

4）增加后处理工艺，主要包括热处理、超声振动或冲击等。

4. 相对密度

相对密度是零件的实际密度与理论标准密度的比值，又称堆积比率或空间最大利用率。相对密度与孔隙量成反比，是判定增材制件力学性能优劣的重要指标，直接反映了制件内部的粉末未完全融化、气孔裂纹等缺陷的情况，而且与其他性能指标也有极大关联。制件气孔越多，相对密度越低，在受力环境下越容易出现疲劳或裂纹。重要承载或有较高可靠性要求的制件，相对密度须达到99%以上。

增材制件的相对密度一般采用排水法测量，根据阿基米德原理，通过换算可得到物体的体积密度的计算公式为

$$\rho_X=\rho_{H_2O}m_1/(m_1-m_2) \tag{5-1}$$

式中，ρ_X是待测实验件的体积密度；m_1是干燥空气中称得的物体质量；m_2是液体中称得的物体的质量。

对比成形前金属粉的理论密度ρ_{P_0}，实验件的相对密度ρ_R为

$$\rho_R=\rho_X/\rho_{P_0}\times100\% \tag{5-2}$$

提高增材制件相对密度的主要措施：

1）合理控制和优化成形工艺参数。通常仅靠控制单一工艺参数并不会对相对密度产生显著影响，而需要综合考虑多个参数的组合作用，消除或控制不同来源的孔隙量。例如，利用激光选区熔化工艺成形高熵合金时，制件的相对密度随输入功率的增加和扫描速度的降低而提高，采取激光分区扫描的模式也可以减少孔隙量。

2）选取合适的成形材料。以粉末为成形原料的增材制造工艺，制件的相对密度会受到粉末的形状、粒径分布的影响。例如，球形颗粒会提高粉末的流动性，而良好的粉末流动性有利于保证铺粉的平整度和密实度，粉末松密度越大，制件孔隙量越低，相对密度越高。适当增加粉末粒径的分布范围，形成熔覆层

时细粉填充于粗粉的间隙，从而提高相对密度。但是，宽粉末粒径分布会降低粉末的流动性。

3）增加热等静压致密化等后处理工艺，也可以通过渗入其他材料，如铜的方式来减少孔隙，但添加辅助材料会改变制件的化学成分，可能会破坏某些制件的原始设计标准，需要谨慎使用。

5. 稀释率

稀释率是金属零件增材制造，尤其是激光熔覆工艺控制的重要因素之一。稀释率指激光熔覆过程中，由基体材料熔化进入熔覆层从而导致熔覆层成分发生变化的程度，一般用符号 λ 表示。激光熔覆的目的是将具有特殊性能的熔覆合金熔化于普通金属材料表面，并保持最小的基材稀释率，使之获得熔覆合金层具备的耐磨损、耐腐蚀等基材欠缺的使用性能。激光熔覆工艺参数的选择应在保证冶金结合的前提下尽量减小稀释率。稀释率的计算可以用面积法或成分法，一般常用面积法计算，按照熔覆层横截面积的测量值计算稀释率（称为几何稀释率），即通过测量熔覆层横截面积的几何方法进行计算，其表达式为

$$\text{稀释率}=\frac{\text{基材熔化面积}}{\text{熔覆层面积}+\text{基材熔化面积}}\times 100\%$$

$$\lambda=\frac{A_2}{A_1+A_2}\times 100\% \tag{5-3}$$

式中，A_1、A_2分别是单道熔覆层面积和基材熔化部分的横截面积（mm^2）（见图5-13）。

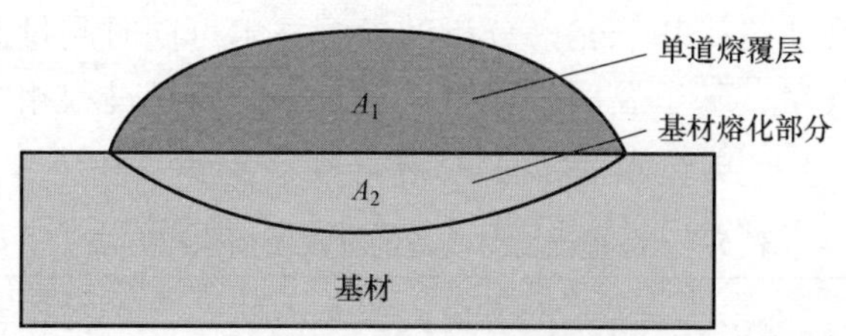

图5-13　单道熔覆层的稀释率计算

稀释率的大小直接影响熔覆层的性能。稀释率过大，基材对熔覆层的稀释作用大，将损害熔覆层固有的性能，增大熔覆层开裂、变形的倾向；稀释率过小，熔覆层与基材不能在界面形成良好的冶金结合界面，熔覆层易剥落。因此，控制熔覆层稀释率的大小是获得优良熔覆层的先决条件。通常情况下，激光熔覆的稀释率以小于10%为宜（一般为5%左右），以保证良好的表面熔覆层性能。例如，在钢件表面激光钴基自熔性合金，稀释率应小于10%；在镍基高温合金表面熔覆 Cr_3C_2 陶瓷材料，稀释率可达到30%以上。

影响稀释率的因素主要有金属粉末和基材的材料性质，以及激光熔覆工艺

参数。材料性质主要包括硬度、自熔性、润湿性和熔点。对于特定的合金粉末，稀释率越低，熔覆层硬度越高，获得最高硬度的最佳稀释率一般为3%~8%。对于熔覆工艺参数，在激光功率不变的前提下，提高送粉速度或降低扫描速度都能降低稀释率。同时，稀释率还与激光功率密度正相关，因为较大的激光功率能够缩短粉末的熔化时间，增加与基材的作用时间。此外，稀释率还与送粉速度负相关，即成反比关系，因为送粉速度越快，粉末熔化需要的能量越大，基材的熔化越少，稀释率越小。

5.4 常用增材制造缺陷检测技术

为了发现并消除各类增材制造缺陷，需要采用各类检测技术。由于增材制造过程中包含了丰富的声、光、热、电和辐射等信号信息，这些信息均可反馈成形质量，缺陷的检测正是建立在对这些信号信息进行监测/检测的基础上。不同检测技术的基本原理、检测对象、准确性、抗干扰性、直观性、设备价格和安装的难易程度各不相同，各有优劣，见表5-7。由于增材制件的组织和缺陷特征与传统制件有所不同，存在不均匀性和各向异性，并且几何形状复杂，因此需要在传统检测方法的基础上重新分析缺陷特征与检测信号的对应关系，明确典型缺陷的检测特征，合理选择适用的检测方法和参数。任何单一技术手段都无法同时实现增材制件的表面和内部、宏观和微观缺陷的全面检测。例如，基于视觉的检测技术适合测量成形过程中的制件外部尺寸和表面缺陷，但无法测量内部或表面微观缺陷；基于光谱分析的检测技术可同时测量制件内部和外部缺陷，以及环境气氛；基于温度、声音、电信号的测量过程相对简单，但获得的信息量相对较少，一般作为辅助测量手段。

表5-7　适用于增材制造的常用无损检测方法

检测方法		工作原理	特　　性
射线成像	射线检测	辐射能量可以被完好的试样材料均匀吸收并渗透，在厚度或密度变化部分及瑕疵区域则不能。穿透材料的辐射会在传感介质中产生图像从而显示出缺陷	适合检测深入表面的缺陷，对垂直于辐射方向的缺陷敏感性差；与样品尺寸相比，对小缺陷的敏感性差；不适用于在线检查
	背散射X射线	与传统的X射线不同，背散射X射线检测从目标反射的射线	适合检测深层缺陷；适用于只能单面检测的目标；检查时间长
	计算机断层扫描（CT）	通过旋转轴发射X射线，并利用图像算法构建三维模型	适合检测深层的点缺陷；不适合在线检查；检测时间和尺寸有一定限制

（续）

检测方法		工作原理	特　　性
超声	传统脉冲/回波超声检测	向试样发射一束高频声波，声波在表面或缺陷处发生反射，通过对反射声波进行分析以确定缺陷的存在和位置	可用于探伤、定位、测量，不能测量高温目标（大于 300℃），不适于测量局部非平面表面
	相控阵检测	采用可单独控制的复合数量探头，通过控制激发每个探头产生聚焦的超声波。通过软件控制声波以生成二维和三维视图	可用于探伤、定位、测量；快速检测；能检测一定深度的缺陷；不能在高温下工作；需要耦合；可能需要几个探测头（探头性能限制）
	水浸式超声检测	将试样沉浸在液体介质中，液体介质使探头和材料之间有效耦合以满足检测过程自动化，并提供检测品的扫描图像	提高了小缺陷的检出率和更精确的尺寸和定位；不适合在线检测；不能在高温下工作
	电磁超声检测	采用电磁声（EMA）方法对超声波进行激发和接收	可用于探伤、定位和尺寸测量；非接触式但要求接近；可以在高温下工作；适合快速在线检测
	激光超声检测	激发激光脉冲到试样表面，加热并产生一个超声波脉冲在待测品中传播；超声波脉冲遇缺陷后相互作用反射回表面；接收器接收脉冲并测量到达表面的位移	可用于探伤、定位、测量；能够检测非常小的缺陷；非接触式；可用于复杂表面的结构区域；可以在非常高的温度下工作
电磁	电势差测量	在试样两端放置电极，用探针测量电势差变化，在缺陷处电势差发生变化	善于测量表面裂纹深度，测量精度受表面粗糙度影响；可以在高温下测量
	涡流检测	交流电激发围绕在导电试样周围的线圈产生交变磁场，使试样内产生涡流。缺陷引起涡流的变化，阻抗线圈产生相对应的变化，以此识别缺陷	可用于表面和地下缺陷的检测，穿透深度约几毫米；对小缺陷非常敏感；非接触式但需要接近；仅适用于导电材料
	磁粉检测	磁化待测试样后，表面或亚表面的缺陷会引起磁通泄漏；将磁性粒子涂抹在材料表面，会吸引到磁通泄漏区，表明该处存在缺陷	仅限于测量铁磁材料，不适用于在线检测

（续）

检测方法		工作原理	特性
热成像	红外热成像	利用红外相机观测试样表面温差来检测表面下的特征情况	可以探测地下缺陷；无辐射；适用于在线监测；需要加热工作材料；可快速扫描大片区域
	激光热成像	用大功率的激光源加热试样表面，使能量在试样表面扩散，通过分析激光点附近的温度分布可以检测出缺陷	可以检测表面缺陷；非接触式测量适用于在线检测；测量前不需要表面处理
	振动热成像	超声波换能器在试样中产生弹性波，这些波在试样中发生不规则的相互作用。由于摩擦，能量将以热的形式扩散，并用红外摄像机观测热量分布情况	可以探测地下缺陷；接触式；检测时间短；难以测量正在加热的表面
	涡流热成像	在试样内部产生涡流，用红外摄像机采集其内部的涡流变化	可以检测地下的缺陷，需要时间在材料中积累足够的能量；适合在线检测
其他	渗透检测	用渗透剂浸湿试样，使其渗透在表面缺陷中。去除多余渗透剂，并在表面涂上显像剂显像，形成可见的缺陷指示	不能检测内部缺陷；不能在线检测；测量时间长（一般大于20min）
	声发射检测	用压电传感器捕捉试样材料断裂时发出的弹性波	可用于发现缺陷和定位，尤其适合检测正在出现和扩展的缺陷；能检测复合材料，不受试样尺寸的影响

与传统制造方式不同，影响增材制造质量的因素繁多，而且缺陷大多产生在成形过程中，增加了产品的修复成本，部分缺陷甚至无法修复。因此，对增材制造过程进行在线检测乃至实现过程修复，可极大地提升成形质量，减少废品率，打破增材制件性能不稳定、一致性差的限制。本节也重点阐述了常用于增材制造过程的在线检测技术，包括X射线检测、超声检测、声发射检测、高速摄像检测、工业CT检测、红外测温/热像检测和磁探伤检测。

5.4.1　X 射线检测

1. 测量原理

X 射线检测包括射线照相法、透视法（荧光屏直接观察法）和工业 X 射线电视法，目前应用最广泛、灵敏度较高的是 X 射线照相法。图 5-14 所示为 X 射线检测原理。射线源发出的射线照射到工件上，并透过工件照射到暗盒中的照相胶片上，使胶片感光。类似地，X 射线探伤的基本原理为：X 射线穿透材料时，遇到缺陷，由于缺陷和材料的吸收、散射能力不同，投射后的射线强度就不同；感光胶片反映出这种差异，就可以检测出缺陷的尺寸、形状；结合经验就能判断出缺陷的性质。如果工件内部有裂纹，感光后底片接受的穿透 X 射线就多，曝光量就大，暗室处理后，该处呈黑色的裂纹影像；无缺陷处则呈白色。再以 X 射线检测残余应力为例，其基本原理如图 5-15 所示。根据布拉格关系式 $2d\sin\theta=n\lambda$，特定波长的 X 射线对于晶面间距为 d 的材料，在某一个角度 θ 上发生衍射，出现衍射峰，从而可以测量晶面间距的微小变化，进而确定弹性应变，获得残余应力值；根据衍射峰与标准峰的偏差可判断残余应力的类型。由于常规 X 射线应力仪发射的 X 射线穿透性一般，仅能用于薄膜或材料表面残余应力的检测，测量深度一般为几十到上百微米。

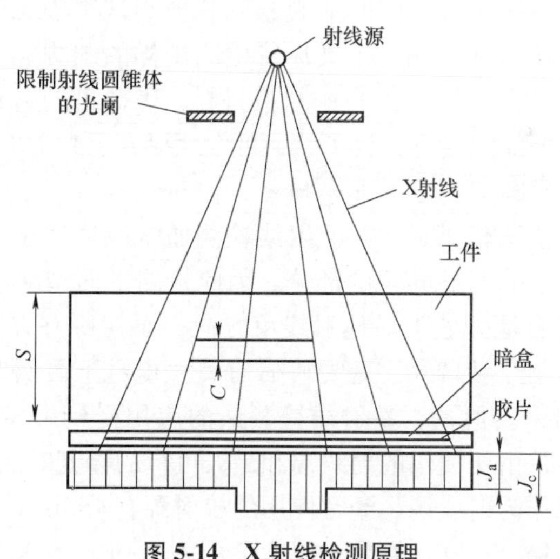

图 5-14　X 射线检测原理

2. 技术特点

根据 X 射线检测原理可知，其依靠射线透过物体后衰减程度不同来进行检测，故适用于任何材料，无论是金属还是非金属材料均可以检测，如检测各种材料的铸件与焊缝、塑料、蜂窝结构及碳纤维材料，还可用以了解封闭物体的

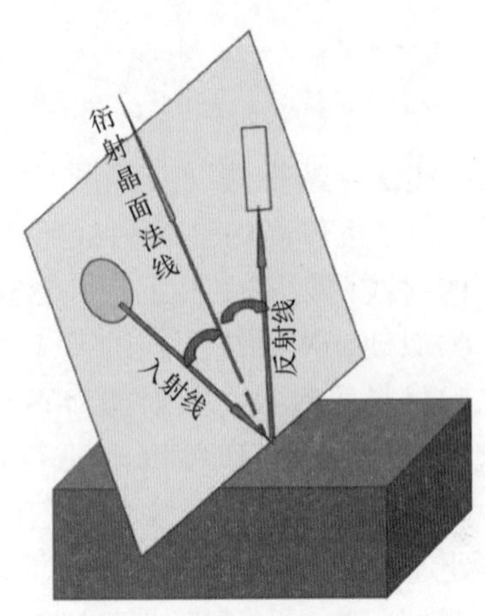

图 5-15　X 射线检测残余应力的基本原理

内部结构。检测中，选用不同波长的射线，可以检测薄如树叶厚的钢材，也可检测厚达 500mm 的钢材。例如，采用线型像质计，射线检测发现缺陷的相对灵敏度般可达 1%～2%，个别采用辅助措施还可再高一些而优于 1%。此外，X 射线检测还具有以下优势：①极大的工艺缺陷覆盖范围，自动 X 射线检测技术对工艺缺陷的覆盖率高达 97%，同时能观察到其他测试手段无法可靠探测到的缺陷；②非接触式无损内部检测，不破坏待检测试样的结构完整性；③可分层检测，效率更高：X 射线可穿过 PCB 的基板材料，因此可同时对双层板或多层板进行检测，每一层的缺陷便可一目了然，极大地提升了光学检测效率。

X 射线检测普通碳素钢已经非常成熟，但对铝合金、不锈钢等存在大晶粒或织构组织的材料检测仍不成熟。X 射线检测通常只适用于检测与射线束方向平行的厚度或密度上的明显异常的部分，因此检测平面型缺陷（如裂纹）的准确性取决于待测表面是否处于最佳射线束方向，而在所有方向上都可以测量体积型的缺陷（如气孔、夹杂），只要缺陷的尺寸相对于截面厚度的尺寸不是太小，均能被检测出来。但是，X 射线检测法的应用受到一定厚度范围的限制，这一厚度范围主要是由所使用的射线源和最大可行的曝光时间确定的。一般用 X 射线装置和放射源作为射线源，经常使用的放射源有 192Ir（铱）、173Cs（铯）、60Co（钴）和 170Tm（铥）。如果使用管电压为 250kV 的 X 射线装置，可检测的最大材料厚度为 100mm 左右；放射源 137Cs 检测钢板的厚度范围是 10～75mm；60Co 为 40～225mm，而 170Tm 仅为 15mm 左右。

此外，X 射线法还存在以下局限：①效率较低，数据处理和图像重建过程较为耗时；②X 射线对人体具有辐射性，不宜长时间使用；③当试样晶粒尺寸太大或太小时，测量精度不高；④难以测试大型制件；⑤难以测量运动状态中的瞬时应力；⑥不适宜测量单晶材料的应力。

3. 技术应用

X 射线检测一般可用于增材制件的探伤和残余应力测试，已在石油、化工、机械、电力、飞机、宇航、核能、造船等工业中得到了极为广泛的应用。例如，采用超高速同步 X 射线影像测量法，研究在粉末床增材制造过程中激光熔化金属时的气体压差（又叫匙孔效应或小孔效应）。

5.4.2 超声检测

超声检测技术是一种工业上广泛用于材料内部缺陷的无损检测方法，也是增材制件质量检验的重要手段。当超声波进入物体遇到缺陷时，一部分声波会产生反射，接收器可对反射波进行分析进而精确测量出缺陷的尺寸和位置。针对增材制造过程中的常见孔隙和裂纹等缺陷，一般可采用空间分辨声谱（SRAS）技术，通过使用表面声波探测材料表面和亚表面的微观结构和缺陷（见图 5-16），获取表面粗糙度、孔隙率、弹性常数、晶粒度等众多参数的信息。此外，利用超声波还能无损测定被测对象积聚的应力状态，获得待测件表层或内部的残余应力信息。

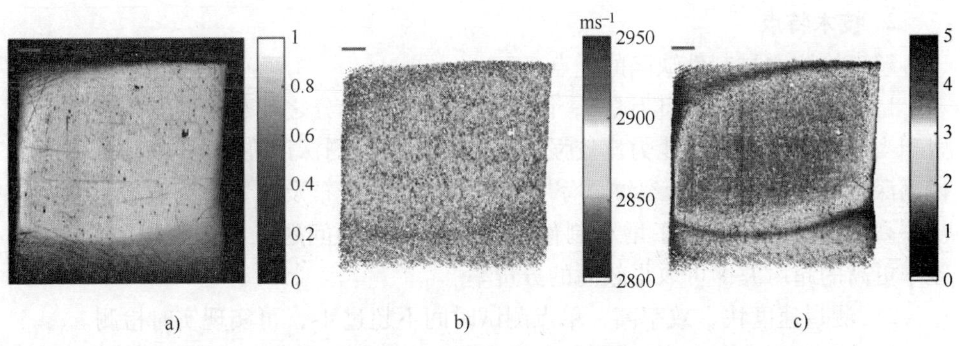

图 5-16 空间分辨声谱测量设备组成结构原理及 SLM 样件测量结果

a）光学图像 b）声信号速度分布 c）声信号振幅分布

1. 测量原理

超声检测的基本原理：基于超声波发射和接收的基本检测方式，通过缺陷回波出现的时间、超声传播速度、传播方向等数学物理关系实现缺陷的定位，对比缺陷处和工件结构的回波波幅，融合分析测量数据与先验数据，实现缺陷的定位和表征。以超声测量应力为例（见图 5-17），测量设备主要包括超声脉冲信号源、数据采集模块、数据分析预处理模块、应力分析软件系统、超声波探头及人机交互终端。在被测对象上安放两个超声波探头，分别是发射探头和接收探头，探头的另外一端分别连接到仪器的信号端口。仪器向发射探头发出激励信号后，发射探头激发出超声波并沿被测对象传播，当超声波遇到有应力聚集的区域，超声波传播的速度（相位）发生变化，接收探头采集到信号回传至测量仪器，由仪器分析捕捉到这个速度变化量，结合事先标定的材料特征参数，可计算出目标区域应力值。

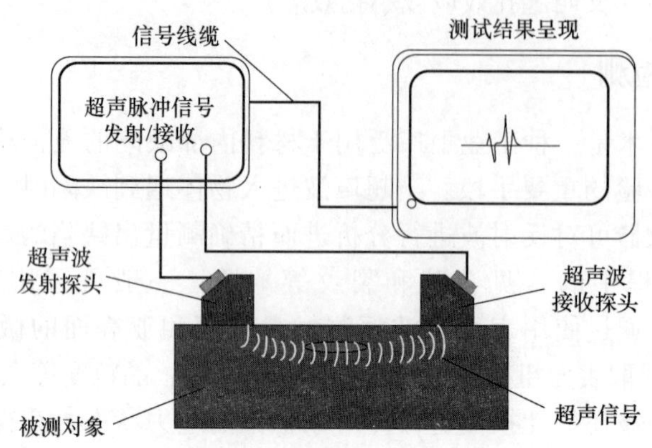

图 5-17 基于超声的应力测量原理

2. 技术特点

超声检测增材制件缺陷的优点：

1）可检测不同厚度的试样，能发现与直径约十分之几毫米的空气隙反射能力相当的反射体；穿透能力比较强，近表面应力检测深度在 2mm 以内，体应力检测深度高于 10mm，对裂纹、分层等类型缺陷的分布及位置较为敏感，纵向分辨率高，穿透力强。对于增材制件内部缺陷细微的问题，只需使用波长更短，频率更高的超声波即可取得较高的分辨率。

2）测量速度快，效率高，单点测试时间不超过 4s，可实现实时检测。

3）适用材料广泛，无论是钢铁、有色金属和非金属，均可采用超声检验，理论上适用于任何非吸声材料的检测。

4）超声检测算法成熟，可在时域、频域对信号进行分析，并得到所需测量的参数。

5）操作安全，相比于 X 射线检测无任何辐射，不需要任何防护，耗品极少，检查成本低。

6）检测设备搭建简单，机动性强，便于在室外或现场使用（见图 5-18）。

7）检测功能多样，能够测量孔隙率（绘制孔隙率的空间变化图）、弹性模量、密度和残余应力等多种参数，实现对增材制造系统的健康管控和故障诊断。

图 5-18　便携式工业级超声应力仪

超声检测的技术局限：

1）增材制件的表面一般较为粗糙，尤其是定向能量沉积工艺，会影响接触式探头的耦合。

2）对形状不规则（尺寸小而薄）及非均质材料难以检查。增材制件的结构通常较为复杂，尤其对于拓扑优化结构和网格结构这类异形结构，其超声传播规律较为复杂，难以标定。

3）超声检测的可记录性较低，不能像射线检测可得出射线照相底片或显示痕迹，直观地判断缺陷的几何形状、尺寸和性质（见图 5-19）。因此，需要在检测之前进行声速校准，通过准确的标定保证测量精度。

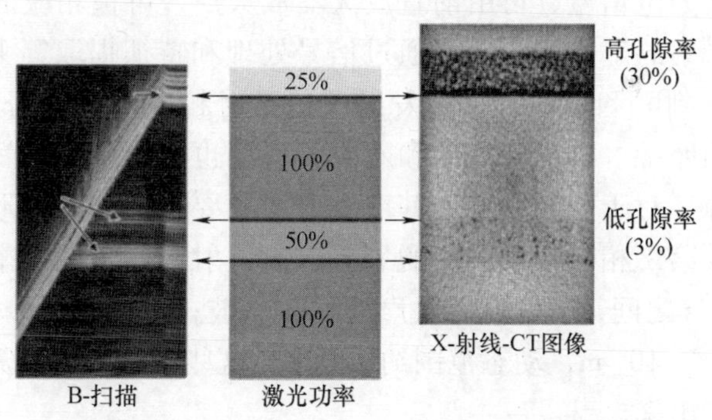

图 5-19　超声在线检测与 CT 扫描结果的对比

3. 技术应用

增材制造的各种机械零件，如与电站设备、船体结构、锅炉、压力容器等配套零部件，均可采用超声检测。既可采用手动测量，也可与其他自动化设备集成进行自动测量。2013 年，超声检测技术首次被应用于增材制造的过程监测，能够敏感地测量出成形件材料和微观结构特性的变化情况。随后，超声检测进一步用于监测激光选区熔化成形件中材料的残余应力分布状态。目前，成熟的超声检测系统能够完成数据采集、信息处理、过程控制和记录存储等多种功能。用于增材制造过程监控的智能超声探伤仪，可在屏幕上同时显示回波曲线和检测数据，及时发现孔隙和裂纹缺陷，指导工艺参数的优化。

5.4.3 声发射检测

声发射（acoustic eemission，AE）现象是材料在受到外部载荷作用时，材料内部结构变化而引起应力应变能的快速释放，导致弹性波的产生和传播。声发射现象广泛存在于众多材料、结构和制造加工过程中，从地震灾害到材料内部的轻微晶体位错运动，均会伴随声发射现象的产生。在增材制造过程中，由于各种工艺参数的不合理组合容易导致成形件产生过热、内部缺陷等问题，并伴随声发射现象。因此，通过监测增材制造过程的声发射源，即可实现对成形质量的检测，合理控制和优化工艺参数。

1. 测量原理

与超声波相同，声发射信号本质上也是一种机械波，其波型可分为纵波、横波、表面波等模态。声发射系统一般包括声发射传感器、前置放大器、数据采集处理系统、记录和显示系统4部分，如图5-20所示。声发射检测的基本原理：待测材料内部的声发射源产生弹性应力波，最终传播到达材料的表面并引起表面振动，利用高灵敏度声发射换能器拾取表面振动，此时通过压电换能器将机械振动转换为电信号，再由前置放大器放大后，可被相应的数据采集系统采集并保存。采集的声发射信号可通过信号处理和特征提取等手段，实现对声发射源的识别、判断和定位等。声发射源包括材料内部裂痕的产生和扩展等，同时材料外部的摩擦、碰撞、变形和断裂等现象也会激发出声发射信号，被称为二次声发射源。对于金属制件，其声发射源主要包括塑性变形、裂纹的萌生与扩展、相变及第二相析出或夹渣脱裂等。声发射源产生的频率范围很宽，一般在1kHz~1MHz之间，频段涵盖次声波到超声波；声发射信号的波幅也很大，位移振幅为10^{-15}~10^{-9}m，动态范围约120dB，这些微弱的信号需要借助专用的设备才能够探测出来。

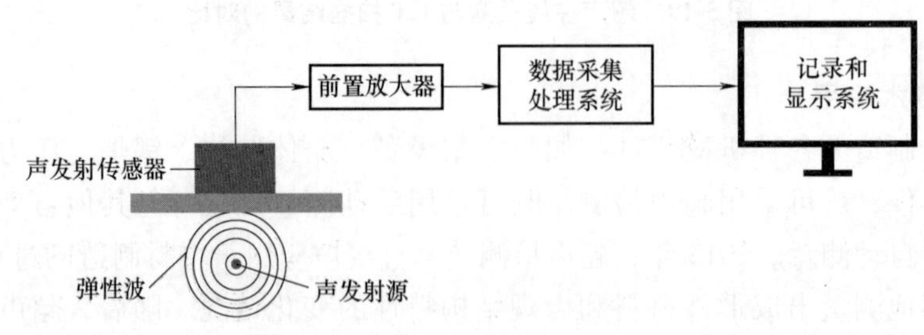

图5-20 声发射检测的基本原理

2. 技术特点

声发射检测技术属于被动式检测，与其他无损检测技术相比，其技术优势主要包括：

1）声发射的信号源主要为监测对象和材料本身，不需要借助额外的信号激发手段，只需在特定位置布置一定数量的接收传感器，测量系统的数据处理速度快，因此声发射传感器容易与增材制造系统集成，测量成本较低。

2）声发射检测的灵敏度可达 10μm，远高于常规超声、射线等无损检测方法，能够发现更微小的缺陷。

3）声发射技术属于动态检测技术，可监测材料内部缺陷在应力作用下的活动情况，能够提供缺陷随载荷、时间、温度等外部参量而变化的实时或连续信息，适用于工业过程在线监控或临近破坏预警，而其他无损检测技术通常适用于对已经存在裂痕或失效等现象的材料检测。

4）适用范围广，能够在高温、辐射、易燃易爆等危险且难于靠近的恶劣环境中实现检测。

声发射检测的技术局限：

1）增材制件的几何形状相对复杂多变，在实际检测中，声发射信号容易被几何边界多次反射和波型转换后才到达传感器，多次反射模态的叠加将产生轨迹复杂的循轨波，给声发射源的定位造成困难。

2）声发射信号具有较高的频率特性，需要使用高采样频率的数据采集系统，给后期的信号处理与存储带来一定负担。

3）声信号传感器的测量位置、角度等对采集信号的准确性有较大影响，需要合理布置传感器的测量位置。

3. 技术应用

声发射检测主要应用于熔融沉积成形、粉末床熔化成形和定向能量沉积成形的在线检测。利用声发射传感器易于安装使用、对工件缺陷敏感性强等优点，声发射检测技术首次被用于实时在线监测粉末冷喷涂增材制造工艺中，及时发现各种缺陷，证明了声发射检测可以在具有较大背景噪声的情况下实现对裂痕、材料堆积和剥离等缺陷模式的在线监测。利用声信号特征和气孔率的关系，还可以监控成形过程中的声信号，用于搜寻和抑制产生孔隙或凝固断裂的缺陷。此外，针对熔融沉积成形工艺，声发射检测还可用于监控成形过程中熔覆喷嘴的阻塞及丝材的断裂等故障。

5.4.4　高速摄像检测

由于视觉传感器可获得大量的信息，结合机器视觉领域众多新的研究成果，极大地提高了智能化增材制造系统在线监测的可能性。在工业应用中，普遍将图像的采集、传输及处理速度高于500fps（f/s）的视觉拍摄系统称为高速摄像系统，部分应用场合要求帧分辨率高于1000fps，从而实现对高速运动目标的实时图像采集、监测与跟踪，并将大量图像信息记录到存储介质上，因此具有高帧率、高分辨率和高传输率等特点。由于大多数增材制造技术的核心过程是材料的连续、快速熔化和凝固，尤其对于激光选区熔化工艺，其激光扫描速度高达7m/s，普通工业相机已经无法准确地获取熔池区域的高清形貌影像，因此需要采用高速摄像系统实时捕捉液态熔池形貌及精确调控的表面完整性，通过图像观察熔池区域的液流、小孔、云团的动态变化过程，并根据特定区域图像特征的提取（采用滤波、辅助光源、衰减等方法）和分析结果来判断和抑制缺陷的产生。

1. 测量原理

高速摄像机主要包括图像传感器、缓冲存储器、时钟控制和数字接口等模块。其中，图像传感器是高速摄像机的核心器件，能够将光学图像转换为电子信号。常用的图像传感器有电荷耦合器件（charge coupled device，CCD）图像传感器和互补金属氧化物半导体（complementary metal oxide semiconductor，CMOS）图像传感器。CCD与CMOS图像传感器的光电转换原理相同，均可用于探测近红外波长的光线。CCD采用逐个光敏输出，只能按照规定的程序输出，拍摄速度较慢，而且CCD仅能输出模拟电信号，需要后续的地址译码器、模拟转换器、图像信号处理器处理，还需要提供三组不同电压的电源同步时钟控制电路，集成度非常低，生产工艺也较为复杂。CMOS将一些有源电路集成到像素结构中，其内部有多个电荷-电压转换器和行列开关控制，能直接获取数字信号，读出速度明显高于CCD，因此帧率高于500帧/s的高速摄像机大多数采用CMOS图像传感器。此外，CMOS的地址选通开关可以随机采样，实现子窗口输出，在仅输出子窗口图像时可以获得更高的速度。

2. 技术特点

在增材制造监测过程中，常用的光波段主要分布在三个区域，即散射激光（1030nm）、等离子体辐射（400~650nm）和热辐射（900~2300nm）。高速摄像机的核心性能参数包括拍摄速度/帧率、像素数和像素尺寸。为了能够有效获取增材制造中熔池的高清图像，实现全过程的动态监测，需要满足以下条件：

1）高速摄像机的最低拍摄帧率应大于最小激光扫描速度与熔池宽度的比值。

2）为了获得更高的拍摄速度或图像分辨率，需要缩小视场范围，减小无用图像区域的比例。

3）具有光学系统的放大功能，可加装微距放大镜头，实现摄像机的成像尺寸与加工平面上像斑的比例调节。

4）需要合适的外部光源，对目标区域进行照射，从而获得高质量的图像信息。

5）高速传输和存储技术。以 3000~5000 帧/s 的摄像速度为例，假设每张图片占有的存储容量为 5MB，则每秒需要传输和存储的总数据量高达 14.6~24.4GB，而目前常用的通用串行总线 USB 3.0 支持的最大理论传输速率为 500MB/s，远低于图像的生成速率，因此在传输中需要配置缓冲存储器以延长传输和存储时间。

为了监测增材制造过程，高速摄像机与增材制造装备的集成方式主要有固定视场观测和同轴扫描视场观测。当采用固定视场观测时，高速摄像机和外加照明系统通常置于成形室的顶部或斜上方，使其视场能够照射到整个成形面，从而实现对熔池及表面缺陷的直接观察。固定视场观测准备过程相对简单，高速摄像机与高温成形区的距离较远，因此拍摄较为稳定安全，但难以实时跟踪并准确对焦移动的熔池，可拍摄的视场较小。当采用同轴扫描视场观测时，高速摄像机一般固定在成形末端的主轴上并保持摄像机焦点对准熔池区域，因此适合跟踪熔池拍摄，但此时高速摄像机的工况较为恶劣，距离高温成形区较近，还易受到飞溅粉尘的污染，应在镜头前加装防尘和滤光片，防止从作用区反射的高功率加工用激光进入摄像头，损伤探测器。

3. 技术应用

美国宾夕法尼亚州立大学的数字化增材沉积研究中心（CIMP-3D）开发了一套基于多传感器的增材制造过程综合监测系统（见图 5-21），能够搭配多种增材制造设备使用。该系统以高分辨率/高倍率成像系统为核心，包括两个高速/高倍率摄像头（搭配 405nm 滤光片的同轴摄像头、520nm 滤光片的前置摄像头），能实现 33000 帧/s 以上的超高速摄像。监测系统还包括光谱仪（多光谱传感器）、声学传感器（100kHz）、热成像和熔池传感器，满足成形过程的实时监控要求。以我国富皇君达公司生产的千眼狼 5KF20 高速摄像机为例，最大分辨率为 1920×1080；拍摄速度高于 3000 帧/s，640×480 分辨率下可达 6600 帧/s，搭配滤光片和 808mm 激光器，可实现金属熔池的高速摄像和监控（见图 5-22）。

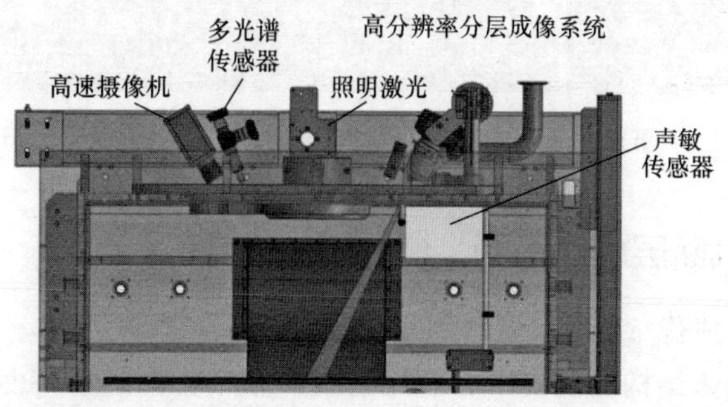

图 5-21　基于多传感器的增材制造过程综合监测系统

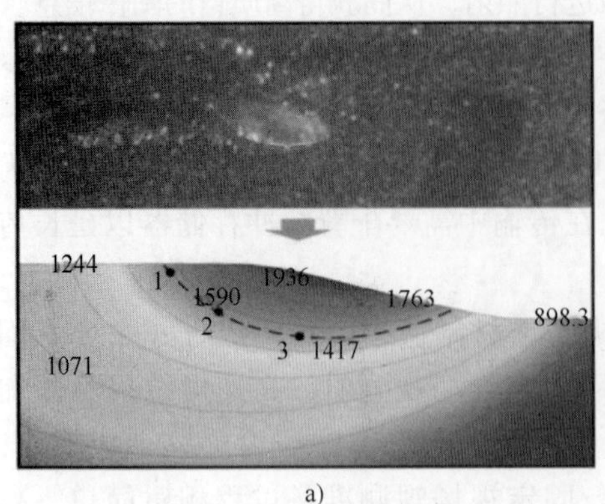

a)

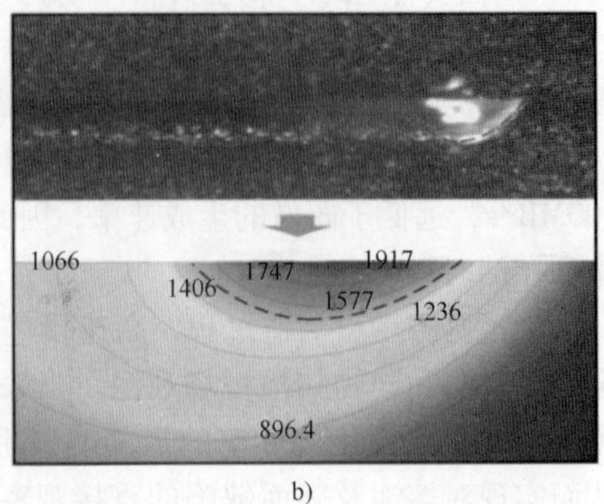

b)

图 5-22　激光熔融沉积和激光重熔下的液态熔池拍摄图像及其温度场仿真

a）激光熔融沉积　b）激光重熔

除了用于熔池监测，对于粉末颗粒的实时输送和混合过程监控也有重要的应用价值。针对定向能量沉积工艺，金属粉末颗粒能否准确、均匀地汇聚在高能激光束的光斑中心位置将直接决定熔覆层的表面质量，所以研究载气驱动下的粉末流动轨迹就显得尤为重要。可采用高速摄像机对高速流动的粉末颗粒进行精确捕捉，一般需要 3000 帧/s 以上的高频图像采集与快速传输。图 5-23 所示为高速摄像机拍摄的水平和竖直管道中粉末颗粒的运动图像，可用于分析黏性流体中粉末颗粒的受力情况。

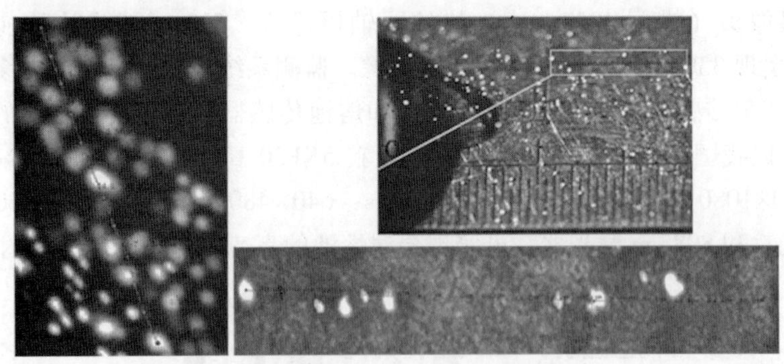

图 5-23　粉末颗粒在管道中运动的高速摄像图

5.4.5　计算机断层成像检测

计算机层析成像（computed tomography，CT）检测，又称工业 CT 检测，是一种在不破坏物体结构的前提下，利用射线从多个方向透射待测件的某一断层，根据穿透物体所获取的某种物理量的投影数据（通常为 X 射线衰减后的强度），运用一定的数学方法，通过计算机处理采集数据，重建物体特定层面上的二维图像和三维影像的射线检测技术。工业 CT 检测技术可用于增材制造粉末材料和制件的内部缺陷检测（见图 5-24），能发现尺寸小于 0.15mm 的微孔，也可用于零件外观尺寸测量乃至表面粗糙度检测，是公认的最佳无损检测技术之一。

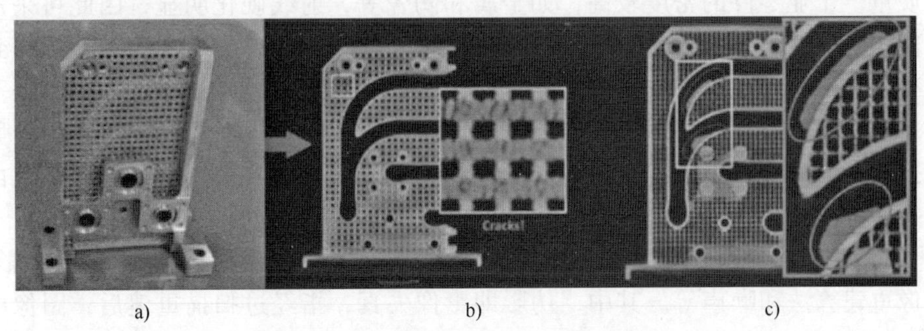

a)　b)　c)

图 5-24　金属制件的工业 CT 检测结果

a）待测金属制件　b）CT 检测出的内部裂纹　c）CT 检测出的粉末残留

1. 测量原理

工业 CT 检测是在射线检测的基础上发展起来的，其基本原理为：经过校准且具有一定能量的射线束，当穿过被检测物品时，按照各个射线方向上各个体积元的衰减系数不同，探测器接收到的透射能量也就不同。根据算法重建图像，可获得被检测物品截面的一薄层没有影像重叠的断层扫描灰度图像。重复该过程即可以获得新的断层图像，当测得大量的二维断层图像后就可重建三维影像。当单能的射线束穿过被检测的不均匀的物品后，射线的衰减程度是遵循朗伯-比尔定律。影响工业 CT 检测能力的主要因素包括 CT 设备的分辨率、被检材料的衰减系数、图像扫描策略，以及图像分析和重构方法。

2. 技术特点

工业 CT 检测的技术优势：

1）具有影像不重叠的优点，能够给出二维或三维的图像，待测目标不会受到周围细节特征的遮挡，从图像上能直接获得目标特征的具体空间位置、形状和尺寸信息，定位准确，所得到的图像易于识别、存储、传输、分析和处理。

2）分辨能力高。高质量的 CT 图像密度分辨率甚至可达到 0.3%，至少高于其他常规无损检测技术一个数量级。

3）能够检测大型部件，如弹药，火箭和飞机的发动机等。上述优势能弥补 X 射线检测等常规检测方法的不足，提高了增材制造复杂零部件的无损检测能力。

工业 CT 技术在检测增材制件时会遇到以下问题：

1）射线的硬化。CT 重建理论假设投影数据与衰减系数沿投影方向的线积分成正比，这在单能 X 射线情况下是成立的。在实际应用中，往往只有连续光谱的 X 射线源。由于低能射线比高能射线更易被物质吸收，因此在射线穿透物质的过程中平均能量逐渐变高，从而表现出衰减系数逐渐变小，影响重建图像的质量。工业零件的密度较高，如金属和陶瓷等，射线硬化明显，因此可采用双能法解决该问题，即利用两套不同能量的 X 射线光谱，经一系列处理后得到衰减系数的分布。该方法的缺点是成本高、设备复杂、数据处理的时间长。

2）部分成像角度受限。CT 检测技术要求待测件在各个角度方向上的投影数据完备而准确，但在实际测量中，由于 X 射线在某些方向不能透过样品或由于某些方向样品尺寸过大，难以得到该方向的全部投影数据。

3）伪影会影响图像质量。影响 CT 检测图像质量的因素众多，包括伪影、图像重建算法和噪声等。其中，伪影即影像失真，指经过扫描重建后，图像中因为某些特殊原因所带入的影响正常诊断的伪像，其表现为环状、条状、放射状及其他不规则的形状。

3. 技术应用

CT 检测技术是一种广泛应用于工业零部件内部缺陷检测和尺寸测量的有效手段，适合用于大部分材料和尺寸的检测任务，已广泛应用于冶金、机械、航空航天、汽车、电子、地质及考古等许多领域，检测对象覆盖了导弹、火箭发动机、军用密封组件、核废料、石油岩心、计算机芯片、精密铸件与锻件、汽车轮胎、陶瓷及复合材料、考古化石等。CT 检测技术在增材制造领域的具体应用包括：

1）金属熔覆质量诊断。工业 CT 检测较早用于焊接质量检测，因此也适用于增材制造过程中熔池形貌（有效熔深、熔宽、液相线等）的精确测量。

2）增材制件内部气孔、裂纹等缺陷检测和功能完整性评估。工业 CT 设备对孔隙、裂纹、杂质及分层等各种常见缺陷具有很高的探测灵敏度，一定范围内能够精确地测定缺陷的几何尺寸、数量及分布，并能表征制件的密度。由于复杂零件的结构限制，某些部位的缺陷用传统的射线照相或超声检测方法无法进行探伤。如图 5-25a 所示，使用工业 CT 扫描仪并配合 Volume Graphic myVGL3. 0 软件处理增材制造过程中沉积层的二维图像，可用于缺陷分析。图 5-25b 所示的点阵结构可通过软件分析得到制件整体和局部的孔隙数量、尺寸、分布，并用不同颜色标记每个孔隙，便于观测结果。

3）几何结构分析与评价。外形和结构复杂的增材制件可通过 CT 扫描拟合其内外几何特征（如平面、球形、线、圆柱体），然后重构出构件的轮廓及内部特征，用于尺寸测量和几何公差评价。图 5-26 所示为采用工业 CT 技术测量的挡板、喷油器和阀体等金属制件的轮廓及内部结构扫描图像。

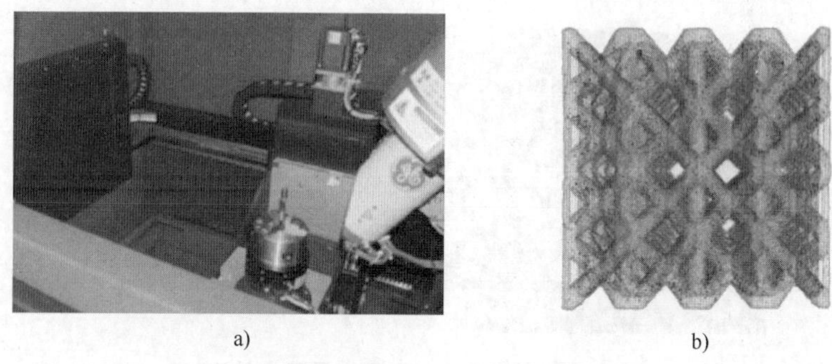

图 5-25　基于工业 CT 的缺陷检测

a）GE vTomex M300 型 CT 扫描仪　b）点阵结构的扫描图像处理结果

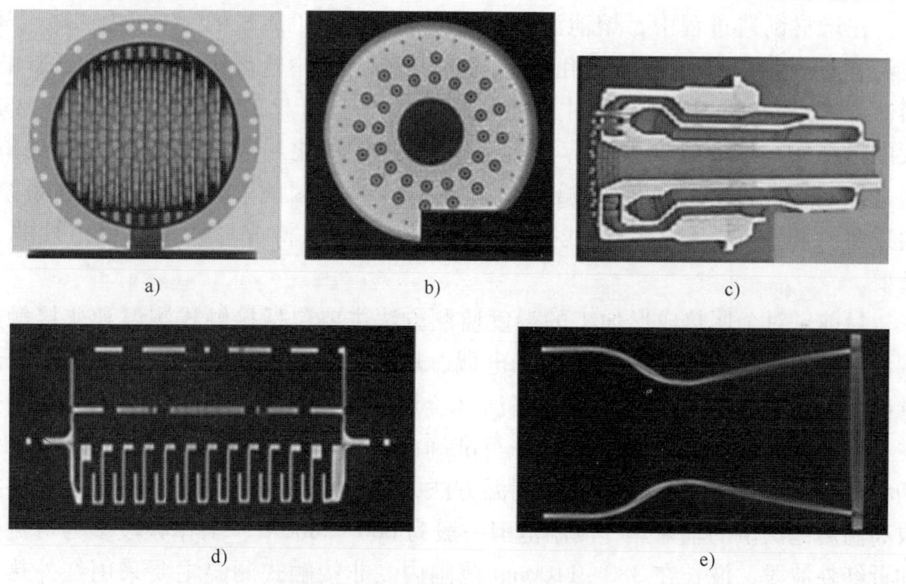

图 5-26　金属制件的工业 CT 图像

a）Pogo-Z 挡板　b）RS-25 喷嘴　c）J2-X 喷嘴　d）喷油器　e）阀体

4）夹杂物分析。夹杂物主要来源于粉末材料和增材制造系统中引入的气体杂质，会降低制件的力学性能和疲劳寿命。夹杂物与气孔均属于体积型缺陷，适用采用 CT 检测方法。在杂质分析中，可采用软件来分析扫描图像中体素的灰度值，然后确定某个部位属于高密度的杂质。检测到的杂质物可被上色，便于发现夹杂物的数量、尺寸和位置分布等信息。除了分析增材制件，工业 CT 检测技术还能用于识别粉末颗粒的空心粉和高密度夹杂（见图5-27）。

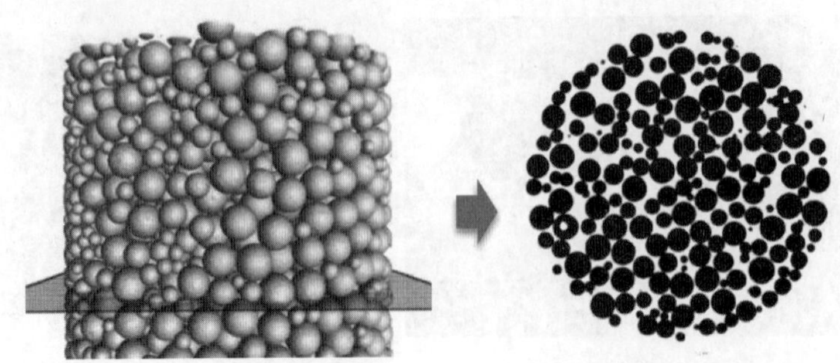

图5-27　基于工业CT的金属粉末检测

5.4.6　红外测温/热像检测

在增材制造过程中，熔池温度稳定性是表征加工质量的一个重要指标。熔池温度对沉积层几何精度、孔隙率与稀释率、制件显微组织都有重要影响。熔池温度过高，沉积层的尺寸稳定性下降，还会引起表面烧伤，也会造成过大的稀释率；熔池温度过低，熔池就不能充分熔化粉末，易造成气孔缺陷。通过控制熔池度还能有效地减少硬脆相的产生。因此，建立闭环控制系统，通过实时调整工艺参数，在线监控熔池温度，对保持成形质量的稳定性非常重要。

目前，对金属热成形加工的温度监测方法主要包括接触式测温和非接触式测温两类。接触式测温主要采用热电偶、热电阻等测温传感器，成本低且测温准确，但无法测量1000℃以上的高温（金属熔池的温度一般为1000～3000℃），并且无法追踪熔池的实时位置以进行准确测量，响应速度慢。因此，金属零件增材制造主要采用非接触式辐射测温方法，利用对红外波段敏感的光敏元件接收高温熔池产生的辐射热，测温范围一般为600～3000℃，工作频段多为可见光和近红外波段，波长在380～1100nm范围内。非接触式测温主要采用红外热像仪和高温计（红外测温仪），前者一般用于面温或三维体温的测量，可以看作为高温计的阵列化测量。后者则用于单点或较小区域内的温度测量，红外热像仪还能将温度场的分布状态以实时图像的形式显示出来，间接获得制件的外观形貌、物理尺寸和温度梯度，因此也可用于监控熔池形貌，预测成形缺陷。

高温计又可分为单色高温计、双色高温计和多光谱测温计。单色高温计依靠敏感元件（如光电二极管）来测量物理辐射温度，被测物体辐射的热量通过滤波透镜和反射镜等导入元件，引起元件输出电压的微弱变化，通过前置放大器对输出信号进行放大，完成信号测量，并标定温度值与信号间的映射关系后即可实现温度测量。双色和多光谱高温计利用辐射物体光谱成分中两种波长对应的辐射能量之比与相同波长上黑体辐射的能量之比进行温度测量，目前双色高温计已经普遍应用于增材制造的在线监测。当使用高温计测温时，应首先对测温仪进行标定，然后将测温仪的温度采集窗口放置于正对待测表面 1~2m 处并对准待测点，窗口需加设激光滤光片。当监测点对准时，应将测温仪收集枪固定在可调方位支架上，并消除杂散背景，在监测点处用小孔光阑模拟点光源，将测温仪对准小孔光阑，收集其透过的光，调整可调支架的方位，使测温仪指示达到最大时即已标定对准。

红外热像仪多采用 COMS 相机作为成像系统的核心部件，也有采用 CCD 相机和光谱仪，此类图像传感器的波长响应范围为 0.45~1.05μm。为了避免可见光的影响，红外热像仪一般需要配合滤波器使用，滤除波长小于 0.9μm 的光谱成分。红外热像仪易于与增材制造装备集成，并形成闭环控制系统，通过精准的温度反馈调节，实现对材料晶粒尺寸等微结构参数和缺陷的控制。

1. 测量原理

物体表面温度如果超过绝对零度即会辐射出电磁波，随着温度变化，电磁波的辐射强度与波长分布特性也随之改变，波长介于 0.75~1000μm 间的电磁波称为“红外线”，而人类视觉可见的光波波长介于 0.4~0.75μm。其中，波长为 0.78~2.0μm 的部分称为近红外，波长为 2.0~1000μm 的部分称为热红外线。红外线在地表传送时会受到大气组成物质（特别是 H_2O、CO_2、CH_4、N_2O、O_3 等）的吸收，强度明显下降，仅在中波 3~5μm 及长波 8~12μm 的两个波段有较好的穿透率，通称大气窗口。大部分红外热像仪就是针对这两个波段进行检测，计算并显示物体的表面温度分布。此外，由于红外线对绝大部分固体及液体的穿透能力极差，因此红外热成像检测是以测量物体表面的红外线辐射能量为主。在自然界中，一切物体都可以辐射红外线，因此利用探测仪测定目标的本身和背景之间的红外线差即可得到不同的红外图像（又称“热图”）。

2. 技术特点

红外测温/热像检测的技术优势：

1）通过探测目标物体的红外热辐射能量值反馈表面温度，结构简单，灵敏度高，对高温区段内的测温精度和分辨率较高，可以实现高速变化的温度场动态采集，动态响应时间小于 1ms。

2）测量方法简单，抗干扰能力较强，能远距离精确跟踪并测量熔池类的热目标。测量的红外信号不受强光或电磁干扰，测温过程稳定可靠。

应用于增材制造中的红外测温/热像检测存在以下局限：

1）部分测量目标尺寸较小，如增材制造过程中的熔池尺寸仅有 0.05~3mm，而且需要清晰地显示表面的温度分布及温度变化过程，因此需要加装微距镜头并拉进与待测物间的距离，但由于加工设备及环境的限制，拍摄距离难以拉近。

2）部分高熔点金属的增材制造过程难以测量，部分耐高温的金属材料其熔点温度高于2500℃，难以精确测量。

3）红外成像设备的成本较高，并需要准确的被测物体发射率参数。

3. 技术应用

红外测温/热像检测技术在增材制造过程中主要用于熔池、基板和环境温度的实时测量和监控，实现制件性能的精确调控。图5-28所示为旁轴式激光选区熔化成形可见光及红外综合在线监测平台，能够实时监控熔池的温度和形貌。

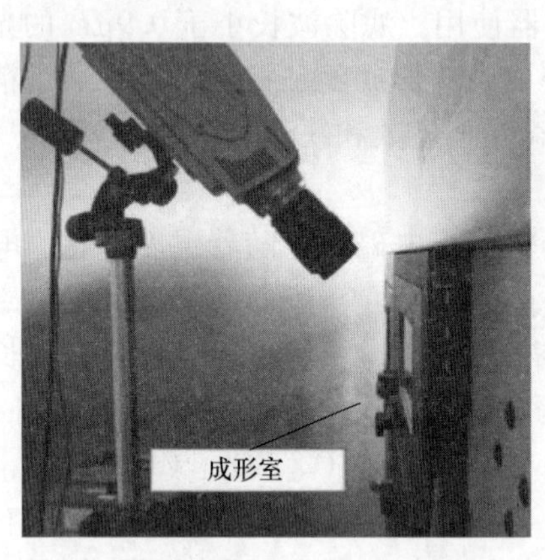

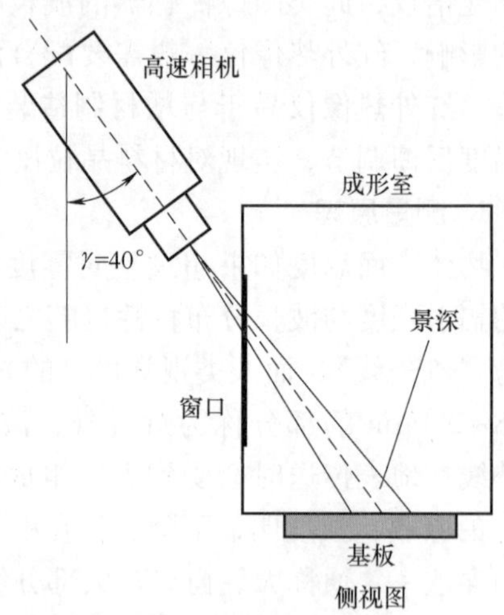

图5-28　旁轴式激光选区熔化成形可见光及红外综合在线监测平台

5.4.7　磁探伤检测

磁探伤检测是利用金属材料在电磁作用下呈现出的电学和磁学性质，在不破坏、不损伤被检测对象的前提下，对金属材料内部或表面的物理性能和力学性能进行测定和评价的方法，能够测量制件的应力、硬度、损伤缺陷等参数。磁探伤检测方法主要有涡流检测、漏磁检测、磁弹法检测三种，由于目前增材制造缺陷的检测主要采用涡流检测法，因此本节仅对涡流检测法的技术原理、技术特点和技术应用情况进行简要说明。

1. 测量原理

涡流检测（eddy current testing，ECT）是一种利用金属材料的涡流效应进行表层内部缺陷无损检测的方法。具体测量过程是，将通有交流电的线圈接近导体，线圈产生的交变磁场与导体之间会产生电磁感应作用，在导体内部形成电涡流，导体中的电涡流也会产生自己的磁场。当导体表面或表层出现缺陷时，将导致涡流强度、相位和分布特性发生变化，这些变化通过涡流反作用于磁场又使检测线圈阻抗发生变化，根据对阻抗变化特性的分析，就可以间接地判断导体内部的缺陷。涡流场的分布及其感应电流密度大小，是由被测导电体的电导率、磁导率、形状和尺寸、探头的形状和尺寸、激励电流的频率、导体与探头线圈之间的距离（提离量）及被测导体的缺陷所决定的，因此在实际检测中，任何能够引起试样涡流场变化的因素，如缺陷、化学成分不均匀等都可以通过测量线圈的阻抗变化而被检测出来。

传感器的性能是保证涡流检测性能的基础，电涡流探头是涡流传感器的传感元件，是一个固定在框架上的扁平线圈，激励源频率较高（数十千赫至数兆赫），由控制器控制产生震荡电磁场。涡流传感器可分为多种类型，按内部结构可分为粘贴式、开槽式；按线圈类型可分为参量式和变压器式，其中参量式线圈输出的信号是线圈阻抗的变化，而变压器式输出的是线圈上的感应电压信号；按检测线圈和工件的相对位置分为穿过式、内通式和放置式；按线圈绕制方式可分为绝对式、比较式和自比较式；按构成排列方式还可分为单点式、阵列式等。在使用过程中，需根据被测工件形状与结构的差异，选择不同结构样式的涡流传感器。

2. 技术特点

涡流检测仪器结构简单、使用方便，常作为工件表层质量检测使用，主要优点包括：

1）检测表面和亚表面缺陷均具有很高的灵敏性。

2）探头和被测试样不需要相互接触，也不需要耦合剂，易于实现高速、高效率的自动化检测。

3）能够在高温环境中测量，适用于大多数增材制造工艺中的高温成形环境。采用水冷线圈的涡流传感器可以在1200℃的高温环境下工作。

4）涡流检测在提取缺陷信息时输出的一般是电信号，易于后续的数字处理及数据分析，适合与增材制造设备集成以进行质量在线监控。

涡流检测也存在一定的局限性，主要包括：

1）检测深度有限，难以探测出制件亚表面以下的内部缺陷。

2）检测易受外界环境中电磁因素的干扰，如温度、检测位置、边缘效应、工件形状、环境磁场和电场等，测量稳定性偏低。

3）空间分辨率不高，难以直接探测制件的微观尺度裂纹陷。

4）被测制件必须是导体，绝缘材料不能使用涡流测量。

3. 技术应用

涡流检测技术主要应用于工件热处理、高速切削/磨削等加工温度剧烈变化环境下宏观尺度的裂纹缺陷检测，对于增材制造工艺，主要用于制件的表面及亚表面损伤（如孔隙、裂纹等）检测。将涡流检测技术与增减材复合制造工艺相结合，可用于制件内部缺陷的在线检测，并利用减材工艺将其去除，如能够检测深度为 1.2mm、最小宽度为 0.2mm 的增材制造 TC4 钛合金制件的亚表面窄缝型缺陷。

第 6 章 增材制造技术的智能化

增材制造技术的智能化是将增材制造技术与现代传感技术、网络技术、自动化技术、拟人化智能技术等先进制造技术相结合，通过智能化的感知、人机交互、决策和执行技术，实现增材制造全生命周期的智能生产。实现制造及控制中的智能化是增材制造的重要发展趋势，本章将从多个维度深入解析增材制造及控制中的智能化实现手段和方法，主要内容包括：①增材制造材料的结构和功能智能化；②增材制造工艺和控制过程的智能化；③增材制造的智能控制策略；④增材制造过程的数字孪生；⑤增材制造的智能服务。

6.1 增材制造材料的结构和功能智能化

智能材料是充分利用自然界赋予物理实体的各种科学效应（如物理效应、化学效应等），以“状态感知—效应分析—自动决策—即刻执行”为闭环，实现在某些场景下自动执行特定功能的材料，其智能性可通过物理效应和化学效应实现，也可通过电子器件和计算内核来实现。智能材料是继天然材料、合成高分子材料、人工设计材料之后的第四代材料，是现代高技术新材料发展的重要方向之一。目前，已成功应用的智能材料主要包括智能纤维、智能蒙皮、智能涂料及智能皮肤等。智能材料和功能性密不可分，旨在实现设定的单一或复合功能（如高强度、轻量化、耐热性、记忆性和变形性等），因此智能材料是实现智能制造和万物互联的“入口”，也是构建智能设备的物质基础。增材制造技术的迅猛发展极大地推动了智能材料体系的扩充和功能的完善，实现了面向功能的材料智能分配和快速成形，满足各类工况下的成形性要求。本节主要从增材制造材料的结构智能化和功能智能化两个维度，详细介绍面向增材制造的材料智能化原理、特征，以及发展和应用。

6.1.1 结构设计智能化

由于增材制造工艺的特殊性，其零件的结构设计方法也不同于传统方法。归纳起来，面向增材制造的智能化结构设计方法主要包括整体化设计、三维点阵结构设计和拓扑结构优化设计。其中，整体化设计的基本思路是把传统设计中的多个零件整合成一个零件，旨在减少零件数量和重量，提高结构的可靠性。整体化设计通常采用 CAD 设计中的布尔运算即可完成，由于其设计过程相对简单，此处不再赘述。以下重点阐述三维点阵结构设计和拓扑结构优化设计的相关概念和方法。

1. 三维点阵结构设计

（1）三维点阵结构的概念　点阵结构，又称晶格材料（cellular materials）结构，是一种由杆件单元和杆件单元相连接的节点在空间按照一定规律排列组合而成的结构，能够承载一定的轴向力、剪切力和扭转力作用的一种轻量化结构材料。与泡沫材料相比，点阵结构材料具有微结构有序的几何特征，可设计性更强。依据点阵结构单元的构造形式，点阵结构可分为二维点阵结构和三维点阵结构。二维点阵结构是通过周期性排列的二维图形朝第三方向延伸获得的栅格结构，如蜂窝结构就是典型的二维点阵；三维点阵结构是由具有边和面的单元空间构成的新型单胞多孔系结构，由节点、杆件、面板等几何结构按照一定的规律组合并按照一定周期性规律排列而成。三维点阵结构具有质轻、体积密度小、比表面积大、超强韧等结构特性，以及抗爆炸、抗冲击、隔热、降噪和吸收电磁波及声音等功能特性，是一种极具应用潜力的结构功能一体化材料。金属三维点阵结构既包含体心立方结构（BCC）、面心立方结构（FCC）和通过这两类结构衍生而来的桁架式拓扑结构（见图 6-1），又包含金字塔结构、变密度结构、钢丝绕织结构等针对加工局限设计的拓扑结构。

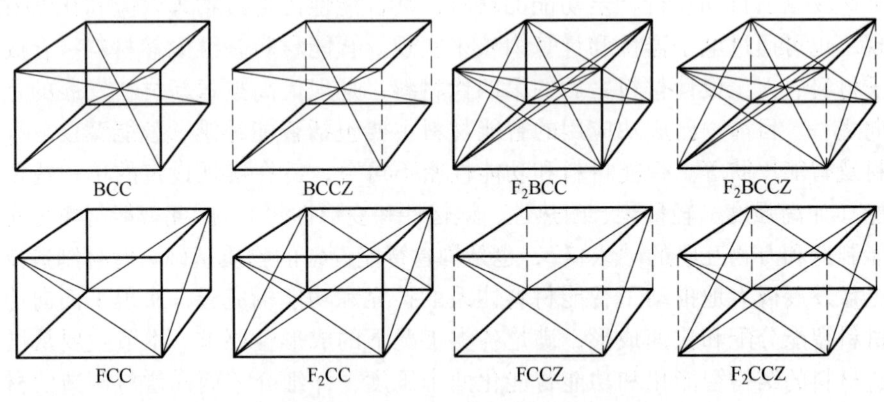

图 6-1　BCC、FCC 及其衍生结构构型

----—Z 支柱　———面心支柱　———体心支柱

（2）三维点阵结构的增材制造方法　三维点阵结构的设计主要包含四个环节：①根据零件要求选择合适的零件主体结构构型；②把栅格结构整合转化成零件外壳；③根据比例规则选择合适的点阵结构单元类型进行配置；④完成零

件的定制化设计。三维点阵结构的制备方法主要包括熔模铸造法、三维编织法、搭接拼焊法、钢板网折叠-钎焊法、增材制造法等。其中，增材制造法具有显著的优势，尤其是激光选区熔化成形工艺对结构件复杂程度不敏感，可成形微尺度结构，适合制备复杂多尺度点阵结构。但需要注意的是，点阵结构的选取和增材制造需要保证点阵横梁在无支撑条件下能够自支撑，保证成形过程中不发生塌陷。

（3）三维点阵结构的应用　由于三维点阵结构所具有的独特性能和增材制造技术的特有优势，目前已应用在航空航天、武器装备和生物医疗等诸多领域，常作为能量吸收材料、能量存储材料、结构件、催化剂载体和生物材料等。在航空航天领域，点阵填充结构轻量化设计和增材制造被美国空军和国防部定位为未来20年强力推进的“十大关键突破技术”。波音公司在2015年采用增材制造技术生产出当时世界上最轻的金属点阵结构（见图6-2），可用于飞机墙面和地板等非机械部件，大幅降低了结构重量，提高了飞机的燃油效率。该结构支壁比人的头发丝还细一千倍，密度仅为0.9mg/cm^3。由于采用了相互连接的空心管金属点阵结构，因此具有非常强的抗压能力和能量吸收能力，可以从压缩超过50%的比例中恢复过来，能吸收鸡蛋从25层楼上落下产生的冲击力。为进一步减轻结构重量，波音公司将大型机翼的主干层芯内部设计成点阵填充结构，利用点阵填充结构内部的大量孔隙空间存储燃料。战斗机在空中作战会受到航空雷达水平方向的照射，战斗机进气道的唇口与管道位置存有多个强烈的反射源。降低反射强度的方法是把进气道设计成S形，通过增加电磁波在进气道内的反射次数，以减小反射强度。如果把点阵结构按一定规律排布在进气道内部，就能增加反射面，减小反射强度，从而提高隐身效果。2016年，美国在人造卫星上使用了点阵结构格栅材料的空间太阳能板，使其单位质量的吸能效率提高了80~115W/kg（见图6-3a）。基于较强的抗冲击和吸能能力，点阵结构还可应用于传热、传感、制动等方面，如图6-3b所示，多孔钛合金件在满足结构强度的前提下能进一步提高零件的比强度、比刚度和散热性；通过设计内部点阵结构的单元结构形状和排布方向，还能优化零件在特定方向上的抗压强度。图6-3c所示为火箭的共形夹层轻量化组件，在满足比刚度和比强度的同时具有自冷却降温的特性。

图6-2　波音公司制造的金属点阵结构

2019年，中国航天科技集团第五研究院采用增材制造工艺生产出“千乘一号”卫星整星结构的轻量化三维点阵结构，零件最小特征仅为0.5mm。整星结

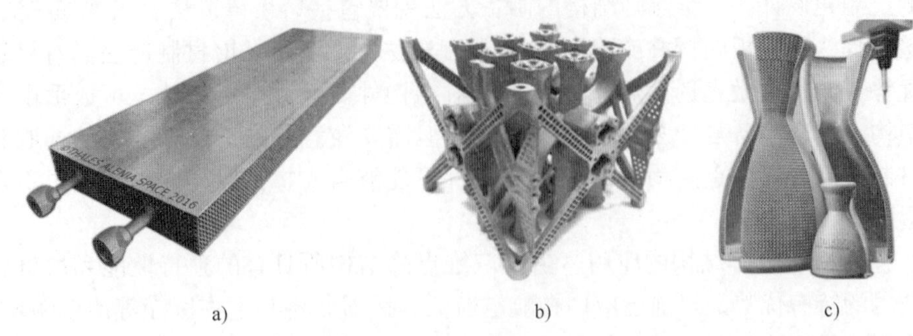

图 6-3　增材制造的三维点阵填充结构件

a）空间太阳能板　b）多孔钛合金件　c）共形夹层组件

构的包络尺寸超过 500mm×500mm×500mm，整星质量为 65kg，是目前国内最大的增材制造一体成形卫星结构。“天问一号”火星探测器采用了激光选区熔化金属成形技术和跨尺度结构优化设计方法，运用轻量化三维点阵结构技术解决了深空探测器复杂结构部件的轻量化设计、功能集成与整体制造难题，完成了“祝融号”火星车相变储能装置结构（见图 6-4）及承载结构合计 30 余套关键部件的设计与正样应用，大幅度减少了结构件数量，产品减重 40%～60%，研制周期缩短 50%。此外，涡轮压气机叶轮也能通过点阵结构轻量化设计和增材制造降低结构质量及最大残余应力和变形。

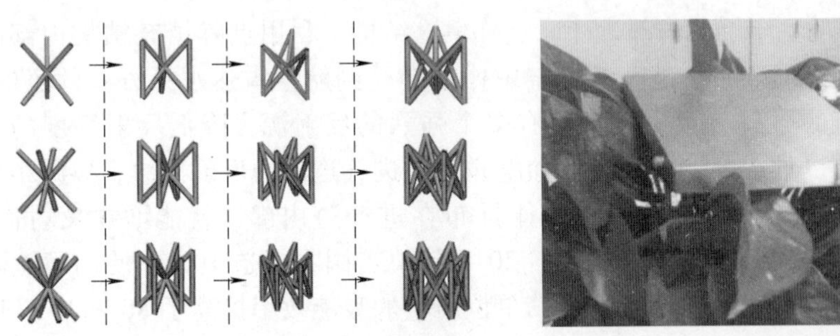

图 6-4　面向轻量化卫星结构的三维点阵单元设计及相变储能装置结构

在生物医疗领域，三维点阵结构主要用于骨结构及支架的快速制造，不同增材制造工艺可成形具有不同尺寸分布、化学成分和形貌特征的多孔结构，满足患者个体差异的需求，提高植入物的力学性能，并延长植入物的服役周期。增材制造三维点阵结构在过滤行业也具有潜力巨大的应用，尤其是在油水分离和水净化的场合。图 6-5 所示为多孔膜的增材制造过程，多孔膜采用编程的栅格结构，使用超疏水墨水材料聚二甲基硅氧烷（PDMS）成形。多孔的晶格可以避免界面处的弱吸附问题和获得机械稳定性，因此油水分离的效率高、成本低，没有二次污染。增材制造的多层/多孔陶瓷催化剂，具有较好的结构稳定性、催化能力和使用寿命。

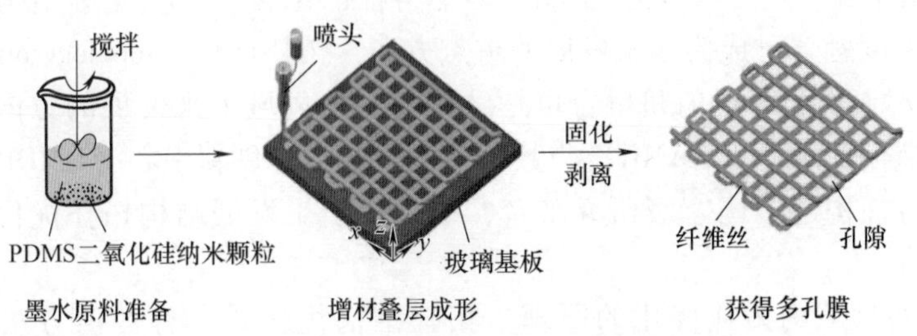

图 6-5　多孔膜的增材制造过程

2. 面向智能结构的拓扑优化设计

增材制造技术背后的增材思维是一场设计的革命，它完全打开了设计枷锁，使设计人员能够真正回归用户需求，面向产品的功能和增材制造工艺进行设计。设计与工艺、设计与制造之间不再是因果与顺序关系，而是互为激励的活系统，以效仿自然的方式，实现大型或超大型构件、复杂结构系统或超复杂结构系统、多品种小批量个性化产品的低成本创新设计和快速制造，乃至创造超常结构，实现超常功能。图 6-6 所示的拓扑优化设计和增材制造的复杂功能结构，可实现承载、散热、流动等多功能的一体化集成。

图 6-6　承载、散热、流动多功能与性能一体化设计与增材制造

与传统的制造和装配设计不同，面向增材制造的设计旨在利用独特的增材制造功能来设计和优化产品或组件，从而降低或减少制造和装配的难度和成本。根据所选增材制造工艺的能力来改善产品或组件功能的增材制造特性。因此，设计人员在设计阶段应充分考虑增材制造工艺的优势和限制，确保产品的可制

造性。增材制造为复杂拓扑优化构型的制备提供了新途径，让工程师摆脱制造工艺的限制，在“设计即产品”“功能性优先”的理念下设计轻量化、高性能产品。增材制造结构在空间上的复杂性和多样性也促进了整体结构设计，减少了零件数量和装配工序，实现多功能、多学科性能综合设计。先进结构设计与制造方法的深度融合已成为未来发展的重点方向，拓扑优化（topology optimisation，TO）与增材制造技术的有机融合也是设计与制造领域未来发展的方向。美国国家增材制造创新中心（NAMII）与数字化制造和设计创新中心（DMDII）从制造和设计两方面构建了国家级研究平台，明确提出了发展结构拓扑优化和增材制造技术。

（1）增材结构拓扑优化的原理　拓扑结构优化是一种数值方法，能根据指定载荷工况、性能指标，在给定的设计空间内和边界约束条件（如位移、应力等）下优化材料分布，以使最终的分布满足指定的性能目标，生成高比强度的复杂结构，即通过数值计算和优化方法删除零件中所有未发挥设计目标功能的多余材料。拓扑优化的基本原理是根据结构的传力路径进行材料优化布局，通过对材料单元体进行单元材料判定，在0~1之间进行决定区域有无材料填充的问题。每个结构拓扑优化问题的核心都有一个目标函数，需要在受到体积、位移或频率等一系列约束的同时最小化或最大化。相比尺寸优化和形状优化，拓扑优化不依赖于初始构型的选择，具有更高的设计空间，是寻求高性能、轻量化、多功能创新结构的有效设计方法，现已广泛应用于航空航天、汽车制造、建筑设计等技术领域。德国标准机械产品系统化设计 VDI 2221 曾提出了面向增材制造的设计流程（见图 6-7）。该流程涵盖了产品的需求分析、架构设计、详细设计等过程，并将拓扑优化作为一个关键设计环节。在此基础上，安世亚太利用其系统工程、产品正向设计和仿真分析的实际应用经验，结合增材制造行业应用的深刻理解，提出了基于增材制造的高端研发与先进制造整体解决方案。目前，应用于增材制造中的结构设计方法主要包括拓扑优化设计和创成式设计。

（2）增材结构拓扑优化的内容　整体结构层级化、材料属性梯度化、功能结构一体化、结构多功能化已成为新结构与材料的重要发展方向。基于增材制造工艺突破传统设计“极限”，研发整体化、轻量化、低成本的高性能新结构和材料是新一代重大/高端装备与结构研制的迫切需求。目前面向增材制造的拓扑优化研究工作主要体现在以下 5 个方面：

1）特定/特异性能材料微结构拓扑优化设计。复合材料因具有传统单一材料所无法达到的性能，并且具有良好的可设计性。通过拓扑优化技术合理设计微结构的构型（见图 6-8），采用增材制造技术即可成形具有特定/特异性能的周期性复合材料，这种新型材料也称为构造化材料。早期一般采用逆均

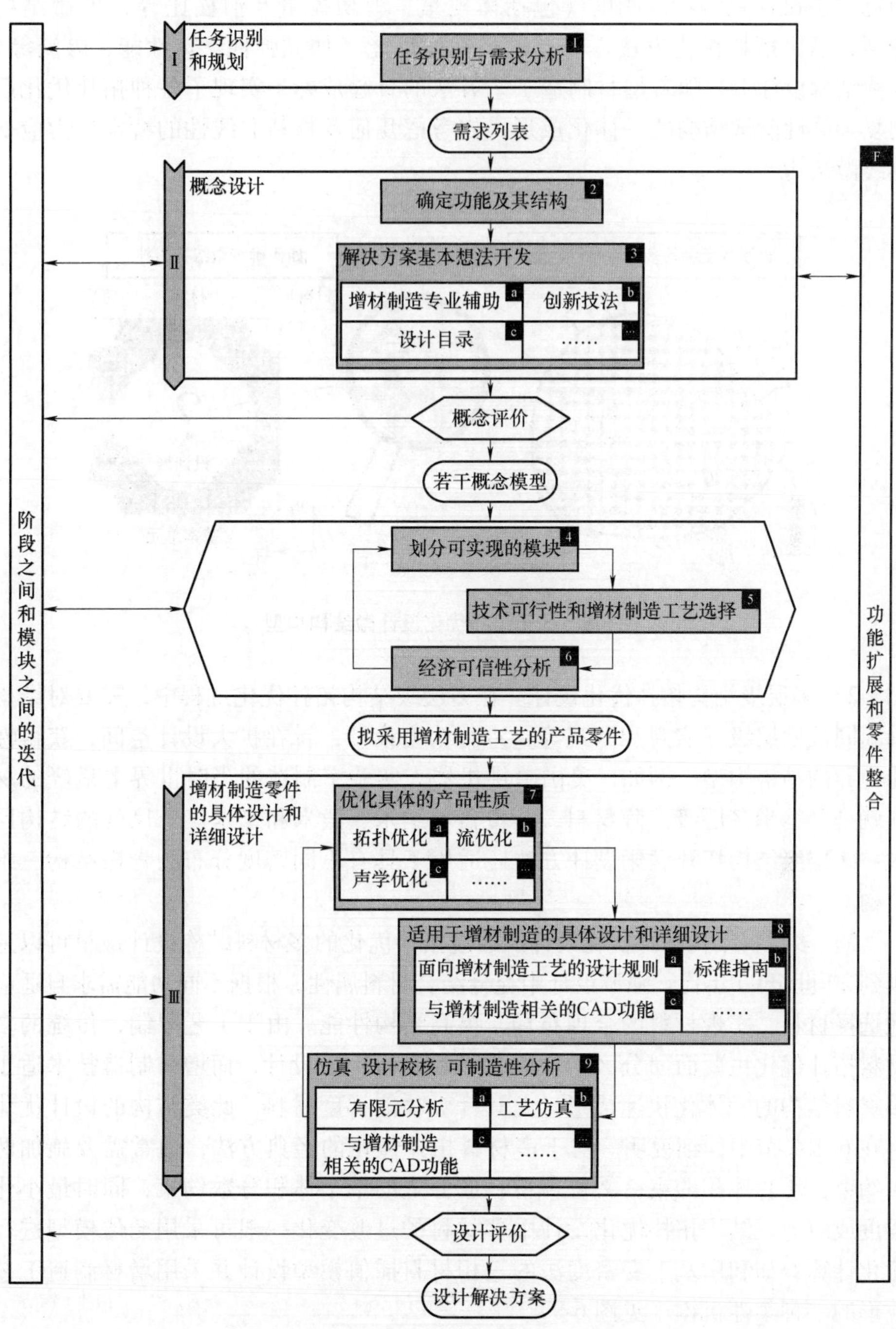

图6-7　基于VDI 2221的增材制造设计流程

匀化方法设计具有特定刚度（包括体模量、剪切模量及泊松比等）的微结构构型，后来拓扑优化方法逐步扩展到其他性能（如黏弹性、热性能、渗流等）的微结构设计上。随着增材制造工艺方法的日趋成熟，实现了各种拓扑优化后的复杂高性能微结构的一体化成形，如考虑几何及材料非线性的特定应力应变曲线微结构。

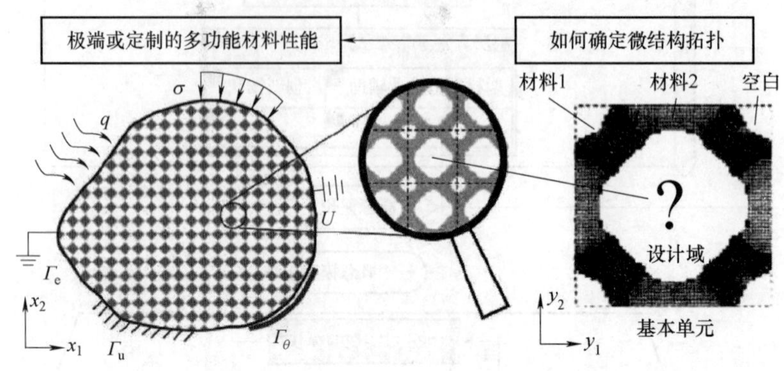

图 6-8　基于拓扑优化设计微结构构型

2）多层级结构拓扑优化设计。在多层级结构拓扑优化过程中，需要对结构的不同尺度层级（宏观和微观等）进行构型设计，旨在扩大设计空间，获得性能优异的结构构型。例如，美国哈佛机器人实验室制造的当时世界上最轻的材料就是微纳米多层级点阵材料，其覆盖了纳米、微米和毫米三个尺度的结构层次。多层级结构拓扑优化设计方法还适用于具有不同密度分布的骨骼结构三维重构。

3）多材料结构拓扑优化设计。通过拓扑优化的多材料结构设计最早可以追溯到20世纪90年代，强调设计中充分结合材料属性，根据不同功能需求自适应地选择材料，实现材料的合理布局，提高结构性能。由于工艺限制，传统的多材料拓扑优化主要面向分区均质的多材料进行构型设计，而增材制造技术适于多材料结构的一体化快速成形，尤其针对功能梯度材料，此类结构的设计优化将在6.1.2节中详细说明。对于多材料拓扑优化的经典方法，通常需要施加两组约束：①总体积约束；②每种材料成分上的单个体积分数约束，同时最小化柔度或应力。结构拓扑优化设计中多材料的过渡变化一般可采用插值模型进行简化计算，如利用基于变密度法的三相材料插值模型设计并采用增材制造工艺成形的一种柔性机构（见图6-9）。

4）多功能结构拓扑优化设计。复杂部件级结构中除了承载功能，往往还包括散热、减振、隐身及传导等其他功能。合理地设计结构构型，实现多功能化，是提升结构性能的有效方式。利用增材制造技术可以制备内部含有复杂空腔、多种材料复合的新型结构，使其兼具承载和其他功能，如减振降噪、承载散热及传导等结功能。例如，采用多功能结构拓扑优化设计后的探地雷达小型平面蝶形天线（见图 6-10），相对传统构型可有效降低工作频点。

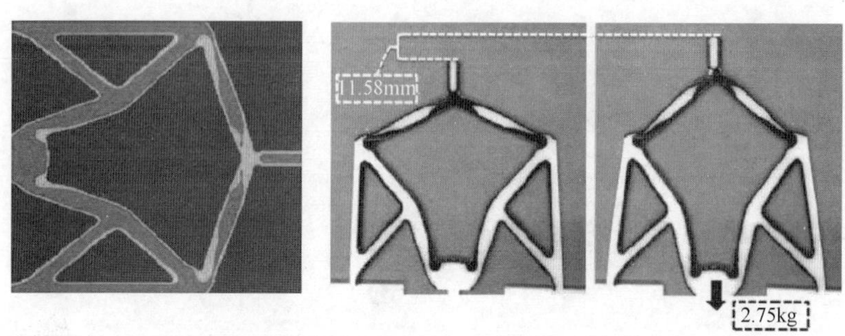

图 6-9　三相材料柔性机构的拓扑优化设计和增材制件

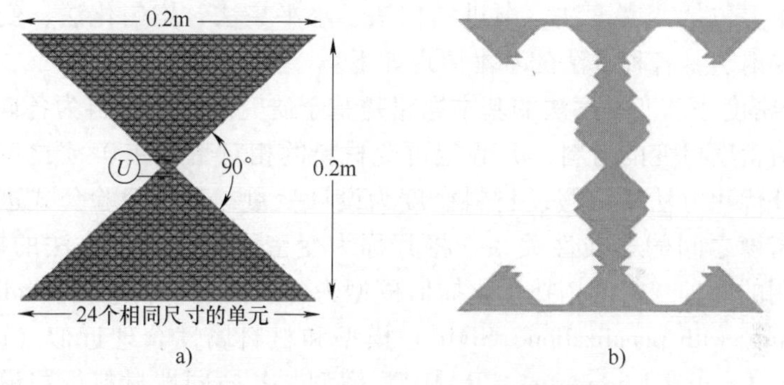

图 6-10　探地雷达小型平面蝶形天线设计

a）初始结构　b）优化后的设计结构

5）创成式设计。创成式设计（generative design）指根据一些起始参数，通过迭代并调整来找到一个（优化）模型，是一个人机交互、自我创新的过程。根据输入者的设计意图，通过“创成式”系统生成潜在的可行性设计几何模型，进行综合对比后筛选出合理方案并推送给设计者进行最终决策。通俗理解，创成式设计是一种通过设计软件中的算法自动生成产品模型的参数化建模设计方法，在设计的过程中输入产品参数后，算法将自动进行调整判断，直到获得最优化的设计。2018 年，美国通用汽车公司通过创成式设计了 150 个座椅支架（见图 6-11），设计目标包括重量、强度、材料和制造方法等，最终设计的零件重量比原始零件轻 40%，并且更坚固。

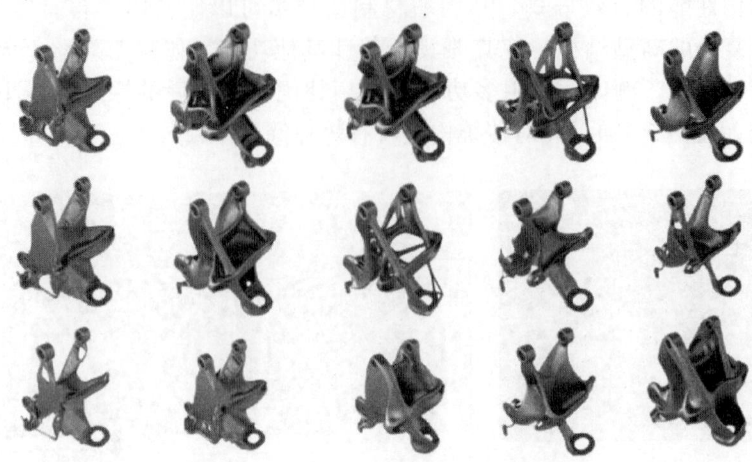

图 6-11　部分座椅支架创成式设计方案

（3）增材结构拓扑优化的方法　针对连续型体的增材结构拓扑优化，已提出的方法主要包括变密度法、渐进结构法、水平集法、均匀化法、变厚度法和独立连续映射法，各种方法的基本原理如下。

1）变密度法。变密度法的基本思路是基于研究的固体材料为各向同性，通过人为相对密度可变的材料，并假定可变材料的相对密度在 0~1 之间变化。在变密度拓扑优化方法中，假设材料密度为设计变量，利用经验公式进行表示弹性模量和密度之间的非线性关系，将其称为变密度拓扑优化方法的插值模型。工程中常用的两种变密度拓扑优化插值模型为各向同性材料惩罚（solid isotropic microstructures with penalization，SIMP）模型和材料属性合理近似（rational approximation of material properties，RAMP）模型。各向同性材料惩罚模型利用幂律将单元相对密度与有效材料模量联系起来。在进行优化前，需要先假设优化对象的设计区域材料密度可变，优化目标为材料密度，目标函数为材料的最优分布。此方法所代表的变密度法的优点是计算量小，设计程序简单。这两种插值模型都利用引入惩罚因子的方法，在区间 0~1 之间实现材料中间密度的转换，实现连续体结构的变密度拓扑优化。惩罚效果的好坏决定着最终的优化结果，同时惩罚效果又是由惩罚因子的取值决定的。在惩罚因子的空间内进行取值时，取值越大，惩罚效果越好。对于优化结果而言，惩罚因子的取值太大或太小都会对优化结果造成不利影响。

2）渐进结构法。进化算法曾被用于结构优化并不断改进，其主要思想是通过对设计区域中的低效或无效的材料进行删除，实现渐进结构拓扑优化，最终得到符合设计要求的结构。目前，渐进结构法已经演化出添加结构优化效率评判标准的进化结构优化（evolutionary structural optimization，ESO）法、双向进化结构优化（bi-directional evolutionary structural optimisation，BESO）法、结合各向同性惩罚微结构（SIMP）模型的进化结构优化法、结合遗传算法的进化结构优化（GESO）法等。其中，最突出的代表是 BESO 法，它是 ESO 法的扩展，代表了基于密度的 SIMP 方法的离散化版本，使其非常适合增材制造设计，有利于边界的定义。然而，与阶梯轮廓相关的问题，即光滑的边界也仍然存在。

3）水平集法。水平集法（level set method，LSM）以结构边界即界面为中心，通过相应水平集函数的等值线隐式表示界面。其整体思想是利用一个高一维水平集函数的零水平集代替优化二维或三维的结构。通过设置待优化区域的水平集函数，分析边界条件作用下结构应力的大小，实现设计区域的材料增减。

4）均匀化法。均匀化法的主要变量为单胞单元，利用对单胞单元的增减优化控制达到拓扑微结构增减的目的。均匀化法的主要特点为推理严密，容易得到最优的局部收敛，但优化过程计算量大，容易产生棋盘格效应。

5）变厚度法。以单元厚度作为设计区域中的优化变量，通过求解具有厚度分布的目标函数为目的，进行连续体的变厚度拓扑优化。变厚度拓扑优化方法实现简单，通过改变模型厚度的设计进行设计区域的拓扑优化，计算效率高，速度快，但其在拓扑优化领域中的应用范围狭窄。

6）独立连续映射法。通过对设计区域的单元利用［0，1］区间上变化的拓扑变量进行表征，判断设计区域的单元是否应该保留，从而建立相应的目标函数，定义其约束条件；通过迭代优化分析设计区域内的阈值，将小于阈值的单元在结构中进行删除，直至迭代到最优收敛结构。

（4）增材结构拓扑优化的应用　增材制造为复杂拓扑优化构型的制备提供了新途径，让工程师摆脱制造工艺的限制，在“设计即产品”“功能性优先”的理念下设计轻量化、高性能产品。EOS 公司 ALM Research Team 对空客 A320 客机机舱铰链与发动机罩铰链进行拓扑优化（见图 6-12a），并将优化后的结果打印成实体。优化发动机罩铰链可以实现每架飞机减重 10kg，CO_2 排放量在整个生命周期内减少了近 40%，原材料消耗比快速熔模铸造减少了 25%。图 6-12b 所示为对 A380 前缘肋进行拓扑、尺寸和形状的优化设计，采用高强度铝合金加工的原型件均满足各项力学性能要求。2016 年，空客公司设计并制造出世界首辆增材制造电动摩托车（见图 6-13），对车架进行了面向增材制造的拓扑优化结构轻量化设计，增材制造的车身结构重量仅有 6kg。法国泰雷兹阿莱尼亚宇航公司与增材制造服务公司 Polyshape 为韩国新型通信卫星 Koreasat-5A 及 Koreasat-7 设计并打印了天线支架（见图 6-14），减重率为 22%。

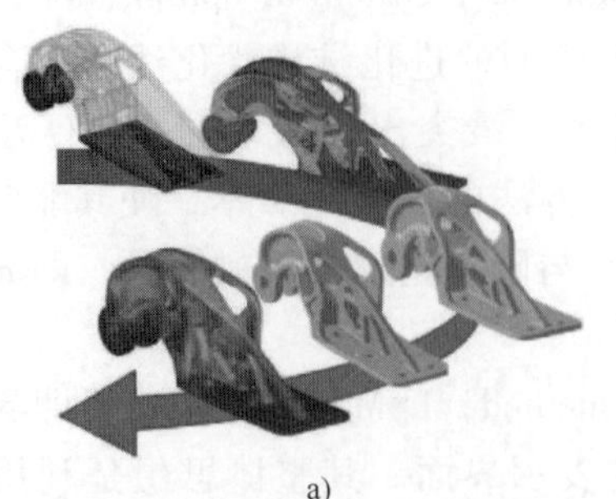

a)

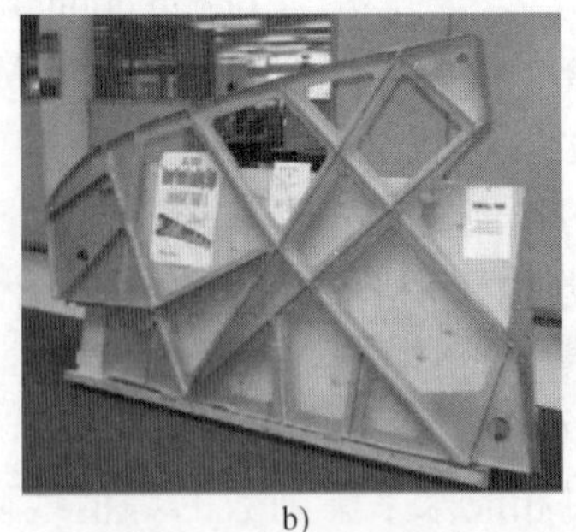

b)

图 6-12　拓扑优化后的空客 A320 机舱铰链支架和 A380 前缘肋

图 6-13　世界首辆增材制造摩托车

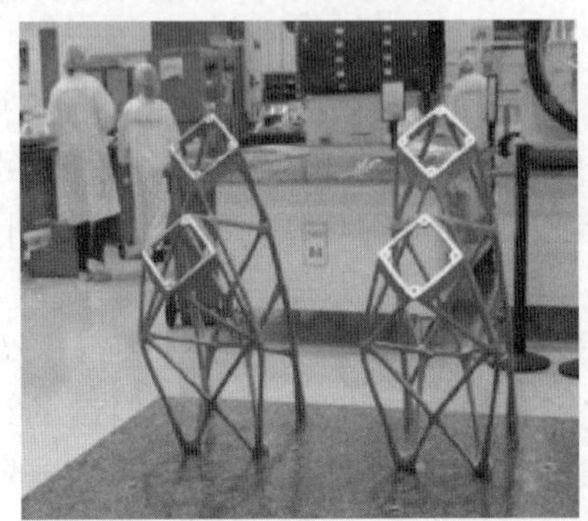

图 6-14　增材制造的通信卫星天线支架

以某航天器的增材制造支架结构设计流程为例，首先利用拓扑优化进行概念设计，然后利用尺寸、形状优化进行详细设计，最后基于激光选区熔化技术制备零件并测试力学性能。增材制造带来巨大制造潜力的同时也存在一些约束，如成形精度、结构连通性、悬空结构和辅助支撑、表面粗糙度、材料性能等。面向增材制造的设计需要进一步将产品设计与制造融合，充分发挥增材制造的优势，并将增材制造工艺约束集成到结构优化设计中，实现产品设计制造一体化。增材制造中的特征尺寸限制、连通性要求、悬空结构等构成了典型的工艺约束。

6.1.2　材料功能智能化

增材制造工艺的多样性使其制造材料也朝着多样化的趋势发展，其中一个重要的发展分支即智能材料的开发。智能材料一般指以特定条件响应环境变化，具有自感知、自诊断、自驱动、自修复的能力，以及多功能性和感受环境变化的响应。智能材料的增材制造技术实现了以目标为导向的材料设计和成形，克服了传统制造工艺难以制备复杂形状和结构的缺点，使制备任意复杂形状、材料组成的三维智能材料结构成为可能，进一步扩大了智能材料的应用范围。

1. 功能梯度材料

（1）功能梯度材料的概念　当需要制作一个在不同工作部位上具有不同工作性能的零部件，却找不到一种同时都能满足这些性能要求的金属材料时，最合理而又经济的做法是，如果那个部位最需要具有某种工作性能，就在该部位使用最具这种工作性能的材料，然后通过特殊成形方法把这些性能各异的材料连接或装配成一个整体。正是基于这种需求，功能梯度材料应运而生。功能梯度材料（functionally graded materials，FGM）的概念于 1987 年由日本的新野正之与平井敏雄等人首次提出，起源于日本空天飞机计划“关于缓和热应力的功能梯度材料开发基础技术的研究”，作为热障材料涂层提高航天器推进系统和机身的耐高温性。由于 FGM 的成分或结构的变化是逐渐过渡的，因此能有效缓解材料两侧存在的温差所引起的巨大应力，可作为各类功能涂层来提升制件的表面性能。梯度功能材料可定义为：根据使用要求，选择使用两种或几种不同性能的材料，采用先进的复合技术，使材料的组成和结构呈连续梯度变化，弱化甚至完全消除各组分之间的界面，从而使材料的性质（如弹性模量、热膨胀系数等）和功能沿空间位置上呈梯度变化，因此是一种具有局部定制性能的新型复合材料。

梯度功能材料的提出和产生，从根本上改变了多材料金属的制造方式，优化了多材料结构的性能，为轻量化、功能一体化及智能化构件的制造提供了方法和依据。传统制造工艺必须先单独制造出部件，然后通过后期连接将其组合成一个整体，脱胎于异种金属焊接技术，采用连续渐变增材制造技术可实现复杂功能梯度材料的一次性成形。梯度功能材料增材制造的意义在于充分利用异质材料的特殊性能，满足同一零件的不同区域对材料使用性能的不同要求，达到优化结构整体使用性能的目的，具有减轻结构重量、缓解应力集中、节约稀贵金属和降低制造成本等优点，充分发挥了增材制造技术在机械制造中的特殊作用。

功能梯度材料主要分为几何梯度和材料梯度两类。针对几何梯度，主要通过成形梯度孔隙结构来实现。例如，通过改变激光选区熔化的工艺参数来改变孔隙率，设定梯度变化的扫描速度，制造出沿速度梯度方向的梯度多孔多材料微结构（见图 6-15）。本节主要介绍材料梯度的增材制造技术。

（2）功能梯度材料的增材制造设计方法　以具有材料梯度的功能梯度零件为例，设该零件共包含了 n 种材料，其中某一成分体积百分比的变化情况用成分分布函数表示为 $f_n(x)$，则 $\sum f_n(x)=1$。由泰勒定理可知，指数函数、幂函数、三角函数均可利用泰勒公式展开为多项式函数，因此可用分段多项式函数作为分布函数的基本形式。结合梯度源思想，第 i 种成分的分布函数可表示为

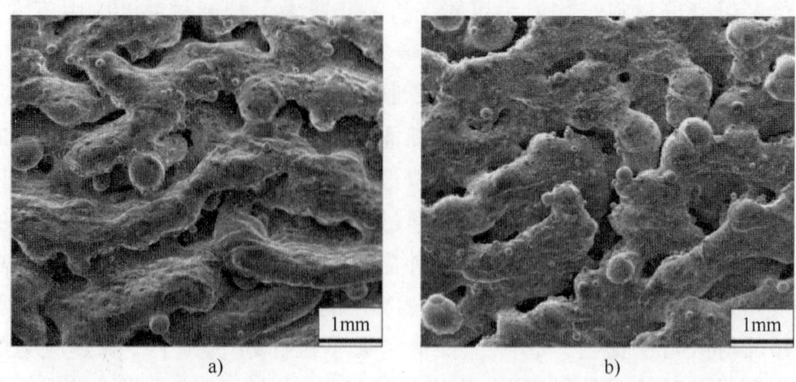

图 6-15　316L（O22Cr17Ni12Mo2）**不锈钢激光选区熔化制件的多孔多材料微结构形貌**

$$f_i(x)=\begin{cases}0\ (x_{\min}<x<x_1)\\ a_0+a_0+\cdots+a_nx^n(x_1<x<x_2)\\ \vdots\\ 1\ (x_n<x<x_{\max})\end{cases} \tag{6-1}$$

式中，x 是某一成分材料距离梯度源的距离；$x_{\min}$、$x_{\max}$ 是距离的最小值和最大值；a_n 是成分分布函数的系数项。

根据上述成分分布函数，可将整个功能梯度零件的几何结构分解为有限个几何子模型的并集，利用几何子模型各区域材料的体积百分比加权平均值作为其材料信息，将它离散化为 n 个具有材料属性的子模型的装配体，用于控制成形。以图 6-16 所示的功能梯度发动机叶片设计为例，当采用三维设计软件进行零件结构设计时，根据其组成成分的变化，以轴线/母线为梯度源，将三维结构设计成由 n 个梯度材料复合而成的三维模型，对不同的材料区域赋予不同的材料属性，如强度、密度、泊松比等，最终结合零件的几何特征获得一个完整的功能梯度零件的三维模型。

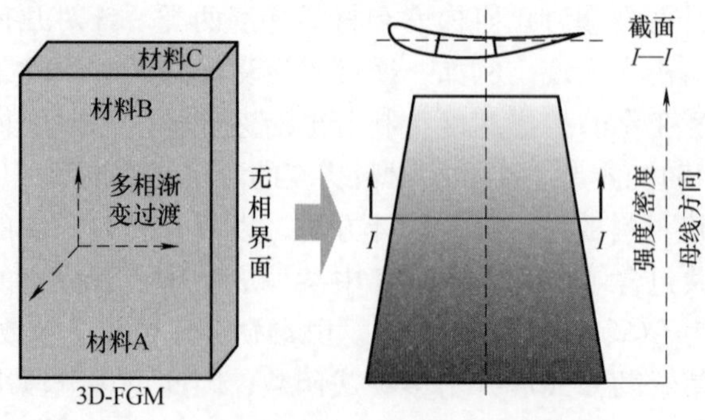

图 6-16　功能梯度发动机叶片三维模型设计

对成分梯度材料零件的三维模型进行数据处理，将梯度材料零件的几何结构特征与材料特征组合，建立从几何子模型到材料信息空间的映射关系，获取其增材制造数据。首先记录梯度材料零件三维模型中各子材料三维模型的中心坐标，在切片软件中打开各子材料三维模型，通过移位使各子材料三维模型的中心坐标与它在梯度材料零件三维模型中的中心坐标一致，完成模型数据的移位处理；然后可对各子材料三维模型进行切片处理，获得各子材料三维模型的共同层接口（common layer interface，CLI）数据文件；最后对 CLI 文件进行扫描路径规划，并生成激光扫描路径。每个 CLI 文件对应生成一组扫描路径，一组扫描路径可由 m 个惠普图形语言（hewlett-packard graphics language，HPGL）文件组成（m 为对应 CLI 文件的层数），每个 HPGL 文件用于描述对应子材料模型一个层片的扫描路径。

（3）功能梯度材料的增材制造方法　目前，功能梯度材料的增材制造方法较多，包括金属和非金属材料之间自组合或跨材料组合、材料多重组合、材料与气孔点阵组合、多材料拓扑结构设计等多种形式。以往制备功能梯度材料的方法主要包括粉末冶金（powder metallurgy，PM）法、化学气相沉积（chemical vapor deposition，CVD）法、等离子喷涂（plasma spray，PS）法、自蔓延高温合成（self-propagating high temperature synthesis，SHS）法、磁控溅射法、电沉积法、离心铸造法等，这些制备方法各有工艺优势，但成形某些结构复杂的金属功能梯度材料零件仍存在困难，在实际应用中受到许多限制。例如，粉末冶金法只能生产几何形状相对简单的零件，自蔓延高温合成法受成形材料选择的限制因素较多，阻碍了功能梯度材料的发展和工业化应用。为解决上述问题，采用增材制造技术成形多材料/功能梯度材料零件成为有效的技术手段。目前，面向功能梯度材料的增材制造主要包括激光增材制造、黏结剂喷射、材料喷射、光固化和多材料熔融沉积等。其中，聚合物材料由于成形工艺相对简单且不同材料间的兼容性较好，最早应用于功能梯度材料零件的增材制造中，成形具有多种颜色的制件，如自行车头盔、足球头盔、防护手套等，而激光增材制造在成形金属、陶瓷类的功能梯度材料方面有着显著优势和广阔的应用前景。激光增材制造功能梯度材料零件主要分为两种方法，即送粉式功能梯度材料成形和铺粉式功能梯度材料成形，其技术原理如下。

1）送粉式功能梯度材料成形。送粉式功能梯度材料成形的原理比较简单，以采用同轴送粉激光熔覆沉积技术为例，只需实时改变不同种类粉末的送粉速度，同时按比例稳定输送两种或多种粉末，即可实现不同成分比例样件的成形制造，实现材料组成、微观组织结构和性能的梯度分布及多种材料的集成，其成形原理如图 6-17 所示。由于送粉方式灵活易控，适于复杂功能梯度渐变结构的控形/控性一体化制造。

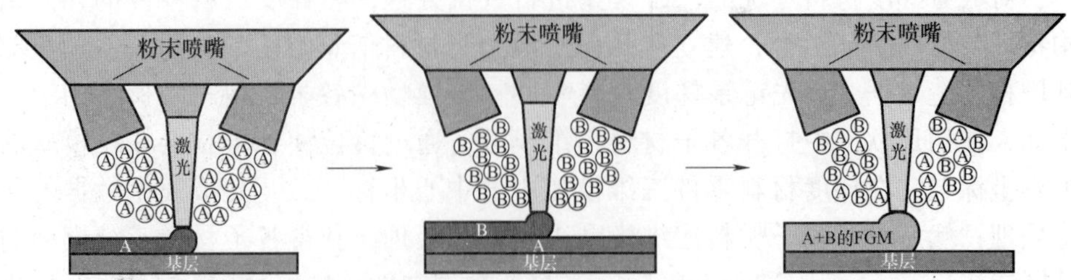

图 6-17 基于同轴送粉激光熔覆沉积技术的功能梯度材料成形原理

2）铺粉式功能梯度材料成形。铺粉式功能梯度材料的成形原理相对复杂，其成形系统是基于粉末实时混配+柔性清扫回收余粉原理，在原有激光选区熔化成形系统的基础上，通过增加功能梯度材料粉末实时混合均布装置构建而成。同样以两种粉末为例，其成形工艺流程为：①粉末床内的成形平台下降一个层厚，准备铺粉。②读取当前层的扫描路径和材料配比信息，控制两个定量漏斗，按配比下泄定量粉末材料至粉末实时混合均布装置的粉斗中，若为单成分材料，则摆动电动机翻转将粉末倒至铺粉盒中；若为混合成分材料，则充分完成粉末混合均布操作后将粉末倒至铺粉盒中。混合均布装置在成形过程中将两泄粉管下泄的粉末完全混合，并将混合后的粉末均匀分开，整理成与铺粉盒长度一致的粉末束流。③铺粉盒载着按需配置好的粉末材料向右移动，高位柔性刮板将粉末平铺到成形平台上，铺设厚度根据激光功率和光斑大小调节。④激光束根据该组路径数据在当前层的扫描路径选择性地熔化金属粉末，形成熔覆层。⑤若同层内存在功能梯度材料区域，铺粉盒须返回，低位柔性刮板将当前层内多余粉末清除干净。每次铺粉前，低位柔性刮板对成形平台完成指定次数的清扫动作，以达到完全清除剩余粉末、防止粉末污染的目的。⑥重复步骤②~⑤，直至完成当前层所有梯度区域的成形。⑦进行下一层铺粉，循环执行步骤②~⑥，直至成形整个功能梯度材料零件。在图 6-18 所示的成形原理中，铺粉器有两种材料，●为支撑材料，○为模型材料。

铺粉式功能梯度材料成形的优点是粉末材料的成分容易控制，但缺点也很明显：混合粉末中各成分比例要预先精准设计好且充分混合，不能实时调控，难以实现功能梯度材料内部成分的连续均匀变化（渐变性），限制了成形的自由度。因此，激光选区熔化成形功能梯度材料零件的关键技术及难点问题包括：①在粉末床成形空间内的任意位置准确按需布置异质粉末材料；②针对功能梯度材料零件的材料成分特点，获得适合激光选区熔化工艺的功能梯度材料成分配比函数；③当各层或同层各个区域内的材料成分不同时，需在粉末铺刮前将粉末按设计比例均匀混合及供给；④在铺设新粉末层前，清扫不彻底易造成异种粉末间的污染。

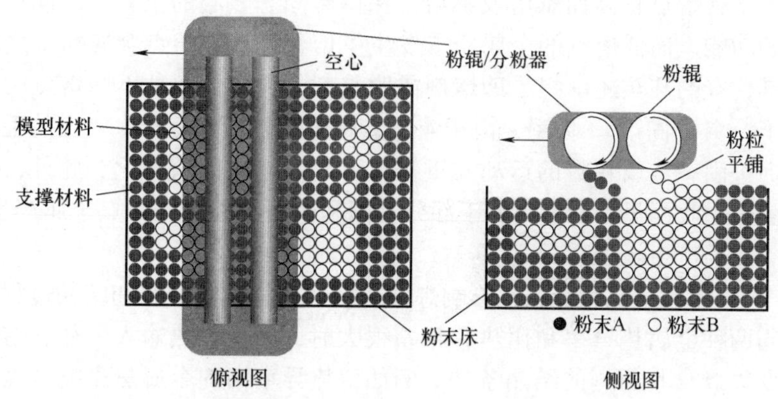

图 6-18　功能梯度材料零件的激光选区熔化成形原理

除了上述两种功能梯度材料的增材制造方法，还可以通过改变保护气体成分的方式间接制造功能梯度材料。例如，当采用定向沉积技术成形钛合金时，在二氧化碳与在激光束的作用下，熔融的钛合金会发生原位反应而生成碳化钛增强相。因此，利用该原理，通过实时调节保护气体中二氧化碳和氩气的配比即可成形出含不同增强相的功能梯度合金。

（4）功能梯度材料的增材制造工艺特点　技术优势主要包括：

1）多材料打印中独特的连接方式与传统制造工艺相比没有焊缝存在，从而有效避免或减少了应力集中带来的危害。

2）多材料打印时，使用的原材料基本是粉末，使传统制造工艺中两者不易混合的工艺变得十分容易。

3）激光熔覆沉积成形可解决炉内恒温烧结法较难解决的不同成分梯度层的烧结温度差异和收缩量差异等问题，具有无污染、高效率、合成功能梯度材料稳定、温度分布合理等特点。

技术瓶颈主要包括：功能梯度材料的增材制造要比同种材料的成形困难和复杂得多，成形过程包含复杂的再熔行为和热循环。以金属功能梯度材料为例，既有因不同母材之间和母材与填充金属之间相互作用不同而带来冶金上的困难，又有因物理性能上存在差异带来成形工艺上的困难。首先，材料的物理性能差异带来的增材制造问题包括：

1）熔点。成形功能梯度材料使用的多成分粉末通常主要包含两种熔点（高和低），熔融状态下，两种母材都须熔化，若两者熔点相近（相差小于 100℃），则常规的增材制造方法和工艺都能顺利进行。但当两者熔点相差很大时，则会因熔化不同步导致低熔点金属过早熔化而发生流淌和损失（如钛铝合金增材制造中的铝损失问题），与高熔点金属产生未熔合现象。其中，熔点相对较高的金属粉末由于其熔点较高而难熔或不熔，保持着固态核心的位置，因此充当着结构材料的功能，而低熔点的金属粉末发生了熔化，在高熔点金属粉末之间变成了黏结剂，有的甚至还承担了助熔剂或脱氧剂的作用。两种不同熔点的金属粉末形成了一个“固-液”体系，由于液态金属对固态颗粒会产生一定的毛细管力作用，促进固态金属颗粒的运动与重排，引起凝固件的致密化。此外，熔点高的金属凝固和收缩早，会使尚处于部分凝固和薄弱状态的低熔点金属产生应力，易导致裂纹的产生。

2）热导率和比热容。这是影响焊件热循环、温度场分布和结晶过程的重要因素。当两种金属热导率和比热容相差很大时，会导致热输入失衡、熔化量不均和改变焊缝及其两侧的结晶条件。例如，热导率高的金属热影响区宽，冷却速度快，容易淬硬，而热导率低的金属则发生过热。遇到这种情况，往往是对热导率高的金属预热，或者成形热源略为偏向该侧。

3）线膨胀系数。当线膨胀系数差别较大的异种金属成形在一起时，由于彼此间冷却收缩不一致，便会引起较大的内应力，严重时能导致裂纹。如果受到周期性热循环，就成为交变应力，使制件因热疲劳而过早破坏，而这种热应力是无法消除的。在工程上常选用线膨胀系数介于两母材之间的金属作填充金属（即第三种金属），即作为中介材料，以减少母材之间线膨胀系数差所造成的热应力。

其次，异种金属的相溶性也会决定功能梯度材料能否顺利成形。异种金属之间能否实现融合成形，决定于这两种金属在增材制造工艺条件下，其合金元素之间的相互作用，这通常利用金属学中二元或多元相图进行分析。当两种金属元素之间不但在液态且在固态下都互相溶解，能形成一种新的固溶体，那么这两种金属元素之间便具有了冶金学上的“相溶性”，原则上是可以融合的。因为固溶体组织均匀，塑性和韧性好，是理想的焊缝金相组织。例如，采用增材制造技术制备钢/铜梯度材料时，由于铜和铁两者之间存在均相间断区，铁和铜的熔化会导致由于分离相的存在而形成一个非共格的界面。因此，不同合金元素之间能够相溶是有条件的，即：①两者晶格类型相同（如同为体心立方晶体）；②原子大小相近（即原子半径相差不大）；③元素周期表中位置相邻（即电化学性质相差小）。若同时能满足这三个条件，则能无限制地溶解，所形成的固溶体称无限固溶体，又称连续固溶体。如果只是部分地满足上述条件，则只能有限地溶解，这样的固溶体称有限固溶体。有限固溶的限度称为溶解度，它受温度的影响，大部分是随温度降低而减小。当有限固溶体的溶质金属量超过了溶解度（即已达饱和），就可能出现两种情况：一是从该固溶体中析出另一种固溶体，从而形成两相混合物；二是从该固溶体中析出金属间化合物。金属间化合物的性质硬而脆，常称脆性相，它不能用于连接金属，会降低制件的塑性和韧性，在功能梯度材料中不希望出现这种组织。其影响程度决定于它的类型、数量、形态及其分布。若金属间化合物越多，并且在晶界上呈网状分布，则材料的性能就越差。因此，对有可能形成金属间化合物的异种金属成形时，应设法避免或控制金属间化合物的形成。由于金属间化合物形成一般需要一定的孕育时间，而且和温度有关。若能采用在较低的温度下短时间加热，就有可能不产生金属间化合物。如果两种金属在液态、固态下都互不相溶，又不形成金属间化合物，则在液态时便会按比重分层，冷却时各自独立结晶。对这类无相溶性的金属组合是不能直接成形的，只能寻找与这两者都具有相溶性的第三种金属作中间层（过渡层），才有可能进行成形。

总之，合金元素之间可能发生不同的相互作用，或者相互溶解形成固溶体，或者相互反应形成金属间化合物，或者互溶和反应兼有，形成混合物或其他复杂组织。对增材制造而言，无限固溶的异种金属之间具有很好的相溶性，其成形性最好；有限固熔的异种金属成形性较差；能形成金属间化合物而相互间又不作用的异种金属成形性最差。

（5）功能梯度材料的应用　功能梯度材料及其相关结构在航空航天、车辆、生物医疗、光电子器件及能源工程等领域中具有重要的应用价值。采用增材制造技术制备高性能功能梯度材料在工程中具有非常迫切的应用价值，也是增材制造技术的一个重要发展方向。目前，高性能功能梯度材料的增材制造研究主要集中于金属材料/金属材料、金属材料/陶瓷材料等的组合。此外，在材料设计方面已有面向增材制造“工艺-结构-性能-行为”的一体化计算机辅助设计建模方法和应用案例。针对功能梯度材料件的激光快速成形工艺，已研究设计了面向 FGM 零件激光直接沉积制造的流程建模和系统控制方法，通过自适应选择加工策略和控制参数获得所需的材料分布和几何结构，实现了 316L（O22Cr17Ni12Mo2）和 Stellite-6（美国牌号）、Inconel 718（GH4169）及 Fe_3Al 等合金粉末的连续梯度成形，实现了两种合金的平顺过渡，制件具有较高的冶金质量及精度。为了满足高速/超高速航空航天发射器表面热防护系统严苛的工作环境要求，采用激光金属沉积成形钛/镍梯度合金热防护系统连接附件（见图 6-19），能减少高速飞行中产生的热梯度引起的应力集中，并提高热防护性能。其中，镍基高温合金作为耐热端保护飞行器表面结构，钛合金可保证结构强度和连接性能，成分梯度从 TC4 向 GH4169 过渡。由于钛和镍在焊接过程中的不兼容性，可采用中间过渡层连接方法制备从质量分数为 100% TC4 向质量分数为 25% TC4+质量分数为 75% Mo 和向质量分数为 30% Inconel 718（GH4169）+质量分数为 70% Mo 突变的梯度合金，获得过渡转变并实现冶金结合。

在技术应用方面，美国洛克希德公司 Sandia 国家实验室采用四轴 LENS 设备成功制造出功能梯度薄壁件，并实现了打印工艺参数的实时闭环控制，提高了

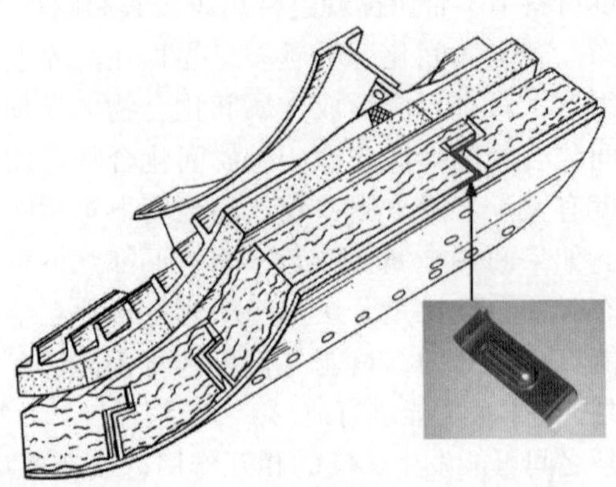

图 6-19　增材制造的 Inconel 718（GH4169）-TC4 梯度合金热防护系统连接附件

成形精度和效率。美国 Optomech 公司开发的五轴 LENS 850-R 激光熔覆制造系统用于打印或修复航空发动机叶片，该系统采用五轴数控系统及 1kW 的 IPG 光纤激光器，利用视觉相机对熔池面积和 Z 轴高度进行实时监测及闭环控制，系统的双路送粉器通过实时混合多种不同金属粉末实现梯度成形。该系统能制造出包含三种合金梯度材料的涡轮发动机叶轮，满足同一零件不同区域的功能需求（冲击力、工作温度、疲劳强度）。德国通快 TRUMPF 集团的 DM D505 设备采用五轴数控系统和 CO_2 激光器，通过两个 CCD 摄像机形成系统的闭环控制系统，监测熔覆层高度和焊接过程。系统具有 4 路送粉装置，可实现多种粉末的实时混合。我国围绕功能梯度材料增材制造的研发主要集中在 TA15/Ti2AlNb、TA2/TA15、Ti/Ti2AlNb 及陶瓷/金属梯度材料，应用场合以航空发动机涡轮叶片、高超速飞行器的热屏蔽套等复杂恶劣工况环境为主。

2. 智能变形材料

智能变形材料的增材制造（又称 4D 打印）是基于传统增材制造工艺的智能材料和结构的增材制造技术，通过引入时间维度，使增材制件的形态、性质、结构和功能能够随着时间的推移产生变化。2011 年，Oxman 提出一种变量特性快速原型制造技术，利用材料的变形特性和不同材料的属性，通过逐层铺粉成形具有连续梯度的功能组件，使制件实现结构改变，成为 4D 打印思想的雏形。2013 年，麻省理工学院的 Tibbits 教授在科技娱乐设计（technology entertainment design，TED）大会上首次提出 4D 打印技术的概念，其课题组开发了一种遇水可以发生膨胀形变（150%）的亲水智能材料，利用增材制造技术将硬质有机聚合物与亲水智能材料同时打印，二者固化结合构成智能结构。遇水后亲水智能材料发生膨胀，带动硬质有机聚合物发生弯曲变形，当硬质有机聚合物遭遇临近硬质有机聚合物的阻挡时，弯曲变形完成，智能结构达到了新的稳态形状。

该材料构成的绳状物放人水中后能自动折成“MIT”字样的立体结构（见图6-20），由此开启了4D打印技术的研究热潮。

图6-20　4D打印细线变形过程

4D打印的智能化主要体现在智能构件的形状、性能和功能能够在外界特定环境的刺激（热能、磁场、电场、湿度、光、pH值等）下随时间或空间发生预定的、有规律的可控变化，智能构件即为具备这种“智能”特性的构件。借助4D打印技术制造出的智能构件，可以发生由一维或二维结构向三维结构的变化，或者由一种三维结构变形成另一种三维结构。以飞行器为例，传统的以操控舵面等机械构件为主的飞行器，其机动性能主要依赖全机减重、气动优化和机电加强而逐渐发挥至极限，但以智能构件为主的飞行器是飞行机器人，具备智能化的特点，通常具有柔性可变机翼等智能变体结构。图6-21所示的形状记忆合金驱动的链环式变弯度机翼，能够根据飞行需要适应外界环境的不断变化，实现自驱动的形状改变、性能改变和功能改变。

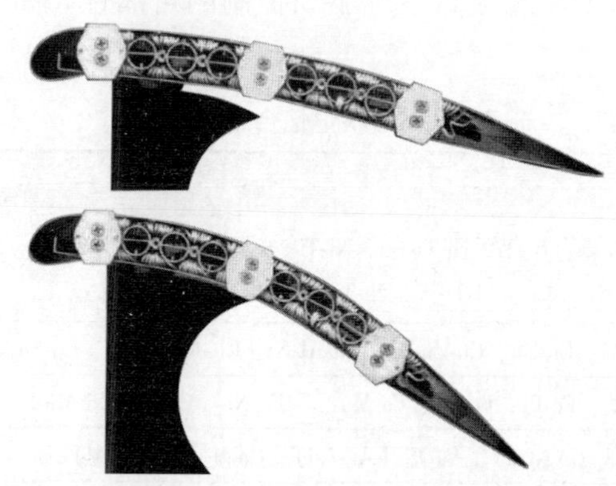

图6-21　形状记忆合金驱动的链环式变弯度机翼

（1）智能变形材料的分类　用于4D打印的智能材料可感知外界的力、热、光、电、声和水等物理因素，主要有形状记忆合金、形状记忆聚合物、形状记忆陶瓷、形状记忆水凝胶、形状记忆复合材料、压电材料、磁致伸缩材料、电致活性聚合物和光驱动型聚合物等，在此仅以形状记忆合金和形状记忆聚合物为例做一简单介绍。

1）形状记忆合金。形状记忆合金（shape memory alloy，SMA）是一种变形后可在外界刺激（温度、磁场变化等）下恢复到变形前原始形状的智能材料，即拥有“记忆”效应的合金。与普通的金属材料相比，形状记忆合金具有不同的力学特性，其变形的基本理论是晶体可塑性理论。1969 年，镍-钛形状记忆合金首次成功应用在工业上，美国在某型喷气式战斗机的油压系统中也使用了镍-钛合金接头。2007 年，瑞士应用科学大学首次应用增材制造技术制备形状记忆合金，利用有机胶和溶剂反应将镍、钛金属粉末粘接在一起，逐点固化成三维结构。一般地，可通过温度诱导的正逆马氏体相变进行形状改变，这样兼具金属结构体的高强度和智能材料的激励响应。

目前，SMA 材料已发展成为普通 SMA、高温 SMA、磁性 SMA 和复合 SMA 4 大类 100 多种，见表 6-1。普通 SMA 主要包括 Ni-Ti 基 SMA、Cu 基 SMA、Fe 基 SMA、Ag 基 SMA、Au 基 SMA、Co 基 SMA 等。其中，Ni-Ti 基 SMA 性能最好，应用最广。高温形状记忆合金（HTSMA）指马氏体相变温度高于 373K，能在 373K 以上产生形状记忆回复的记忆合金材料。高温形状记忆合金的最高记忆效应温度高达 1000℃，其中 Ti-Ni-X（X = Pd、Pt、Hf、Zr）镍钛系列高温形状记忆合金实现了通过成分调节获得较高的相变温度和较窄的滞后效应，能够用于火箭发动机等高端装备，作为高温部位的智能驱动元件（如涡轮燃气喷嘴、卫星天线）使用，代替结构复杂的传统机械装置，具有优良的超弹性、高阻尼性及耐磨性、耐蚀性，可显著提高系统驱动控制的可靠性。高温形状记忆合金及其特性见表 6-2。

表 6-1　形状记忆合金的分类

分　类	明　细
普通 SMA	Ni-Ti 基：Ni-Ti、Ni-Ti-Cu、Ni-Ti-Nb、Ni-Ti-Ta、Ni-Ti-Fe、Ni-Ti-Ag、Ni-Ti-Cr、Ni-Ti-V、Ni-Ti-Co、Ni-Ti-W、Ni-Ti-Mo、Ni-Ti-Co-Cr 等
	Cu 基：Cu-Zn、Cu-Zn-Al、Cu-Al-Ni、Cu-Al-Ni-Mn、Cu-Sn 等
	Fe 基：Fe-Pt、Fe-Pd、Fe-Mn-Si、Fe-Ni-C、Fe-Cr-Ni-Mn-Si-Co、Fe-Ni-Co-Ti 等
	Ag 基（Ag-Cd）、Au 基（Au-Cd）、Co 基（Co-Ni-Al）等
高温 SMA	Ti-Ni-Pd、Ti-Ni-Pt、Ti-Ni-Hf、Ti-Ni-Zr、Cu-Al-Ni-Mn、Zr-Rh、Zr-Cu、Zr-Cu-Ni-Co、Zr-Cu-Ni-Co-Ti、Ti-Mo、Ti-Nb、Ti-Ta、Ti-Au、U-Nb、Ni-Al-Mn、Ni-Al-Fe、Ta-Ru、Nb-Ru 等

（续）

分　类	明　细
磁性 SMA	Ni-Mn-Ga、Fe-Pt、Fe-Pd、Ni-Mn-Al、Dy、Tb、La-Sr-Cu-O、Re-Cu、Ni-Mn-In、Co-Ni-Ga 等
复合 SMA	Al/TiNi、NbTi/TiNi、SiC/TiNi、混凝土/TiNi、聚合物/TiNi 等

表 6-2　高温形状记忆合金及其特性

工作温度/℃	合　金	相变温度范围/℃	热滞/℃	应变（%）	回复率（%）
100~400	Ti-Ni-Pd	100~530	20~26	2.6~5.4	90~100
	Ti-Ni-Hf	100~400	60	3	100
	Ti-Ni-Zr	100~250	54	1.8	100
	Cu-Al-Ni-Mn	100~400	21.5	3~5	90
	Cu-Al-Nb	100~400	59~170	5.5~7.6	100
	Co-Al	100~400	121	2	90
	Co-Ni-Al	100~400	15.5	5	100
	Ni-Mn	100~670	20	3.9	90
	Ni-Mn-Ga	100~400	85	10	70
	Zr-Cu	100~600	70	8	44
	Ti-Nb	100~200	50	2~3	97~100
	U-Nb	100~200	35	7	97~100
400~700	Ti-Pd	100~510	40	10	88
	Ti-Au	100~630	35	3	100
>700	Ti-Pt-Ir	990~1184	66.5	10	40
	Ta-Ru	900~1150	20	4	50
	Nb-Ru	425~900	20	4.2	88

磁性形状记忆合金（MSMA）又称铁磁 SMA（FSMA），其驱动靠磁场传输而非靠相对缓慢的传热机理，故可用于制作高频（达 1kHz）驱动。MSMA 的应变速率可与磁致伸缩和压电元件媲美，应变与 SMA 相近，MSMA 也可提供与 SMA 相同的比功率，但传输频率更高。MSMA 的最大应变是巨磁致伸缩 Tb-Dy-2Fe 合金的 32 倍。因此，MSMA 适合填补形状记忆合金和磁致伸缩材料之间的技术空缺，适用于低应力大位移的马达和阀门场合。复合 SMA 是结合多种 SMA 材料的优势，按照不同的环境需求进行组合或合金化，使其具有新的物化属性。如将 Ti-Ni 合金丝置于铝合金、镁合金和高分子等材料中，使复合材料具有升温

自增强、抑制裂纹扩展、减振降噪等智能属性。但由于复合材料的各复合组元间界面比表面积小，而且结合强度较低，在外力作用下容易开脱。

2）形状记忆聚合物。形状记忆聚合物（shape memory polymer，SMP）是一类能感知外部刺激驱动而变形的新型高分子智能材料，高分子及其复合材料具有可恢复应变大、价格低廉、密度小、成形工艺简单易加工等优点，部分还具有良好的生物相容性和生物可降解性。依据形状记忆机理的不同，SMP 可分为固态形状记忆高分子材料和高分子凝胶体系两大类。依据实现记忆功能的条件不同，可分为水响应、热敏型、光敏型和感溶剂型等多种。目前，常用的形状记忆聚合物大多是热敏型 SMP，其对温度具有很大依赖性，形状记忆效应源于分子链组成单元的玻璃化转变或熔融转变，结构响应时间一般在分钟级别，但可实现较大的形变，应变一般超过 200%。

与形状记忆合金相比，形状记忆聚合物更易成形。SMP 的增材制造方法主要为直接成形（direct ink writing，DIW）、喷墨打印、立体光固化成形、熔融沉积成形、数字光处理技术，增材制造的 SMP 已应用于航空航天、组织工程、纺织材料、生物医疗及药物输送载体等多个领域。

（2）智能变形材料的变形机制　目前，智能变形材料具有多种变形驱动方式和驱动机制，主要包括温度驱动、光驱动、电驱动、磁驱动和水驱动等，各种变形驱动机制主要为：

1）温度驱动。主要应用于形状记忆合金和热敏型形状记忆聚合物，其形状记忆效应分别来源于马氏体正逆相变和分子链组成单元的玻璃化转变或熔融转变，通过外界热条件对变形材料进行温度驱动，使其形状发生动态演变。其中，SMA 的形状记忆效应指在环境温度低于其马氏体相变结束温度或低于奥氏体相变开始温度，但处于纯马氏体状态时对其进行外力加载，卸载后将产生一定的残余应变，此时将 SMA 加热到奥氏体相变结束温度以上时，SMA 能够回复到外力加载前的初始形状。例如，Ni-Ti 形状记忆合金在其马氏体较低温度状态下发生明显变形后，通过随后的加热即可恢复其初始形状，这种形状记忆效应的基本机制是无扩散固态相变（又称马氏体相变）。

2）光驱动。主要应用于光敏型形状记忆聚合物，聚合物通过吸收光波能量并转化为热量，热量集聚引起温度升高和形状记忆效应，外部光能触发 3D 打印结构从变形后的形状恢复至原始形状。光驱动的特点是具有区域性和灵活性，可有选择性地对成形件进行区域性的照射而产生局部驱动。光驱动形状记忆聚合物可应用于软体机器人、仿生机器人和微机电控制系统中，基于形状记忆材料变形机制的自折叠机构主要利用二维记忆材料的自动展开和折叠动作而形成三维空间结构，通过外界光驱动实现二维向三维的自动转换。

3）电驱动。主要包括电化学驱动、电机械驱动和电热驱动三种形式。电化学驱动采用电化学材料打印的智能结构通过电场直接驱动；电机械驱动采用介电弹性体进行快速驱动；电热驱动是将电能产生的热引入 4D 打印的热敏感形状记忆聚合物的结构中进行间接驱动。

4）磁驱动。主要应用于磁性形状记忆合金和形状记忆聚合物，通过在聚合物基体中区域性地嵌入磁性颗粒（如 Fe_3O_4、NdFeB 颗粒）实现精确变形控制，是目前 4D 打印磁响应型结构的主要设计及制备方法。同其他刺激驱动方式相比，磁驱动控制的智能结构具有非接触性和可远程操作的优势，通过调整外部磁场的变化而进行 4D 打印结构的变化，实现结构的快速响应，拓宽了其在密闭环境和狭窄环境中的应用。因此，磁驱动方式在生物医疗应用中具有很大优势，在体外进行磁场非接触式控制可实现体内智能结构的快速精确驱动。

此外，磁辅助打印可以将磁性颗粒的极性排列成一条直线进入基材中，以增强结构的力学性能，同时也对定向的磁性的极性模式进行了研究，这显示出更加复杂的和可编程的形状变化。已有研究基于 DIW 的包含 NdFeB 颗粒的聚合物复合材料的可编程的极性模式。这些位于打印成直线的极性颗粒可以通过打印喷嘴周围的磁场进行重新定向。一套预先设计的形状变形和多种功能，如柔性电子和具有负泊松比的机械材料，基于水胶涂覆法制备的磁驱动连续体软体机器人可以应用于微创手术，这种机器人具有导航和主动转向能力。除了这些具有大尺寸，小尺寸的软体模式，磁性的定向模式自微米尺度到毫米尺度的均已经发展起来了。毫米尺度的软体机器人可以实现多个方向运动，采用一个定向的磁性工艺进行了制造；微米尺度的磁性-弹性机器人也基于 UV 立体光刻技术进行了制造。在甚至更小的尺寸下，采用纳米磁性进行控制机器人和重构的铁磁液相液滴来促进定向磁材料在微系统中的应用。

除了上述驱动机制，采用本身不具备激励响应能力的传统非智能材料，通过合理地对其组分、结构的编码设计，对多种材料的物理化学属性进行重组和匹配，也能实现在外界激励作用下的可控变化，如叠加成形两者热膨胀系数显著不同的金属材料，也能实现温度驱动作用下的可控形状变化（见图 6-22）。

（3）智能变形材料的增材制造工艺特点　以 Ni-Ti 基合金为主的形状记忆合金，其增材制造方法主要包括激光选区熔化（SLM）、定向能量沉积（DED）和电子束选区熔化（SEBM）等。形状记忆合金粉末的制备方法主要有气体雾化法、等离子旋转电极法等。由于形状记忆合金具有驱动电压低、高应变能、刚度大、应变范围较大等特点，对其增材制造将会逐步应用于航空航天、生物医疗、土木工程和电气自动化等领域。目前，针对 Ni-Ti 基等典型形状记忆合金的 SLM 成形是金属 4D 打印最常见的实现方式。由于形状记忆合金的组织和力学性能对温度变化极为敏感，高温下与 N、H、O 元素的亲和力强，在成形过程中极

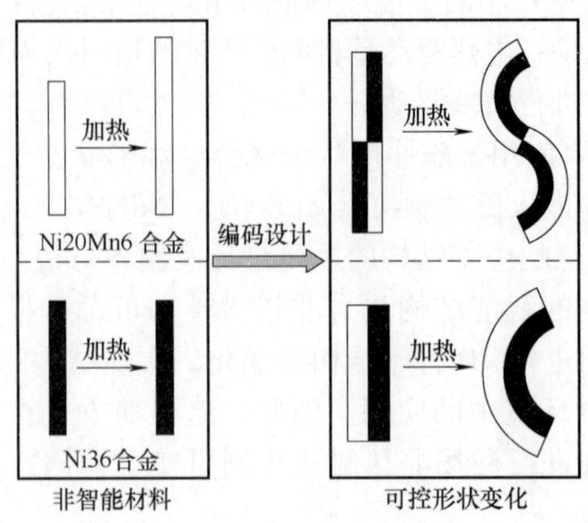

图 6-22 Ni20Mn6 和 Ni36 合金的编码设计和可控变形原理

易吸收这些气体，并在界面处形成脆性相化合物。因此，为了保持形状记忆效应，在形状记忆合金增材制造过程中应防止马氏体相变，严格控制热影响区域，防止晶粒长大破坏而母材的有序点阵结构，进而影响其形状记忆效应。

镍钛 HTSMA 的相变温度对基体成分十分敏感，Ni 含量每增加 0.1%（质量分数）将引起 HTSMA 的相变温度下降约 10℃，而激光熔覆沉积成形功能梯度材料的送粉比难以精准控制，并且成形过程的工艺一致性较低，致使成形出的 HTSMA 合金成分可控性差，并易产生气孔、裂纹等缺陷，不易制备大型构件且生产成本高。此外，大多数 HT SMA 的塑性和抗疲劳性能差，制造成本较高。目前，只有 Ti-Ni-Pd、Ti-Ni-Pt、Ni-Ti-Hf、Ni-Ti-Zr 和 Cu-Al-Ni-Mn 合金有望用于 100~300℃场合，其他合金的性能有待进一步改善。

（4）智能变形材料增材制造技术的应用　4D 打印技术在航空航天、智能机器人和生物医疗等领域具有巨大的应用前景，是传统制造工艺无法实现的。在航空航天领域，4D 打印技术的应用不仅可解决航空航天领域部分构件结构复杂、设计自由度低、制造难的问题，而且其“形状、性能和功能可控变化”的特征在智能变体飞行器、柔性变形驱动器、新型热防护技术、航天功能变形件等智能构件的设计制造中将展现出巨大的优势。利用可折叠和可变功能性，在可变形机翼、空间展开机构和可折叠武器装备方面能满足极端服役环境要求，如智能变体飞机、航天器的折叠式天线等，具备体积小、重量轻的优点。美国已采用形状记忆合金材料制备航天器的折叠式天线，在地面尚未发射时，天线在冷却条件下压缩成团状；当航天器进入太空后，天线受到太阳的辐射而升温，即可自动打开。2015 年，美国国家航空航天局、美国空军研究实验室和柔性系统公司联合开发出分布式柔性变形机翼（见图 6-23），机翼的倾角和弯曲弧度可变，使其巡航阻力降低 3%，燃油效率提升了 3%~12%，降噪效率提升了 40%。

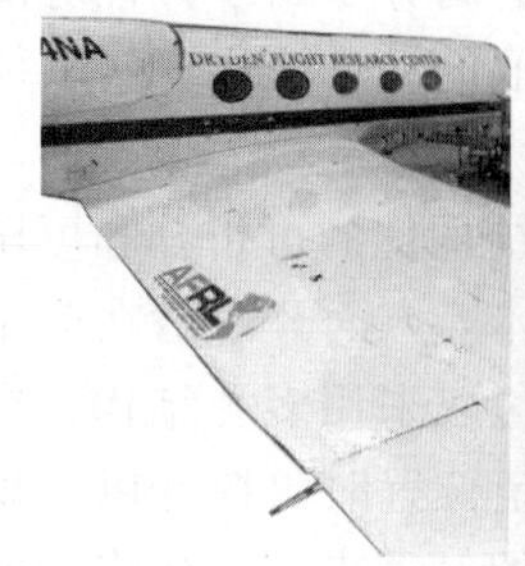

图 6-23 “湾流” Ⅲ亚声速研究飞行试验台及 Flexfoil 变形机翼

二元镍钛合金的马氏体相变温度较低，因此其工作温度通常低于 100℃。近年来，使用温度高于 100℃的高温记忆合金驱动件和紧固件在航空航天、电力设备、电子器件、空间探索、油气开发、汽车和化工等领域得到广泛的应用，成为研究热点。最近，美国国家航空航天局展示了可用于喷气发动机部件的高温形状记忆合金，由此激发了对各种高温形状记忆合金的研究动力。其中，有研究探讨了相变温度约为 300℃的 Ni-Ti-Pt 合金，用于喷气发动机可变进气口流量控制，以及排气喷口自适应装置上减少噪声和辐射等的应用。此外，还有相变温度为 250℃的 Ni-Ti-Pd-Pt 合金，具有双程记忆效应、相变温度为 248. 17℃附近 Ni-Ti-Hf 合金和相变温度达 359℃的 CuAlNb 形状记忆合金等的应用研究。这些应用研究均还处于试验阶段，但主要集中在相变温度低于 300℃的形状记忆合金。在航空涡轮发动机的空气压缩机或涡轮部分间隙控制等，可以考虑使用 Ni-Ti-Pt 和 Ni-Ti-Pd 系列高温形状记忆合金。目前，美国国家航空航天局开展了使用高温形状记忆合金开发“智能机翼”及发动机智能调节进气口等方面的研究。由于 Ni-Ti-Pb 系列高温形状记忆合金具有相变温度滞后较窄的特性，因此可驱动器使用，其响应速度较二元 Ti-Ni 合金更快。Ni-Ti-Pd 和 Ni-Ti-Pt 系列高温记忆合金的相变温度可达 500℃以上，具有较高的相变温度和较窄的滞后效应、具有较大的可回复应变、输出功率高和较好的加工性。因此，Ni-Ti-Pd 和 Ni-Ti-Pt 系列高温记忆合金作为火箭发动机等装备使用的高温驱动元件具有巨大的潜力。

在智能机器人领域，4D 打印的软体机器人广泛采用仿生结构设计技术，模仿自然界中的软体动物，由可承受大应变的柔软材料成形，可以在大范围内任意地改变自身形状和尺寸，具有无限多自由度和连续变形的能力。打印软体机器人不需要复杂的驱动机构，并具有多种功能属性，包括传感、自修复和自组装等功能。哈佛大学在 2014 年采用高弹性硅胶材料成形的仿海星软体机器人，利用压缩空气提供软体机器人运动的驱动力；利用橡胶材料成形的气动肌肉可通过气泵对肌肉充气促使其发生形变。采用光固化成形的形状记忆光敏树脂，通过加热至材料的玻璃化温度以上，具有形状记忆效应的高分子由于弹性势能的释放能从临时形状回复至初始形状，从而实现一个抓取的动作，实现了软体机器人的雏形。

在生物医疗领域的，4D 打印技术的应用主要表现在结构件的可折叠和可压缩性，在血管支架、气管支架、组织工程装置和药物载体等方面具有潜在应用价值。例如，血管支架起到扩充血管的作用。血管支架一般采用多孔结构，在植入时要求所占空间较小，处于收缩状态，当植入到指定位置时再撑开以实现扩充血管的功能。采用光固化成形的具有形状记忆功能的气道支架，从临时形状到永久形状（功能实现）的形变过程仅需要 14s。接骨器也是 4D 打印技术的重要应用，与生物支架具有相同的形状记忆原理，4D 打印形状记忆合金成形的多臂环抱型锁式接骨器（见图 6-24），在温度刺激下发生变形，撑开以实现骨骼的固定。

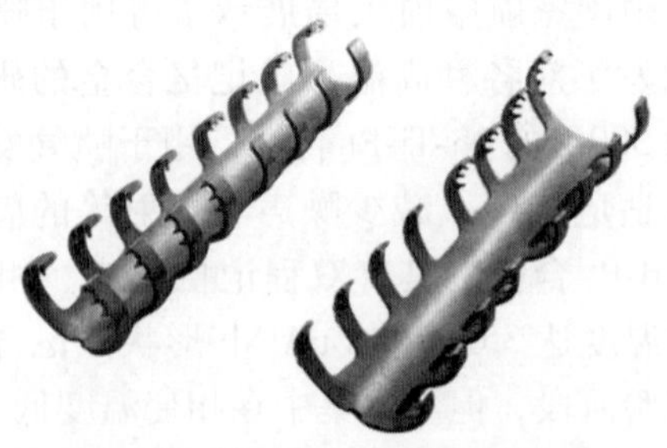

图 6-24　多臂环抱型锁式接骨器

此外，智能变形材料还能应用于环境与结构健康的监测。很多智能材料同时具有驱动功能和传感功能，如形状记忆合金，既可以作为驱动器在不同温度激励下产生变形，又可以对构件内部的应变、温度、裂纹进行实时测量，探测其疲劳和受损伤情况。例如，通过超声增材制造（ultrasonic additive manufacturing, UAM）技术可将形状记忆合金等智能材料结合到金属基体中，得到的智能结构既能根据需求改变形状，还能实现智能结构的健康监测和寿命预测，可用于智能汽车和智能航天器的设计制造。

6.2　增材制造工艺和控制过程的智能化

智能控制（intelligent controls）是一种在无人干预的情况下，能够感知环境并不断获得信息以减小不确定性，进而计划和产生控制指令，自主驱动智能器械实现控制目标的自动控制技术。对于增材制造过程，智能控制的核心和关键是“如何自主驱动增材制造设备根据目标需求和现有资源环境，自适应地完成各类满足质量要求零件的快速制造，保证产品性能/功能的稳定性和一致性”。影响增材制件力学性能的工艺因素多达数百种，尤其针对金属制件，即使在相同增材制造设备上使用相同的材料、成形工艺和环境条件下，制件的冶金或力学性能也难以保持高度一致，因此增材制造的智能控制面临巨大的技术挑战。根据西门子涡轮机械公司绘制的影响增材制件质量的因素汇总（见图 6-25）可知，增材制造工艺参数众多，对制件的质量影响关系复杂交错，需要采用智能化方法综合分析这些因素的影响机理，并自适应地提出工艺控制方案。

智能监测和反馈控制是提高增材制造能力的重要方法和技术手段，也是实现增材制造产品快速检测的关键。过程监控可以尽早地识别和预测缺陷，从而减少废品率和后处理工艺、缩短研制周期，还为提供全程可溯的加工信息创造了可能。智能控制是控制理论发展的高级阶段，主要用来解决传统控制方法难以解决的非线性的、具有复杂控制任务的控制问题。在现阶段，智能控制指智能性拟人的非常规控制，具有自学习、推理、组织、适应及容错等功能，其研究对象一般具有复杂性、非线性及时变特性，其研究目标往往具有高度的不确定性及复杂性。智能控制是传统控制的升华，可以延伸到传统控制未涉及的领域。

智能控制和传统控制在应用领域、控制方法、知识获取和加工、系统描述、性能考核及执行等方面存在明显的不同，主要表现在：

1）在研究对象方面，智能控制主要解决高度非线性、强不确定性、信息不完全性、含人因复杂性等复杂系统控制问题，而传统控制则着重解决单机自动化、精确或仅是精确模型、不太复杂的过程控制和大系统的控制问题。

2）在知识获取方面，传统控制通常是通过各种定理、定律等数学精确解析式来获取精确知识，而智能控制通常是通过直觉、学习和经验来获取和积累知识，这种知识通常是非精确知识。

3）在系统描述上，传统控制通常是用基于运动学方程、动力学方程和传递函数等数学模型来描述系统，而智能控制系统则是通过经验、规则用符号来描述。

4）在研究与信息处理方法上，传统控制理论通常应用时域法、频域法、根轨迹法、状态空间法等定量数学方法进行处理，而智能控制系统多采用学习训练、逻辑推理、分类判断、优化决策等符号加工、仿生拟人的方法。

5）在性能指标评价方面，传统控制有稳态和动态等严格的性能指标，智能控制无统一的性能指标，而注意实际问题的解决效果。

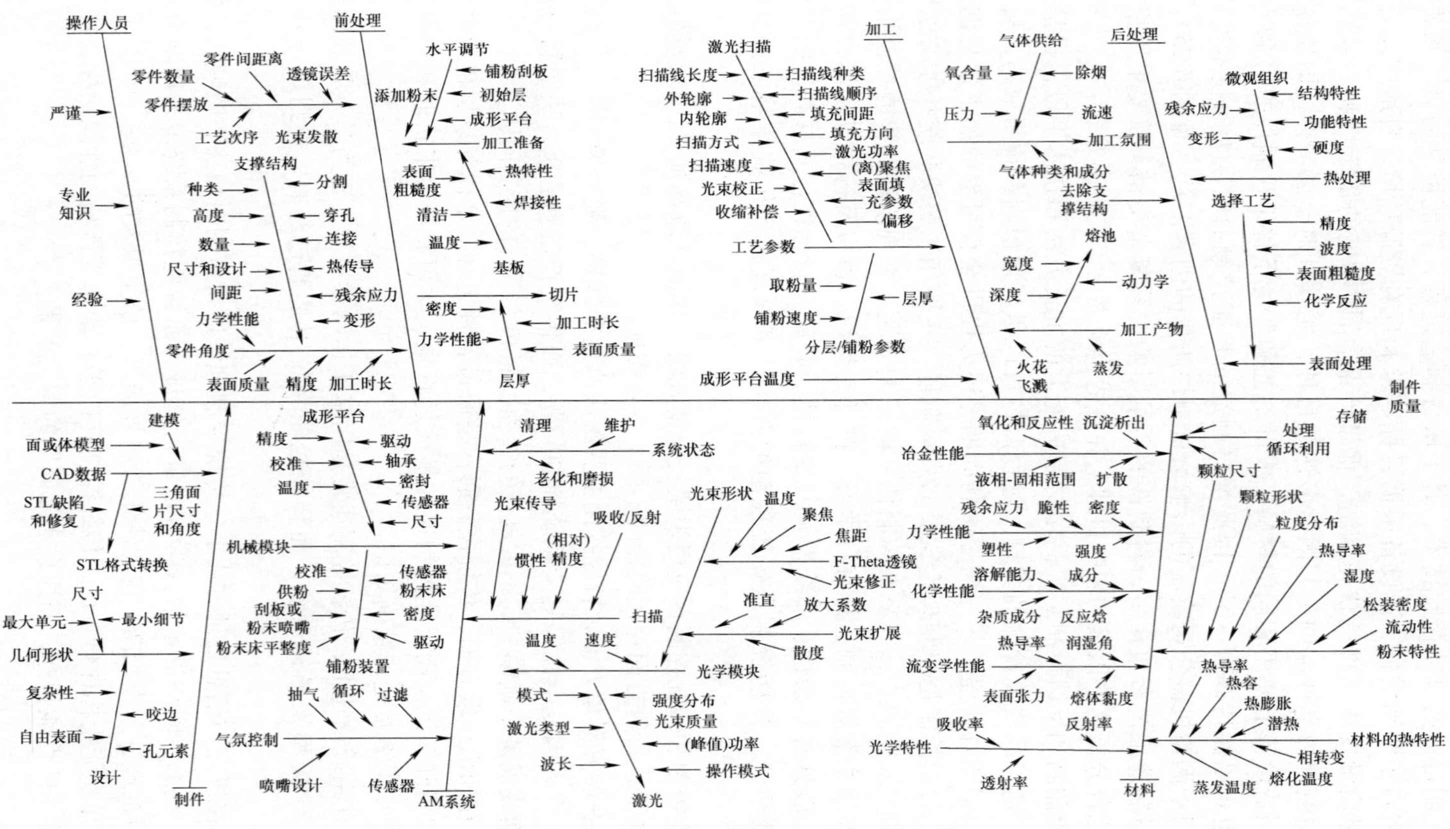

图 6-25 影响增材制件质量的因素汇总

6.2.1　熔池监控的智能化

作为增材制造的基本成形单元，熔池是金属材料在高能热源的作用下达到其熔点后在基板上形成的热熔化区域。熔池广泛存在于多种增材制造工艺中，激光或电子束熔化粉末形成熔池，熔池凝固后形成制件的实体截面，其温度和尺寸形貌在很大程度上决定着制件的质量。因此，熔池的温度、形貌特征和位置信息的采集与实时处理监测是增材制造在线监测和智能化控制的焦点，旨在获得熔池的连续成形信息，进而分析和预测制件整体的性能参数。熔池的在线监控主要是捕获熔池的温度特征和形貌特征，既能直观地显示成形过程的温度状态，又能为缺陷预测提供依据。液态熔池的形成与凝固标志着金属材料形态及性能的转变，在高能激光束的照射作用下，汇聚于光斑处的球形金属粉末颗粒迅速熔化形成了液态熔池，随着激光束的快速移动，熔池迅速凝固后便形成了打印层。熔池的形成过程虽短暂，却包含丰富的物理化学规律，不同打印工艺参数下制件的力学性能和表面质量也各不相同。高能束作用于材料会产生电、声、光等信号，并且均与等离子体密切相关，目前主要通过对这三种信号进行检测来达到增材制造在线监测的目的。电信号主要是等离子体振荡引起的加工区域电场的变化，声信号主要是激光致等离子体的可听声信号及其他超声信号，而光信号主要是激光/电子束致等离子体的光辐射与熔池区域的光辐射。带有熔池智能监控的增材制造系统，能对熔池的物理参数进行实时采集和在线检测，同时检测成形件的缺陷并通过反馈抑制缺陷的产生。增材制造过程中熔池的典型物理过程如图 6-26 所示。

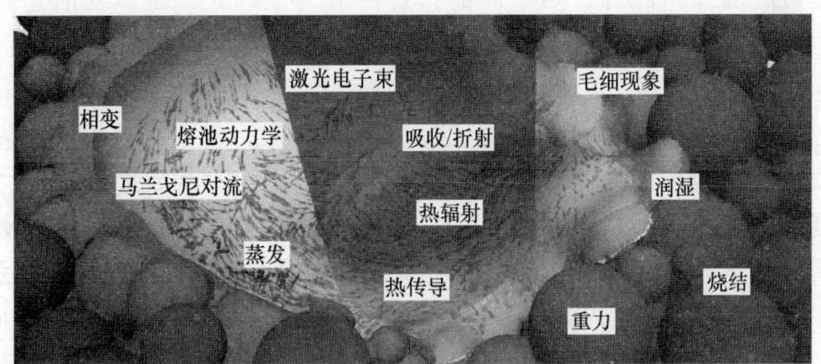

图 6-26　增材制造过程中熔池的典型物理过程

1. 熔池温度监控

对于大多数金属零件增材制造工艺，熔池的温度及其变化梯度是表征成形过程稳定性的重要指标，对沉积层的几何精度、孔隙率与稀释率、显微组织形态都有重要影响。熔池的温度特征主要指熔池的平均温度和最高温度，以及温度梯度、温度热历史曲线等。熔池温度由高能束输入的能量密度、密度分布和能量波动情况所决定，同时也受成形材料属性（如热导率、反光性）、环境温度等因素影响。熔池温度应与成形材料和工艺相匹配，当温度边界和温度梯度不满足成形工艺的基本要求时，不仅会降低成制件的精度和表面质量，还会使熔覆层产生微裂纹等内部缺陷，甚至导致烧伤、热变形及塌陷等宏观缺陷，造成成形失败。一般地，若熔池温度过高，会使单道沉积层的截面（宽高）尺寸和稀释率增大，沉积层的尺寸一致性降低，还会使部分材料汽化；若熔池温度过低，熔池就不能充分熔化粉末，易造成气孔缺陷。因此，对熔池及附近成形区域的温度场进行在线监测，并通过闭环控制方法及时调整成形工艺参数以合理调控熔池温度，能有效减少因温度分布不均而造成的成形缺陷，提高和优化增材制件的几何精度、微观组织分布（如硬脆相的抑制）、宏观力学性能及质量稳定性，也是研究熔池快速移动冷却凝固及多重热循环条件下制件熔凝及连续冷却组织演变规律的前提。

（1）熔池温度的测量　由于熔池实时处于高速移动状态下，其尺寸小、温度高，并且温度梯度极大，因此熔池温度的测量一直是高能束加工领域的一个难点。熔池温度的测量方法主要有接触式测温和非接触式测温两种。接触式测温主要采用热电偶、热电阻等传感器进行测温，传感器成本低，测温精度较高，抗干扰能力较强。接触式热电偶能测量熔点相对较低的材料成形熔池温度，测温范围一般为0~800℃，但热电偶只能测量熔池附近单点或局部小区域范围内的温度，无法直接测量熔池内部的温度，需要通过热传导模型反求熔池温度，降低了测量准确性。此外，热电偶的布置一般为预埋式，难以实时追踪连续移动的熔池，响应速度慢，限制了对熔池的闭环监测能力。非接触式测温传感器有高温计、红外热像仪等，测温传感器一般为辐射式，可分为光热型和光电型两种。光热型基于红外辐射热效应测量电阻、电容的变化进行测温；光电型利用光电效应（光电二极管的反向电流随光强的变化而改变）进行测温。物体的实际温度与亮度/辐射温度之间存在映射关系，通过标定映射关系计算实际温度。根据辐射波段（光谱），辐射式测温可分为单色法（波长）测温、多光谱辐射测温和全辐射测温三种。单色法测温通过普朗克定律来计算温度，如光学高温计、红外测温仪；多光谱辐射测温采用多个波段的辐射能量来计算温度，如比色温度计、比色红外测温仪；全辐射测温法采用全波长范围的辐射能量并由Stefan-Boltzmann定律积分计算温度，如辐射温度计（热电堆）。

红外热像仪多采用COMS/CCD摄像机作为测温成像系统的核心部件，工作频段多为可见光和近红外波段，波长分布在380~1100nm。标定后的红外测温仪收集窗口到激光作用区的测量距离一般为1~2m，窗口加设滤光片用来减少熔池发出的高强度光，去除金属粉末引起的图像噪声，并能保护摄像机，避免受激光束照射而损坏。摄像机接收的红外光强度通过可变光阑调节，避免过度曝光。以基于 CCD 红外比色测温法的熔池测温系统为例，采用单镜头采集两种不同波长的熔池红外/灰度图像信息，标定像素的灰度与温度之间的线性关系，经计算机处理后得到熔池温度场分布，其测温数据处理流程如图 6-27 所示。此外，熔池的温度场数据还能与其内部的成形缺陷（如孔隙率）建立关联，用于熔覆层质量的在线检测。

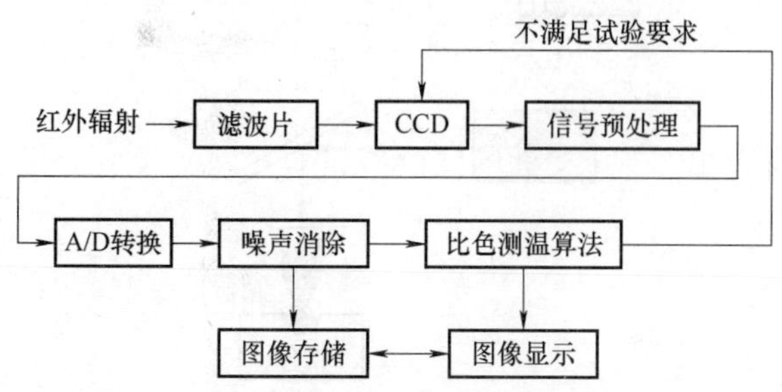

图 6-27　基于 CCD 红外比色测温的数据处理流程

（2）熔池温度的控制　熔池温度的控制通常是将采集的熔池辐射特征信号传输到图像采集卡以进行温度场计算，然后根据初始设定的阈值对工艺参数进行闭环调控。控制方法以比例积分微分（PID）算法、模糊逻辑算法、广义预测控制为主，通过调节激光功率、送粉率、扫描速度等参数控制输入熔池的能量密度，避免沉积层过热或受热不足，从而使沉积层实现稳定增长。大连三垒科技有限公司研发出立体温度调控技术（见图 6-28），实现了熔池、基材和两者之间已成形覆材的温度监控，能有效降低裂纹敏感性，控制凝固组织形貌，更容易实现单晶合金的增材制备。为了将测温系统更好地集成至成形设备中，发展出了同轴温度场在线监测系统（见图 6-29），其中虚线框 1 主要采集熔池图像，提取几何特征参数；虚线框 2 用来探测温度的分布情况，不需要与灰度值建立映射关系便可得到熔池各点的温度值。

图 6-28　立体温度调控技术

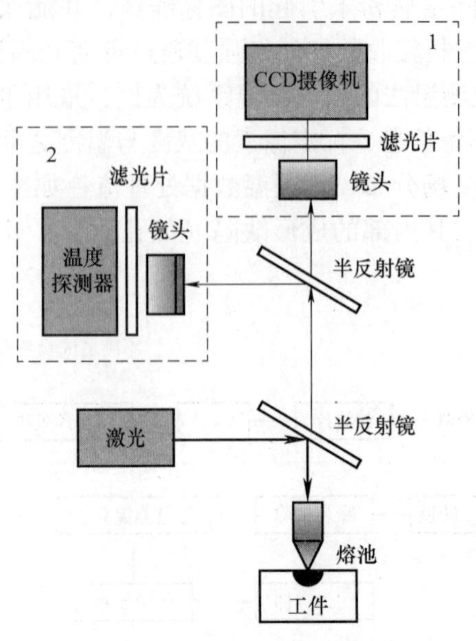

图 6-29　同轴温度场在线监测系统

2. 熔池形貌监控

熔池的形貌特征主要指熔池的外形尺寸、长度、深度和面积等，熔池的形貌和几何重叠直接影响熔道的表面及内部质量。但是，增材制造过程中熔池形貌是动态变化的，并且熔池表面较为光滑，容易发生类镜面折射，导致准确地获取熔池的动态特征较为困难。为解决该问题，可通过对熔池图像的亮度、灰度或颜色等特征进行分析，利用图像处理和机器视觉技术，提取熔池的实际尺寸和形状等特征。熔池的图像一般由视觉传感器获取，再根据特征变化是否超出预定的阈值来指导调控成形工艺参数，形成智能闭环控制。基于视觉的在线监测通常采用高速摄像机进行拍摄，具有较宽的光谱响应范围和较长的连续工作时间，能在较为恶劣的环境中使用，但基于熔池形貌特征的在线监控也存在一定的技术瓶颈：①热图像的高速拍摄会产生海量数据，对数据的高速传输和快速存储技术提出了更高的要求；②数据噪声等干扰会使熔池图像的边界变得模糊，降噪和边界处理过程较为烦琐。

3. 熔池位置监控

熔池的位置精度通常指熔池的理论扫描中心位置和实际形成区域中心位置的偏差大小，主要由增材制造设备的驱动系统及成形末端的运动精度和配合精度所决定。熔池位置精度的控制能够保证成形件截面的扫描路径和轮廓尺寸的准确度和稳定性。例如，大多数立体光固化成形设备存在激光漂移误差和指针机构重复性扫描精度不稳定等问题，可采用光束传感器和光电探测器定期测量光束宽度和漂移误差，并通过控制光束扫描机构的运动来补偿校正漂移误差，提高熔池的位置精度。

4. 熔池成分监控

熔池内材料组成元素成分含量的变化也会直接影响成形件的性能，尤其针对复杂复合材料和功能梯度材料的连续增材制造过程。由于不同金属元素具有不同的熔点和沸点，所以熔池内不同元素的挥发量也存在差异，导致元素成分以金属蒸汽或液滴的形式离开熔池，最终改变熔池内的元素含量，造成熔覆层中元素成分含量的变化，因此需要对熔池的元素成分进行在线监控。现有的元素检测方法以 X 射线荧光（x-ray fluorescence，XRF）和能谱仪（energy dispersive spectroscopy，EDS）分析为主，但这两种方法均属于有损离线检测，不能满足在线监控的要求。为了解决该问题，光谱仪于 2011 年首次被用于测量直接金属沉积过程中的等离子体光谱信号，经分析发现混合粉末中 Cr 的浓度与谱线强度比呈线性关系，进而能够通过光谱数据的回归计算预测出 Cr 的浓度。在此基础上，化学计量学分析法被提出并用于元素的实时监测，通过光谱仪采集熔池的等离子体辐射光谱，传输到计算机后通过机器学习算法（支持向量机回归、偏最小二乘回归、人工神经网络）进行存储和分析。

6.2.2　材料输送监控的智能化

对材料的监控会随着材料输送方式的不同而有较大的区别，材料输送方式主要有送粉、铺粉和送丝等。

1. 送粉流程监控

在粉末材料的定向能量沉积增材制造过程中，送粉方式多以同轴送粉为主，粉材通过送粉器形成具有一定流速、压力的气粉两相流，再通过送粉管输送到成形末端的多个输出口，并再次喷射汇聚到一点。因此，送粉流量的稳定性是影响成形件尺寸精度和表面粗糙度的重要参数。在送粉过程中，粉末的出口流速和汇聚流型对成形精度、相对密度和材料的利用效率等具有较大的影响。在实际成形过程中，送粉器电动机的抖动、载气量的波动及送粉管路的堵塞均会引起送粉流量的波动。送粉流量的监控可采用激光测量法，激光束横向穿过待测的气粉两相流，再由光电二极管接收信号。当送粉流量发生波动时，颗粒流对激光的漫射、吸收和反射会发生改变，使光电二极管接收的激光能量发生变化，其输出电压也随之改变。标定输出电压和送粉流量之间的定量关系就能实现送粉流量的实时检测。

针对铺粉过程的实时检测和控制，由于粉末颗粒直径较小（$<50\mu m$），只能采用非接触式测量方法检测铺整状态，通常采用照相法、高速 X 射线影像法和衍射法获得整个铺粉表面层的二维或三维信息。由于拍摄时间较短、帧率高，

在成形过程中可实时观测铺粉效果，识别和预测可能出现的球化、飞溅等缺陷，并采取必要的修复措施。其他用于测量铺粉层厚或不平整度的非接触式距离传感器以激光测距仪为主，通常只能进行定点测试，不能获得整个粉末层的全貌。

2. 送丝流程监控

采用送丝输送材料的增材制造设备，一般会通过 2~4 个驱动滚轮以碾压推进的方式送入成形区。为了保证丝材送进的高精度、响应性和稳定可靠，避免丝材中途断裂，需要对送丝流程进行实时监控，保证成形的连续性，通常可采用送丝速率反馈的伺服电动机作为送丝机构的驱动电动机，结合半闭环或闭环的控制方法。对于熔融沉积成形设备，需要监控材料挤出的流动状态以获取流体的压力和黏度等参数。部分热熔喷头能够实现熔融流体流量的动态控制，通过监测流体压力获得材料的流动特性，将材料驱动机构和材料进给率构建成闭环控制系统。对于定向能量沉积工艺，需要监控熔融材料的输入压力、速率等。对于某些复杂零件的增材制造，不同的沉积部位往往需要实时调整送丝速率，或者改变送丝头的俯仰度，保证丝材送进的响应特性及稳定性。

6.2.3 成形环境监控的智能化

成形环境的监控对象主要包括气体环境和基体环境，用于提供稳定的成形环境，并保证某些特定成形设备的使用要求（如电子枪的真空度要求）。气体环境的监控主要是测量成形室内的气体成分，如氧含量或惰性气体的浓度。通过将关键气体含量信息反馈至控制系统中，以便实时控制气体循环系统中的气体流量。基体环境的监控主要是控制铺粉过程中粉末床表层粉末的预热温度以及定向能量沉积成形的基板预热和冷却温度，用于减小成形应力，避免膨胀量不同导致的变形和翘曲。通常采用预置埋入式热电偶或热像仪测量预热温度，预热方法以电加热产生的热辐射为主。此外，为了迅速带走高能束成形产生的大量热量，基板和成形末端通常会布置冷却水路，通过冷却水的热交换实现快速散热和温度控制。

6.3 增材制造的智能控制策略

控制的目的是通过控制适当的输入量，使系统获得期望的输出特性。为实现增材制造过程中的多源数据分析及控制，必须采用与之相匹配的控制策略，保证控制效率及可靠性。增材制造系统的控制过程较为复杂，控制模型涉及因素和变量众多，而且非线性程度高，通常难以直接通过数学工具明确地描述其模型。传统控制理论需要基于控制对象建立精确的数学模型，并且缺乏适应性和学习能力，因此难以解决增材制造过程中的各类控制问题。在实际操作和控制过程中，这类复杂问题可通过将操作人员的经验和新型控制理论相结合的方式来解决，由此形成了面向增材制造的智能控制。智能控制有效地融合了控制理论、方法和人工智能技术，使控制对象模型可以具有不确定性，控制系统的输入、输出设备与外界环境有了更加便利的信息交换途径，控制任务从单一任务变为复杂任务，并能解决非线性系统控制问题。因此，智能控制能有效解决增材制造过程中控制对象、环境、目标和任务不确定且复杂的控制任务，保证成形质量和效率满足设计目标。

6.3.1　专家系统控制

专家系统控制是人工智能在走向实用化过程中的一个重点分支，是智能控制中的重要组成部分，已广泛应用于故障诊断、工业设计和过程控制，能解决复杂的工业控制难题。由于专家系统控制的性能高、实用性强，在增材制造领域已经得到部分应用。

1. 专家系统控制的定义

专家系统（expert system，ES）是含有某专业领域专家知识和经验的计算机程序系统，通过模仿人类专家的思维咨询并求解该领域内的问题，推理结果用于辅助和优化控制。专家系统控制可分为两种：负责决策与规划的高层控制和负责动作与实现的低层控制。专家系统控制的基本结构包括三个核心模块，即知识库、推理机和控制策略/算法，如图6-30所示。针对增材制造控制的性能要求，不同的专家系统控制处理相同的控制目标时，制件的工艺流程、性能指标应相同或相似。

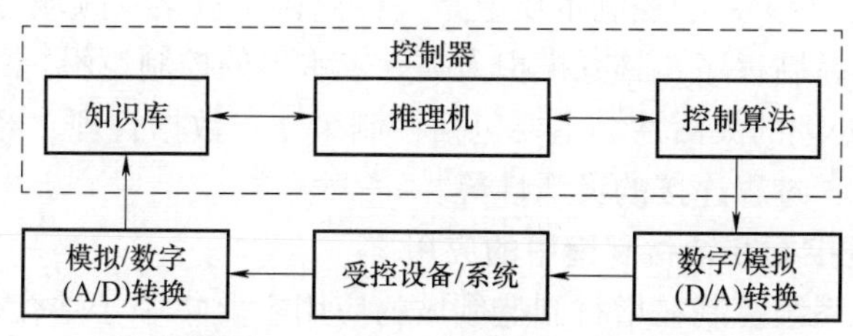

图6-30　专家系统控制的基本结构

（1）知识库　知识库用来存放源于人类专家的相关知识，这些知识包括直接知识、转化知识和深度知识，这些知识的表达方式和知识的质量是专家系统的核心。知识库由与增材设计和制造全过程相关的事实、经验数据和公式、约束和规则等构成。事实主要包括被控对象的结构、类型和特征；经验数据包括被控对象参数的变化范围、传感器的特征数据、执行器的参数、报警阈值，以及控制系统的动/静态指标；规则包括自适应、自学习、参数调整等规则。

（2）推理机　推理机是专家系统控制的关键环节。推理机能根据所建立的推理策略，采用一定的搜索算法从知识库中筛选相关的知识，根据增材制造系统中实时采集的特征参数，以及事实、规则、经验和证据，进行实时推理并提供匹配的控制算法，直至搜寻出最优/相对最优控制策略，最终根据决策结果指导实际控制。推理过程又可分为正向推理和反向推理。正向推理是从原始数据和已知条件得到结论，而反向推理则根据提出的结论间接寻找相应的证据。

（3）控制策略/算法　控制策略/算法是专家系统控制的大脑，一般存储于服务器内的控制算法库中。专家系统控制常用的算法主要包括 PID、神经网络控制和预测控制算法等。

除了上述三部分，专家系统控制一般还需要人机交互平台支持，用以建立系统与用户之间交流。

2. 专家系统控制的特点

专家系统控制具有以下特点：

1）系统运行可靠性高。有助于降低控制系统的复杂性，简化硬件结构，同时具有高效的监控能力。

2）针对性和实用性强。能根据增材设计和制造中的需求定制，并根据生产中出现的实际问题不断改进。由于中间过程开放，可以评估每步决策的合理性，出现不合理或部分合理时可以添加新的信息和规则，因此实用性较强。

3）启发性。能根据规则进行推理和判断。用户可检查程序的推理状态，并确定程序正在进行的选择与决策。决策者可根据推理过程的解释，结合自己的专业知识分辨对错，做出正确的判断。

4）拟人性。专家系统控制本质上是一种包含大量某一领域专家水平的知识与经验的计算机控制程序，具有模拟人类专家水平的控制逻辑。

5）控制与处理的灵活性。主要包括控制策略、数据管理、经验表示、解释说明、模式匹配、过程连接的灵活性等。

3. 专家系统控制在增材制造中的应用

目前，专家系统控制在增材制造领域的应用主要集中于熔覆层质量的分析、优化和预测，如基于人工神经网络的激光熔覆/焊接工艺专家系统，能够预测工艺参数（如激光功率、搭接率、扫描速度等）与熔覆层性能指标参数之间的关系模型，并进行参数优化。

6.3.2　神经网络控制

1. 神经网络控制的基本原理

神经网络控制（neural networks control，NNC）指在控制系统中应用神经网络技术，实现对难以精确建模的复杂非线性对象进行神经网络模型辨识、控制器运算、推理和优化计算或故障诊断等功能。神经网络控制充分利用了神经网络的自适性和学习能力、非线性映射能力、鲁棒性和容错能力，通过被控对象的输入输出数据，不断获取控制对象的知识，实现对系统模型的预测和估计，并产生控制信号，以使输出尽可能地接近期望轨迹。神经网络控制不善于显式表达，但其利用了神经网络强大的非线性映射能力，可以达到优良的控制性能。由于神经网络模型能够足够精确地描述系统动态，因此可用作基本模型以提升控制器的鲁棒性。神经网络的基本结构如图 6-31 所示。

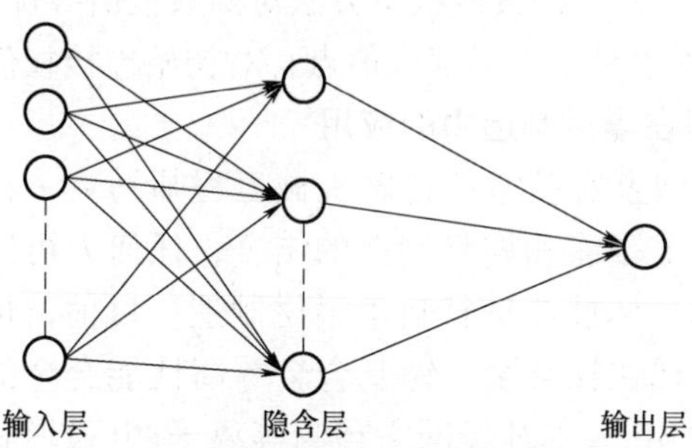

图 6-31　神经网络的基本结构

人工神经网络作为神经网络算法的一种，包括反向传播（BP）神经网络、径向基神经网络、自组织神经网络、广义回归神经网络等。人工神经网络控制算法的选取主要基于神经网络的样本类型和数量。人工神经网络是由大量处理单元互联组成的非线性自适应信息处理系统，尽管单个神经元的组成功能是有限的，但大量神经元通过模拟生物神经元的工作原理来训练网络系统，具有较强的自学习能力，能够实现多输入多输出（multiple-input multiple-output，MIMO）数据的并行处理和控制。

2. 神经网络控制的特点

神经网络控制方法具有出色的学习能力，能够根据增材制造过程中的实时变量数据反馈自动调整和修正连接权重，使网络输出目标参数达到期望要求。对比传统控制方法，神经网络控制具有以下优点：

1）非线性映射/逼近能力强。理论上可以充分逼近任意非线性函数，控制和预测效果远高于传统线性或曲线模型，识别样本内部规律的能力不亚于统计学分析方法。

2）并行分布处理能力强。具有高度的并行结构和并行实现能力，使其具有更大程度的容错能力和较强的数据处理能力。

3）学习和自适应性强。能对知识环境提供的信息进行学习和记忆。

4）多变量处理能力强。可处理多输入信号，并具有多输出，适用于多变系统。神经网络控制的上述优良特性能够满足控制器的多种需求，既能独立控制系统，又能与其他智能控制方法，如模糊逻辑、遗传算法、专家控制等相融合，提高控制效率。

神经网络控制的主要缺点：

1）神经网络的权值为无规律随机性选取，因此无法利用系统信息和专家经验等语言信息，导致学习时间长。

2）神经网络模型是一个“黑箱”模型，网络参数缺乏明确的物理意义，建立的模型难以直接理解，不能按照数学方法对函数极值寻优。

3）迭代计算过程中易陷入局部极值点，对初始连接权值和阈值过于敏感。

3. 神经网络控制在增材制造中的应用

美国能源部阿贡国家实验室的首席机械工程师马克·梅斯纳认为，机械工程的未来很可能是人工智能和增材制造的结合，任何人可以把由神经网络决定的结构按照其指定的目标性能进行自由增材制造。目前，神经网络控制在增材制造中的应用主要体现在钛合金、镍基合金等高性能合金的成形过程监控和性能预测。例如，应用 BP 人工神经网络预测等离子/电弧增材制造镍基高温合金熔道的尺寸，预测不同的工艺参数（焊接电流、焊接速度、送丝速度）对熔宽和熔高的影响规律，或者利用神经网络预测钛合金激光焊接工艺中的熔池中心温度和几何形状。

6.3.3 智能自适应控制

在面向增材制造的实际控制应用中，被控对象或过程的数学模型往往难以先验确定，即使有明确的数学模型，在工况和条件发生变化后，其动态参数乃至于模型结构仍会发生变化，导致常规控制器难以获得很好的控制品质。为解决该问题，智能自适应控制快速发展并开始应用于增材制造技术。智能自适应控制主要包括模糊控制与神经网络控制，神经网络控制已在 6.3.2 节中做了详细介绍，本节将重点介绍基于模糊逻辑的自适应控制理论、方法与应用。

1. 智能自适应控制的基本原理

自适应通常指“通过改变自己来使自身的行为适应新的或变化的环境”的一种特征。自适应控制是一个能根据环境变化智能调节自身特性的反馈控制系统，可以在线生成参数估计值，并与控制律相结合，实现各类参数未知或不可预知的动态系统控制，使系统能按设定目标在最优状态下运行。由于自适应控制能够修正控制本体的特性以适应控制对象和环境扰动的动态变化，因此自适应控制的目标系统大多为具有不确定性的复杂系统。这里的不确定性主要指控制参数的未知性，而控制对象的结构一般是已知和确定的，并且控制方法需要基于数学模型。自适应控制算法的核心目标是设计自适应律和闭环控制器，保证未知系统接近于理想闭环回路的控制特性（见图 6-32）。经典的自适应控制算法主要包括四个部分：①控制参数未知的目标系统模型；②代表理想闭环回路特性且参数已知的参考模型；③估计系统或控制器参数的自适应律；④基于参数估计值的闭环控制器。

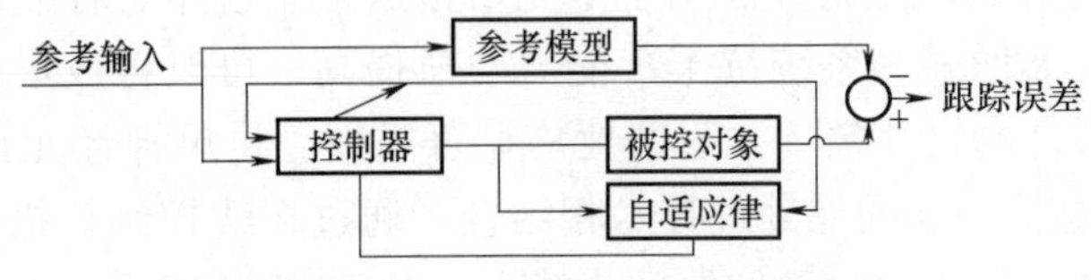

图 6-32　经典自适应控制流程

模糊控制是一种常用的智能自适应控制方法，其类型主要包括量化因子和比例因子的自调整模糊控制、自组织模糊控制、自适应模糊 PID 控制和自适应递阶模糊控制。其中，量化因子和比例因子的自调整是自适应模糊控制应用于实时控制中最有效的手段，该方法依据控制器在线辨识控制效果，以及上升时间、超调量、稳态误差和振荡发散程度等对量化因子和比例因子进行整定。自组织模糊控制器是一种可进化的模糊控制器，能对模糊控制规则进行自动修正、改进和完善，提高控制系统的性能。对比普通模糊控制，自组织模糊控制器增加了性能测量、控制量校正和控制规则修正环节，通过性能测量得到输出特性的校正量，再通过控制量校正环节求出控制量，根据此控制量进一步修正模糊控制规则，直至实现系统性能的改善。自适应模糊 PID 控制是以误差和误差的变化率作为输入，利用模糊控制规则在线进行修正，满足不同时刻偏差和偏差的变化率。自适应递阶模糊控制是采用一些模糊变量来衡量和表达系统的性能，然后构造了监督模糊规则集，用来调整模糊控制器中递阶规则基的参数，使系统对过程参数未知性的变化具有适应能力。

2. 智能自适应控制的特点

与经典自适应控制器相比，智能自适应控制的优点包括：

1）控制所依据的关于模型的和扰动的先验知识较少，控制器的设计不需要精确计算被控对象的数学模型，利用专家系统提供的具有自适应功能的语言性模糊信息（如专家经验和操作数据）进行提取、推理和决策后即可实现智能控制，适用于复杂多变、参量繁多的增材制造过程控制，并能适应增材制造过程中的各种不确定性因素，而传统的自适应控制器则通过系统辨识参数使其具有自控功能。

2）控制效果好，鲁棒性和适应性强，克服了常规控制难以解决的非线性、强耦合、时滞和时变复杂性等问题。

3）控制器易于设计，控制系统用语言变量取代数学变量，易于专家知识的表达和实现。

智能自适应控制的主要不足之处在于缺少对控制系统稳定性和收敛性的分析，难以保证系统的全局稳定性，易产生控制发散问题。

3. 智能自适应控制在增材制造中的应用

将自适应模糊 PID 控制方法用于激光熔覆成形工艺中，控制的动静态特性和系统稳定性大大增强，系统抗干扰能力明显提高，可改善成形质量并保证工艺稳定性，成形件的尺寸精度、耐磨性均显著增加。将单神经元自学习 PSD 控制器与 CCD 视觉检测和图像处理技术相结合，通过在线控制扫描速度控制熔道宽度，能有效提高电弧增材制件的尺寸精度。对于 FDM 成形工艺，可采用模糊自整定 PID 控制器提高设备的成形精度。

6.3.4 机器学习/深度学习控制

1. 机器学习/深度学习控制的基本原理

机器学习（machine learning，ML）是一种使用算法来解析数据并从中学习，然后对现实环境中的事件做出决策和预测的方法，在制造业的生产控制中具有重要的实用价值。与传统的为解决特定任务、硬编码的软件程序不同，机器学习利用大数据来训练，通过各种算法从数据中学习如何完成任务。机器学习算法主要包括有监督学习（如决策树、临近取样、支持向量机）、回归监督学习（如线性/非线性回归）、无/半监督学习、集成学习、深度学习和强化学习等分支。在有监督学习中，一组带有标签的训练集提供了输入和对应输出，有监督学习可用于分类和回归。无监督机器学习又称为聚类，是在对潜在数据结构没有先验知识的情况下进行分组的算法。在无监督学习中，没有带标签的训练集，机器学习模型根据分组参数自动地将训练集分为不同的簇，并识别目标类，主要用于探测异常条件。半监督学习的训练集中只有部分有标签，主要用于只有少量标签的问题中，可用于分类和回归。基于大数据的机器学习方法主要包括数据挖掘、模式识别和人工神经网络等，在增材制造的智能控制中有广阔的应用前景。

深度学习（deep learning，DL）是机器学习领域的一种分支技术和实现手段，它借鉴了人脑、统计学和应用数学的知识，是一种深层次的神经网络。最初的深度学习是利用深度神经网络来解决特征表达的一种学习过程，能自动提取大数据信息的高维特征并输出预测信息。深度学习强大的学习和处理能力主要是通过多层神经网络内部的非线性变换实现的。深度学习控制是利用机器学习算法学习大数据中蕴含的控制逻辑关系表达式，用于完成智能控制任务，因此完备的大数据是深度学习控制的基础。将深度学习控制应用于增材制造技术，能实现更深层次的智能化，使设备拥有了自我感知、自我决策能力。深度神经网络可理解为包含多个隐含层的神经网络结构，为了提高深层神经网络的训练效果，可通过对神经元的连接方法和激活函数等方面做出相应的调整，解决了信息融合后系统对融合信息深层次处理的问题。深度学习模型的网络形式衍生出了几种典型的结构，如卷积神经网络（CNN）、深度置信网络（DBN）、循环神经网络（RNN）、堆叠自动编码器（SAE）等。

2. 深度学习控制的特点

深度学习控制的优点：

1）控制效率高。深度网络的本质是一个对客观物理世界的参数化描述模型，深度学习是参数估计。深度神经网络的结构和物理世界的结构相匹配，能够有效描述现实物理问题。与浅网络或其他函数拟合方式相比，深度神经网络能更好地表征高变函数等复杂高维函数的算法和多隐层结构，有助于提取数据特征，实现逐层转换，因此具有更高的控制效率。

2）适应能力强。传统控制算法所解决的问题通常具有较强的针对性，调整控制模型较为复杂耗时，而深度学习控制能从大数据中学习，解决海量数据中存在的高维、冗杂和高噪等问题，可以针对不同控制问题自适应地建立控制模型，并持续改进和调整控制参数，灵活性和成长性强。

深度学习控制也存在以下缺点：

1）训练成本高。不能直接学习知识，需要大量的训练才能给出有效的增材制造工艺参数控制规律。

2）控制算法的性能需进一步优化。不同学习算法的收敛精度和速度参差不齐，在实际应用中如何针对深度学习模型选择合适的学习算法并提高其学习效率，需要大量的工程经验和技巧。

3. 机器学习/深度学习控制在增材制造中的应用

深度学习方法已应用于金属零件增材制造、激光表面强化及金属焊接等领域的智能控制和规划，以卷积神经网络和深度置信网络控制为主。尤其在增材制造加工状态的在线监测和缺陷识别方面，由于深度学习算法能够自动创建特征提取器和分类器，其识别分类能力随着训练数据的扩充而改进和发展，能有效提高成形件的质量可靠性和工艺稳定性。例如，将机器/深度学习技术与红外热像、工业CT等检测技术相结合，能够准确地预测熔覆层中的孔隙率。美国通用电气公司通过机器学习控制超音速气体射流冷喷沉积成形的工艺参数，提高了GE90航空涡扇发动机齿轮箱零部件的增材制造和修复精度。德国Fraunhofer IWS研究所借助机器学习方法和激光增材制造技术寻找超级合金的合适配方，探寻监测大数据与实际工艺效果间的隐含关联，如采用智能分析算法，将传感器测量值与现有的粉末数据库相关联，通过评估工艺参数，增材制造设备的控制系统能够自主决策并选择出最优工艺组合。

6.4 增材制造过程的数字孪生

数字孪生（digital twin，DT）又称数字镜像，是以数字化方式创建物理实体的虚拟模型，借助数据模拟物理实体在现实环境中的行为，通过虚实交互反馈、数据融合分析、决策迭代优化等手段，为物理实体增加或扩展新能力的先进信息处理和融合技术。数字孪生是由物理实体、虚拟模型、孪生数据、服务和连接五个维度构成的综合体，其技术核心是模型和数据。作为一种充分利用模型、数据、智能并集成多学科的技术，数字孪生面向产品全生命周期，能够连接并融合物理世界和数字世界，进而提供更加实时、高效、智能的服务。数字化是增材制造技术的天然属性，增材制造的数据链是全过程的，从产品设计、仿真分析、成形制造和工艺参数规划、质量检测到全生命周期的维护保障是全数字化过程实现。因此，每一个增材制造的产品，天然就是一个数据孪生体，包含全生命周期信息。

在目前提出的数字孪生的系统架构中，与物理实体目标对象对应的数字孪生体是反映物理对象某一视角特征的数字模型，并提供建模管理、仿真服务和孪生共智三类基本功能。因此，建模、仿真和基于数据融合的数字线程是数字孪生的三项核心技术。本节将围绕这三项关键技术在增材制造过程中的实施进行详细论述。

6.4.1 增材制造过程的数字孪生建模

模型是数字孪生的重要组成部分，是实现数字孪生功能的前提，而数字孪生模型是数字孪生技术体系的核心基本要素。根据数字孪生模型的定义，数字孪生的虚拟模型又称数字孪生体，它通过精准描述物理实体的几何、物理、行为、规则等多维度属性，在物理实体运行数据的实时驱动下，在虚拟空间内对物理实体的实际行为和运行状态进行真实刻画，并基于既定规律和相关规则，输出物理实体的仿真运行数据；通过模型和数据迭代运行的方式，建立虚拟映射仿真推演物理实体未来的运行状态和行为特征趋势，进而对物理实体进行预测、评估和优化。对于增材制造过程的数字孪生体，成形件（材料和结构特征）、工艺（分层、扫描路径和成形工艺参数等信息）、设备及环境（成形温度、气体保护环境等）等实体模型和虚拟模型应完全对应，虚拟模型完整地表达了实体模型，并且两者高度融合并保持同步映射关联，保证了虚实模型间的自我认知和处置。

为保证增材制造过程数字孪生模型的真实性和有效性，保证物理实体的忠实镜像在信息空间发挥等效功能，增材制造过程的数字孪生建模需满足以下重要条件：

1）准确性。准确的模型参数是实现增材制造过程数字孪生模型真实复现物理实体状态和行为的基础，是增材服务平台进行准确的分类、检索、匹配、控制等操作的重要依据。数字孪生模型的参数可分为静态参数和动态参数，静态参数一般包括物理实体的非时变特征信息，如增材制造设备的几何尺寸、性能参数、使用工艺和配套工具等；动态参数一般包含物理实体的状态数据、能力数据、位姿数据等时变特征信息，如增材制造工艺中的成形速度、功率、材料，以及制件的状态信息（位置、进度、质量等）等。

2）通用性。为了使增材制造过程数字孪生模型能在不同的应用场景中被迁移复用，避免重复建模导致的成本和资源浪费，同时减少异构模型的产生及其管理难度，需要提高数字孪生模型的通用性。数字孪生模型由几何模型、物理模型、行为模型、规则模型等多维度子模型融合而成，不同种类的模型应具有标准化的数据格式、统一化的参数量纲和通用的数据接口，以便模型的解析、重用和二次开发，确保增材制造全流程中涉及的不同模型、物理实体和服务间能进行实时数据交互、功能组装和融合。

3）同步性。增材制造过程的数字孪生模型在运行过程中，各种模型参数需要根据物理实体的运行数据实时更新，以同步复刻物理实体的状态和行为。基于数字孪生模型的数据分析、仿真预测、决策优化等部分服务具有较强的时效性需求，要求数字孪生模型尽量简洁清晰。为减轻数字孪生模型在应用过程中对数据传输能力和算力的依赖，降低数据处理设备的建设和使用成本，需要对数字孪生模型进行轻量化处理。例如，用于增材制造流程可视化的几何模型应在使用前进行充分的轻量化处理，去除掉非关键特征，减轻模型调用和图像渲染的压力；描述物理实体的运行逻辑、参数演化规律、约束关系、推理关系、支配关系等规则模型（如热力学模型、流体力学模型）应轻量高效，提高数据处理、知识挖掘、预测优化等服务的执行效率。

4）自适应性。增材制造过程的数字孪生模型需要具有自适应性，以应对制造环境和业务需求的动态变化和不确定因素，通过发现、理解、学习和应用增材制造大数据和知识库中潜藏的演化规律，使数字孪生模型进行自主进化，从而提高数字孪生系统的可靠性和鲁棒性。因此，具有自适应性的增材制造过程数字孪生模型需要数据库、知识库和推理机等功能支持。

以一种典型的激光选区熔化（SLM）成形过程在线监控数字孪生模型为例（见图 6-33），说明数字孪生驱动下的增材制造过程建模原理。该模型构建了包括物理实体和虚拟空间的 SLM 成形过程在线监控数字孪生体，实现虚实映射。数字孪生体的基础模型包括几何模型、运动模型、物理模型和计算模型。其中，几何模型描述成形设备、监测仪器、粉末材料和辅助装置等几何空间特征量；

运动模型描述热源控制、光路偏转、供粉铺粉和成形室运动等运动特征量；物理模型用于描述热量堆积、温度、热应力和应变等物理特征量；计算模型则对物理实体进行成形过程监测、数据分析和成形缺陷识别的分析和计算。虚拟空间的仿真数据和物理实体的感知数据共同构成了成形过程的粉材数据、设备数据、热源数据、产品数据、环境数据、工艺数据、状态数据和质量数据等孪生数据。

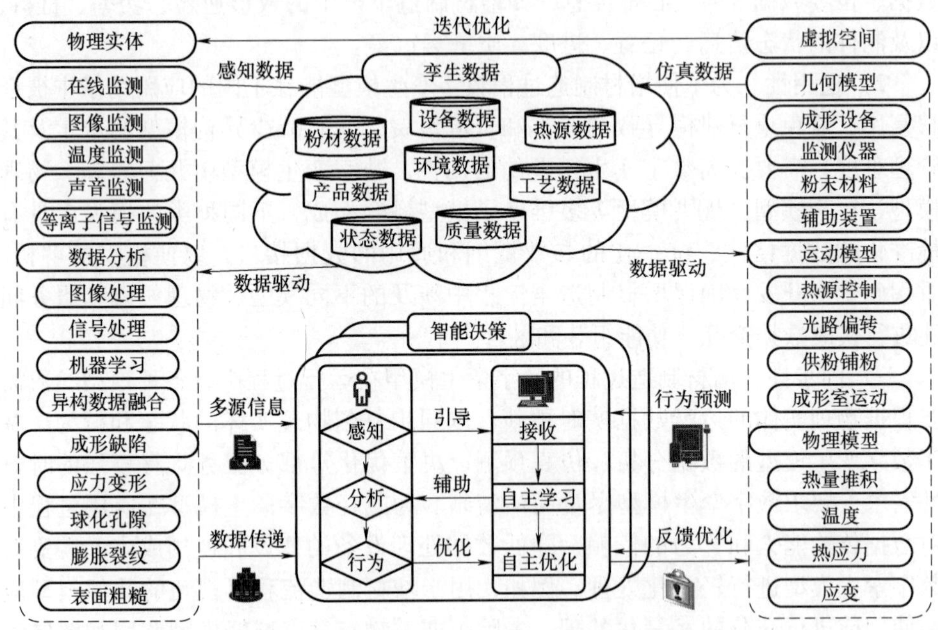

图 6-33 SLM 成形过程监控的物理实体与虚拟空间数字孪生体系模型

6.4.2 增材制造过程的数值仿真

仿真是将包含了确定性规律和完整机理的数值模型转化成虚拟分析方式，用来模拟物理世界规律和现象的一种技术。增材制造过程是一个成形材料、高能集中热束和基底沉积材料三者之间相互作用的多尺度、多物理场耦合问题（见图 6-34），涉及宏观尺度上零件成形的工艺仿真（如应力应变、温度场）、介观尺度上熔池和粉末的分析（如熔池的尺寸、形貌、流动性及粉末的流动性、传热特性）、微观尺度上熔体内的晶体组织形态、晶粒大小与取向，以及缺陷和性能等。多物理场是成形过程涉及的温度场、熔体流场、气流场、制件的固体应力/变形场等。由于该物理过程十分复杂，涉及的材料和工艺参数众多，仅通过试验和试错法难以有效探索出完备的增材制造工艺，效率和成本也难以满足要求。因此，采用数值模拟的智能仿真技术是保障增材制造“形性控制”并揭示工艺内禀关系的一种重要且高效的方法，同时也有助于测量技术、测试方法和设计优化工具等辅助技术的改进。

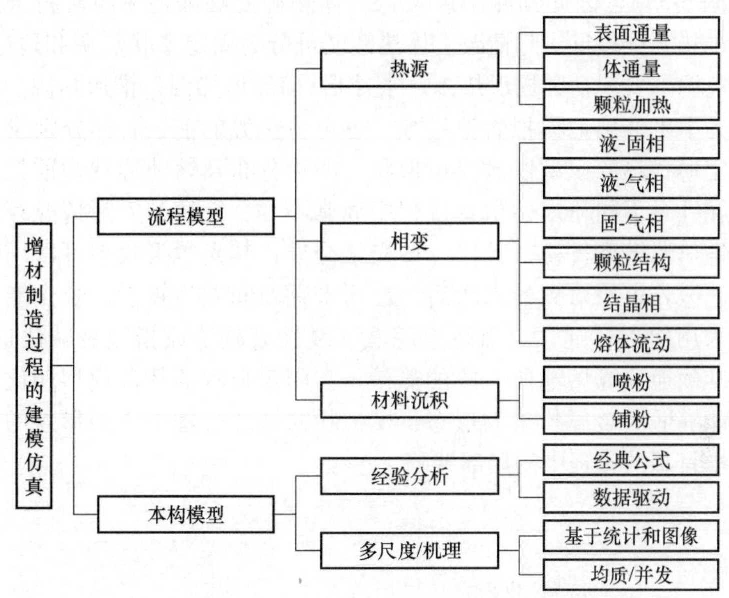

图 6-34　增材制造过程中的多尺度多物理场仿真建模

数值仿真方法主要包括有限体积法、有限差分法、有限元法三种。其中，有限元法将求解域离散成许多个小单元的互联子域，通过对每个单元进行积分计算进而得到所要求的问题的解。有限元法结合了差分法的离散处理核心和变分计算中的插值函数，同时综合考虑了每个单元本身对节点求解值的影响。与其他方法相比，有限元法具有高度的离散化和灵活性，可将复杂问题简单化和程式化，适合模拟成形结构和工艺复杂的增材制造过程的温度场和应力场。因此，增材制造过程所涉及的数值仿真主要包括热学仿真和应力/应变仿真两大类。

1. 增材制造过程的热学仿真

增材制造过程通常包含熔化和凝固、熔体流动、气泡运动、烧结、热对流、热毛细及热泳等多种复杂的物理现象，其过程模拟的核心是熔体的传热传质计算，涉及非线性瞬态热传导和微熔池动力学等，与输入熔体的能量密度高度相关。以激光选区熔化工艺为例，进行成形过程的热学仿真需要建立合适的热源模型和粉末模型。

（1）热源模型　热源不仅影响熔池的几何形状，还会影响最终产品的力学性能。面向增材制造过程的热源模型主要分为二维热源和体热源两类。在二维热源的加热区域上，热量为中心多、边缘少的不规则分布。二维热源假设吸收的能量被限制在粉末床表面，不能描述激光在粉末颗粒内和熔池内发生的散射作用（见图 6-35），因此预测精度较低。体热源能够描述热源对粉末的穿透作用，比二维热源更接近实际情况。体热源又可分为固定形状热源和适应性热源。固定形状热源主要包括圆柱形热源、半球形/椭球形热源、锥形热源、高斯分布热源等，为了更准确地模拟熔池尺寸，也可将热源的前、后部分别设置不同的尺寸。固定形状热源模型以激光束形状、能量分布及熔池形状为前提假设，其热源形状在针对不同粉末的仿真过程中通常不变，往往与实际情况存在较大偏差。适应性热源模型将粉末看作一种光学介质，其光学吸收率可以用吸收率曲线来描述。激光束照射到粉末床后，在粉末颗粒间发生折射，激光能量的传递过程可以采用辐射传递法、射线追踪法、线性衰减法或指数衰减法进行求解，因此能更准确地计算熔池所吸收的热量。与固定形状的热源模型相比，适应性热源模型能够适应金属粉末的形态，模拟粉末熔化过程中表面形貌的变化，便于识别出增材制造过程中的局部缺陷。

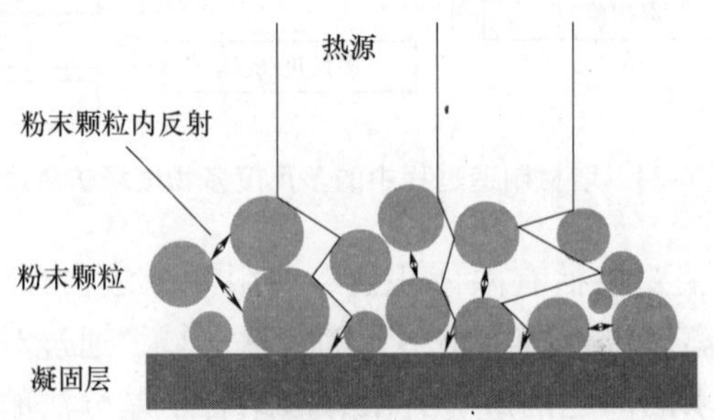

图 6-35　粉末颗粒的多次反射和颗粒间的散射

（2）粉末模型　增材制造中使用的粉末群是一个离散的颗粒系统，其仿真建模主要考虑三个层次：

1）单个粉末颗粒的物理性质。单个粉末颗粒的几何形状、粒度决定了其流动性及润湿过程，直接影响粉层的固结过程。

2）粉末颗粒之间的热传导特性。粉末颗粒之间的实际热传导特性决定了粉末床的净能量转移，热传导速率与粉粒间的接触面积成正比。

3）粉末层的整体特性。粉末层可以看作离散颗粒通过耗散碰撞相互作用的集合。粉末模型应描述粉末层的能量吸收和损失、熔化和凝固、熔池动力学、润湿、毛细效应、重力、热传递和结晶等物理现象。常用的粉末模型包括离散单元法（discrete element method，DEM）和雨滴模型。离散单元法是在忽略粉末颗粒内聚力和静摩擦力的前提下，通过求解牛顿第二运动定律和刚体动力学方程，结合时间步长模拟出粉末颗粒的分布。该方法适合并行运算，耗时少、计算效率高。雨滴模型是一种随机堆积算法，使粉末颗粒在重力作用下自由滚动，直到找到能量最小的状态。该方法一般用于建立二维粉末模型，处理三维粉末模型时效率较低。

2. 增材制造过程的应力/应变仿真

由于大多数增材制造工艺过程中需要较高温度的局部加热，导致材料产生较大的热梯度。在增材制造加热周期中，材料的热膨胀受到周围低温区材料的限制，从而在加热区域形成了压应力；在冷却周期中，热源消失后的受热区开始冷却，该区域中材料的收缩受到加热阶段形成的塑性应变的限制而形成拉应力。如果在整个“加热-冷却”循环中，应力的大小超过材料的屈服强度，那么即使材料冷却到环境温度下，这些应力也不会完全消失，而是作为残余应力留在制件内。过多的残余应力会导致制件宏观上的变形和开裂，既影响制件的尺寸精度和成形的连续性，还会降低制件的力学性能和疲劳寿命。因此，可通过基于“热-力”耦合分析的数值仿真法预测成形过程中制件的残余应力和变形，分析制件残余应力演化与温度场变化的关系。为了获得加工过程中制件的力学响应，可以通过有限元法或有限体积法预测激光增材制造过程制件的瞬态温度分布，再利用顺序热-力耦合模型估计热应力场。其中力学分析模型采用热弹塑性定律，总应变由弹性应变、塑性应变和热应变组成，即

$$\varepsilon=\varepsilon_{e}+\varepsilon_{p}+\varepsilon_{th} \tag{6-2}$$

式中，ε 是总应变；ε_{e}、ε_{p}、ε_{th}分别是弹性应变、塑性应变和热应变。为提高计算效率，一般忽略材料塑性变形对热分析的影响。

3. 常用增材制造工艺仿真软件

增材制造工艺仿真软件能够对增材制造流程进行仿真，主要包括材料熔融过程的多物理场模拟、制造路径规划及不同的后处理工艺等。目前，已成熟应用的增材制造工艺仿真软件主要包括 ANSYS、Amphyon、Simufact Additive、COMSOL Multiphysics、Autodesk Netfabb、GENOA 3DP、FLOW-3D、Materialise Magics Simulation、e-Xstream、3D EXPERIENCE 等。其中，ANSYS 的增材制造工艺仿真套件涉及增材制造工艺链中的多个环节，包括拓扑优化、部件验证、成形设置、工艺过程仿真、支撑生成、失败预防及微观结构预测（见图 6-36）等，从而完成高质高效的增材制造工艺设计。Amphyon 主要面向激光熔融沉积增材制造，用于成形预处理和生产自动化，抑制成形过程中的变形和常见缺陷（裂纹、表面质量差、密度不足等）的产生。Simufact Additive 主要面向增材制造工艺步骤及前/后处理过程的模拟，如热变形模拟和补偿、最优建模方向识别、支撑结构优化和去除、热处理模拟等。COMSOL Multiphysics 的多物理场仿真功能较为完善，应用于增材制造工艺的分析模块主要包括结构力学、非线性结构材料学、传热学模块、电磁学和化学等（见图 6-37a）。Autodesk Netfabb 主

要用于模拟粉末床熔融金属零件增材制造工艺，能进行“云仿真”计算，主要包括创成式设计、STL文件转换、模型编辑和轻量化、成形路径和参数优化、零件结构应力和变形模拟等功能。GENOA 3DP 主要面向聚合物、金属和陶瓷的增材制造工艺仿真分析，包括缺陷分析和预测（变形、分层、孔洞、残余应力、损伤和裂纹等）、多尺度渐进式失效分析、缺陷因素占比分析等功能（见图6-37b）。FLOW-3D 主要面向粉末床熔融、定向能量沉积和黏结剂喷射成形工艺的仿真，能够模拟树脂渗透、粉末扩散和填充、激光/颗粒相互作用、熔池动力学、热变形和残余应力、制件表面形态和微观结构演变等过程。

图6-36 ANSYS 仿真预测材料成形中的微观结构

a)

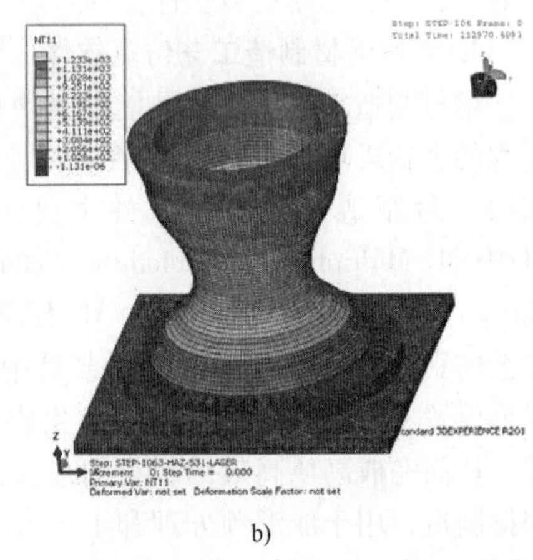

b)

图6-37 COMSOL Multiphysics 和 GENOA 3DP 仿真预测增材制件的残余应力和变形

a）COMSOL Multiphysics　b）GENOA 3DP

由于金属零件增材制造成本和性能要求最高，大部分工艺仿真软件均集中于金属材料的成形过程模拟。根据仿真的尺度和目标，软件主要分为三类：

①熔池尺度的仿真，能预测熔池形状和制件的孔隙率、微观组织等，探索新材料的增材制造工艺窗口；②制件尺度的仿真，能预测制件的残余应力和变形，优化成形工艺参数，实施反向补偿；③增材制造子过程的仿真，用于优化子过程参数，如吹粉/铺粉过程仿真、成形环境温度预测等。增材制造工艺仿真软件的分类及对比见表 6-3。

由于仿真过程涉及多物理场、多尺度非线性分析，多数仿真软件，如 ANSYS、Simufact Additive、GENOA 3DP 都采用了模型简化方法以提高仿真速度，但牺牲了部分的模型精度和结果准确度，因此仿真结果仅能作为辅助参考，确定成熟的工艺路线仍需要一定的实验数据支持。

表 6-3　增材制造工艺仿真软件分类及对比

软件模块	开发公司	功能和特点	适用范围
ANSYS Additive Print	ANSYS	变形、应力、热应变的预测和补偿，增材制造设备、材料和成形工艺参数模拟	粉末床熔融和定向能量沉积增材制造
COMSOL Multiphysics	COMSOL	多物理场仿真功能完善	金属/树脂材料增材制造
Simufact Additive	MSC Software	增材制造工艺步骤、前/后处理过程模拟	金属零件增材制造
Amphyon	Additive Works	成形预处理和生产自动化，善于分析和预测成形过程中的各种缺陷	激光熔融沉积增材制造
Autodesk Netfabb	Autodesk	变形分析、缺陷预测、微结构设计	粉末床熔融增材制造
GENOA 3DP	Alpha STAR	材料和工艺参数模拟、缺陷分析和预测	聚合物、金属、陶瓷材料增材制造
e-Xstream	MSC e-Xstream	复合材料和结构的多尺度建模、非线性微观力学分析、点阵结构成形模拟	聚合物、复合材料增材制造
FLOW-3D	Flow Science	粉末扩散/填充、激光/颗粒相互作用、熔池动力学、制件表面形态和微观结构演变过程模拟	粉末床熔融、定向能量沉积、黏结剂喷射成形增材制造

6.4.3　增材制造过程的数字线程

在增材制造过程数字孪生建模和数值仿真的基础上，需要将零件的设计、制造及后期维护运行的所有场景信息和数据输入智能分析模型后进行迭代优化，根据问题反馈修改模型并构成闭环，实现增材制造全流程的智能预测。整个数字化过程始于CAD/CAE建模和仿真分析，并贯穿增材产品全生命周期的各个阶段，这个全数字化过程的通信框架被称为数字线程（digital thread）。其中，“线”是以产品三维模型从面向增材制造（DfAM）概念设计、增材制造过程到产品的运行和服务，贯穿产品生命周期各个阶段；“程”意味不断前进，在前进中丰富模型的数字内涵。根据美国军方对数字线程的定义和解释，其目标是要在系统全生命期内实现在正确的时间、正确的地点，把正确的信息传递给正确的人。类似于PDM/PLM技术的预期目标，数字线程则是在数字孪生环境下保证全生命周期内涉及的所有数据能够准时、准确、无缝的产生、交换、流转、追溯和评估，是与某个或某类物理实体对应的若干数字孪生体之间沟通的桥梁。理想的数字线程能有效地评估增材制造系统在整个生命周期内的当前和未来能力，先验性的发现系统性能缺陷，优化产品设计和增材制造工艺，实现自主预测维护。

增材制造数字孪生环境下的数字线程应满足下列需求：①使用可交互共享的共同语言，同时能区分类型和实例；②支持可视化的DfAM设计、增材制造工艺、CNC程序、质量分析和验收规范等过程的显性表达；③支持跨时间尺度对系统内的所有子模型进行分配、状态纪实、关联、验证和追踪，获取模型的各种属性信息；④记录作用于增材系统和由系统完成的所有过程或动作。

6.5 增材制造的智能服务

6.5.1 增材制造云服务平台

云制造（cloud manufacturing，CM）是一种去中心化和大规模并行的网络化智能制造模式，是信息技术和物联网技术融合的产物。云制造借鉴了云计算的理念，在网络化制造模式的基础上，结合现有信息化制造技术及云计算、物联网、知识服务等技术，为制造业由面向生产转型为面向服务提供了新思路。增材制造技术以其强大的柔性成形能力，成为促进云制造推广和应用的重要手段。增材制造云服务平台是增材制造技术与云制造结合应用的具体表现形式，也是将社会化、网络化快速制造资源用于个性化定制的重要技术支撑。目前，拥有增材制造资源的企业、科研院所和高校等单位，其增材设备资源的闲置率普遍较高，造成大量资源的浪费。通过建立增材制造云平台，整合闲置的增材设备资源，以任务分发的形式分配用户的制造任务，能实现资源的高效利用，并降低复杂产品的研发周期和成本。

1. 增材制造云服务平台的定义

根据GB/T 37461—2019《增材制造 云服务平台模式规范》的定义，增材制造云服务平台（additive manufacturing cloud service platform，AMCSP）是一种基于增材制造和云服务技术，能够将各种增材制造资源进行相互整合，并对制造能力进行服务和虚拟处理，提供增材制造商品及相关服务（如设计、支付、交易、配送等）的平台。增材制造云服务平台以减少制造资源浪费为基本目标，借助云计算技术，以信息技术系统和平台实现资源的充分共享。根据上述目标需求，增材制造环境下的云平台应具有用户管理、云打印服务、资源注册发布、创意需求发布和订制服务、云平台交易管理，以及业务信用评估与分析等基本功能。根据GB/T 37461—2019，增材制造云服务平台应提供制造、在线设计与制造、委托设计与制造和在线选购与制造四种基本服务模式。具体地，增材制造云服务平台体系的核心应包括资源层、用户层和应用接口层三部分，如图6-38所示。

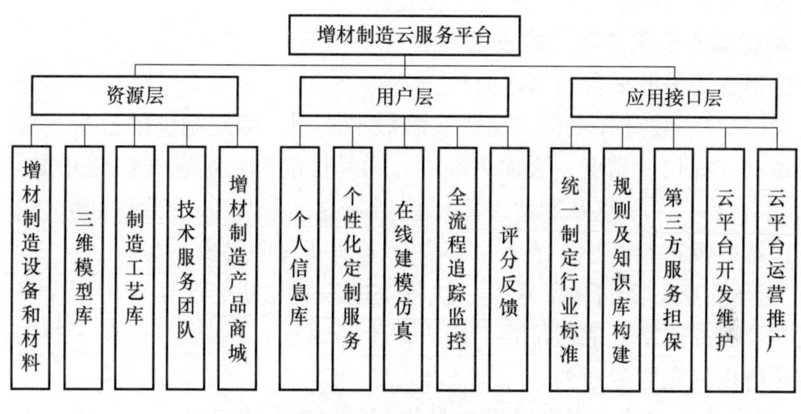

图6-38 增材制造云服务平台结构

（1）资源层 资源层包括服务资源层、虚拟资源层和实体资源层。服务资源层是对增材制造云平台中的虚拟/现实资源进行系统管理与服务封装的关键，在对云服务系统的管理维护及信息储存和更新过程中，服务资源层以虚拟资源和制造能力封装为服务方式，屏蔽资源自身的异构性和复杂性，保证服务接口的统一性，实现资源在云平台环境中的调用；虚拟资源层是增材制造云平台对其制造资源进行系统管理的主要功能层结构，通过虚拟资源层的封装管理能力，将云平台中的物理资源映射为虚拟制造资源；实体资源层是整体云平台系统的基础结构，包含了增材制造的全部硬件资源、人力资源，以及相匹配的软件和知识库等。

（2）用户层 用户层包含了用户的个人信息、个性化定制服务等，是用户与系统之间实现信息交互的窗口。用户通过平台登录注册信息，选择线上或线下在线服务，提交零件的三维模型文件或直接从云服务器上的模型库中调用并发送给云平台，或者选择平台的技术客服进行指导设计，平台会审核文件有效性，并通过算法匹配到最优的成形设备。用户在线预览成形效果并实时跟踪成形进度，通过物流接收成品。用户还能通过云平台申请获得资源的线下使用权，通过移动端软件访问云平台，获得一站式服务。

（3）应用接口层　应用接口层是展示增材制造云平台系统功能应用的窗口，用于建立用户与云平台之间的交互接口，使用户可以向应用层发送业务请求、信息和数据。网络中的各层则依次响应，最终完成网络数据传输。用户可根据个性化制造需求，灵活地调用云服务和资料，使用客户信息管理、资源共享、交易服务、数据查询与检索等应用接口。应用接口包含用户的平台管理和资源的注册及发布，将服务功能进行组合性的调度，提高运行管理水平和服务效果。部分资料还将访问层、引擎层、工具层和持久化服务层等非核心子层次列入增材制造云服务平台体系，此处不再详细论述。

2. 增材制造云服务平台的技术特点

增材制造云服务平台的基本流程：

1）客户自主设计并上传产品的三维数字模型，确定制件的数量、材料属性和性能要求（如尺寸精度、表面粗糙度、力学性能等）后在线提交并支付订单。

2）平台将订单信息及制造进度（包括制造过程监控、产品检测、物流配送等环节）即时反馈给客户，或者由客户自主登录云平台线上查询。

3）云平台接收到订单需求后，执行快速匹配和筛选计算（可依据材料、工艺、成本及服务价格、地理位置、用户评价等因素），列出符合要求的增材制造服务商并给出优先服务序列。

4）平台或客户选定服务商后，服务商开始执行平台推送的订单，进行生产准备和产品制造，并提供在线或离线监控功能。

5）制造完成后进行质量检测，并生成产品质量数据动态集，便于客户随时查询和调用。

6）产品发货和交付，最终在云平台上完成服务评价，平台将全流程的制造和服务信息进行筛选和处理后存入云平台数据库。

采用增材制造云服务平台的优势：

1）云制造中的信息广泛共享，能按需使用各类建模与仿真软件，以及材料库、模型库、工艺库等，为大众创新提供海量的增材制造资源服务支撑。

2）解决了各类增材制造设备的闲置问题，避免贵重专业设备的重复投资，提高单台设备的实际利用率和利润空间，并能降低非专业人员参与增材制造的技术门槛，实现社会化制造。

3）利用分布式资源服务优化配置功能，用户能够全方位地对异地增材制造资源进行快速匹配、智能调用和管理，选择质优价低的增材制造服务。

3. 增材制造云服务平台的关键技术

（1）知识库　构建面向增材制造全生命周期的有效知识库是建立增材制造云平台的首要条件。知识库至少应包含增材制造相关的材料库、模型库、设备库、工艺库、常见问题及解决方案等知识体系。在知识资源中要融入大量增材制造工艺的设计和应用案例，保障平台运行的有效性。

（2）增材制造设备感知技术　区别于普通工业制造设备，增材制造设备的特点是高度的专业化、数字化和自动化。增材制造设备应具有完备的生产流程和产品质量状态感知能力，才能不断地接入远程制造指令文件并实现自动化连续生产。本书5.4节列举了增材制造过程监控和缺陷检测的常用传感器和感知技术，包括声学、光学及射线测量等多种检测方法，通过这些传感器的合理集成并实时向云服务平台发送检测数据，经过数据智能分析和处理后进一步指导后续成形，并整合至知识库中，提供数据样本以供后期检索和重用。

（3）数据检索及重用技术　数据检索与重用技术解决了如何从分布在各地的海量增材制造资源中对其匹配的知识库进行数据检索，快速选取最优匹配的增材制造服务商，基于数据重用技术确定合理的工艺方案并生成报价单，进而完成智能化排产。在不影响设备工作的前提下，远程完成模型和工艺文件的队列传输，实现智能化、自动化、连续化生产。

（4）5G通信技术　5G通信技术是一种高速率、低时延和大连接的新一代宽带移动通信技术，是实现增材制造云服务平台的网络基础设施。5G技术在工业领域的应用涵盖研发设计、生产制造、运营管理及产品服务四大环节。国际电信联盟（ITU）定义了5G的三大类应用场景，即增强移动宽带、超高可靠低时延通信和海量机器类通信。其中，超高可靠低时延通信主要面向工业控制、远程医疗、自动驾驶等对时延和可靠性具有极高要求的垂直行业应用需求，因此能够应用于增材制造设备的远程在线监控，若出现制造问题或质量缺陷能及时终止并修正制造程序，并将错误信息迅速反馈到云平台管理系统；海量机器类通信主要面向智慧城市、智能家居、环境监测等以传感和数据采集为目标的应用需求，因此可用于增材制造云服务平台中的模型发送、订单发布及评价等环节。为了满足增材制造云服务平台的应用场景需求，5G通信技术需满足高传输速率（≥1Gbit/s）、低时延（≤1ms）、大连接能力（≥100万用户连接/平方公里）三项关键性能指标，确保批量分布式增材制造单元过程控制的准确性和可靠性，提高运维效率，并推动无人化增材制造工厂的建立。

（5）信息安全技术　工业应用环境对数据安全的要求较高，良好的信息安全是保证增材制造云服务平台的重要基础和前提。信息安全技术体系主要分为信息接入安全、信息平台安全和信息应用安全三个层次。其中，信息接入安全为增材制造现场数据的集采、传输、转换流程提供安全保障和加密机制，通过匿名化、清洗和转换保障数据传输链的安全性、完整性及可靠性。信息平台安全为大数据的存储、访问、计算分析和平台管理等功能提供安全保障基础。具体地，平台存储安全应支持数据备份和恢复功能；计算安全应支持判断和认证发起方的身份和给定访问控制权限等功能；平台管理安全应确保整个云服务平台组件和运行状态的安全可控。信息应用安全能为上层客户或应用的接入、数据访问及发布等提供安全管控，能支持访问签名机制，记录和判断访问频次、权限、范围和语句合法性等，实时拦截潜在的攻击行为，避免恶意操作或误操作对增材制造设备和云平台的干扰和破坏。

4. 增材制造云服务平台的应用

世界上已经有几百家提供增材制造服务的云平台，以专业技术人员+离线制造的传统服务方式为主，少部分云服务平台提供了工业互联和制造过程在线监控功能。具有代表性的增材制造云平台主要包括美国的 Shapeways 和 Protolabs 公司、法国的 Sculpteo，以及我国的南极熊、数造云、魔猴网等。例如，美国 3D Control Systems 公司开发的 3DPrinter OS 增材制造云服务平台，支持各类主流增材制造设备，用户能通过各类可联网的计算机、平板计算机、手机等终端，对模型进行管理、编辑、修正、切片、共享和成形；该系统还具有文件管理功能，支持用户实时上传和管理成形文件，降低了增材制造设备的使用门槛，并实现了增材制造全流程的在线监控和溯源。杜克大学增材制造实验室统计了应用 3DPrinter OS 云服务平台前后相关应用对比（见表 6-4），证明 3DPrinter OS 云平台能有效提高增材制造设备的使用和管理效率。

表 6-4　杜克大学增材制造实验室应用 3DPrinter OS 云服务平台前后的应用对比

参数	应用前	应用后
增材制造设备数量/台	7	10
设备工作时间（每周）/h	50	500
管理人员数量	多名	无
使用设备人数/名	<20	>60
设备监控情况	手动启动、监视	在线监控

6.5.2　增材制造的预测性维护和健康管理

预测性维护是智能制造服务技术中的重要环节，是以产品状态为依据而提供的维护或保养建议，从而避免产品失效而造成的不良后果，提升产品的附加值。预测性维护集状态监测、故障诊断和预测、维护决策支持和维护活动于一体。增材制造属于典型的单件小批量生产模式，影响制件质量的因素众多，制件内部易产生各类隐藏的缺陷，导致废品率居高不下。即使产品数模、成形设备及工艺参数均相同，制件的质量一致性仍较低。如图 6-39 所示，在采用相同设备和工艺成形的七个增材制件中，仅有两个没有缺陷，这种批产稳定性差的问题极大地阻碍了增材制造技术的应用和推广。因此，完善的增材制造预测性维护和健康管理能有效保证制件质量的稳定性和一致性，提高运维效益与良品率。

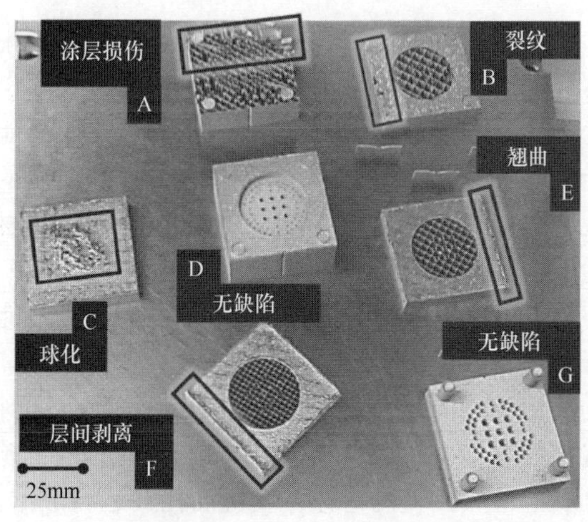

图 6-39　相同设备和工艺下的增材不锈钢部件缺陷

增材制造的预测性维护和健康管理高度依赖于成熟而高效的数据采集和管理系统。在典型的故障预测与健康管理过程中，首先需要采集和存储各种传感器发出的大数据，一般包括工艺数据（如热源功率、扫描速度、扫描路径、熔池温度等）、质量数据（如尺寸精度、表面形貌、应力分布和缺陷等）、过程管理数据（如预热时间、成形周期/节拍和运营数据）、环境数据（如环境温度、保护气体含量）等，然后加入以往的故障状态、异常、损伤标尺等信息作为参考数据集，采用基于“数据-模型-趋势”的分析方法（模型指各类趋势分析模型及算法，如概率模型、神经网络模型、模糊分析模型等），结合专家经验和实施案例经验，监控设备的健康状况，诊断与预测制造过程的故障，预估设备的剩余寿命，建立增材制造异常数据库，实现由事后维护、定期维护向基于状态的视情维护转变。

第 7 章 增材制造技术的应用

7.1 航空航天领域的应用

增材制造技术率先在航空航天领域得到了快速发展和应用，总结其原因主要包括：①无模具直接快速成形能满足研发周期和成本要求；②多功能智能材料体系的快速开发能满足多工况极端的使用环境要求；③智能轻量化结构的一体化设计和制造能满足飞行器严苛的减重要求。飞行器使用的多为贵重、难加工金属材料，如钛合金、镍基高温合金等。传统制造方法的材料利用率低，加工费时费工，制造成本居高不下；而增材制造的材料利用率一般在 50% 以上（部分可达 90%），成形件只需少量的后处理即可投入使用，能有效控制前期成本投入，满足飞行器设计功能（尺寸、结构、重量、互换性、速度、温度、可靠性、寿命等）的灵活性，同时保证产品快速认证。智能材料及轻量化结构能最大限度地保证航空航天产品的重量控制要求，卫星的重量越轻，其入轨所需的能量越少，发射成本越低；飞机越轻，飞行油耗和运行成本就能大幅度降低。本节从飞机结构件、航空发动机/燃气轮机、航天器零部件和太空增材制造四个维度详细介绍增材制造在各自领域中的应用情况。

7.1.1 飞机结构件的增材制造

激光增材制造技术最早于 2001 年开始应用于美国的舰载机，通过钛合金增材制造技术生产出飞机的承力结构件。2011 年，英国南安普顿大学通过增材制造技术生产出包括无人机的机翼、控制面板和舱门的整体框架。2017 年，挪威金属零件增材制造公司 Norsk Titanium 首次获得美国联邦航空局批准，使用定向能量沉积技术生产飞行主承力金属制件，生产的钛合金组件首次应用在波音 787 客机上，标志着钛合金结构件增材制造工艺的稳定性能保证民用飞机适航认证的各项严格要求；英国 BAE 系统公司开发出增材制造的智能“传感羽毛”，可改变飞机表面附面层气流，有效地升速减阻，还能发出失速预警；空客公司在 A350 XWB 客机上使用连接机翼和发动机的钛合金增材支架。2019 年，GE 增材和 GE 航空公司与美国空军合作开展金属零件增材制造计划，将增材制造的金属油箱盖装备于 F-15、F-16 战斗机使用的 F110 涡轮风扇发动机上；F-18、F-22 战斗机的部分钛合金接头、翼根加强板连接吊环和起落架连杆的制造也大量应用了激光增材制造技术。洛克希德马丁公司的 P-175 复合材料无人机也采用了激光烧结成形的机体结构。

北京航空航天大学于 2013 年成功制造出大尺寸复杂钛合金加强框（见图 7-1），用于飞机机身的主承力处，并通过了技术验证和装机评审。西北工业大学采用激光增材制造技术成功制造了 C919 客机的钛合金翼肋上下缘条构件（见图 7-1），尺寸达 450mm×350mm×3000mm，静置后的变形量小于 1mm，静载强度及疲劳性能均达到锻件水平。中航工业沈阳和成都飞机设计研究所、中航工业直升机设计研究所、上海飞机设计研究院等单位实现了飞机外主襟翼滑轮架、尾翼方向舵支臂、通风格栅结构、进气道多腔体结构、双耳接头、内置登机梯、淋雨密封结构等激光沉积增材制造零件的装机应用，提高了制件的整体耐蚀性、承载能力和轻量化水平。此外，北京机电工程研究所实现了大尺寸薄壁骨架舱段结构的定向能量沉积增材制造及应用，中国第二重型机械集团德阳万航模锻有限责任公司使用智能电弧熔丝成形技术成功修复了大型起落架失效热锻模。

图 7-1　激光增材制造的飞机机身主承力钛合金加强框和 C919 中央翼缘条构件

7.1.2　航空发动机/燃气轮机的增材制造

自 20 世纪 90 年代起，GE、罗尔斯·罗伊斯、普惠等企业和研究机构开始将金属零件增材制造技术应用于航空发动机/燃气轮机关键零部件的快速成形，目前已形成规模化批量生产和装机应用。采用增材制造的发动机零部件主要包括风扇（整体叶盘、导流叶片）、压气机叶片、燃烧室（喷嘴、衬套、燃油总管）、涡轮叶片、机匣、安装组件（隔热罩、管路和支架），以及部分非金属零件（复合材料叶片、排气组件、声学衬板、风扇涵道等），材料覆盖了高温合金、钛合金、陶瓷基复合材料和聚合物等。以下将从叶盘类零件、叶片类零件和其他功能零件三大分支重点阐述其应用情况。

1. 叶盘类零件的增材制造

整体叶盘是一种将发动机的转子叶片和轮盘融为一体的新构型，省去了榫头、榫槽及锁紧装置等连接件，使发动机整体结构大为简化、重量减轻。采用增材制造技术生产的整体叶盘具有成分均匀、组织细小、制造流程短、材料利用率高、成本低和易修复等优点。目前，低压压气整体机叶盘基本采用钛合金（常用牌号为 TC4、TC11、TC17）增材制造，高压压气机和涡轮叶盘材料一般为高温合金（常用牌号为 GH4742、GH2901、GH4133、GH4169、GH4689、FGH4095、FGH4096）。钛合金增材制造整体叶盘已在 F110、F119、F414、T700、EJ200 等军用航空发动机和 GE90、遄达 900、PW300、BR715 等民用航空发动机压气机转子上广泛使用。

2. 叶片类零件的增材制造

叶片是发动机的关键部件，工作条件苛刻，在转子高速转动的条件下，其承受的离心力很大，离心力最高能达到几吨力，同时叶片承受高温高压气体的热冲击，高温高压气体的温度从几百度到上千度不等。叶片在以上各种条件的作用下，承受交变应力及热应力负荷，最容易产生疲劳破坏，因此对叶片的可靠性要求高。航空发动机叶片按其主要功能可分为两大类，即压气机叶片、涡轮叶片。压气机叶片的主要作用是将进入压气机的空气压缩为一定比例的高温高压气体，并送入燃烧室参与燃烧；涡轮叶片的主要作用是将燃烧的高温高能气体的部分能量转换成涡轮转子的动能，带动压气机持续工作。将增材制造技术应用于叶片铸造技术，可以避免受到结构复杂度的限制。

（1）风扇和压气机叶片的增材制造　压气机叶片的叶身通常较薄，进、排气边厚度更薄，叶片前后缘半径小，特别是高压压气机叶片。压气机静子叶片的安装板几何尺寸多为弧形，尺寸精度要求高，而且多为小弧段。压气机叶片常用材料有钛合金、锻造高温合金，如 TC4、TA11、GH4169 等。针对风扇和压气机叶片的增材制造，瑞典增材制造领域的 Arcam 公司研发了 EBM 设备，用于制造航空发动机多联叶片、整体叶盘、机匣、增压涡轮等结构。

（2）涡轮叶片的增材制造　涡轮叶片的增材制造始于 20 世纪 90 年代中期，美国联合技术研究中心、美国桑地亚国家实验室将同步送粉激光熔覆和选择性激光烧结技术相融合，成功制造出镍基合金涡轮叶片。美国通用电气公司也成功制造出基于局部加热和冷却工艺的金属增材叶片，其性能接近锻件，并能有效避免变形和微裂纹缺陷的产生。意大利航空工业 Avio 公司与 Arcam 公司共同制造出波音 787、747-8 等客机使用的 GEnx 发动机 γ-TiAl 合金涡轮叶片，Arcam 公司采用电子束熔炼工艺，使用功率 3kW 的电子束枪成形 8 级低压涡轮的叶片部件仅需 72h。德国西门子公司和 EOS 公司也制备出耐高温多晶镍合金涡轮叶片（见图 7-2）和燃烧室部件，并通过了满负荷运行测试，已装备于航空发动机和 13MW SGT-400 型工业燃气轮机上。

随着航空发动机推重比的日益增长，涡轮进口温度从第三代发动机的 1700K

提高到第五代的 2000K 以上。为提高涡轮叶片的承温能力，其材料组织由等轴晶发展为单晶，内部冷却结构也由单一对流气冷转变为双层壁超气冷，气膜孔由简单圆柱形转化为复杂异形，由此对涡轮叶片的精密制造提出了严峻挑战。而增材制造涡轮叶片可显著降低结构复杂度对制造工艺的限制，实现型芯/型壳的无模化制备和空心涡轮叶片的快速制造。涡轮叶片的增材制造工艺以激光选区烧结/熔化和树脂/陶瓷光固化成形为主，除了叶片直接成形工艺，光固化树脂可用于代替传统熔模铸造蜡型，采用型芯/型壳一体化凝胶注模代替传统型壳的挂浆制备和型芯的压制成形，实现涡轮叶片型芯/型壳的一次成形。

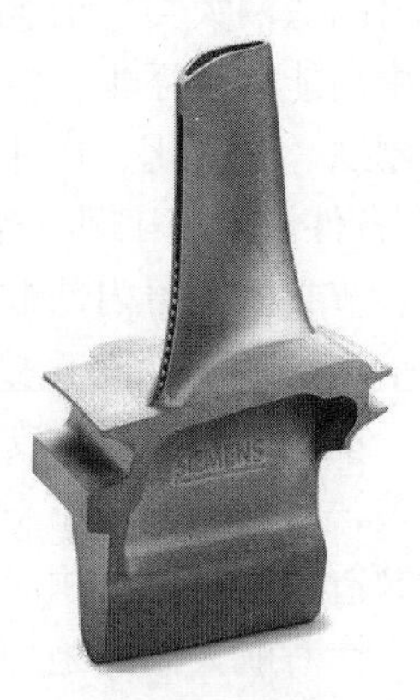

图 7-2　SLM 涡轮叶片

3. 其他功能零件的增材制造

从 2015 年开始，GE 公司应用粉末床激光熔化成形技术制造出 LEAP 涡扇发动机的钴铬合金燃料喷嘴（见图 7-3）及钴铬合金高压压气机温度传感器外壳等零件。GE9X 发动机已采用 304 个增材制造的航空发动机关键零件，如高压燃油冷却的伺服热交换器（见图 7-4），具有热交换通道和复杂的内部几何形状，可有效提升发动机的热管理性能，工艺与组件均得到官方认证。普惠公司与 MTU 公司合作，基于激光选区熔化技术生产了 Purepower PW1100G-JM 航空发动机涡轮机闸的管道内窥镜轮毂。

图 7-3　LEAP 发动机喷嘴

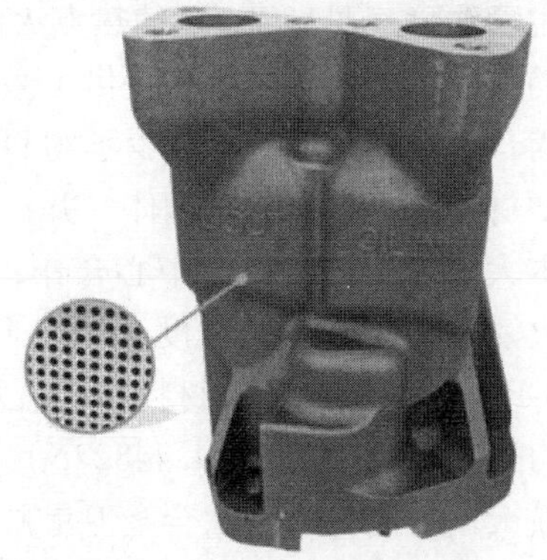
图 7-4　GE9X 伺服热交换器

7.1.3　航天器零部件的增材制造

增材制造技术在航天领域的应用日益广泛，主要分为地面增材制造、太空增材制造两大类。前者以满足航天器在发射和再入阶段的高温高压，以及在空间中高能离子浮尘、空间碎片等恶劣环境下的工作要求为目标，实现航天器的高刚度、轻量化、尺寸稳定和低成本；后者以实现空间飞行器结构、空间站备品/备件、专用工具、空间大型结构的按需/应急快速制造为目标，节约上行成本，节省航天器内部贮存空间，优化空间服务。地面增材制造通常采用激光选区熔化成形、激光直接沉积成形、电子束/电弧熔丝成形等技术制备热控相变板、星敏支架、斜撑支架、主承力大底结构等产品，并已通过地面测试和环境考核，将逐步应用于空间站、深空探测、运载火箭、卫星结构等领域。太空增材制造采用熔融沉积成形技术也实现了连续纤维增强复合材料结构的在轨打印。

针对航天器的地面增材制造，美国国家航空航天局（NASA）于 2012 年启动了增材制造验证机计划，研发增材制造的液态氢火箭发动机。2013 年，普惠、SpaceX 公司使用激光选区熔化成形技术制造了 J-2X 火箭发动机涡轮泵排气孔盖和 SuperDraco 火箭发动机的镍铬高温合金发动机室，并在极端环境下成功进行了发动机点火试验，是全尺寸发动机首次使用增材制造零件。2014 年，Aerojet Rocketdyne 公司通过增材制造技术生产出 Banton 液氧/煤油火箭发动机并成功通过测试，发动机的零部件数量缩减到三个，包括喉部和喷嘴部分、喷油器和圆顶组件、燃烧室。2014 年，NASA 与 Made In Space 公司合作，向国际空间站发射了第一台空间熔融沉积成形设备 3D Print Tech Demo，并于 2016 年将升级后的第二代设备送往国际空间站，材料也从 ABS 扩展到 HDPE、PEI/PC 等高性能塑料。由于塑料件的力学性能较低，打印态的制件拉伸强度仅为 23~40MPa，限制了其使用范围。2015 年，Aerojet Rocketdyne 公司完成了对 AR1 增压发动机的单冲量主喷油嘴（见图 7-5）的热点火测试。2017 年，英国 GKN 航空航天公司向法国的空中客车和赛峰集团提供了激光焊接和激光能量沉积制造的 Ariane 6 号火箭喷嘴，直径达 2. 5 米，减少了约 900 个零部件。2017 年，Space X 公司成功制备出增材高温合金氧化剂阀体，并在猎鹰 9 号火箭上成功应用。2019 年，NASA 与奥本大学国家增材制造中心合作，通过增材制造技术提高了 RS-25 航天飞机液体火箭发动机的结构强度。2019 年，NASA 和英国空间轨道业务公司成功试制出 GRCop-84 铜基复合材料的火箭发动机燃烧室增材零部件（见图 7-6），其测试推力达 2000lbf（1lbf=4. 44822N）。2020 年，洛克希德马丁公司制造出目前最大的航天增材制件——钛合金卫星贮箱箱底，其质量及可靠性已通过实测验证。2020 年，美国喷气推进实验室首次采用金属零件增材制造技术生产出毅力号火星探测器（见图 7-7）中的 11 类运动部件，主要包括 X 射线岩石化学成分分析仪（光谱仪）和氧气原位资源供应装置；同年，Relativity Space 公司对其增材制造的 Aeon 1 发动机进行了 300 多次点火测试，并完成了全周期点火实验。Aeon 1 发动机由 Stargate 3D 增材制造系统成形，平均制造周期仅为一个月，通过机器学习算法保证成形速度和精度。

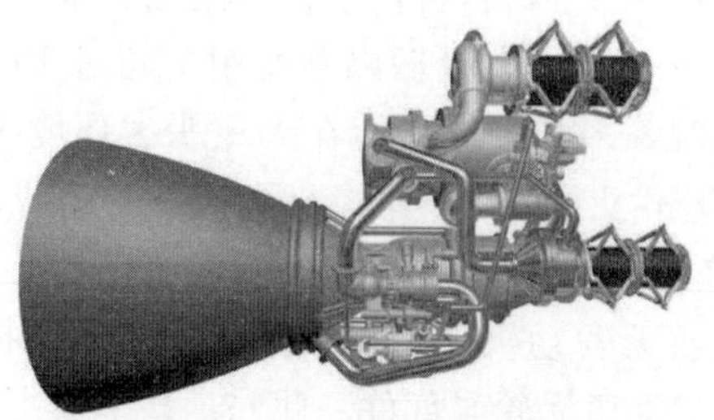

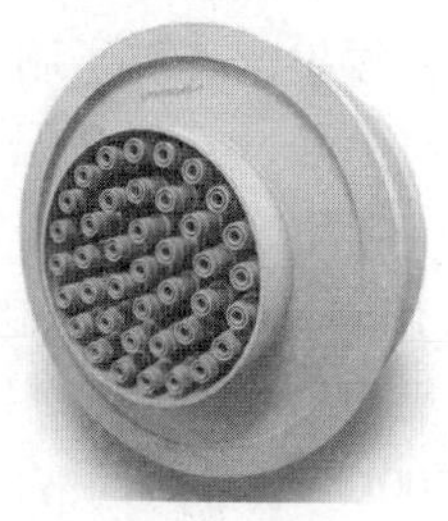

图 7-5　AR1 火箭发动机及其激光选区熔化成形的主喷油嘴

图 7-6　火箭发动机燃烧室增材零部件及其高温点火测试

图 7-7　毅力号火星探测器及其增材制造的 X 射线光谱仪前盖

我国在航天领域中也大力推广增材制造技术。2019 年，中国航天科技集团有限公司第一研究院首都航天机械有限公司（简称航天科技一院 211 厂）完成首批长征五号系列运载火箭芯级捆绑支座关键承力构件（米级）的增材制造批生产。同年，航天科技四院的增材制造喷管热试车成功，验证了金属制件在高温高压下的承载性和可靠性。2020 年，航天科技一院 211 厂研制的全增材制造芯级捆绑支座通过飞行考核验证；同年，中国航天科技集团空间技术研究院研制的载人飞船试验船返回舱成功着陆，标志着我国增材制造 4 米级超大尺寸整体钛合金框架的首次航天应用。2020 年，长征五号运载火箭成功应用增材制造的大尺寸级间解锁装置保护板，采用高分子材料替代了传统的铝合金。2021 年，中国航天科技集团五院研制的“天问一号”火星探测器使用了超过 100 个增材制件，具有高强度、耐高温、耐辐射等多种性能，能在火星恶劣环境中正常工作。2021 年，长征二号 F 遥十二运载火箭和神舟十二号载人飞船成功发射，7103 厂采用增材制造技术制备了该发动机的推力室隔板加强肋等核心零部件，提高了产品合格率和生产率。西安航天发动机公司采用激光选区熔化技术成功制备了 1200kN 级推力的液氧/煤油发动机涡轮泵部件。此外，基于“点阵结构+拓扑优化+激光选区熔化成形”技术，北京空间飞行器总体设计部制造出中国空间站某相机支撑结构，通过采用蒙皮点阵一体化结构形式和移动可变形组件拓扑优化方法，结构减重 50%，基频提高 35%，实现了蒙皮点阵一体化结构在我国载人航天领域的首次应用与在轨验证。北京机电工程研究所、北京星航机电装备有限公司、上海航天设备制造总厂及鑫精合激光科技发展有限公司等单位也实现了多种复杂零件（如天线支架、空间散热器、集热窗框、导引装置等）的激光增材制造和装机应用，其中操纵面、支架等产品的技术成熟度达到 5 级。

7.1.4 太空增材制造

太空增材制造技术是人类提升地外活动能力、开展深空探索任务的战略性关键技术，在空间在轨设施制造、空间补给保障、减少运输和备件数量、应对突发状况等方面优势明显。与地面环境相比，太空增材制造需考虑太空的长时微重力、强辐射、高真空、交变冷热循环等恶劣环境，并满足高精度、低功耗、小型化、智能化等要求。按照制造环境的不同，太空增材制造可分为地球平台、太空平台和外星表面平台三类（见图 7-8），按使用的材料体系可划分为高分子材料、金属材料、生物材料、陶瓷材料和地外原位资源材料等。

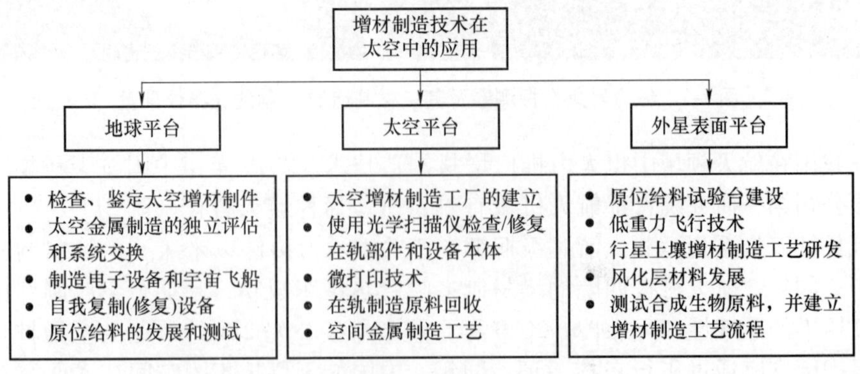

图 7-8 太空增材制造的主要应用领域

在空间探索环境和外太空研究基地的快速搭建方面，NASA 最早开展了太空增材制造技术的研究。20 世纪 90 年代，NASA 兰利研究中心和约翰逊航天中心开始对非金属材料的空间在轨增材制造技术开展研究工作。2001 年，NASA 和美国马歇尔太空飞行中心在金属焊接技术基础上开发了低能耗电子束金属熔丝成形设备，并于 2006 年在微重力飞行试验中验证了铝合金电子束熔丝和选择性激光烧结工艺。由于电子束熔丝在真空中成形，非常适合探测任务的非增压空间飞行环境。2011 年，NASA 启动"在国际空间站试验零重力环境下的 3D 打印技术"项目，与 Made In Space 公司合作研制了第一台空间树脂熔融沉积设备（见图 7-9），并测试了微重力使用性能，其技术成熟度由 TRL3（通过分析和试验的手段进行了关键性功能验证和/或概念验证阶段）提高至 TRL5（相关环境中的部件仿真验证阶段）。2014 年，该设备被送至国际空间站，研究发现，微重力对熔融沉积成形件的性能无明显影响，成形样品的压缩强度略低，密度略高，成形过程中也更容易发生翘曲。2015 年，Made In Space 公司制造了基于机械臂移动平台的增材制造设备，安装在国际空间站（ISS）外部的分离舱上，能够进行太空大型复杂结构的无人化制造及组装。NASA 在空间增材制造任务中使用的 ABS、HDPE 和 PEI 等材料均为非晶聚合物，遇到的核心问题是如何控制成形过程中由于材料冷却收缩变形产生的热应力。

图 7-9　国际空间站上的熔融沉积成形设备

在基于原位资源的太空增材制造方面，NASA 马歇尔空间飞行中心在月壤电子束选区烧结工艺可行性试验研究中发现，月壤矿物组成中包含了大量的铝、钛、铁等元素，因此可以直接使用月球表面原材料进行增材制造。为了提高制件的强度和优化成形工艺，克服材料脆性问题，可将铝粉作为黏结剂与模拟月壤混合用于电子束选区烧结工艺，熔化的铝粉可对月壤包围连接。NASA 还与南加州大学合作研发了混凝土挤出近净成形系统和将塑料废弃物转化为增材制造原材料的再制造机，未来将用于构建地外星球的栖息地与基础设施。欧洲航天局（ESA）也开展了一系列太空制造项目研究，利用抛物线飞机试验、国际空间站平台开展了多项太空制造技术试验。2015 年，欧洲航天局就和伯明翰大学先进材料和工艺实验室（AMP Lab）合作研发了面向铝合金丝材的激光定向能量沉积成形设备，通过微重力飞行试验，验证了如何利用液态熔池的表面张力来控制金属沉积过程。欧洲航天局还计划将增材制造设备发射到月球上建立月球基地，利用月壤制造中空闭孔的建材结构。英国发明了一种基于粉末胶结工艺的“D-Shape”增材制造设备，通过可移动的排列式喷嘴选择喷射胶黏剂，将氧化镁（模拟月壤材料）粘接，每层固化 5~10mm 厚的砂层，压实后栅格化并重复上述过程实现月球基地的建设（见图 7-10）。系统成形速度约为 2m/h，成形实体的最大抗压强度和抗弯强度分别为 42MPa 和 19MPa。德国联邦材料测试研究所（BAM）为解决微重力环境下金属粉末床熔融工艺中打印层结合难的问题，开发出一种气体流动吸入系统辅助的激光选区熔化成形系统（见图 7-11），并完成了微重力成形工艺验证。该系统通过真空泵维持成形室内的气压差来驱动气体流动，使粉末在逐层打印过程中保持在预定位置。

图 7-10　模拟月球土壤成形的块体实物

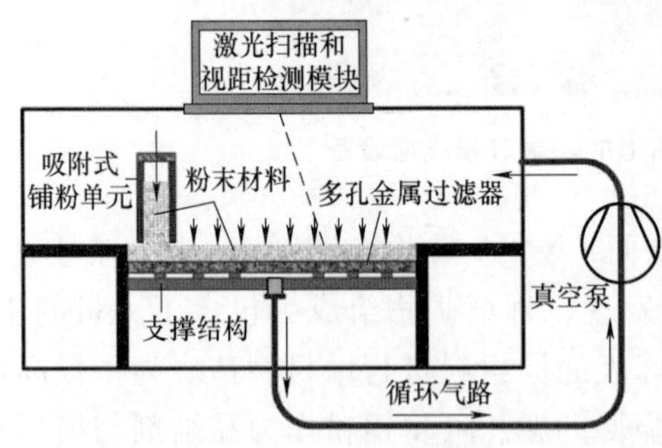

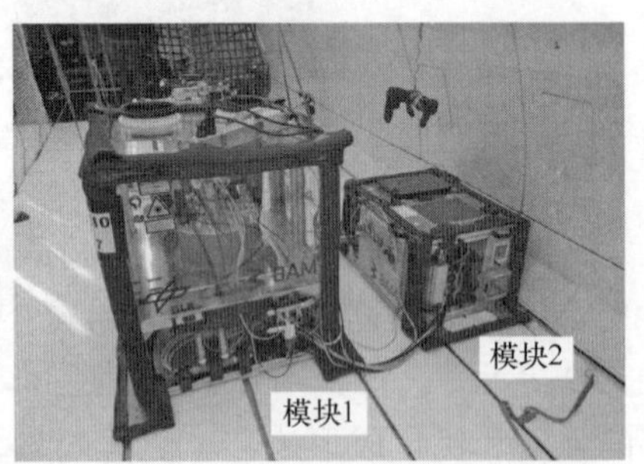

图 7-11　流动吸入式粉末床铺粉原理和气流吸入辅助激光选区熔化成形系统

我国是世界上第二个完成微重力环境下增材制造技术验证的国家，完成了碳纤维复合材料、陶瓷及金属等材料的微重力制造试验。2016 年，中国科学院研究团队在抛物线飞行环境中首次验证了微重力高分子材料及其碳纤维复合材料的增材制造技术。2018 年，中国科学院再次利用抛物线飞行试验研究了低重力金属熔融成形技术，成功实现了微重力、月球重力和火星重力环境下金属零部件的制造模拟，标志着我国具备了在月球环境下利用月球原位资源制造陶瓷模具和熔炼金属、制备目标产品的潜力。2020 年，中国在新一代载人飞船试验船内首次完成了连续纤维增强复合材料的无人自主控制增材制造试验，验证了微重力环境下复合材料的增材制造技术。

7.2 船舶领域的应用

增材制造技术已在船舶制造领域得到了应用，促进了船舶制造能力的快速发展。英国劳氏船级社于 2016 年发布了 3D 打印全球认证标准，美国、韩国、英国等发达国家已将智能增材制造技术推广应用到船舶制造业中。

1. 船体及配套设施的增材制造

现代船体通常是钢制薄壳结构，传统增材制造工艺成形的船体结构很难达到理想的“空间/自重”比，一般用于大尺寸、结构复杂的船用部件的快速制造，如船用柴油机机体和缸盖。受限于金属模具制作难度大、周期长及成本过高等因素，可采用三维喷涂黏结剂成形等工艺直接成形出复杂形状的砂型和砂芯，保证大型复杂构件的快速铸造。对于一些对尺寸精度与表面质量有较高要求的复杂件，还可采用立体光固化工艺成形熔模铸造的母模，如俄亥俄级和弗吉尼亚级潜艇的高强钢壳体均采用了增材制造的砂型和砂芯进行快速铸造。对于外形较复杂的小型船体，成形材料以铝合金、玻璃钢为主，也适合进行增材一体化成形；对于船体上的小型复杂支撑件、连接件、水下换能器等，可根据“等应力”拓扑优化原则进行尺寸和形状设计，实现轻量化。波音公司采用增材制造技术试制出“虎鲸”超大型无人潜航器，其重量超过 50t，而成本低于 250 万美元。美国潜水技术公司推出了一种基于增材制造的无人潜艇（见图 7-12），通过大幅面增材制造工艺成形“DIVE-LD”潜艇的碳纤维填充 ABS 管状整流罩，制造周期小于 36h。美国卡德洛克海军水面作战中心利用增材制造工艺成功制作出 T-AH20 海军医疗船模型，用于测试船上风力气流的情况，以提升直升机作业的安全性。韩国三星重工、大宇造船等造船企业及高校也成立了增材制造中心，生产出 165 种不同船舶部件。我国中船重工第 705 研究所借助直接金属激光烧结成形技术实现了船体零件的一体化制造。武汉 438 厂采用 3D 微铸锻技术成形了高强钢船体结构。海军工程大学运用增材制造和智能仿生技术制造了船体蜂窝底板结构，降低了结构重量。北京航空航天大学采用多材料增材制造技术试制了仿生鲫鱼吸盘样机，可安装于小型水下航行器的头部，用于节省游动能量。

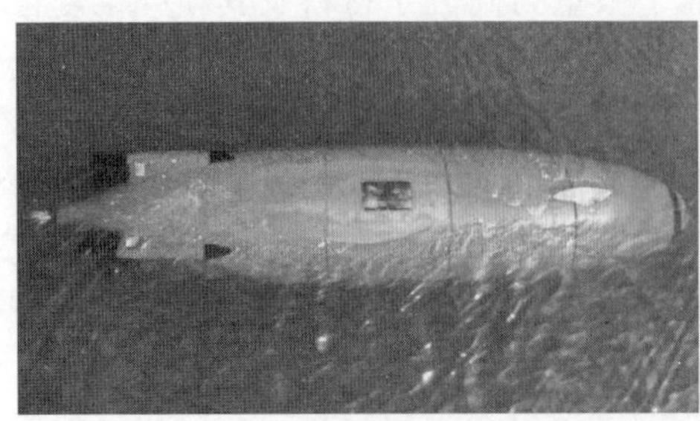

图 7-12　美国潜水技术公司增材制造的潜艇整流罩

2. 船舶再制造与实时维修

大型船舶在远洋航行过程中可能会发生各种故障，需要及时抢修重要零部件，而利用增材制造技术及其相关管理系统可实现船舶零部件的及时制造和快速更换，降低易损件的库存，使船舶轻量化。全球最大的集运公司马士基（MSK）将增材制造设备布置在集装箱船上，解决了集装箱船航行期间零件受损更换问题。美国海军已将改造的增材制造设备安装在“杜鲁门”号航母、“奇尔沙治”号两栖攻击舰及“Cutter Healy”号破冰船等大型舰船，用于在外部署时修复受损设备，提升海上维修与保障能力。2019 年，法国“戴高乐”号航母搭载了法国舰艇装备集团生产的增材制造设备，生产部分非关键的故障零部件和小型结构件。新加坡 Tru-Marine 公司研制出了首个增材制造的船用增压器喷嘴环，并能通过分层修理的方法修复原零件上的磨损区域，其耐热性、耐蚀性比标准铸件均有显著提升。荷兰鹿特丹港成立了 RAMLAB 增材制造中心，利用机器人电弧增材制造技术生产螺旋桨（见图 7-13）等船舶配件，生产时间由 6~8 周缩短至 200h。该中心能够在船到达港口前预订特定组件并提前进行增材制造，在港口进行组装和维修，使鹿特丹成为世界上最智能的港口。

图 7-13　电弧增材制造技术生产的船用螺旋桨

7.3　车辆领域的应用

在汽车行业，增材制造技术通常应用在设计评审验证、零件试制、工装夹具制备和小批量备件等环节。目前，采用增材制造技术可加工许多种类的汽车零件，金属类的有支架、壳体、罩盖等，非金属类的有仪表板、立柱护板、门护板、字标、装饰板等。近年来，汽车行业的增材制造应用市场一直保持快速增长态势。据统计，增材制件在整个汽车行业的应用占比已达 31.7%，国际汽车知名生产商，如奔驰、宝马、奥迪、捷豹、丰田、福特等均在汽车研发阶段大量使用了增材制造技术，其应用范围也逐渐由小批量、个性化试制/定制朝着大批量、功能化集成和离散化制造方向发展。图 7-14 所示为宝马集团生产的增材制件。

图 7-14　宝马集团生产的增材制件

7.3.1　汽车功能性零部件的增材制造

从 2017 年起，戴姆勒-奔驰汽车公司与 EOS 公司通过下一代增材制造（NextGenAM）项目开发了用于大规模汽车制造的金属粉末床激光增材制造技术产业化流程，该公司在庞大的零件数据库中找到适用于增材制造的零部件，其中适合于高分子尼龙成形的有 300 多种，适合金属成形的有 100 多种。2020 年，宝马集团通过多射流喷射、激光选区熔化等增材制造工艺批量生产零件，实现了产品开发与制造的系统化集成和全球网络化生产。福特汽车公司在世界多个工厂大量装备 3D 打印机，重点研发了车用铝合金件的增材制造工艺，制件的性能接近于压铸工艺，相对密度可达到理论值的 99%；福特汽车公司还应用数字化光合成技术生产辅助插头、电动驻车制动支架、进气歧管、杠杆臂等零件。保时捷公司采用 SLM 技术成功制备出具有自适应点阵结构的铝合金电机驱动外壳（见图 7-15），应用于电动跑车的前轴结构，使轴承、热交换器和机油供应能集成到驱动单元中。欧瑞康、FIT 增材制造集团和法拉利汽车等公司基于“仿生学拓扑优化+激光选区熔化”技术制造了高强度铝合金油门和制动踏板、仿生气缸盖和活塞（见图7-16）等点阵结构零件，具有高强度、轻量化、一体化和符合人体工程学等优势。奥迪汽车公司采用Stratasys J750全彩多材质增材制造设备打印出完全透明的多色车灯罩，凭借50多万种颜色组，实现了多色异质材料的一体化成形。增材制造技术还能应用于成形新能源汽车的微晶格结构电池，能够大幅度提升锂离子电池的容量及充放电速率，提升新能源汽车的续航里程。

图7-15 增材制造的新型铝合金电机驱动外壳

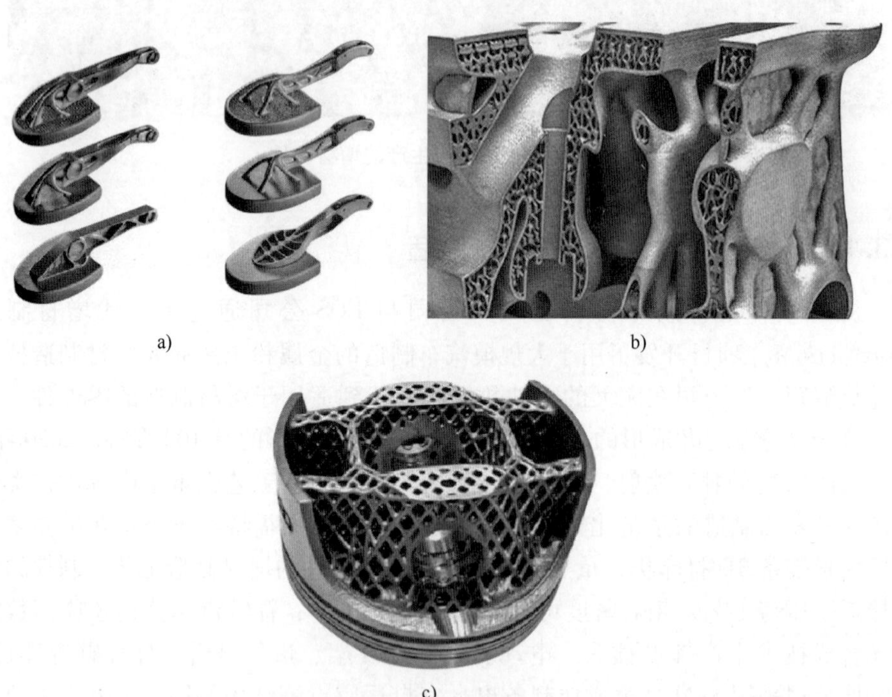

图7-16 增材制造的铝合金油门和制动踏板、仿生气缸盖和活塞

a）铝合金油门和制动踏板 b）仿生气缸盖 c）活塞

此外，将智能自修复材料应用到汽车功能性零部件的增材制造中，可以使零件能改变外形并具有形状记忆恢复功能。例如，可调节的天窗和扰流板，能根据车辆行驶速度改善其空气动力学结构，提升操纵性能。部分零件甚至可以在汽车发生事故后实现自我修复，或者根据环境变化自动改变外观和颜色。例如，丰田汽车公司采用 TiNi 基形状记忆合金制造了散热器面罩活门，当发动机的温度低于形状记忆合金的响应温度时，形状记忆合金弹簧处于压缩状态，则阀门关闭；当发动机温度升高至响应温度以上时，弹簧则为伸长状态，阀门打开，冷空气可以进入发动机室内，实现了阀门的自适应控制。

7.3.2　汽车内外饰零部件的增材制造

汽车外形和内饰风格直接影响消费者的购买决策，采用增材制件可提供更舒适的车内环境和个性化造型。根据《3D 打印在汽车行业的应用市场报告》（2021 版）对增材制造汽车内饰的市场规模预测，2026 年将达到 33 亿美元，2030 年将达到 55 亿美元。惠普、保时捷公司均使用多射流熔融（MJF）增材制造技术生产具有复杂晶格结构的汽车座椅。宝马汽车公司与麻省理工学院自我装配实验室合作，开发出一种可充气的增材制造材料，能按程序改变其形状和硬度，用于定制多功能柔性内饰，提升乘坐舒适度。宝马 MINI 汽车可由客户自由定制增材内饰件（如侧窗、内饰板）的图案、颜色等特征。法国标致 Fractal 纯电动概念车的尼龙内饰件由激光选区烧结工艺制成，其表面凹凸不平，可有效减少声波和噪声水平，改善声音环境。丰田子公司大发敞篷车 Copen 也为客户提供定制服务，采用增材制造工艺定制多种车身外观皮肤。

7.4　生物医疗领域的应用

增材制造技术在生物医疗领域的应用主要包括生物组织和器官、药物和医疗器械的生产。其中，生物增材制造是一种能够根据细胞生长环境及形态的要求，将生物材料或蛋白质等用增材制造的方式制造出来，并形成具有个性化功能的生物结构体的先进方法。生物增材制造有广义和狭义之分，广义的生物增材制造对象是能够直接服务并应用于生物医学领域中的各类增材结构，而狭义的生物增材制造对象是利用含有细胞的生物墨水构建的活体组织器官，用于组织损伤修复和器官移植，也是生物增材制造的高级阶段和终极目标。用于增材制造的生物材料主要包含活细胞、细胞组织、胶原等活性成分，确保制件具有良好的生物相容性；兼容性非生物材料主要包括明胶、藻酸盐水凝胶、卡波姆胶等，用于提高生物制件的机械强度、保持打印物形状、保障细胞的黏附性和存活率等。2016 年，增材制造的耳廓组织被成功移植到生物体内（见图 7-17），证明了增材制造活体组织的可行性，具有巨大的应用潜力和价值。

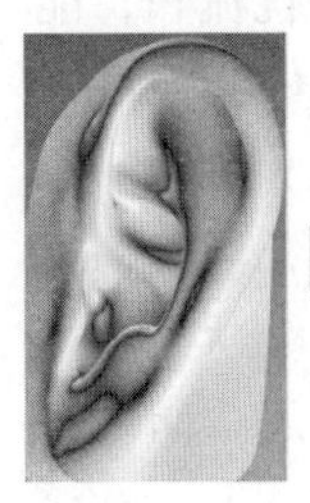
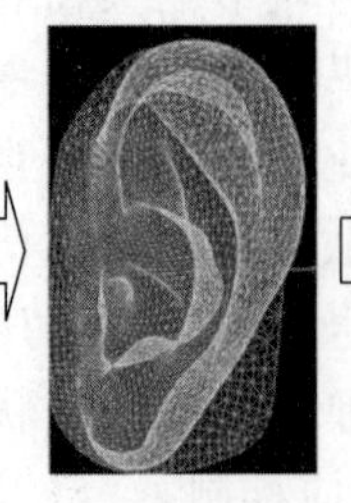
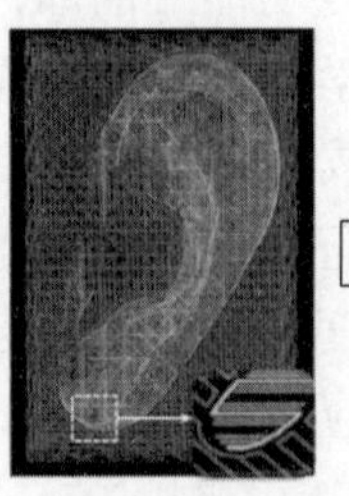
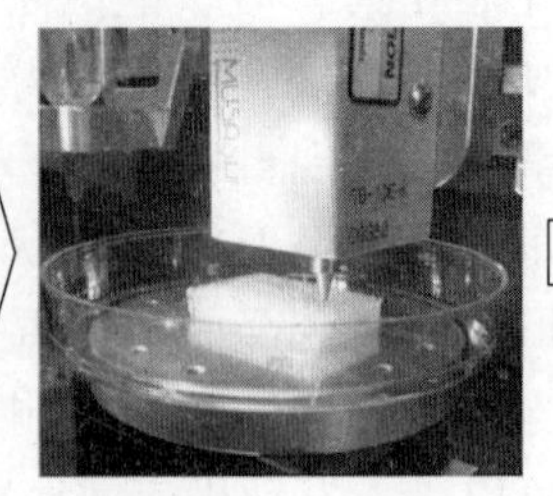
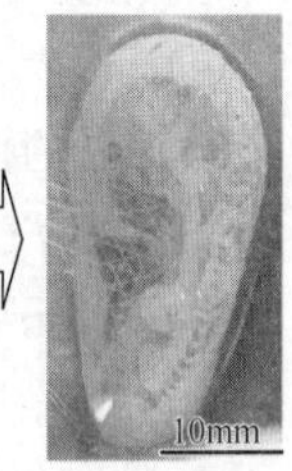

图 7-17 人工耳廓的增材制造流程

生物增材制造过程一般包括四个核心步骤：①对目标修复或替换的组织器官进行三维逆向扫描成像，转化成满足格式、精度等要求的 CAD 模型后进行前处理；②根据目标组织器官选择合适的生物材料支架、细胞类型及其组合方案；③使用生物增材制造设备进行组织的选择性培养成形；④成形后的组织进一步培养至成熟、稳定，测试生物相容性后植入。生物增材制造可在原位（体内培养）或体外进行，原位增材制造是根据组织或器官缺损部位的形状及特征，直接在缺损处打印培养生物材料以修复组织缺损的方法。

7.4.1 组织器官的增材制造

现阶段的增材制造技术已实现了部分结构简单、功能单一的生物组织体外成形，如血管、神经分布简单的微观组织等，但不具有复杂管网结构，因此无法实现人体器官的全部功能，只能被称为“类组织/器官”。以下将介绍相对成熟的组织器官增材制造应用案例。

1. 心脏

生物增材制造技术能够制造功能性心脏组织，特别是心脏瓣膜和心脏贴片，能够满足生物力学和生化功能上的要求。利用天然聚合物和活体干细胞，将透明质酸凝胶和人类主动脉瓣膜间质细胞混合，并应用微挤压生物打印技术能够成形出具有良好生物功能特性的心脏瓣膜。2019 年，美国卡内基梅隆大学以人体胶原蛋白为原料，成功成形出能嵌入活体细胞和毛细血管的心脏组织，成形精度可达 20μm，细胞存活率达到 96%，并实现了泵血功能。2020 年，明尼苏达大学以人诱导性多能干细胞作为接种细胞，利用悬浮水凝胶自由形式可逆嵌入（FRESH）技术打印出人体心脏模型，打印物中 87.6%的细胞转化为心肌细胞，成形两周后细胞基本成熟，心脏收缩性能较为稳定，基本能维持健康状态。

2. 肝脏

供体缺乏及免疫排斥限制了肝脏的移植，亟需发展肝脏的 3D 生物打印技术。目前，肝脏组织的基本功能单元可由水凝胶喷墨打印和微挤压打印技术成形，再进行仿生组装，实现微观和宏观尺度的肝组织衔接。2015年，美国生物3D打印公司Organovo打印培养出高密度肝细胞、内皮细胞和肝星状细胞，成功生产出具有高活力细胞和稳定分区的三维血管化肝脏结构，能够模拟天然肝小叶。此后，利用微挤压打印技术构建的肝组织块细胞数量可达1×10^{7}个/cm^{3}，接近体内组织细胞数量级水平，并能代谢药物、葡萄糖和脂质且分泌胆酸，其功能可以维持数周。

3. 血管

确保打印结构充分的血管化，有效构建多尺度的灌注血管网络是生物3D打印的基础。用于人造血管的生物增材制造技术主要包括：①利用临时支撑材料制造出独立空心管状结构作为血管壁的通道，随后播种内皮细胞使通道内皮化，再通过自然成熟过程创建相邻毛细管网，形成互相连接的网络通道；②将细胞图案转换为线结构，用于互连血管系统的自组装。2015年，日本佐贺大学使用生物增材制造工艺制作了内径为1.5mm的无支架管状组织，并将其在灌注系统中培养后成功植入到大鼠的腹主动脉。此外，已有研究机构开发出了一种水凝胶，增材成形后能够模仿血管的通道，还具有一定的氧气获取能力。

4. 角膜

区别于其他器官组织，角膜体积小、重量轻，内部不存在血管，并且细胞种类相对单一，因此角膜的增材制造工艺相对简单，对生物墨水原料的综合性能要求不高。2018年，英国纽卡斯尔大学首次采用气动挤压印刷技术成功制造出部分角膜（见图7-18），采用角膜细胞、藻酸盐和甲基丙烯酸胶原为原材料，成形的角膜在7天后内含细胞的存活率仍高达83%。2019年，浙江大学采用不同浓度比例的海藻酸盐和明胶组成四种脱细胞生物墨水，以人角膜上皮细胞作为接种细胞，按照同心圆由内向外生成打印轨迹，通过改变挤出压力控制厚度，实现了角膜的一次成形。

5. 皮肤组织

生物增材制造技术可构建具有生物功能的类似皮肤组织，用于人体移植修复破损皮肤。皮肤组织的增材制造技术主要有挤出、喷墨、光固化和激光辅助等。将光电工程技术与生物增材制造技术相结合，利用精确测量、快速响应等智能化手段提高再生皮肤的精度和适配性。皮肤组织增材制造的基质材料要求具有良好的生物相容性、可控降解性和细胞亲和性，一般以明胶、海藻酸钠和胶原蛋白为主。2010年，喷墨打印技术被用于制作人体皮肤组织，通过原位生物打印到小鼠皮肤缺损处，证明了增材制造皮肤缺损修复的可行性。随着4D生物打印技术的发展，刺激响应性智能材料可提供形状记忆特性，如通过微电流刺激改变皮肤替代物的形状、厚度和功能，能够满足不同人群、不同部位的皮

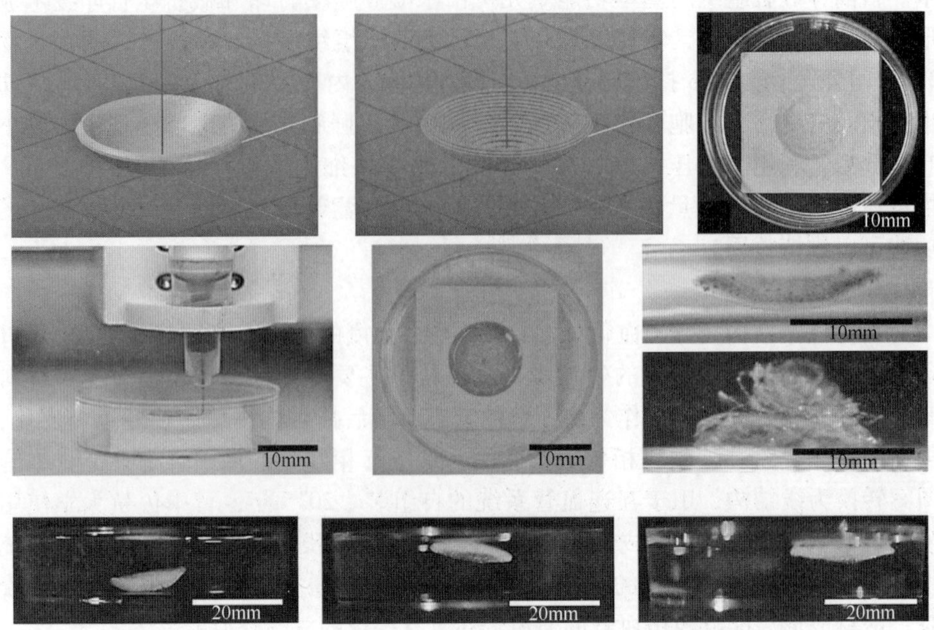

图 7-18　角膜三维模型的前处理和增材制造流程

肤创口完全覆盖。

6. 骨关节和牙齿

骨关节和牙齿的增材制造技术应用较为成熟，成形工艺以激光选区烧结/熔化为主，成形材料以钛合金、生物陶瓷和可降解聚合物为主，具有良好的力学性能及生物相容性。通过调节骨结构的孔隙率、孔径大小等尺寸参数，可促进细胞增殖和组织再生。

7. 神经组织

已有试验证实了生物增材制造技术构建可移植神经细胞的可能性，制作的细胞不仅保持了良好的体外增殖与分化能力，在神经损伤体内模型中还表现出神经修复功能。

7.4.2　药物的增材制造

随着精准医疗技术的发展，药物治疗方式正从群体治疗过渡到个体化治疗方向，而增材制造技术的高效、柔性化和智能化特点使其在生产个体定制化药物制剂方面具有显著优势。20 世纪 90 年代，增材制造技术开始应用于药学领域。2015 年，全球首例增材制造处方药“左乙拉西坦迟浴片”经美国食品药品监督管理局批准上市，用于治疗癫痫疾病，标志着生物增材制造技术在制药行业的成功应用。

1. 片剂

对比传统压片工艺，增材制造工艺能将药物准确定位于片剂中间或特定部位，既能精确控制载药量，还能保护药物。增材制造片剂最早采用黏结剂喷射工艺成形，通过调节黏结剂或聚合物浓度控制药片的硬度和脆碎度。相比于传统压片工艺，黏结剂喷射成形的片剂更加疏松多孔且易碎。也有部分片剂采用熔融沉积成形工艺制备，如对乙酰氨基酚迟释片、泼尼松龙缓释片、茶碱控释片等。光固化成形工艺则适用于成形遇热不稳定的药物制剂，如茶碱缓释片、对乙酰氨基酚缓释片等。

2. 凝胶剂

聚合物材料因具有良好的生物相容性、成形性、可调控的力学性能及生物降解特性，在组织工程等生物医学领域中常被用于制备不同几何形状和功能的水凝胶。凝胶剂一般由光固化工艺成形，其制备速度快，并且可保持较高的细胞活性。例如，可采用立体光固化成形工艺制备药用水凝胶（如布洛芬），提高药物的释放速率，但光固化反应中的光引发剂可能会对细胞产生毒性，因此载药水凝胶的制备受到限制。

3. 植入剂

增材制造的人工耳蜗、牙齿和骨科修复的植入体已经普遍用于组织工程领域。麻省理工学院使用增材制造技术制备出可生物降解的植入物，证明了该技术用于药物递送装置的可行性。与传统工艺相比，增材制造技术对微观结构的“形性控制”更加灵活和精确，体现在对植入剂的几何形状、表面积、内部构造，以及影响释放动力学的其他属性的精准控制，不仅可以使植入剂与患者的给药部位高度吻合，还能显著减少或消除药物的突释效应。

4. 透皮给药

通过皮肤递送药物也是一种重要的给药方式，与口服制剂相比，可以绕过肝脏的首过效应，改善患者依从性。透皮给药的增材制造方式一般为：使用三维扫描仪测量获取患者病患处的表面三维模型，并使用立体光固化成形、熔融沉积成形等工艺快速制作包含药剂的个性化贴剂，提高贴剂与皮肤之间的贴合性，并通过皮肤提供精确的药物剂量。

附　录

增材制造术语（部分摘自 GB/T 35351—2017）

中　文	英　文	中　文	英　文
增材制造	additive manufacturing，AM	叠层实体制造	laminated object manufacturing，LOM
智能制造	intelligent manufacturing，IM	激光选区烧结	selective laser sintering，SLS
增材制造系统	additive manufacturing system	激光选区熔化	selective laser melting，SLM
增材制造设备	additive manufacturing machine/apparatus	立体光固化成形	stereo lithography apparatus，SLA
快速成形	rapid formation	三维打印成形	three dimensional printing，3DP
快速原型	rapid prototyping	激光熔覆沉积	laser cladding deposition，LCD
电子束成形/制造	electron beam forming/fabrication，EBF	激光近净成形	laser engineered net shaping，LENS
三维打印	3D printing	三维打印机	3D printer
熔融沉积成形	fused deposition modeling，FDM	电子束自由形状制造	electron beam free form fabrication，EBF
激光烧结	laser sintering，LS	离散/堆积成形	dispersed/accumulated forming
复合增材制造	hybrid additive manufacturing，HAM	增减材复合制造	additive and subtractive hybrid manufacturing，ASHM
微纳增材制造	micro-nano additive manufacturing	电弧熔丝增材制造	wire and arc additive manufacturing，WAAM
黏结剂喷射	binder jetting	电子束选区熔化	selective electron beam melting，SEBM
定向能量沉积	directed energy deposition，DED	同轴光内送粉	coaxial inside-beam powder feeding
材料挤出	material extrusion	丝材	filament

（续）

中　文	英　文	中　文	英　文
立体光固化	stereo lithography，SL	分层/叠层制造	layered manufacturing
粉末床熔融	powder bed fusion	直接喷射沉积	direct jetting deposition
薄材叠层	sheet lamination	熔池	molten pool
连续式打印	continuous printing	气孔	pore
成形室/成形腔	build chamber	裂纹	crack
成形平台	build platform/table	未熔合	incomplete fusion
层	layer	球化	spherize
成形面	build surface	飞溅	spraying
成形原点	build origin	热变形	thermal deformation
给料区	feed region	台阶效应	step effect
溢料区	overflow region	全致密	fully dense
工艺参数	process parameter	孔隙率	porosity
三维扫描	3D scanning	扫描路径	scanning paths
三维数字化	3D digitizing	电磁搅拌	electromagnetic stirring，EMS
面片	facet	熔融	fusion
初始成形方向	initial building orientation	表面处理	surface treatment
实体模型	solid model/mock up	温度梯度	thermal gradient
表面模型	surface model	体素	voxel
标准三角剖分语言	standard triangulation/tessellation language，STL	熔化金属液滴沉积	deposition of molten metal droplets
固化	curing	打印分辨率	printing resolution
前处理	pretreatment	打印喷嘴	pringting nozzle
后处理	post treatment	喷头	pringting head
自适应切片	adaptive slicing	逆向工程	reverse engineering
基板	substrate	均匀液滴喷射	uniform droplet spray
支撑结构	support structure	选区喷射沉积	selective spray and deposition，SSD

（续）

中　文	英　文	中　文	英　文
层厚	layer thickness	分层制造	layered manufacturing
粉体工程	powder engineering	激光重熔	laser remelting
赛博物理系统	cyber physical systems，CPS	3C 技术	computing，communication，control
工业物联网	industrial internet of things	工业互联网	industrial internet
工业 4.0	reference architecture model industry 4.0，RAMI 4.0	面向制造的设计	design for manufacturing，DFM
数字化工厂	digital factory	工业大数据	industrial big data
云制造	cloud manufacturing	云平台	cloud platforms
人工智能	artificial intelligence，AI	智造单元	smart manufacturing unit，SMU
智能材料	smart material	力学性能	mechanical property
固态焊接	solid state welding	自熔性合金	self-fusing alloys
功能梯度材料	functionally graded materials，FGM	高熵合金	high-entropy alloys，HEAs
三维点阵结构	three-dimensional lattice structure	金属基复合材料	metal matrix composite，MMC
金属陶瓷	metalloceramics	形状记忆合金	shape memory alloy，SMA
4D 打印	4D printing	残余应力	residual stress
X 射线检测	X-ray detection	稀释率	dilution rate
高速摄像系统	high speed camera system，HSCS	红外热成像检测	infrared thermographic detection
计算机层析成像	computed tomography，CT	超声波测量	ultrasound measurement
熔池监控	molten pool monitoring	再制造	remanufacturing
神经网络控制	neural networks control，NNC	专家系统	expert system，ES
深度学习	deep learning，	机器学习	machine learning
拓扑优化	topology optimisation	热处理	thermal treatment

参考文献

[1] 全国增材制造标准化技术委员会. 增材制造　术语：GB/T 35351—2017 [S]. 北京：中国标准出版社，2017.

[2] 中国电子信息产业发展研究院. 智能制造术语解读 [M]. 北京：电子工业出版社，2018.

[3] 迪格尔，诺丁，莫特. 增材制造设计（DfAM）指南 [M]. 安世亚太科技股份有限公司，译. 北京：机械工业出版社，2021.

[4] 杨占尧，赵敬云. 增材制造与3D打印技术及应用 [M]. 北京：清华大学出版社，2017.

[5] 关桥. 焊接/连接与增材制造（3D打印）[J]. 焊接，2014（5）：1-8，73.

[6] 苏功鹤. 中国3D打印产业的战略定位与发展 [D]. 天津：天津大学，2014.

[7] RYAN T，HUBBARD D，黄瑶. 3D打印对环境空气质量的影响 [J]. 新材料产业，2017（1）：26-30.

[8] 刘强. 智能制造理论体系架构研究 [J]. 中国机械工程，2020，31（1）：24-36.

[9] 王广春. 增材制造技术及应用实例 [M]. 北京：机械工业出版社，2014.

[10] 魏青松. 增材制造技术原理及应用 [M]. 北京：科学出版社，2017.

[11] 韩万鹏，蒙文，李云霞，等. 双振镜激光扫描的误差分析及校正方法 [J]. 光电技术应用，2011，26（4）：14-18.

[12] 赵光华，刘志涛，李耀棠. 光固化3D打印：原理、技术、应用及新进展 [J]. 机电工程技术，2020，49（8）：1-6，65.

[13] 赵君. 光固化快速成型用光敏树脂的制备及其增韧改性 [D]. 镇江：江苏科技大学，2016.

[14] 裘芸寧，胡可辉，吕志刚. 基于光固化增材制造技术的陶瓷成形方法 [J]. 精密成形工程，2020，12（5）：117-121.

[15] 周欣，罗忠. 聚醚醚酮复合材料性能特点与关键技术分析 [J]. 化工新型材料，2022（2）：243-247.

[16] 张航，许宋锋，熊胤泽，等. 多孔β-TCP生物陶瓷DLP打印工艺研究 [J]. 机械工程学报，2019，55（15）：81-87.

[17] 苏有文，李超飞，杨婷惠，等. 3D打印混凝土技术的建筑工程应用研究 [J]. 建筑技术，2017，48（1）：98-100.

[18] 段严，秦先涛. 3D打印混凝土相关性能研究进展 [J]. 混凝土与水泥制品，2020（9）：5-10.

[19] 栾丛丛. 连续碳纤维增强感知一体化智能结构增材制造与性能研究 [D]. 杭州：浙江大学，2018.

[20] 李垚，赵九蓬. 新型功能材料制备原理与工艺 [M]. 哈尔滨：哈尔滨工业大学出版社，2017.

[21] 王永信. 快速成型及真空注型技术与应用 [M]. 西安：西安交通大学出版社，2014.

[22] 曹嘉欣. SLA-3D打印光敏树脂的改性及其性能研究 [D]. 西安：西安科技大学，2020.

[23] 甘鑫鹏，王金志，费国霞，等. 选择性激光烧结3D打印粉体材料研究进展 [J]. 化工新

型材料，2020，48（8）：27-31，41.
[24] 赵毅，卢秉恒. 振镜扫描系统的枕形畸变校正算法［J］. 中国激光，2003（3）：216-218.
[25] 胡碧康，周丽红. FDM 3D 打印件缺陷产生原因及处理方法的研究［J］. 表面工程与再制造，2017，17（6）：37-38.
[26] 李元超，邓攀，赵万华，等. 高精度光固化快速成形系统关键技术研究［J］. 机床与液压，2003（5）：42-44.
[27] CHUA Z Y, AHN I H, MOON S K. Process monitoring and inspection systems in metal additive manufacturing: Status and applications［J］. International Journal of Precision Engineering and Manufacturing-Green Technology, 2017, 4（2）: 235-245.
[28] THIJS L, VERHAEGHE F, CRAEGHS T, et al. A study of the microstructural evolution during selective laser melting of Ti-6Al-4V［J］. Acta materialia, 2010, 58（9）: 3303-3312.
[29] 王迪，邓国威，杨永强，等. 金属异质材料增材制造研究进展［J］. 机械工程学报，2021，57（1）：186-198.
[30] 赵德陈，林峰. 金属粉末床熔融工艺在线监测技术综述［J］. 中国机械工程，2018，29（17）：2100-2110，2118.
[31] 王华明. 高性能大型金属构件激光增材制造：若干材料基础问题［J］. 航空学报，2014，35（10）：2690-2698.
[32] 闫毓禾，钟敏霖. 高功率激光加工及其应用［M］. 天津：天津科学技术出版社，1994.
[33] 李嘉宁. 激光熔覆技术及应用［M］. 北京：化学工业出版社，2016.
[34] 孟庆栋. 基于机器学习的激光熔覆形貌预测与监测研究［D］. 徐州：中国矿业大学，2020.
[35] 杨永强，王迪，宋长辉. 金属 3D 打印技术［M］. 武汉：华中科技大学出版社，2020.
[36] 巩水利，锁红波，李怀学. 金属增材制造技术在航空领域的发展与应用［J］. 航空制造技术，2013（13）：66-71.
[37] 安国进. 金属增材制造技术在航空航天领域的应用与展望［J］. 现代机械，2019（3）：39-43.
[38] 孙世杰. 增材制造方法生产的 TiAl 合金零件将被应用于飞机发动机涡轮叶片［J］. 粉末冶金工业，2015，25（1）：65-66.
[39] 卢振洋，田宏宇，陈树君，等. 电弧增减材复合制造精度控制研究进展［J］. 金属学报，2020，56（1）：83-98.
[40] 李岩，苏辰，张冀翔. 电弧熔丝增材制造综述：物理过程、研究现状、应用情况及发展趋势［J］. 焊接，2020（9）：31-37，63.
[41] 赵健，张秉刚. 电子束原型制造技术研究进展［J］. 焊接，2013（6）：16-19，69.
[42] DEREKAR K S. A review of wire arc additive manufacturing and advances in wire arc additive manufacturing of aluminium［J］. Materials science and technology, 2018, 34（8）: 895-916.
[43] 杜俊杰，蒋海涛，步贤政，等. GH4099 高温合金电弧增材制造工艺研究［J］. 新技术新工艺，2020（8）：18-22.
[44] 张维官. 金属材料增材制造技术［J］. 金属加工：热加工，2016（2）：33-38.
[45] 马驰，刘永红，纪仁杰，等. 电弧增材制造综述：技术流派与展望［J］. 电加工与模具，

2020（4）：1-11.

[46] 李权，王福德，王国庆，等. 航空航天轻质金属材料电弧熔丝增材制造技术［J］. 航空制造技术，2018，61（3）：74-82，89.

[47] 张昭，谭治军. Ti-6Al-4V 在搅拌摩擦增材中晶粒生长的数值模拟［J］. 世界有色金属，2018（6）：15-18.

[48] GRIFFITHS R J，PERRY M E J，SIETINS J M，et al. A perspective on solid-state additive manufacturing of aluminum matrix composites using MELD［J］. Journal of Materials Engineering and Performance，2019，28（2）：648-656.

[49] 荀桂枝. 新型固态金属沉积工艺及军事应用［J］. 兵器材料科学与工程，2019，42（2）：122-126.

[50] PALANIVEL S，SIDHAR H，MISHRA R S. Friction stir additive manufacturing：route to high structural performance［J］. Jom，2015，67（3）：616-621.

[51] 陶永亮，邱峰，王青青，等. 3D 金属打印与数控机床复合加工的发展趋势［J］. 模具制造，2020，20（10）：64-68.

[52] 唐成铭，赵吉宾，田同同，等. 基于激光选区熔化与高速切削的增减材复合制造系统开发［J］. 热加工工艺，2022，51（19）：118-122.

[53] 吕建忠. 增减材混合五轴装备及应用技术［J］. 世界制造技术与装备市场，2020（4）：27-29.

[54] HOSSEINI E，POPOVICH V A. A review of mechanical properties of additively manufactured Inconel 718［J］. Additive Manufacturing，2019，30：100877.

[55] 张凯锋，王国峰. 先进材料超塑成形技术［M］. 北京：科学出版社，2012.

[56] 申秀丽，张辉，宋满祥，等. 航空燃气涡轮发动机典型制造工艺［M］. 北京：北京航空航天大学出版社，2016.

[57] 黄旭，朱知寿，王红红. 先进航空钛合金材料与应用［M］. 北京：国防工业出版社，2012.

[58] PAQUIN R A. Properties of metals［J］. Handbook of optics，1995，2：35-49.

[59] 杨睿，黎振华，李淮阳，等. 选区熔化 3D 打印铜的研究进展［J］. 稀有金属，2021（11）：1376-1384.

[60] YEH J W，CHEN S K，LIN S J，et al. Nanostructured high-entropy alloys with multiple principal elements：novel alloy design concepts and outcomes［J］. Advanced engineering materials，2004，6（5）：299-303.

[61] 张勇，陈明彪，杨潇. 先进高熵合金技术［M］. 北京：化学工业出版社，2019.

[62] LUO H，LI Z，MINGERS A M，et al. Corrosion behavior of an equiatomic CoCrFeMnNi high-entropy alloy compared with 304 stainless steel in sulfuric acid solution［J］. Corrosion Science，2018，134：131-139.

[63] 张航，陈子豪，何垚垚，等. 增材制造高熵合金的研究进展［J］. 特种铸造及有色合金，2020，40（12）：1314-1322.

[64] 林惠娴，王凯，丁东红，等. 高熵合金激光选区熔化研究进展［J］. 钢铁研究学报，2020，32（6）：437-451.

[65] 牛朋达，李瑞迪，袁铁锤，等. 增材制造高熵合金研究进展［J］. 精密成形工程，2019，11（4）：51-57.

[66] SHEN Q K，KONG X D，CHEN X Z. Fabrication of bulk Al-Co-Cr-Fe-Ni high-entropy alloy using combined cable wire arc additive manufacturing（CCW-AAM）：Microstructure and mechanical properties［J］. Journal of Materials Science & Technology，2021，74：136-142.

[67] ZHANG H，XU W，XU Y J，et al. The thermal-mechanical behavior of WTaMoNb high-entropy alloy via selective laser melting（SLM）：experiment and simulation［J］. The International Journal of Advanced Manufacturing Technology，2018，96（1）：461-474.

[68] ZHOU P F，XIAO D H，WU Z，et al. $Al_{0.5}$FeCoCrNi high entropy alloy prepared by selective laser melting with gas-atomized pre-alloy powders［J］. Materials Science and Engineering A-Structural Materials Properties Microst，2019，739：86-89.

[69] 郑启光. 激光先进制造技术［M］. 武汉：华中科技大学出版社，2002.

[70] 何杰，马士洲，张兴高，等. 增材制造用金属粉末制备技术研究现状及展望［J］. 机械工程材料，2020，44（11）：46-52，58.

[71] 格辛格. 粉末高温合金［M］. 张义文，等译. 北京：冶金工业出版社，2017.

[72] 陈刚. 液体金属与合金的固体雾化原理及工艺的研究［D］. 长沙：湖南大学，2005.

[73] 金园园，贺卫卫，陈斌科，等. 球形难熔金属粉末的制备技术［J］. 航空制造技术，2019，62（22）：64-72.

[74] 王茂松，杜宇雷. 增材制造钛铝合金研究进展［J］. 航空学报，2021，42（7）：1-24.

[75] 郭瑜，龙学湖，刘敏，等. 粉末床熔融增材制造用金属粉末的研究现状［J］. 中国建材科技，2021，30（1）：6-10.

[76] 陈文革，罗启文，任慧. 粉体混合均匀性定量评估模型的建立与研究［J］. 中国粉体技术，2008（3）：15-19.

[77] 汤慧萍，王建，逯圣路，等. 电子束选区熔化成形技术研究进展［J］. 中国材料进展，2015，34（3）：225-235.

[78] 冯士超，王艳红，狄嫣，等. 金属增材制造专用材料发展现状［J］. 冶金经济与管理，2021（1）：32-34.

[79] 毛展召. 发动机高温合金盘梯度热锻模药芯丝材与电弧增材制造研究［D］. 武汉：华中科技大学，2019.

[80] ZHANG B，LI Y T，BAI Q. Defect formation mechanisms in selective laser melting：a review［J］. Chinese Journal of Mechanical Engineering，2017，30（3）：515-527.

[81] BARTLETT J L，HEIM F M，MURTY Y V，et al. In situ defect detection in selective laser melting via full-field infrared thermography［J］. Additive Manufacturing，2018，24：595-605.

[82] BRENNAN M C，KEIST J S，PALMER T A. Defects in Metal Additive Manufacturing Processes［J］. Journal of Materials Engineering and Performance，2021，30（7）：4808-4818.

[83] GRASSO M，COLOSIMO B M. Process defects and in situ monitoring methods in metal powder bed fusion：a review［J］. Measurement Science and Technology，2017，28（4）：044005.

[84] 丁阳喜，欧阳志明. 激光熔覆层裂纹的影响因素［J］. 材料研究与应用，2008（3）：

211-214.

[85] 曹龙超，周奇，韩远飞，等. 激光选区熔化增材制造缺陷智能监测与过程控制综述 [J]. 航空学报，2021，42 (10)：192-226.

[86] 史玉升，闫春泽，周燕，等. 3D 打印材料：下册 [M]. 武汉：华中科技大学出版社，2019.

[87] LÖBER L, SCHIMANSKY F P, KÜHN U, et al. Selective laser melting of a beta-solidifying TNM-B1 titanium aluminide alloy [J]. Journal of Materials Processing Technology, 2014, 214 (9): 1852-1860.

[88] 魏青松，宋波，文世峰，等. 金属粉床激光增材制造技术 [M]. 北京：化学工业出版社，2019.

[89] CHU C, GRAF G, ROSEN D W. Design for additive manufacturing of cellular structures [J]. Computer-Aided Design and Applications, 2008, 5 (5): 686-696.

[90] 吴晓军，刘伟军，王天然，等. 距离场定义下异质材料 CAD 信息建模方法 [J]. 计算机辅助设计与图形学学报，2005 (2)：313-319.

[91] 杨丽，董杰，周益春，等. 一种基于材料真实微观组织结构的有限元建模方法：CN104063902A [P]. 2014-09-24.

[92] 郑冉，刘芝平，易兵，等. 增材制造自适应螺旋加工路径规划方法 [J]. 计算机集成制造系统，2021，27 (7)：2016-2022.

[93] PAPACHARALAMPOPOULOS A, BIKAS H, STAVROPOULOS P. Path planning for the infill of 3D printed parts utilizing Hilbert curves [J]. Procedia Manufacturing, 2018, 21: 757-764.

[94] 全国增材制造标准化技术委员会. 增材制造　金属制件热处理工艺规范：GB/T 39247—2020 [S]. 北京：中国标准出版社，2020.

[95] SAMAROV V, GOLOVESHKIN V. Modeling of Hot Isostatic Pressing [M] //FURRER D U, SEMIATIN S L. ASM Handbook, Volume 22B, Metals Process Simulation. Geauga: ASM International, 2010, 335-342.

[96] 航空制造工程手册总编委会. 航空制造工程手册：热处理 [M]. 北京：航空工业出版社，1993.

[97] 透平机械现代制造技术丛书编委会. 盘轴制造技术 [M]. 北京：科学出版社，2002.

[98] 李嘉荣，熊继春，唐定中. 先进高温结构材料与技术：下 [M]. 北京：国防工业出版社，2012.

[99] 王宣平，段合露，孙玉文，等. 增材制造金属零件抛光加工技术研究进展 [J]. 表面技术，2020，49 (4)：1-10.

[100] FU Y Z, WANG X P, GAO H, et al. Blade surface uniformity of blisk finished by abrasive flow machining [J]. The International Journal of Advanced Manufacturing Technology, 2016, 84: 1725-1735.

[101] 王聪梅. 航空发动机典型零件机械加工 [M]. 北京：航空工业出版社，2014.

[102] 张军伟，周超，侯文博，等. 金属医疗器械化学抛光研究进展 [J]. 电镀与涂饰，2018，37 (11)：514-518.

[103] 姚燕生，周瑞根，张成林，等. 增材制造复杂金属构件表面抛光技术 [J]. 航空学报，

2022（4）：237-249.

[104] XIN B，ZHOU X X，CHENG G，et al. Microstructure and mechanical properties of thin-wall structure by hybrid laser metal deposition and laser remelting process [J]. Optics & Laser Technology，2020，127（3）：106087.

[105] HASCOËT J Y，MOGNOL P，ROSA B. Laser polishing of additive laser manufacturing surfaces：methodology for parameter setting determination [J]. International Journal of Manufacturing Research，2020，15（2）：181-198.

[106] YAO J，XIN B，GONG Y D，et al. Effect of Initial Temperature on the Microstructure and Properties of Stellite-6/Inconel 718 Functional Gradient Materials Formed by Laser Metal Deposition [J]. Materials，2021，14（13）：3609.

[107] 郭广平，丁传富. 航空材料力学性能检测 [M]. 北京：机械工业出版社，2018.

[108] 杜畅，张津，连勇，等. 激光增材制造残余应力研究现状 [J]. 表面技术，2019，48（1）：200-207.

[109] 刘咏，曹远奎，吴文倩，等. 粉末冶金高熵合金研究进展 [J]. 中国有色金属学报，2019，29（9）：2155-2184.

[110] 孙长进，赵宇辉，王志国，等. 增材新概念结构无损检测技术发展现状及趋势研究 [J]. 真空，2019，56（4）：65-70.

[111] 肖明颖，范振红，高华兵，等. 金属增材制造在线监测/检测技术的研究进展 [J]. 热加工工艺，2020，49（24）：1-7.

[112] SMITH R J，HIRSCH M，PATEL R，et al. Spatially resolved acoustic spectroscopy for selective laser melting [J]. Journal of Materials Processing Technology，2016，236：93-102.

[113] RIEDER H，DILLHÖFER A，SPIES M，et al. Online monitoring of additive manufacturing processes using ultrasound [C] //European Conference on Non-Destructive Testing（ECNDT 2014）. 2014：6-10.

[114] 李孟源，尚振东，蔡海潮，等. 声发射检测及信号处理 [M]：北京：科学出版社，2010.

[115] GROSSE C U，MASAYASU O E. Acoustic emission testing [M]. Berlin：Springer Science & Business Media，2008.

[116] 吴海曦. 面向增材制造的声发射监测技术及应用研究 [D]. 杭州：浙江大学，2017.

[117] CLAVETTE P L，KLECKA M A，NARDI A T，et al. Real time NDE of cold spray processing using acoustic emission [M]//Structural Health Monitoring and Damage Detection，Volume 7. Berlin：Springer，2015：27-36.

[118] FURUMOTO T，ALKAHARI M R，UEDA T，et al. Monitoring of laser consolidation process of metal powder with high speed video camera [J]. Physics Procedia，2012，39：760-766.

[119] 张祥春，张祥林，刘钊，等. 工业 CT 技术在激光选区熔化增材制造中的应用 [J]. 无损检测，2019，41（3）：52-57.

[120] 胡婷萍，高丽敏，杨海楠. 航空航天用增材制造金属结构件的无损检测研究进展 [J]. 航空制造技术，2019，62（8）：70-75，87.

[121] 吴世彪，窦文豪，杨永强，等. 面向激光选区熔化金属增材制造的检测技术研究进展

[J]. 精密成形工程, 2019, 11 (4): 37-50.

[122] 范大鹏. 制造过程的智能传感器技术 [M]. 武汉: 华中科技大学出版社, 2020.

[123] 郑维明, 李志, 仰磊, 等. 智能制造数字化增材制造 [M]. 北京: 机械工业出版社, 2021.

[124] 方岱宁, 张一慧, 崔晓东. 轻质点阵材料力学与多功能设计 [M]. 北京: 科学出版社, 2009.

[125] 易长炎, 柏龙, 陈晓红, 等. 金属三维点阵结构拓扑构型研究及应用现状综述 [J]. 功能材料, 2017, 48 (10): 10055-10065.

[126] 赵冰, 李志强, 侯红亮, 等. 金属三维点阵结构制备技术研究进展 [J]. 稀有金属材料与工程, 2016, 45 (8): 2189-2200.

[127] 朱继宏, 周涵, 王创, 等. 面向增材制造的拓扑优化技术发展现状与未来 [J]. 航空制造技术, 2020, 63 (10): 24-38.

[128] ZHOU H, CAO X Y, LI C L, et al. Design of self-supporting lattices for additive manufacturing [J]. Journal of the Mechanics and Physics of Solids, 2021, 148: 104298.

[129] ZEGARD T, PAULINO G H. Bridging topology optimization and additive manufacturing [J]. Structural and Multidisciplinary Optimization, 2016, 53 (1): 175-192.

[130] 朱继宏, 何飞, 张卫红. 面向增材制造的飞行器结构优化设计关键问题 [J]. 航空制造技术, 2017 (5): 16-21.

[131] 卢秉恒, 李涤尘. 增材制造 (3D 打印) 技术发展 [J]. 机械制造与自动化, 2013, 42 (4): 1-4.

[132] WANG F, SIGMUND O, JENSEN J S. Design of materials with prescribed nonlinear properties [J]. Journal of the Mechanics and Physics of Solids, 2014, 69: 156-174.

[133] GAYNOR A T, MEISEL N A, WILLIAMS C B, et al. Multiple-material topology optimization of compliant mechanisms created via PolyJet three-dimensional printing [J]. Journal of Manufacturing Science and Engineering, 2014, 136 (6): 061015.

[134] GU D, SHEN Y. Processing conditions and microstructural features of porous 316L stainless steel components by DMLS [J]. Applied Surface Science, 2008, 255 (5): 1880-1887.

[135] CPM S A, VARGHESE B, BABY A. A review on functionally graded materials [J]. The International Journal of Engineering and Science, 2014, 3 (6): 90-101.

[136] 何垚垚, 张航, 陈子豪, 等. 多材料增材制造技术进展 [J]. 特种铸造及有色合金, 2020, 40 (10): 1092-1098.

[137] BANDYOPADHYAY A, HEER B. Additive manufacturing of multi-material structures [J]. Materials Science and Engineering: R: Reports, 2018, 129: 1-16.

[138] 吴伟辉, 杨永强, 毛桂生, 等. 激光选区熔化自由制造异质材料零件 [J]. 光学精密工程, 2019, 27 (3): 517-526.

[139] THIRIET A, SCHNEIDER-MAUNOURY C, LAHEURTE P, et al. Multiscale study of different types of interface of a buffer material in powder-based directed energy deposition: Example of Ti6Al4V/Ti6Al4V-Mo/Mo-Inconel 718 [J]. Additive Manufacturing, 2019, 27: 118-130.

[140] TIBBITS S. 4D Printing：Multi-material shape change [J]. Architectural Design，2014，84 (1)：116-121.

[141] 史玉升，伍宏志，闫春泽，等. 4D 打印：智能构件的增材制造技术 [J]. 机械工程学报，2020，56 (15)：1-25.

[142] ELZEY D M，SOFLA A Y N，WADLEY H N G. A bio-inspired high-authority actuator for shape morphing structures [C] //Smart structures and materials 2003：Active Materials：Behavior and Mechanics. San Diego：International Society for Optics and Photonics，2003：92-100.

[143] ZAFAR M Q，ZHAO H Y. 4D Printing：Future Insight in Additive anufacturing [J]. Metals and Materials International，2019，26 (5)：564-585.

[144] CARRENO-MORELLI E，MARTINERIE S，BIDAUX J E. Three-dimensional printing of shape memory alloys [C] //YOON D Y，KANG S J L，EUN K Y，et al. Materials science forum. Swiss：Trans Tech Publications Ltd，2007：477-480.

[145] 贺志荣，周超，刘琳，等. 形状记忆合金及其应用研究进展 [J]. 铸造技术，2017，38 (2)：257-261.

[146] 李启泉，李岩，马悦辉. 钛基高温形状记忆合金进展综述 [J]. 材料导报，2020，34 (3)：142-147.

[147] 袁志山，吝德智，崔跃，等. NiTi 基高温记忆合金相变行为与组织性能研究进展 [J]. 稀有金属材料与工程，2018，47 (7)：2269-2274.

[148] 赵倩. 成分梯度 TiNi 合金的选区激光熔化制备与功能特性 [D]. 哈尔滨：哈尔滨工业大学，2019.

[149] 刘康凯，贺志荣，吴佩泽，等. Ti-Ni 基形状记忆合金的特性及其影响因素研究进展 [J]. 铸造技术，2017，38 (7)：1535-1539.

[150] 苏亚东，王向明，吴斌，等. 4D 打印技术在航空飞行器研制中的应用潜力 [J]. 航空材料学报，2018，38 (2)：59-69.

[151] 曾成均，刘立武，边文凤，等. 激励响应复合材料的 4D 打印及其应用研究进展 [J]. 材料工程，2020 (8)：1-13.

[152] HABERLAND C. Additive Verarbeitung von NiTi-Formgedächtniswerkstoffen mittels Selective Laser Melting [M]. Düren：Shaker Verlag，2012.

[153] 王飞跃，陈俊龙. 智能控制：方法与应用：上 [M]. 北京：中国科学技术出版社，2020.

[154] SARIDIS G N. Toward the Realization of Intelligent Controls [J]. Proceedings of the IEEE，1979，67 (8)：1115-1133.

[155] 姜平，陈武柱，夏侯荔鹏，等. 激光深熔焊等离子体的高速摄像实验研究 [J]. 应用激光，2001 (5)：289-291.

[156] 陈玮，李志强. 航空钛合金增材制造的机遇和挑战 [J]. 航空制造技术，2018，61 (10)：30-37.

[157] 赵吉宾，赵宇辉，杨光. 激光沉积增材制造技术 [M]. 武汉：华中科技大学出版社，2020

[158] 雷剑波. 基于 CCD 的激光再制造熔池温度场检测研究 [D]. 天津: 天津工业大学, 2007.

[159] CLIJSTERS S, CRAEGHS T, BULS S, et al. In situ quality control of the selective laser melting process using a high-speed, real-time melt pool monitoring system [J]. The International Journal of Advanced Manufacturing Technology, 2014, 75: 1089-1101.

[160] WIRTH F, ARPAGAUS S, WEGENER K. Analysis of melt pool dynamics in laser cladding and direct metal deposition by automated high-speed camera image evaluation [J]. Additive Manufacturing, 2018, 21: 369-382.

[161] ZHAO C, FEZZAA K, CUNNINGHAM R W, et al. Real-time monitoring of laser powder bed fusion process using high-speed X-ray imaging and diffraction [J]. Scientific reports, 2017, 7 (1): 1-11.

[162] 何玉彬, 李新忠. 神经网络控制技术及其应用 [M]. 北京: 科学出版社, 2000.

[163] AKBARI M, SAEDODIN S, PANJEHPOUR A, et al. Numerical simulation and designing artificial neural network for estimating melt pool geometry and temperature distribution in laser welding of Ti6Al4V alloy [J]. Optik, 2016, 127 (23): 11161-11172.

[164] 佟绍成. 非线性系统的自适应模糊控制 [M]. 北京: 科学出版社, 2006.

[165] 刘广志, 王敏, 贺雷, 等. 基于神经网络 PSD 算法的 LMD 自适应控制系统 [J]. 兵工自动化, 2020, 39 (6): 1-4, 20.

[166] GOODFELLOW I, BENGIO Y, COURVILLE A. Deep learning [M]. Cambridge: MIT press, 2016.

[167] 陶飞, 张贺, 戚庆林, 等. 数字孪生模型构建理论及应用 [J]. 计算机集成制造系统, 2021, 27 (1): 1-15.

[168] 段现银, 陈昕悦, 向峰, 等. 数字孪生驱动的金属选择性激光熔融成形过程在线监控 [J]. 计算机集成制造系统, 2021, 27 (2): 403-411.

[169] 顾冬冬, 戴冬华, 夏木建, 等. 金属构件选区激光熔化增材制造控形与控性的跨尺度物理学机制 [J]. 南京航空航天大学学报, 2017, 49 (5): 645-652.

[170] 李少波. 制造大数据技术与应用 [M]. 武汉: 华中科技大学出版社, 2018.

[171] 吕文艳. 3D 打印云平台体系架构及其关键技术研究 [J]. 数字技术与应用, 2020, 38 (12): 56-58.

[172] 李培根, 高亮. 智能制造概论 [M]. 北京: 清华大学出版社, 2021.

[173] 陈真. 基于物联网的在线 3D 打印管理云平台的设计与实现 [D]. 南京: 东南大学, 2019.

[174] YANG H, RAO P K, SIMPSON T W, et al. Six-Sigma Quality Management of Additive Manufacturing [J]. Proceedings of the IEEE, 2021, 109 (4): 347-376.

[175] 孙世杰. 增材制造方法生产的 TiAl 合金零件将被应用于飞机发动机涡轮叶片 [J]. 粉末冶金工业, 2015, 25 (1): 65-66.

[176] 李晓娜. 技术突破: 西门子 3D 打印出燃气涡轮叶片 [J]. 计算机与网络, 2017, 43 (7): 78.

[177] 李涤尘, 鲁中良, 田小永, 等. 增材制造: 面向航空航天制造的变革性技术 [J]. 航空

学报，2022（4）：15-31.

[178] SACCO E，MOON S K. Additive manufacturing for space：status and promises［J］. The International Journal of Advanced Manufacturing Technology，2019，105（10）：4123-4146.

[179] 张颖一，张伟，王功. 太空增材制造的技术需求和应用模式探索［J］. 中国材料进展，2017，（7）：503-511.

[180] 祁俊峰，曾如川，王震，等. 太空原位制造和修复技术研究现状分析［J］. 载人航天，2014，20（6）：580-585.

[181] 徐爱国. 增材制造技术在航空航天领域的应用［J］. 国际太空，2016（10）：67-72.

[182] PRATER T，WERKHEISER N，LEDBETTER F，et al. 3D Printing in Zero G Technology Demonstration Mission：complete experimental results and summary of related material modeling efforts［J］. The International Journal of Advanced Manufacturing Technology，2019，101（1）：391-417.

[183] 韩潇，曹珺雯，焦建超，等. 面向空间光学遥感器的增材制造技术的发展与应用［J］. 航天返回与遥感，2021，42（1）：74-83.

[184] ZOCCA A，LÜCHTENBORG J，MÜHLER T，et al. Enabling the 3D Printing of Metal Components in μ-Gravity［J］. Advanced Materials Technologies，2019，4（10）：1900506.

[185] 周长平，林枫，杨浩，等. 增材制造技术在船舶制造领域的应用进展［J］. 船舶工程，2017，39（2）：80-87.

[186] 鹿芳芳，朱峰，陈晓旭，等. 3D 打印在汽车行业的应用［J］. 汽车实用技术，2020（6）：152-154.

[187] KANG H W，LEE S J，KO I K，et al. A 3D bioprinting system to produce human-scale tissue constructs with structural integrity［J］. Nature biotechnology，2016，34（3）：312-319.

[188] LEE A，HUDSON A R，SHIWARSKI D J，et al. 3D bioprinting of collagen to rebuild components of the human heart［J］. Science，2019，365（6452）：482-487.

[189] NGUYEN D，ROBBINS J，CROGAN-GRUNDY C，et al. Functional Characterization of Three-dimensional（3D）Human Liver Tissues Generated by an Automated Bioprinting Platform［J］. The FASEB Journal，2015，29（S1）：LB424.

[190] ITOH M，NAKAYAMA K，NOGUCHI R，et al. Scaffold-free tubular tissues created by a bio-3D printer undergo remodeling and endothelialization when implanted in rat aortae［J］. PloS one，2015，10（9）：e0136681.

[191] ISAACSON A，SWIOKLO S，CONNON C J. 3D bioprinting of a corneal stroma equivalent［J］. Experimental eye research，2018，173：188-193.

[192] VELASCO D，QUILEZ C，GARCIA M，et al. 3D human skin bioprinting：A view from the bio side［J］. Journal of 3D printing in medicine，2018，2：141-162.